"十二五"国家重点图书出版规划项目

材料科学技术著作丛书

陶瓷与金属的连接技术

（上册）

冯吉才　张丽霞　曹　健　著

科学出版社

北　京

内 容 简 介

本书针对陶瓷与金属连接时,陶瓷母材难被润湿、界面易形成多种脆性化合物、接头残余应力大等缺点,探讨了陶瓷与金属连接时遇到的共性基础问题,以常见结构陶瓷为例,介绍它们与金属的连接技术,以解决陶瓷与金属连接的实际应用问题。本书将重点介绍碳化硅、氧化铝、氧化硅、氧化锆、碳化钛等陶瓷与多种常见金属(钢、钛及钛合金、铝合金、Kovar 合金、纯镍、铬及镍铬合金、难熔金属铌及钽)的连接工艺,同时阐述活性钎料及复合反应中间层设计原则、陶瓷母材焊前表面改性机制、界面反应机理、接头残余应力缓解机制等基础科学问题。

本书可作为材料加工工程、焊接技术与工程、陶瓷材料学等领域的技术人员和高等院校相关专业师生的参考书。

图书在版编目(CIP)数据

陶瓷与金属的连接技术(上册) / 冯吉才,张丽霞,曹健著.—北京:科学出版社,2016.3

(材料科学技术著作丛书)

"十二五"国家重点图书出版规划项目

ISBN 978-7-03-046227-5

Ⅰ.①陶⋯ Ⅱ.①冯⋯ ②张⋯ ③曹⋯ Ⅲ.①陶瓷-金属-连接技术 Ⅳ.①TQ174 ②TG

中国版本图书馆 CIP 数据核字(2015)第 264589 号

责任编辑:牛宇锋 罗 娟 / 责任校对:郭瑞芝
责任印制:吴兆东 / 封面设计:蓝正设计

科 学 出 版 社 出版
北京东黄城根北街 16 号
邮政编码:100717
http://www.sciencep.com

北京凌奇印刷有限责任公司 印刷
科学出版社发行 各地新华书店经销

*

2016 年 3 月第 一 版   开本:720×1000 1/16
2022 年 1 月第二次印刷   印张:21
字数:410 000

定价:150.00 元
(如有印装质量问题,我社负责调换)

《材料科学技术著作丛书》编委会

前　言

　　结构陶瓷具有质量轻、强度高、耐高温及耐腐蚀等优点,在航空航天、能源、机械工程等领域得到广泛应用,为了克服其难加工、脆性大等缺点,实际应用中常采用陶瓷和金属的连接结构。由于陶瓷和金属物理性能、化学性能以及力学性能存在很大差异,常规的熔化焊接方法不能实现它们之间的连接,目前常用的方法是钎焊及扩散连接。

　　要实现陶瓷和金属的可靠连接,必须解决钎料合金对陶瓷母材的润湿铺展、界面脆性化合物控制及接头应力缓和等问题。多年来,作者所在的科研团队致力于结构陶瓷和常用金属材料的钎焊及扩散连接的应用基础研究、特种连接技术的开发及连接设备的研制,探讨了钎料成分、表面状态、连接工艺等因素对润湿的影响,阐明了陶瓷和金属接头的界面反应过程、反应相的形成条件和成长规律、残余应力的缓解措施,研制出了耐高温钎料、复合中间层及表面改性-真空连接一体化设备。

　　本书第1章主要介绍润湿、界面反应及应力缓解等共性基础问题;第2章至第4章主要介绍碳化硅陶瓷和钛及钛合金、铬及镍铬合金、难熔金属铌及钽的扩散连接;第5章和第6章分别介绍 TiC 金属陶瓷与钢、TiAl 合金的连接;第7章和第8章分别介绍 Si_3N_4 陶瓷、Ti_3AlC_2 陶瓷与 TiAl 合金的连接;第9章至第11章主要介绍 Al_2O_3 陶瓷与钛合金、铝合金、Kovar 合金的钎焊;第12章和第13章分别介绍 SiO_2 陶瓷与钛合金、不锈钢的钎焊;第14章主要介绍 ZrO_2 陶瓷与 TiAl 合金、纯镍和 Kovar 合金的连接。本书研究工作得到国家杰出青年科学基金(编号:50325517)、教育部新世纪优秀人才支持计划(编号:NCET-12-0155)、国家自然科学基金面上项目(编号:50175021、51174066、51275133)及青年基金(编号:50705022、50805038)的资助,先后有15名博士研究生、28名硕士研究生参与了本团队的研究工作,发表论文100余篇(SCI收录75篇、EI收录106篇),申报国家发明专利30余项(已授权19项),并和其他研究成果合获国家技术发明二等奖1项。

　　本书第1～4章、第10.2节由冯吉才完成,第5章、第10.1节、第11～13章由张丽霞完成,第6～9章、第14章由曹健完成。

　　作者衷心感谢国家自然科学基金委、教育部、总装备部预研局等单位在研究经费方面的资助;感谢为此研究工作付出辛勤汗水的团队成员、毕业以及在读的博士和硕士研究生;感谢为本研究提供实验帮助的分析测试、设备操作及维护的有关人员;感谢科学出版社的编辑、印刷等工作人员为出版本书做出的奉献。

　　由于作者的水平有限,再加上分析测试手段及试验条件限制,部分内容还有待进一步完善和提高。对于书中的不足之处,敬请广大读者予以批评指正。

作　者

2015 年 6 月

目　　录

第1章　陶瓷与金属连接的基础问题

随着材料科学的飞速发展,轻质高强的陶瓷及陶瓷基复合材料、C/C复合材料、金属间化合物等新材料不断涌现[1~3],这些新材料对焊接技术提出了新的要求。同时,实际生产中为了节约能源、减轻重量或达到某种设计性能,常常采用异种金属或金属-非金属结构[4]。

由于陶瓷和金属这两类材料在物理性能和化学性能以及力学性能方面存在很大的差异,特别是陶瓷及其复合材料不存在液相状态,所以用常规的电弧焊接、电子束焊接、激光焊接等熔焊方法无法实现陶瓷材料本身、陶瓷和金属结构的永久性可靠连接,近年来新开发的搅拌摩擦焊接除了适合金属及铝基复合材料,目前还没有见到陶瓷与金属异种结构连接的报道。从目前的文献资料及实际生产过程来看,能够实现陶瓷与金属连接的方法主要有钎焊与扩散连接[5~10]。常用的锰钼烧结法是先在陶瓷表面烧结一层金属锰、钼等涂层,然后再添加钎料和金属进行连接,该方法的本质也是钎焊[11]。目前也可采用超声波加热来连接陶瓷和金属或金属基复合材料,但该方法实质上也属于钎焊或扩散连接(超声波焊接时,陶瓷和金属之间需添加金属中间层或钎料,中间层熔化时属于超声钎焊,不熔化时属于超声扩散连接)。钎焊及扩散连接都能使被连接的陶瓷及其复合材料与金属在宏观上建立永久性的连接,在微观上建立组织之间的内在联系。但这两种连接方法也存在差别,钎焊在连接过程中可以不外加压力或施加很小的压力,被连接材料维持在固态,而填充材料(钎料或中间层)则存在由固态到熔化、再进行凝固的过程。扩散连接时必须施加压力,被连接材料和填充材料(中间层)在连接过程中始终维持固态。

陶瓷与金属连接主要存在以下几个问题[5,12]。

(1) 钎料很难对陶瓷和金属双方都润湿。常规的钎料大多数能够对金属润湿,但对陶瓷及其复合材料不润湿或润湿性差,故很难选择出能够良好润湿两种母材的钎料。近年来研制的以AgCuTi为代表的活性钎料(在钎料中添加活性元素Ti)虽然能够对陶瓷润湿,但在金属一侧反应比较剧烈,容易形成金属间化合物,再加上该钎料的高温性能不好,使用环境温度超过300℃的情况下接头强度很低。

(2) 界面容易形成多种脆性化合物。由于陶瓷及其复合材料与金属的物理性能及化学性能差别很大,连接时除存在键型转换以外,还容易发生各种化学反应,在界面生成各种碳化物、氮化物、硅化物、氧化物以及多元化合物。这些化合物硬度高、脆性大,分布复杂,是造成接头脆性断裂的主要原因。

（3）界面存在很大的残余应力。由于陶瓷与金属的热膨胀系数差别很大，在连接过程及后续的冷却过程中接头易产生残余应力，热应力的分布极不均匀，使结合界面产生应力集中，造成接头的承载性能下降。

（4）界面化合物很难进行定量分析。在确定界面化合物时，由于 C、N、B 等轻元素的定量分析误差较大，需制备多种标准试件进行各元素的定标。对于多元化合物相结构的确定，一般利用 X 射线衍射标准图谱进行对比，但一些新化合物相没有标准，给反应生成相的种类与成分的确定带来了很大困难。

（5）缺少数值模拟的基本数据。由于陶瓷和金属钎焊及扩散连接时，界面容易出现多层化合物，这些化合物层很薄，对接头性能影响很大。在进行界面反应、反应相成长规律、应力分布计算模拟时由于缺少这些相的室温及高温数据，给模拟计算带来很大困难。

（6）没有可靠的无损检测方法及评价标准。目前只能通过控制宏观的工艺参数（接合温度、保温时间、接合压力）来实现质量控制，还无法从微观组织结构方面直接通过控制界面反应和界面构造来调控连接质量。可靠性评价方面的研究工作更少，缺少可信的无损评价方法，没有无损检测评价标准。

1.1　陶瓷与金属连接界面的润湿

陶瓷和金属固相扩散连接时，需要连接界面紧密接触，以便各元素发生扩散。钎焊连接时，需要选择能对陶瓷及金属都润湿的钎料，液相扩散连接时需要选择合适的中间层材料，因此钎料对母材的润湿、中间层与母材的相互作用对提高接头的连接质量非常重要。

1.1.1　钎料及中间层选择

1. 钎料的润湿

陶瓷和金属的钎焊或液相扩散连接，都要求钎料或中间层在高温熔化后能对母材润湿，并且能够很好地铺展。从热力学的角度来看，钎焊时的润湿是指液态金属与固态母材接触后造成体系（固体＋液体）自由能降低的过程。对于金属或者异种金属的钎焊，润湿大体上可分为附着（吸附）润湿、铺展润湿和浸渍润湿。而对陶瓷和金属的钎焊来说，除了上述润湿的形式，还存在反应润湿，这种润湿的本质是液态金属钎料先在陶瓷及金属表面产生吸附，然后发生溶解，进一步发生化学反应而实现钎料和母材的润湿及铺展。

目前，对于润湿性的表征仍然沿用 1804 年 Young 提出的固-液-气三相平衡方程式[13]，也称 Young 氏方程：

$$\cos\theta = \frac{\sigma_{sg} - \sigma_{sl}}{\sigma_{lg}} \tag{1-1}$$

$\cos\theta$ 又称为"润湿系数"，θ 和 $\cos\theta$ 均可用来衡量润湿程度的好坏。Young 氏方程的推导是假定在恒温、恒压和元素组成不变的平衡条件下得到的，但在实际钎焊过程中，温度、压力、钎料的组成成分等随连接时间而发生变化，并且在钎料铺展的过程中，还存在元素之间的相互反应，铺展面积也不断扩大，很难达到稳定的平衡状态。

在研究钎料对母材的润湿与铺展时，常常利用润湿角或润湿系数来比较几种不同钎料的润湿性，以确定何种钎料能够实现陶瓷和金属的可靠连接。应注意，这里所说的对母材润湿，主要是指对陶瓷材料的润湿，一般来讲，能对陶瓷润湿的钎料，对金属一侧的润湿基本没有问题，只是需要防止钎料和金属的相互溶解或过度反应生成大量的脆性化合物。

2. 钎料选择

陶瓷和金属连接所用的钎料有一些特殊要求，对于高温结构件需要钎料的高温性能好；对于密封为主的构件，钎料中不宜大量含有 Zn、Mg、Li 及 Bi 等高蒸气压元素，以免引起泄漏。

市场上大多数的普通钎料在陶瓷表面形成球状，很少或根本不润湿。常用的解决办法是在普通钎料中添加活性元素制成活性钎料。在金属元素周期表中，Ti、Zr、Hf、V 等过渡金属具有很好的化学活性，对于氧化物、硅酸盐材料、陶瓷材料及其复合材料有较强的亲和力，很容易和常用的 Ag、Co、Cu、Cr、Fe、Ni 等金属产生反应，形成活性合金钎料。由于这类钎料中含有活性元素，熔化后活性元素和陶瓷及金属母材相互作用，发生化学反应或者溶解，以此润湿陶瓷表面，并通过生成的反应产物使陶瓷与被连接金属连接在一起，实现陶瓷和金属的可靠连接。

采用活性钎料连接陶瓷和金属，一般需要在真空环境下进行钎焊，钎料体系主要有 Ag-Cu-Ti、Ti-Ni、Cu-Ti、Ti-Zr-Ni-Cu 等，常见的活性钎料如表 1.1 所示[11,14,15]，其中绝大部分钎料都没有商业化。

表 1.1　常用活性钎料的成分及熔点

钎料	成分(质量分数)/%	熔点或钎焊温度/℃
Ag-Cu	Ag72Cu28	779
	Ag50Cu50	850
Au-Cu	Au80Cu20	889
Au-Ag-Cu	Au63Ag27Cu10	850
Ag-Cu-In	Ag68.4Cu26.6In5	710

钎料	成分(质量分数)/%	熔点或钎焊温度/℃
Ag-Cu-Pd	Ag58Cu32Pd10	850
Ag-Cu-Ti	Ag68.4Cu26.6Ti5	850～880
Ag-Ti	Ag85Ti15	1000
Ag-Zr	Ag85Zr15	1050
Cu-Ti	Cu75Ti25	900～1000
Cu-Ti-Ni	Cu69Ti21Ni10	1000～1100
Ti-Ni	Ti71.5Ni28.5	980～1000
Ti-Ni-Cu	Ti60Ni30Cu10	900～980
Ti-Cu-Be	Ti49Cu49Be2	1000～1100
Ti-Cr-V	Ti54Cr25V21	1550～1650
Ti-Zr-Ni-Cu	Ti45Zr34Ni13Cu8	840～900
Zr-Nb-Be	Zr75Nb19Be6	1050
Zr-Ti-Be	Zr48Ti48Be4	1050
Zr-V-Ti	Zr49V28Ti6	1250

3. 中间层选择

在陶瓷与金属的扩散连接中,一个重要的工艺措施就是采用各种金属中间层,以便控制界面反应(抑制或改变界面反应产物)及缓减因陶瓷与金属的热胀系数不同而引起的残余应力,从而提高接头的力学性能。

从控制界面反应来看,可以选择活性金属中间层,也可以采用黏附性金属中间层。活性金属中间层有 V、Ti、Nb、Zr、Hf、Ni-Cr 及 Cu-Ti 等,它们能与陶瓷相互作用,形成反应产物,并通过生成的反应产物使陶瓷与被连接金属牢固地连接在一起。黏附性金属中间层有 Fe、Ni 和 Fe-Ni 等,它们与某些陶瓷不起反应,但可与陶瓷组元相互扩散形成扩散层。研究发现,将黏附性金属和活性金属组合运用,所取得的效果更好。从易于连接及控制界面反应来看,中间层的选择主要注意以下几点。

(1) 容易塑性变形,熔点比母材低;

(2) 物理化学性能与母材差异比被连接材料之间的差异小;

(3) 不与母材产生不良的冶金反应,如不产生脆性相或不希望出现的共晶相;

(4) 不引起接头的电化学腐蚀。

有时添加中间层是为了缓解接头的残余应力,此时中间层的选择可分为三种类型,即单一的金属中间层、多层金属中间层和梯度金属中间层,其选择原则见1.3 节的接头热应力部分。

中间层的添加方法主要有:

(1) 添加薄金属箔片,对难以制成箔片的脆性材料可加工成非晶态箔片;

(2) 添加粉末中间层,可采用丙酮混合成膏状,也可低温压成片状;

(3) 表面镀膜,如蒸镀、PVD、电镀、离子镀、化学镀、喷镀、离子注入等。

1.1.2　母材表面处理状态及对润湿的影响

1. 连接面加工状态的影响

对于陶瓷和金属的钎焊,由于钎料在连接温度下处于液态,所以待焊母材的表面加工精度要求不高,一般应先进行机械加工,去除污、锈等表面氧化物,然后在有机溶剂或碱液中超声清洗,以便去除油脂和灰尘,或直接在真空室内进行离子轰击清洗待焊表面。

对于陶瓷和金属的扩散连接,待焊表面必须光滑平整,金属母材表面可加工到R_a 0.63~1.2μm。由于陶瓷材料硬度高,在试件切割、研磨和抛光等加工上有一定难度。切割需采用专门的硬质金刚石刀具,当试验材料较薄或直径较小时应采用树脂胶灌封后切割,研磨和抛光必须采用金刚石膏。如果被连接表面光洁度不够,会影响扩散连接时的原子扩散,使焊后试件存在未连接界面,接头强度不高。连接前,应将陶瓷母材、金属母材及中间层材料一起进行清洗,以便去除油污等。

对氧化性强的材料,最好是清理后直接进行扩散连接。如需长时间放置,则应对连接表面加以保护,如置于真空中、表面镀保护膜或放置在保护气氛中。

2. 连接表面生长碳纳米管对润湿的影响

陶瓷或陶瓷基复合材料很难润湿,因此考虑对陶瓷进行表面处理,作者的研究团队采用等离子体增强化学气相沉积(PECVD)的方法在 SiO_{2f}/SiO_2 复合材料表面生长了一层碳纳米管(CNTs),然后采用 AgCuTi 钎料在复合材料表面进行润湿试验。在加热温度 1123K(850℃)、保温 10min 的条件下,钎料在复合材料表面的润湿铺展状态如图 1.1 所示,没有生长碳纳米管的原始母材表面,其润湿角为136°;与此相比,钎料在表面生长碳纳米管后的 SiO_{2f}/SiO_2 复合材料表面的润湿角为 43°。由此可见,对于相同的钎料及相同的连接规范,表面生长碳纳米管后,其润湿性大大提高。

图 1.2 为 1223K(950℃)条件下获得的 AgCuTi 钎料在生长碳纳米管的SiO_{2f}/SiO_2 复合材料表面铺展前沿局部放大照片。从图 1.2(a)中可以看出,钎料对碳纳米管层有明显的包覆现象,靠近未润湿的复合材料表面,碳纳米管未被钎料

(a) CNTs生长前   (b) CNTs生长后

图 1.1 SiO$_{2f}$/SiO$_2$ 表面生长碳纳米管对 AgCuTi 钎料润湿的影响(1223K)

包覆。在复合材料基体与钎料之间存在一个明显的过渡区域(即钎料渗入区)。对该区域进行放大,如图 1.2(b)所示。由图可见,钎料渗入碳纳米管阵列中,在碳纳米管表面铺展,由于钎料的包覆作用,导致了碳纳米管的直径增大。因此可以推断,液态 AgCuTi 钎料对碳纳米管有良好的润湿性,钎料可渗入碳纳米管阵列中,进而提高 AgCuTi 钎料在 SiO$_{2f}$/SiO$_2$ 复合材料表面的润湿性。

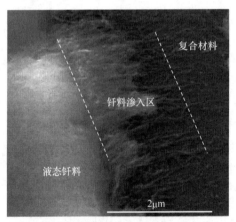
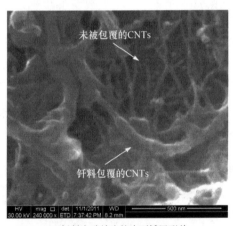

(a) 钎料渗入碳纳米管层形貌   (b) 钎料在碳纳米管表面铺展形貌

图 1.2 AgCuTi 钎料在生长 CNTs 的 SiO$_{2f}$/SiO$_2$ 复合材料表面铺展润湿前沿形貌

3. 连接表面生长石墨烯对润湿的影响

除了连接表面生长碳纳米管,还采用 PECVD 的方法在陶瓷表面生长了一层很薄的石墨烯,图 1.3(a)和(b)分别是 AgCuTi 钎料在有、无生长石墨烯的 SiO$_{2f}$/SiO$_2$ 表面的润湿形貌。由图可见,在加热温度为 1123K、保温时间为 0.6ks 时,钎料在未生长石墨烯的表面团聚成球状,润湿角呈钝角;在生长石墨烯表面的钎料铺展面积较大,润湿角大大降低。该工艺条件下,存在石墨烯的 SiO$_{2f}$/SiO$_2$ 复合材料表面可以大大促进 AgCuTi 钎料的铺展与润湿。

(a) SiO$_{2f}$/SiO$_2$表面未生长石墨烯   (b) SiO$_{2f}$/SiO$_2$表面生长石墨烯

图 1.3   AgCuTi 钎料在 SiO$_{2f}$/SiO$_2$ 表面的形状轮廓随时间的变化(1123K)

    图 1.4 显示出保温时间对润湿角的影响曲线,连接时采用的钎料体积及成分均相同,加热时的工艺参数也一样,只是材料的表面不一样。图中带圆点的实线是钎料在未生长石墨烯表面的润湿角随时间的变化曲线,带方形标记的实线是钎料在生长石墨烯表面的润湿角随时间的变化曲线,选取钎料完全熔化的时刻作为计时起点。从图中可知,AgCuTi 钎料在生长石墨烯的母材表面的初始润湿角约为81°,而没有生长石墨烯表面的初始润湿角约为 151°。这充分说明 AgCuTi 钎料在熔化的过程中已经对生长石墨烯的母材进行了良好的润湿与铺展。以保温时间为0.6ks 为例,AgCuTi 在未生长石墨烯的母材表面润湿角为 120°,在生长石墨烯的母材表面的润湿角为 50°,润湿角降低了 60%。

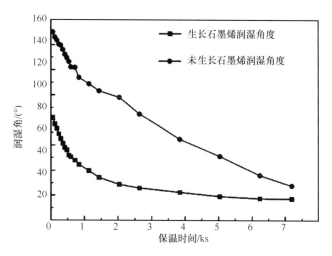

图 1.4   保温时间及表面状态对润湿角的影响(1123K)

    生长石墨烯后,在相对较短的时间内 AgCuTi 钎料可以在 SiO$_{2f}$/SiO$_2$ 复合材料表面实现良好的铺展和润湿,但长时间保温后,石墨烯增强润湿的作用变得不明显,其原因是在该实验条件下石墨烯和钎料中的活性金属 Ti 反应,并已经全部被消耗掉。

4. 连接面生成晶须对润湿性的影响

陶瓷表面原位生长晶须也是处理连接表面的一种有效方法[16]，图1.5(a)和(b)给出了表面生长晶须的Al_2O_3陶瓷的形貌(950℃/空气)。该工艺下只使用了B_2O_3为原料，不需要任何催化剂或助溶剂。从图中可以看出，大量晶须外延生长于陶瓷表面，晶须长度在$10\mu m$左右，且分布比较均匀。图1.5(c)的XRD结果说明所获得的晶须主要是正交相$Al_4B_2O_9$，其晶格参数为$a=1.475nm$，$b=1.527nm$，$c=0.556nm$。图1.5(d)和(e)给出了$Al_4B_2O_9$晶须的TEM分析结果，可以看出所获得的晶须表面光滑无杂质，晶须生长方向为[001]。由于晶须中的Al主要来自于氧化铝陶瓷母材，所以晶须与陶瓷母材的结合质量良好，晶体学分

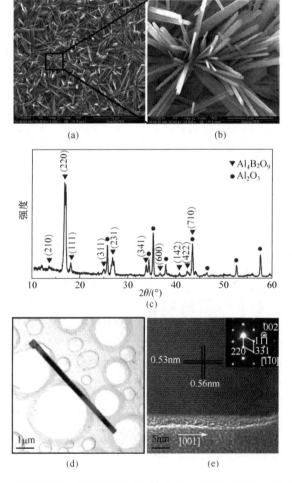

图1.5　氧化铝陶瓷表面原位生长$Al_4B_2O_9$晶须的表征(950℃/空气)

析表明,生长界面的晶格错配度小于 0.03%,属于良好的低应力半共格界面,晶须与陶瓷母材的强结合有助于实现陶瓷的高质量连接。

　　为了评价表面生长 $Al_4B_2O_9$ 晶须对氧化铝陶瓷润湿性的影响,选用纯水进行了润湿试验。图 1.6 给出了水滴在原始氧化铝和生长晶须氧化铝陶瓷表面的润湿结果。结果表明,在生长晶须的氧化铝陶瓷表面,水滴的接触角从 153°迅速降低到 0°,而在原始氧化铝陶瓷表面的稳态接触角为 53°,这说明表面生长晶须有助于改善陶瓷的润湿性,同时晶须的毛细作用力有助于液体在其表面快速铺展。这种表面处理工艺不需要真空环境,原材料简单且对设备要求很低,适用于大批量陶瓷表面处理,有望在工业生产中推广应用。

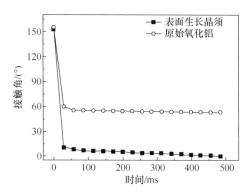

图 1.6　水滴在氧化铝陶瓷表面的润湿曲线

5. 表面改性及连接一体化设备

　　近年来,为了实现陶瓷和金属的可靠连接,作者所在的研究团队开发了具有自主知识产权的表面改性与连接一体化设备。这些设备具有离子清洗、表面镀膜及连接的功能,既可以在真空或惰性气氛中去除金属表面的氧化膜及清洗陶瓷表面,又可以镀上一层利于连接的中间层或钎料,整个加工过程试件不和大气接触,实现了材料表面改性及连接的一体化。

　　(1) 离子清洗-溅射镀膜-真空连接设备。在国家科技重大专项的支持下,研制了如图 1.7 所示的多功能连接设备[17],它具有四个相互连接,又能相互隔离的真空室,三个工作室分别用于母材表面的离子清洗、溅射镀膜及构件的扩散连接(或钎焊),另外一个是用于试件装配的装配室,装配室和各工作室相连,室内安装一套自动翻转机构,可以把待连接的两个母材试件按照连接要求装配在一起。该装备保证加工操作及连接过程处于真空或保护气氛的条件下,首先对工件焊接表面进行等离子体清洗,然后把工件退回装配室并进入磁控溅射室,上下两部分待连接工件镀膜后,回到装配室进行组装,最后送入焊接室进行钎焊或扩散连接。整个清洗-镀膜-焊接过程均可半自动化或自动进行。此外,该设备的离子清洗室、磁控溅射镀膜室、真空钎焊/扩散连接室既可同时使用,也可单独使用。

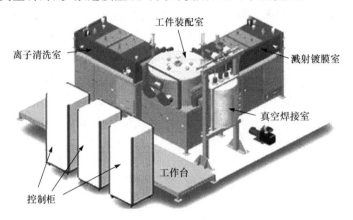

图 1.7　离子清洗-溅射镀膜-真空连接一体化设备简图

(2) 离子清洗-真空连接设备[18]。该设备具有两个相互连接,又能相互隔离的工作室,一个用于母材表面的离子清洗,另一个用于扩散连接或钎焊(图 1.8),可在真空条件或惰性气体保护下进行表面清洗及连接。焊接时,首先将工件放入清洗室对工件待焊表面进行等离子体清洗,然后翻转机构使两个待焊工件装配在一起,打开两室之间的隔离阀门,利用操作杆将待焊工件送入焊接室进行连接。同样,此设备的离子清洗室和真空钎焊/扩散连接室既可同时使用,也可单独使用。

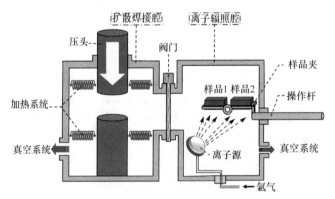

图 1.8　离子清洗-真空连接设备简图

(3) 旋转摩擦表面清理机构[19]。该机构原理如图 1.9 所示,将机构固定在真空扩散连接设备的上下压头之间,工作时通过炉内上压头的往复运动来达到机构内样品装载台的单方向旋转摩擦,从而实现样品间的旋转摩擦。样品的旋转速率恒定为 15r/min,摩擦压力通过旋转柱上的压力弹簧施加,通过装配不同型号的弹

簧可实现不同大小的压力。预摩擦可以在
常温下进行,也可以在高温下进行。在摩擦
实施阶段,真空扩散连接接炉内达到较高的
真空度,当氧化膜通过摩擦被破碎以后,不
会立刻再次形成,这为下一步的扩散连接奠
定了基础。当预摩擦过程结束以后,焊接过
程所需要的压力通过上压头进行施加,压头
可以直接下压到预摩擦装置的上侧样品柱
上。利用该机构可以实现易氧化材料的低
温扩散连接,也有助于改善陶瓷与金属连接
时的界面接触。

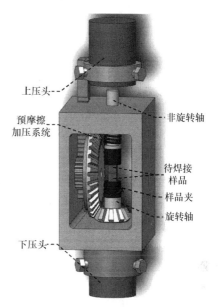

图 1.9　旋转摩擦表面清理机构示意图

1.1.3　合金成分对润湿的影响

　　在陶瓷与金属的钎焊及扩散连接过程
中,钎料或中间层的成分对润湿及接头性能
的影响比较大,在目前的研究中,通过添加
合金元素提高接头性能,特别是提高接头高
温性能的报道比较多,对改善润湿性的研究较少。作者及其所在的团队通过大量
的实验发现,Ti、Zr、Zn、Li、Cu、P 等元素对提高陶瓷和金属的界面润湿有很好的
效果。

　　1. Ti 元素的影响

　　为了研究液态钎料中活性元素 Ti 在钎料铺展过程中的作用,专门设计了观察
Ti 对促进钎料润湿的实验[20]。将小块状的 Ag-Cu 共晶钎料放置在 SiO_2-BN 陶瓷
基板上,然后在 Ag-Cu 钎料上方放置一小片 Ti 箔(Ti 含量为 Ag-Cu-Ti 钎料质量
比的 2%),然后开始升温,保温温度为 1153K(880℃),高速摄像的初始记录时间
为 Ag-Cu 共晶合金开始熔化的时刻。图 1.10 及图 1.11 分别是润湿角随连接时
间的变化及液滴截面照片。

　　如图 1.11(a)所示,把 Ag-Cu 钎料刚刚熔化的时刻作为开始记录的初始状态,
此时 Ti 箔片在液态 Ag-Cu 合金表面张力的作用下依旧浮于液滴上方,在开始记
录的几分钟内,钎料液滴并没有在 SiO_2-BN 陶瓷表面铺展,而金属 Ti 逐渐变成液
态并溶入 Ag-Cu 液态钎料球中,此阶段对应的接触角为(152±3)°,该角度基本保
持不变。随着保温时间的延长,接触角先急剧减小,然后缓慢减小并最终保持在
20°左右,此阶段对应的液滴直径先快速增加,然后缓慢增加,与接触角的降低趋势
相吻合。根据截取的典型液态形貌剖面图,可以发现液态钎料在 SiO_2-BN 陶瓷基

体表面的整个铺展过程可以分为以下四个阶段。

(1) Ti 箔片向液态 Ag-Cu 合金中的溶解。从图 1.11 中可以发现,Ti 箔片在液态 Ag-Cu 合金中溶解很快,在 100s 内全部溶解。此阶段的接触角是 $(152\pm3)°$,液滴直径为 2.30mm,而且这两个数值都基本不随时间变化。

(2) Ti 元素向 SiO_2-BN 陶瓷基板的扩散。溶解到液态 Ag-Cu 合金中的 Ti 原子从表面扩散到陶瓷所需时间取决于原子扩散系数和扩散距离。扩散高度约为 $h=2mm$,扩散系数取值为 $5\times10^{-9} m^2/s$,通过计算可知需要的时间为 800s。但是,试验观察结果表明,液态钎料在陶瓷表面开始铺展的时间约为 520s,比理论计算需要的时间短。这可能是 Ti 箔片在向液态合金中溶解的同时向陶瓷基板扩散引起的。不过,这种简单的理论计算可以阐述为什么在第一阶段中接触角和液滴直径保持基本不变。

(3) 接触角的快速降低阶段。从图 1.10 可知,接触角在 520~1000s 发生急剧下降。液滴在陶瓷基板表面的突然铺展说明一定量的 Ti 元素从顶部已经扩散到底部,并在液滴边缘部位和陶瓷基板发生反应,从而引发了钎料的快速铺展,即 SiO_2-BN/AgCuTi 体系的润湿行为是典型的反应驱动润湿。

(4) 接触角的缓慢降低阶段。在 1000~3000s 内,接触角缓慢地从 37°降低到 20°,然后随着保温时间的延长几乎保持稳定。这说明 Ti 元素在前一阶段的反应中已经大部分被消耗,Ti 和陶瓷的界面反应速度变慢,从而使润湿铺展也变慢。由此可知,接触角对界面反应以及形成的反应产物比较敏感,液滴开始铺展的阶段,接触角随时间的变化主要取决于界面反应,当界面反应达到平衡态时,接触角也保持不变。

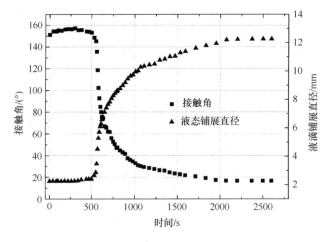

图 1.10　接触角和铺展直径随保温时间的变化曲线(1153K)

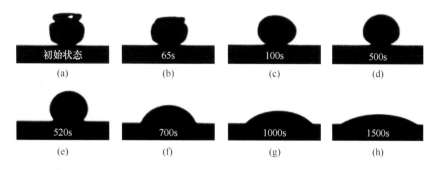

图 1.11　液滴在陶瓷表面铺展过程中的典型液滴截面(1153K)

2. Zn 元素的影响

在真空钎焊或扩散连接中,普遍认为不能使用含有 Zn 等易挥发元素的钎料,主要是考虑 Zn 的挥发对真空设备带来损害,如果接头中残留大量的 Zn 或生成低熔点的化合物,在后续的服役过程中可能降低接头的耐腐蚀性。

实验研究发现,钎料中含有少量的 Zn 可以提高钎料对陶瓷的润湿作用。实验用钎料的成分是在 AgCu 共晶钎料的基础上加入 25%(质量分数)的 Zn,基板为 TiC 金属陶瓷,是在 TiC 中加入了 40%(质量分数)的 Ni。实验中从加热温度 944K(671℃)开始计时,到达峰值温度 1183K(910℃)后保持温度不变。

图 1.12 是 AgCuZn 钎料在 TiC 金属陶瓷表面的动态润湿角和接触面的动态铺展直径,图 1.13 为 AgCuZn 钎料在 TiC 金属陶瓷表面不同铺展阶段的典型形貌。由图 1.12 和图 1.13 可知,AgCuZn 在 TiC 金属陶瓷表面的润湿分为四个阶段。阶段 I 是加热温度达到 944K(671℃)时,AgCuZn 钎料钎料开始熔化,钎料在 TiC 金属陶瓷表面的润湿角高达 130°。加热温度升高到 960K(687℃)时,进入润

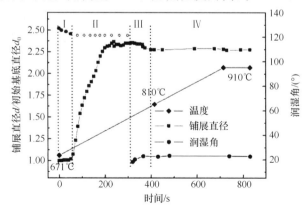

图 1.12　AgCuZn 钎料在 TiC-Ni 金属陶瓷表面的动态润湿角和动态铺展直径

湿的第二阶段,AgCuZn 钎料中的 Zn 元素开始剧烈挥发,使得液态钎料的表面形貌发生了变化,此时虽然润湿角仍然很大,但钎料和母材的接触面积却迅速增大,钎料在 TiC 金属陶瓷表面快速铺展。阶段Ⅲ的加热温度达到了 1047K(774℃),润湿角从钝角变为锐角。当加热温度达到 1083K(810℃)时,钎料的润湿角不随温度的升高而变化,保持在 21°的平衡状态。

通过 Young 氏方程及非反应固/液界面分子的相互作用势能理论计算可知,Zn 在真空中挥发导致液/固界面张力 s_{sl} 的显著降低,因此提高了 AgCuZn 钎料在 TiC 金属陶瓷表面的润湿性。此外,结合 Cu-Zn-Ni 和 Ag-Cu-Ni 三元相图可知,AgCuZn 对 Ni 的溶解度大于 AgCu 对 Ni 的溶解度,尽管在加热过程中界面处发生 TiC 金属陶瓷向钎料中溶解,但在钎料/母材润湿前沿,Zn 在真空中挥发导致有少量(Cu, Ni)固溶体析出,促使润湿角降低。

　　　　Ⅰ　　　　　　　　　Ⅱ　　　　　　　　　Ⅲ　　　　　　　　　Ⅳ

图 1.13　AgCuZn 钎料在 TiC-Ni 金属陶瓷表面不同铺展阶段的典型形貌

为了进一步验证 Zn 挥发对润湿的促进作用,在加热温度为 1083K(810℃)时,进行了 AgCuZn 钎料和 AgCu 共晶钎料的润湿对比实验,润湿角的测试结果如图 1.14 所示。其中 AgCuZn 钎料中的 Zn 质量分数分别为 5%、10%、20%、25%、30%、35%。从图中可知,不同 Zn 含量的 AgCuZn 钎料的润湿角均明显小于 AgCu 钎料,Zn 在真空中的挥发,显著提高了 AgCuZn 钎料在 TiC 金属陶瓷表面的润湿性。

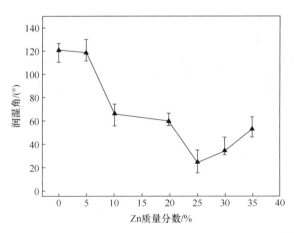

图 1.14　AgCu 和不同 Zn 含量的 AgCuZn 钎料在 TiC 金属陶瓷表面润湿角

3. Li 元素的影响

实验研究中还发现,含有 Li 元素的钎料也能改善陶瓷表面的润湿。图 1.15 是 AgCuNiLi 钎料(Li 质量分数为 0.4%~0.6%,熔点为 1073K)在 TiC 金属陶瓷(Ni 质量分数为 40%)表面的润湿角随加热温度的变化曲线。加热温度在 1123~1273K(850~1000℃)的范围内,AgCuNiLi 在 TiC 金属陶瓷表面的润湿角均小于 25°;而当加热温度达到 1153K(880℃)时,AgCuNiLi 在 TiC 金属陶瓷表面润湿角最小为 3°。在此需要特别说明的是,由于钎料中 Cu 在高温下大量挥发造成钎料流动性下降,所以 AgCuNiLi 钎料在 TiC 金属陶瓷表面的润湿角在 20°左右波动。与 Zn 的作用机制相似,Li 的蒸气压也很高,如在 880℃时,其蒸气压高达 1.6×10^9Pa,易在真空中挥发。这不仅引起液/固界面张力 σ_{sl} 的显著降低,同时导致钎料/母材润湿前沿有少量(Cu, Ni)固溶体析出,改善了 AgCuNiLi 钎料在 TiC 金属陶瓷表面的润湿性。

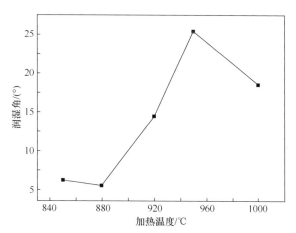

图 1.15　加热温度对 AgCuNiLi 钎料在 TiC-Ni 金属陶瓷表面润湿角的影响(保温时间 10min)

1.2　陶瓷与金属连接接头的界面反应

1.2.1　界面反应产物

在陶瓷与金属的界面反应中,生成何种产物主要取决于陶瓷与金属(包括中间层)的种类。一般来讲,生成产物有金属的碳化物、硅化物乃至三元化合物,有时还生成四元或多元化合物及非晶相,反应将按下式进行:

$$3Me + Al_2O_3 \longrightarrow 3MeO + 2Al \tag{1-2}$$

$$Me + SiC \longrightarrow MeC + MeSi \tag{1-3}$$

$$7Me + Si_3N_4 \longrightarrow 4MeN + 3MeSi \tag{1-4}$$

$$(y-x+1)Me + ySiC \longrightarrow MeSi_xC_y + (y-x)MeSi \tag{1-5}$$

陶瓷与金属反应生成的产物根据陶瓷的种类不同而不同[21]。一般来讲,碳化硅陶瓷和金属反应可生成碳化物、硅化物及二元化合物,例如,SiC 与 Zr 的反应生成 ZrC、Zr_2Si 和三元化合物 $Zr_5Si_3C_x$。氮化硅和金属反应可生成氮化物、硅化物及三元化合物,如 Si_3N_4 与 Ni-20Cr 合金反应生成了 Cr_2N、CrN 和 Ni_5Si_2,但与 Fe、Ni 及 Fe-Ni 合金则不生成化合物。Al_2O_3 与金属的反应一般生成该金属的氧化物、铝化物甚至三元化合物,如 Al_2O_3 与 Ti 的反应生成 TiO 和 $TiAl_x$。ZrO_2 与金属的反应一般生成该金属的氧化物和锆化物,如 ZrO_2 与 Ni 的反应生成 NiO_{1-x}、Ni_5Zr 和 Ni_7Zr_2。

此外,生成化合物的类型也与连接温度和连接时间以及所用的气氛有关。例如,在对 Si_3N_4 与 Ti 的高温反应研究中发现,当分别采用 N_2 和 Ar 作保护气氛时,即使采用相同的连接温度和连接时间,所得到的反应产物也不相同,表 1.2 列出了有关文献报道的陶瓷与金属界面反应所生成的化合物。

表 1.2　常用陶瓷与金属连接接头的反应产物或界面结构

	温度 /K	时间 /ks	压力 /MPa	气氛 /mPa	反应产物(或界面结构)	参考文献
SiC/Al-Mg/SiC	834	7.2	50	4000	Mg_2Si, MgO, Al_2MgO_4, Al_8Mg_5	[22]
SiC/Ag-Cu-In-Ti/SiC	973~1053	0.6~3.6	—	5	TiC, Ti_5Si_3	[23]
SiC/Ag-Cu-Ti/SiC	1103~1108	0.3	0.001	0.133	TiC, $TiSi_2$, Ti_5Si_3	[24]
SiC/AgCuTi/SiC	1173	1.8	—	5	TiC, Ti_5Si_3	[25]
SiC/Ag-Cu-Ti	1173	1.8	—	<5	TiC/Ti_5Si_3/Ag-Cu-Ti	[26]
SiC/Cr/SiC	1573	1.8	7.3	1.33	$SiC/Cr_5Si_3C_x/Cr_3SiC_x/$ $Cr_7C_3/Cr_{23}C_6/Cr$	[27]
SiC/Fe-17Cr	1223	57.6	0	Ar	$(Fe,Cr)_7C_3$, $(Fe,Cr)_4SiC$, $\alpha+C$	[28]
SiC/Fe-26Ni	1223	14.4	0	Ar	$(Fe,Ni)_2Si+C$, $(Fe,Ni)_5Si_2+C$, $\tau+C$, $\alpha+C$	[28]
SiC/Mo/SiC	1673	3.6	7	4000	Mo_5Si_3C	[29]
SiC/Mo	1973	3.6	20	20000	$SiC/Mo_5Si_3C/Mo_5Si_3+$ $Mo_2C/Mo_2C/Mo$	[30]
SiC/Ni	1223	5.4	0	Ar	Ni_2Si+C, Ni_5Si_2+C, Ni_3Si	[28]
SiC/Ni-16Cr	1223	57.6	0	Ar	$(Ni,Cr)_2Si+C$, $(Ni,Cr)_5Si_2+C$, $(Cr_3Ni_5Si_{1.8})C$	[28]

续表

	温度/K	时间/ks	压力/MPa	气氛/mPa	反应产物(或界面结构)	参考文献
SiC/50Ni-50Cr/SiC	1273	3.6	7.2	1.3	Ni_2Si+G, Cr_3Ni_2SiC, $Cr_5Ni_3Si_2$, Cr_3SiC	[31]
SiC/Ni-Cr-SiC/SiC	1633	0.3	—	0.1	Ni_2Si, $Cr_{23}C_6$	[32]
SiC/(Ni-Si)/Mo/(Ni-Si)/SiC	1623	0.6	—	真空	$NiSi_2$, $NiSi$	[33]
SiC/Ni-51Cr	1633	0.18	0.05	—	Ni_2Si+C, $Cr_{23}C_6$, Cr_7C_3	[34]
SiC/Ni-49.5Cr-3Nb	1673	0.6		<20	NbC, Ni_2Si, Cr_5Si_3	[35]
SiC/Nb/SiC	1790	7.2	7.3	0.133	$SiC/NbC/Nb_5Si_3C_x/NbC/Nb_2C/Nb$	[36]
SiC/Pd-Co-Ni-V	1493	0.6	—	<5	Pd_2Si, $CoSi$, 石墨$+V_2C$	[37]
SiC/Si/Cu-Ti/TC4	1163	0.6	0	<6	$TiSi_2+CuTiSi+Cu_3Ti_2+$ $CuTi+(Ti,Nb)$	[38]
SiC/Ti/SiC	1673	3.6	7.3	1.33	$SiC/Ti_3SiC_2/Ti_5Si_3C_x/$ $Ti_5Si3C_x+TiC/TiC/Ti$	[39]
SiC/Ti/SiC	1973~2373	0.3	60	—	TiC, $Ti_5Si_3C_x$, $TiSi_2$	[40]
SiC/Ti/SiC	1443	10.8	20	Ar	Ti_3SiC_2, Ti_5Si_3	[41]
SiC/Ti-Si/SiC	1673	0.6	0.15	<10	$TiSi_2$	[42]
SiC/Ti-25Al-10Nb-3V-1Mo	973	3.6	0	—	$(Ti,Nb)C$, $(Ti,Nb)_3(Si,Al)$, $(Ti,Nb)_5(Si,Al)_3$, $(Ti,Nb)_5(Si,Al)_3C$	[43]
SiC/Ti-35Zr-35Ni-15Cu	1233	0.6	0	0.133	$TiC/Ti_5Si_3+Zr_2Si/Zr(s.s.)/Ti(s.s.)$ $+Ti_2(Cu,Ni)/(Ti,Zr)(Ni,Cu)$	[44]
SiC/Ti-35Zr-15Ni-15Cu	1233	0.6	0		$TiC+Zr(s.s.)+Ti_5Si_3+Zr_2Si+$ $Ti(s.s.)+Ti_2(Cu,Ni)+$ $(Ti,Zr)(Ni,Cu)$	[45]
SiC/Ta/SiC	1773	28.8	7.3	1.33	$SiC/TaC/Ta_5Si_3C_x/Ta_2C/Ta$	[46]
SiC/V/SiC	1573	7.2	7.3	1.33	$SiC/V_5Si_3C_x/V_5Si_3/V_3Si/V_2C/V$	[47]
SiC/Zr/SiC	1573	3.6	7.3	1.33	$SiC/ZrC/Zr_5Si_3C_x+Zr_2Si/ZrC_x/Zr$	[48]
C/SiC 复合材料/AgCu/置氢 TC4	1093	0.6	—	<0.1	$TiC/Ti_5Si_3+Ti_2Cu/Cu(s.s.)+$ $Ag(s.s.)/Ti_3Cu_4+TiCu+$ $Ti_2Cu/Ti_2Cu+Ti(s.s.)$	[49]

续表

	温度 /K	时间 /ks	压力 /MPa	气氛 /mPa	反应产物（或界面结构）	参考 文献
C_f/SiC 复合材料/ Ag-Cu-Ti-TiC/Ti	1223	0.9	—	<6	Ti-Si-C+Ti-Si+TiC+Cu-Ti	[50]
C_f-SiC 复合材料/ Cu-Ti-C/TC4	1223	1.2	—	<6	$TiC+Ti_5Si_3C_x+Ti_3Si+Ti+$ $Ti_2Cu+TiC+Ti-Cu$	[51]
Si_3N_4/AISI316	1323	86.4	7	0.2~2	自由 Si,(Fe,Ni)	[52]
Si_3N_4/AgCu/TiAl	1193	0.6	—	5	$TiN+Ti_5Si_3/AlCu_2Ti+Ag(s.s.)/$ $AlCuTi/Ti(s.s.)+Ti_3Al$	[53]
Si_3N_4/Ag-Cu-Ti/ Invar	1143	0.9	—	2	$TiN+Ti_5Si_3+Fe_2Ti+Ni_3Ti$	[54]
Si_3N_4/Ag-Cu-Ti	1423	2.4	0.05	20	TiN/Ti-Si/Ag-Cu	[55]
Si_3N_4/ Ag-Cu-Ti+Mo	1173	0.6	0.025	1.3~1.7	$TiN+Ti_5Si_3+Ag(s.s.)+$ $Cu(s.s.)+Mo+Ti-Cu$	[56]
Si_3N_4/Ag-Cu-Ti+ SiC_p/Si_3N_4	1173	0.6	0	1.3~1.7	Ti_5Si_3,TiN,Ti_3SiC_2,Ti-Si,SiC	[57]
Si_3N_4/AgCuTi+ SiC_p/Si_3N_4	1173	0.6	—	—	$TiN,Ti_5Si_3,Ti_3SiC_2,TiC$	[58]
Si_3N_4/Ag-Cu-Ti/ Ti/Ni/Ti/Ag-Cu- Ti/Si_3N_4	1120~1273	0.6	—	3.5	$TiN,Ti_5Si_3,Ag(s.s.),$ Cu-Ni-Ti,Ni-Si	[59]
Si_3N_4/Au-Ni- Pd-V/Si_3N_4	1423	3.6	—	1~3	Au(Ni,Pd),Ni(Si,V),VN	[60]
Si_3N_4/Cu-20Ti	1413	0.6	—	4~5	$TiN/Cu-Ti+Ti_5Si_3$	[61]
Si_3N_4/Cu-Pd-Ti/ Si_3N_4	1173	0.6	0	1.3~1.7	$TiN,Ti_5Si_3,Pd_2Si,PdTiSi$	[62]
Si_3N_4/Cu(38.0~ 42.0)-Pd-(7.0~ 10.0)V/ $Si_3N_4$4	1443	0.6	—	3~7	$V_2N,Pd_2Si,Cu_3Pd,(Cu,Pd)$	[63]
Si_3N_4/ECY768	1323	360	0	1	$Ta_3SiC_2,(Co,Cr)_3SiC_2$	[64]
Si_3N_4/Incoloy909	1200	14.4	200	Ar	G 相$(Ni_{13}Ti_8Si_6,$ $(Ni,Co)_{16}Ti_6Si_7),Fe_2Nb_3$	[65]

	温度 /K	时间 /ks	压力 /MPa	气氛 /mPa	反应产物（或界面结构）	参考 文献
$Si_3N_4/Ni-20Cr/$ Si_3N_4	1473	3.6	50	0.14	CrN,Cr_2N,Ni_5Si_2	[66]
$Si_3N_4/Ni+Nb+$ $Fe-36Ni/MA6000$	1473	3.6	100	—	$NbN,Ni_8Nb_6,Ni_6Nb_7,Ni_3Nb$	[67]
$Si_3N_4/Nb/Si_3N_4$	1873	21.6	20	2000	$Nb_5Si_3,NbSi_2$	[68]
Si_3N_4/Ti	1323	72	0	Ar	$TiN+Ti_2N+Ti_5Si_3$	[69]
$Si_3N_4/Ti-Cu/$ Si_3N_4	1217	—	—	Ar	$TiN,Ti_5Si_3,Ti_3Cu_4,\beta-TiCu_4,$ $TiCu_2,Ti_3Cu_4$	[70]
$Si_3N_4/TiZrCuB/$ Cu 中间层	1323	1.8	0.027	—	$TiN/Ti-Si+Ti-Zr+Cu-Zr+\alpha-Cu$	[71]
$Si_3N_4/TiNi-V$	1473	0.6	—	5	$TiN+Ti-Si/NiV$	[72]
$Si_3N_4/TiZrCuB/$ Cu 中间层	1323	1.8	0.027	$\leqslant15$	$TiN/Ti-Si+\alpha-Cu+Ti-Zr+Cu-Zr$	[73]
$Si_3N_4/$ $Ti40Zr25Ni15Cu20/$ Si_3N_4	1323	0.9	—	10~14	Ti_5Si_3,TiN	[74]
$Si_3N_4/V/Mo$	1523	5.4	20	5	V_3Si,V_5Si_3	[75]
$TiC/NiCrSiB/$铸铁	1373	0.6	—	—	$Ni(s.s.)+TiC+[Ni,Fe]$	[76]
$TiC/(Ti-Al-C-Ni)/$ $TiAl$	—	—	40	真空	$Ti_3Al,NiAl_2Ti,Ni_3(AlTi),$ $AlNi,AlNi_3$	[77]
$Al_2O_3/AgCuInTi/$ Kovar	1053	0.6	—	优于2	$TiO_2+TiO+Cu_3TiO_4+Al_3Ti+$ $Ag+Cu_4In+Ag_3In$	[78]
$Al_2O_3/AgCuTi/$ Ti	1098~1148	0.9~1.2	—	9~20	$Cu_3Ti_3O+Cu_4Ti/Ag+$ $Cu-Ti/\alpha-Ti(Cu)$	[79]
$Al_2O_3/AgCuTi/$ Nb	1093	0.9	—	—	$TiO+Ti_2O+Ag-Cu+Cu-Ti+$ $Ti_2(Cu,Nb)$	[80]
$Al_2O_3/Ag-Pd-$ Ti/Ti	1313	0.6	—	Ar	$Ti_2O_3,TiO,Pd_2Ti,Pd_3Ti$	[81]
$Al_2O_3/AgCuTi/$ $Cu/AgCuTi/$ 1Cr18Ni9Ti	1143	0.6	—	1	TiO,Cu_4Ti,Ni_3Ti	[82]

	温度 /K	时间 /ks	压力 /MPa	气氛 /mPa	反应产物(或界面结构)	参考 文献
Al_2O_3/AgCuTi-W/ 304 不锈钢	1173	0.6	—	0.3	Ti-W-O,Ti_xO_y	[83]
Al_2O_3/Cu/Al_2O_3	1313	86.4	5	0.13	Cu_2O,$CuAlO_2$	[84]
Al_2O_3/Cu-Sn-Ti+ B /TiC4	1183	0.6	—	<0.3	$Ti_4(Cu,Al)_2O/Ti_2(Cu,Al)$+ Ti_2Sn+$Ti_3Sn/Ti_2(Cu,Al)$+ Ti_2Cu+TiB/Ti+Ti_2Cu	[85]
Al_2O_3/Cu+B/ TC4	1203	0.6	—	<0.3	$Ti_3(Cu,Al)_3O/Ti_2Cu$+$Ti_2(Cu,Al)/$ $Ti+Ti_2(Cu,Al)+Ti(Cu,Al)$+ $AlCu_2Ti$+Ti_2Cu/Ti_2Cu+$AlCu_2Ti$+ TiB/Ti+Ti_2Cu	[86]
Al_2O_3/Cu-Ti-Zr/ Nb	1293	0.6	—	30	Cu_2Ti_4O+Ti(s. s.)+CuTi+ Cu(s. s.)+CuTi	[87]
Al_2O_3/Cu-25Ti- 5Zr/Nb	1223	0.6	—	30	Cu_2Ti_4O+$Ti_{0.5}Zr_{0.5}O_{0.19}/$ CuTi/Cu(s. s.)+CuTi	[88]
Al_2O_3/Ni/Nb/V/ Nb/Ni/Al_2O_3	1673	21.6	0.17	≤11	$NiAl_2O_4$	[89]
Al_2O_3/Nb/Al	1223	1.8	—	0.2	Al_3Nb	[90]
Al_2O_3/Ti/Al	1223	1.8	—	0.2	Al_3Ti	[90]
Al_2O_3/Ti+Nb/Al	1223	1.8	—	0.2	Al_3Ti,Al_3Nb	[90]
Al_2O_3/Ta-33Ti	1373	1.8	3	0.13	TiAl,Ti_3Al,Ta_3Al	[91]
Al_2O_3/ Zr-Cu- Zr/Al_2O_3	1233	3.6	—	真空	Zr_2Cu_3,ZrO_2	[92]
ZrO_2/96.4Au- 3Ni-0.6Ti/不锈钢	1323	0.3	0.00186	0.133	富 Au 相,富 Fe 相,Ti_2O_3,Ni_3Si_2	[93,94]
ZrO_2/97.5Au- 0.75Ni-1.75V/钢	1383	0.3	0.00186	0.133	富 Au 相,富 Fe 相	[93,94]
ZrO_2/Ag-28Cu/Ti	1093	0.6	0.09	3	富 Ti 相,Cu_xTi_y,TiO_x	[95]
ZrO_2/ $Ag_{53}Cu_{41}Ti_6$/TC4	1123	0.3	—	0.5	TiO,Ti_2O,Cu_2Ti_4O,Ag(s. s.), CuTi,$CuTi_2$,α-Ti	[96]
ZrO_2/Ag-Cu-Ti/Ti	1173	3.6	0.1	Ar	Ti_xCu_y,TiO,Ti_3Cu_3O,Ti_2O	[97]
ZrO_2/72Ag-28Cu +Ti/304 不锈钢	1093~1133	0.6~3	—	7	富 Ag 相,富 Cu 相,Ti_3Cu_3O, Cu_4Ti_3,$CuTi_3$,Zr	[98]

	温度/K	时间/ks	压力/MPa	气氛/mPa	反应产物(或界面结构)	参考文献
ZrO_2/Ag-26.7Cu-4.5Ti/不锈钢	1188	0.3	0.003	0.133	Fe_2Ti,Ti_2O_3,Fe_2Ti_4O,富 Ag 相,富 Cu 相	[99]
ZrO_2/Ag-9Pd-9Ga/不锈钢	1163	0.3	0	1.33	富 Ag 相,富 Pd 相,$(Mn,Cr)_3O_4$,Cr_2O_3(空气中热处理后)	[100]
ZrO_2/Ag-Cu-TiH_2/Kovar	1148	0.6	—		$Zr_xO_y+TiO/Cu_2Ti_4O/TiFe_2+$ Cu(s. s.)+Ag(s. s.)/Ti-Fe-Ni+ $TiFe_2+TiNi_3/TiFe_2+$ Cu(s. s.)+Ag(s. s.)	[101]
ZrO_2/CuAgTi/钢	1183	0.3	1.92	0.133	Ti-Cu 金属间化合物,Ag-Cu 共晶	[102]
ZrO_2/Cu-Ag-Ti/Ti	1143	0.3	0.026	1	TiO_x,Ag(Cu,Ti),$CuTi,CuTi_2$	[103]
ZrO_2/Ni-Ti-Ni/TC4	1308	0.3	—	1.3	$Ti_2Ni,Ni_2Ti_4O,Ti_2(NiAlV)$	[104]
ZrO_2/Ni-Cr-(O)/ZrO_2	1373	10.8	10	100	$NiO_{1-x}Cr_2O_{3-y}ZrO_{2-z}$,$0<x,y,z<1$	[105]
ZrO_2/Ti/Ni/Ti/316L 不锈钢	1173	3.6	—	Ar	Ti_xNi_y,Ti_xFe_y,TiO	[106]
ZrO_2/Ti47Zr28Cu14Ni11/Ti-6Al-4V	1123	1.8	—	0.5	$TiO,TiO_2,Cu_2Ti_4O,Ni_2Ti_4O$,$\alpha$-Ti,$(Ti,Zr)_2(Cu,Ni)$	[107]
ZrO_2/Ti-17Zr-50Cu/Ti-6Al-4V	1148	0.3	—		$Cu_2Ti_4O+(Ti,Zr)_2Cu/TiO+Ti_2O/$ $CuTi_2+(Ti,Zr)_2Cu/CuTi_2$	[108]

注:反应产物或界面结构均指钎料或中间层没有耗尽的情况。

1.2.2　界面反应的热力学计算

陶瓷与金属扩散连接过程中,各相之间的化学反应在自由能为负值时能够进行,可以用吉布斯-泽尔曼方程式进行计算,常用氧化物、碳化物和氮化物的热力学性能参数见表 1.3。对于化学反应为 $aA+bB\longrightarrow rR+sS$ 的情况,典型反应的吉布斯能量变化计算如下。

$$NiO+Al_2O_3\longrightarrow NiAl_2O_4; \qquad \Delta G_{1200K}=-21.74kJ/mol$$

$$CoO+Al_2O_3\longrightarrow CoAl_2O_4; \qquad \Delta G_{1200K}=-20.48kJ/mol$$

$$Cu_2O+Al_2O_3\longrightarrow Cu_2Al_2O_4; \qquad \Delta G_{1200K}=-16.72kJ/mol$$

$$Si_3N_4 + 4Ti \longrightarrow 4TiN + 3Si; \qquad \Delta G_{1200K} = -552kJ/mol$$

$$5Ti + 3Si \longrightarrow Ti_5Si_3; \qquad \Delta G_{1173K} = -205kJ/mol$$

$$Si_3N_4 + 4Al \longrightarrow 3Si + 4AlN; \qquad \Delta G_{1473K} = -382.8kJ/mol$$

$$Si_3N_4 + 4H_f \longrightarrow 3Si + 4H_fN; \qquad \Delta G_{1473K} = -632kJ/mol$$

$$Si_3N_4 + 4B \longrightarrow 3Si + 4BN; \qquad \Delta G_{1473K} = -234kJ/mol$$

表 1.3　部分氧化物、碳化物和氮化物的热力学性能参数

化合物	$-\Delta H^{\ominus}_{298}$ /(kJ/mol)	$\Delta S^{\ominus}_{298}$ /(J/(mol·K))	$C_p = a + bT - cT^2$/(J/(mol·K))			温度 T 的适应范围 /K
			a	$b\times10^3$	$c\times10^{-5}$	
TiO	518.744	34.792	49.651	12.570	—	1264~2000
Ti_2O_3	1519.808	78.873	145.198	5.442	42.705	473~2000
TiO_2	941.611	50.283	75.294	1.173	18.226	298~1800
Cr_2O_3	1130.436	81.224	119.472	92.127	15.661	293~1800
CrO_3	579.453	73.269	83.736	—	—	1000~2500
MnO	385.186	59.746	46.524	8.123	3.685	298~180
Mn_2O_3	971.756	110.532	103.539	35.085	13.523	298~1350
MnO_2	521.257	53.172	69.500	10.215	16.244	298~1120
FeO	266.698	54.010	38.811	20.095	—	298~1250
Fe_2O_3	822.706	90.016	98.347	77.874	14.863	1050~1800
CoO	239.485	43.961	41.030	9.211	—	298~2070
Co_3O_4	854.107	148.631	123.510	71.175	—	298~1240
NiO	244.509	38.602	46.808	8.457	—	565~2000
NbO	418.201	50.242	40.198	18.421	—	298~2218
NbO_2	798.147	53.172	71.594	6.698	11.723	298~2275
MnO_2	589.501	60.709	67.826	12.560	12.560	298~2200
MnO_3	754.980	78.209	56.940	56.521	—	298~1068
WO_2	570.661	62.802	73.687	17.584	16.747	298~1843
WO_3	840.877	83.317	72.557	32.405	—	298~1743
TiC	209.00	24.740	49.448	3.344	14.960	400~1800
ZrC	199.382	35.530	52.668	3.469	13.376	560~2400
HfC	116.556	41.173	43.145	6.662	—	1300~2500
VC	101.783	28.298	41.047	1.157	—	1300~2500
NbC	140.448	37.202	48.404	4.363	—	130~2500
TaC	144.628	42.218	30.430	6.897	—	293~2073
Cr_3C_2	97.812	85.272	125.525	23.324	—	298~1473
Mo_2C	45.560	82.764	—	—	—	
WC	35.112	35.530	33.356	9.071	—	298~1973
B_4C	38.920	27.143	96.461	21.903	—	298~1800

续表

化合物	$-\Delta H_{298}^{\ominus}$ /(kJ/mol)	$\Delta S_{298}^{\ominus}$ /(J/(mol·K))	$C_p = a + bT - cT^2/(J/(mol·K))$			温度 T 的适应范围 /K
			a	$b \times 10^3$	$c \times 10^{-5}$	
α-SiC	66.100	16.620	41.507	8.025	—	298~1800
Cr₂₃C₆	590.261	609.44	706.921	178.235	—	470~1700
Cr₇C₃	203.984	200.640	238.260	601.108	—	298~1473
Mn₃C	15.048	105.580	105.580	23.408	—	298~1310
Mn₇C₃	82.764	219.450	219.450	100.320	—	298~1527
Fe₃C	−24.996	107.091	107.091	12.540	—	463~1026
Co₃C	−16.511	98.230	—	—	—	—
Co₂C	−16.720	74.404	—	—	—	—
Ni₃C	−38.456	106.172	—	—	—	—
TiN	336.072	30.263	49.783	3.929	—	298~1823
ZrN	364.914	38.874	46.398	7.022	—	298~1823
HfN	368.843	54.758	41.131	9.279	—	273~1973
VN	250.800	37.202	49.785	8.778	—	298~1623
NbN	237.424	43.830	36.324	22.572	—	273~900
TaN	242.620	50.896	32.311	32.604	—	273~773
CrN	117.876	33.440	41.131	16.302	—	273~800
AlN	318.600	20.800	22.864	32.604	—	293~900
Si₄N₄	752.400	96.140	134.069	20.005	—	298~4000
Cr₂N	105.336	75.24	63.703	28.424	—	273~800
Mo₂N	69.388	87.78	34.276	109.725	—	273~800
Mn₄N	128.535	—	93.214	113.696	—	273~800
Mn₃N	130.416	—	135.830	146.300	—	273~800
Fe₈N	11.286	156.66	—	—	—	—
Fe₄N	10.868	156.66	112.191	34.108	—	273~800
Fe₂N	3.762	101.86	62.323	25.456	—	273~800
TiB	—	24.24	—	—	—	—
TiB₂	292.60	31.43	30.175	4.794	—	291~1073
ZrB₂	320.60	—	49.240	41.741	—	291~1037
HfB₂	357.80	—	73.701	7.804	—	298~2813
VB	129.58	28.00	—	—	—	—
VB₂	259.16	33.02	—	—	—	—
CrB₂	125.40	38.95	32.637	6.341	—	291~1073
MgB₂	55.59	33.95	—	—	—	—
MgB₄	73.57	51.87	—	—	—	—

1.2.3　陶瓷和金属的扩散路径

在两种单质金属扩散连接时,界面生成的反应相可以根据相图确定,例如,由 A 和 B 两种材料进行反应,如果能生成 A_2B、AB 和 AB_2 三种化合物,则可以从相图中确定其排列顺序一定是 $A/A_2B/AB/AB_2/B$。但陶瓷和金属扩散连接时,由于参加扩散的元素一般在三种以上,从三元相图上无法确定界面的生成物。为此,人们提出采用扩散路径来预测和确定界面的化合物以及排列顺序。

多元多相系统中,扩散路径并不一定是唯一的,它根据扩散连接时的温度、时间、反应相的变化而不同。当扩散路径不同时,界面反应相必然呈现出不同的排列顺序。

如图 1.16 的 AC 和 B 按照式(1-6)进行反应时,生成了 A 和 BC 反应物,从原理上可以认为反应物的分布应该呈 AC/A/BC/B 层排列或 AC/(A,BC)/B 层排列两种形式。应注意,AC/BC/A(B)的层排列不会出现,其原因是元素 A 向 BC 中扩散,不可能在 BC 中生成单质 A 物质,只有形成固溶体才能达到稳定状态。

$$AC+B \Longrightarrow A+BC \tag{1-6}$$

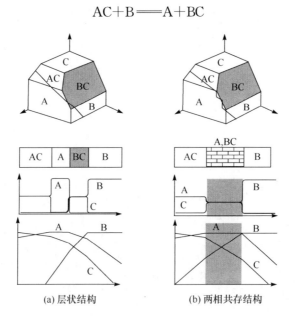

(a) 层状结构　　　　　　　　(b) 两相共存结构

图 1.16　三元反应系中的层排列和成分分布

现在,人们还不能够对扩散路径进行计算和预测,只能依靠试验的办法获得。到目前为止,对 SiC 与常用金属的扩散路径研究得比较多[10,21]。如图 1.17 所示,可以从扩散路径中得到界面生成的反应相,并确定界面层结构。

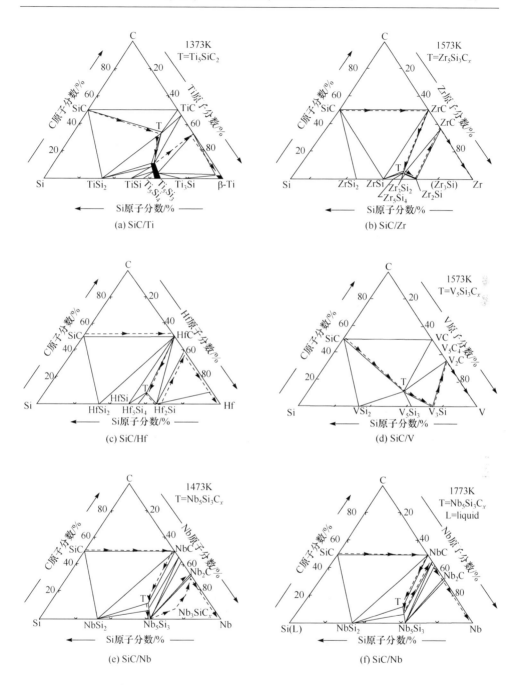

(a) SiC/Ti

(b) SiC/Zr

(c) SiC/Hf

(d) SiC/V

(e) SiC/Nb

(f) SiC/Nb

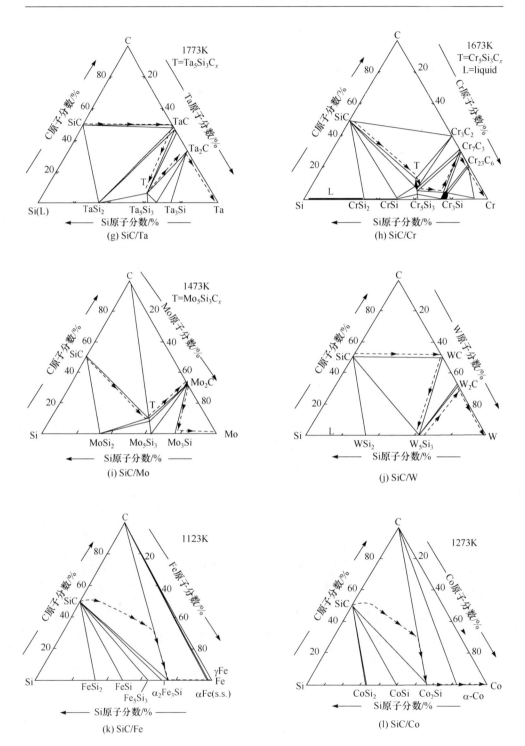

(g) SiC/Ta

(h) SiC/Cr

(i) SiC/Mo

(j) SiC/W

(k) SiC/Fe

(l) SiC/Co

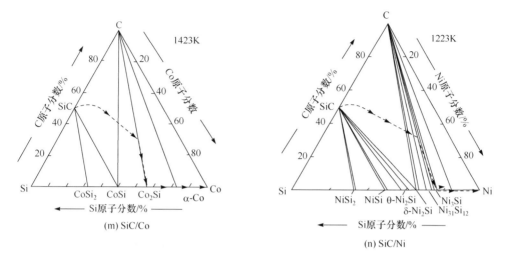

图 1.17　SiC 与常用金属的扩散路径

1.3　陶瓷与金属连接接头的热应力

1.3.1　热应力的产生及影响因素

陶瓷与金属连接时,由于热膨胀系数存在很大的差异,当接头从连接温度冷却到室温或在不同温度区间使用时,都会在接头中产生残余应力。残余应力的形成和存在,直接影响接头的性能,甚至导致接头在冷却过程中发生破坏。因此,对残余应力进行分析和测量,并在此基础上采取缓解措施是提高异种材料连接接头性能的一个有效途径。

1. 热应力的产生

热应力的产生主要与材料物理特性、接头的形状和温度分布有关。图 1.18 给出了各种材料的弹性模量 E 和热膨胀系数 α 之间的关系。一般来讲,陶瓷材料的热膨胀系数小、弹性模量大,而常用的金属材料正好与此相反。

因材料热膨胀系数之差引起的热应力可以用图 1.19 的界面移动模型进行解释[4]。图中 Me 和 C 分别表示金属和陶瓷,A 是界面的任意一点,A 点加热时产生膨胀,冷却时,如果能够自由收缩,A 点对应于陶瓷和金属材料将分别转移到 A_C 和 A_{Me},但由于扩散连接后 A 点同时属于陶瓷和金属共有,如果接合强度大于热应力,此时将产生变形,陶瓷和金属的体积变化分别为 ΔV_C 及 ΔV_{Me},则由体积变化引起的变形、应力分别为

$$\Delta V_C = 3\alpha_C \times \Delta T \tag{1-7}$$

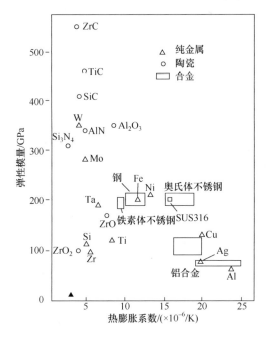

图 1.18　各种材料弹性模量和热膨胀系数的关系

$$\Delta V_{\mathrm{Me}} = 3\alpha_{\mathrm{Me}} \times \Delta T \tag{1-8}$$

$$\varepsilon = \Delta V_{\mathrm{Me}} - \Delta V_{\mathrm{C}} = 3(\alpha_{\mathrm{Me}} - \alpha_{\mathrm{C}})\Delta T \tag{1-9}$$

式中，ΔT 为加热和冷却的温度差；α_{C} 为陶瓷的热膨胀系数；α_{Me} 为金属的热膨胀系数；ε 为由体积变化引起陶瓷的变形。

对于热膨胀系数为 α_1 和 α_2、弹性模量为 E_1 和 E_2 的两种材料，如果温度上升分别为 T_1 和 T_2，当第二种材料的厚度远远大于第一种材料时，界面热应力可根据式(1-10)求出。

$$\sigma_1 = (\alpha_2 T_2 - \alpha_1 T_1)E_1 \tag{1-10}$$

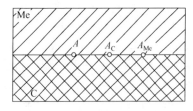

图 1.19　冷却时的界面移动模型

2. 热应力的影响因素

（1）材料因素。材料因素主要包括热膨胀系数、弹性模量、泊松比、界面特性、被连接材料的孔隙率、材料的屈服强度以及加工硬化系数等。其中，异种材料间热形变差($\alpha_1 T_1 - \alpha_2 T_2$)、弹性模量比($E_1/E_2$)、泊松比的比值($\nu_1/\nu_2$)是影响热应力的主要因素。

（2）温度分布的影响。不同的加热方式、加热温度、加热速度及冷却速度等工艺参数,都会影响热应力的分布。

（3）接头形状因素。接头形状因素主要包括板厚、板宽、长度、连接材料的层数、层排列顺序、接合面形状和接合面的粗糙度。其中,两种材料的厚度比、接头的长度与厚度之比是影响热应力的主要因素。

对于平板对接的情况,界面热应力大小与两种材料的厚度有关,当板材 I 比板材 II 的厚度小时,界面应力较大,当板材 I 的厚度充分小时,板材 II 一侧的应力接近为零,而板材 I 一侧的应力分布比较简单,可以认为是恒定值。

1.3.2　陶瓷和金属连接接头的热应力控制

1. 热应力的控制方法

如果金属和陶瓷连接时升温和降温的温度差为 ΔT,两种材料的热膨胀系数差为 $\Delta \alpha$,$f(x)$ 是与材料的弹性模量、变形特性、接头形状、接头尺寸有关的函数,则界面热应力 σ_{ij} 可以用式（1-11）表示[109]。由公式可知,必须从降低温度差、减小热膨胀系数差以及改善接头结构方面进行应力缓和。

$$\sigma_{ij} = \Delta \alpha \Delta T \cdot f(x) \tag{1-11}$$

为了减小温度差 ΔT,除了从连接材料上想办法,扩散连接时还应在保证接头质量的前提下尽可能采用较低的连接温度。近年来开发的常温接合、低温扩散连接、瞬时液相扩散连接等方法都具有降低接头热应力的效果。从接头形式和材料上考虑,接头热应力可以采用图 1.20 的方法进行缓和。

2. 中间层材质及厚度对热应力的影响

从图 1.20 可知,添加中间层对控制接头的热应力是十分必要的,中间层的选择可分为三种类型,即单一的金属中间层、多层金属中间层和梯度中间层。

单一的金属中间层通常采用软金属,如 Al、Cu、Ni 及 Al-Si 合金等,也可以采用高弹性金属 Mo、W 等。软金属中间层的塑性好,屈服强度低,能通过塑性变形和蠕变变形来缓解接头的残余应力。理论分析和有限元计算均表明,中间层的种类和厚度对接头的残余应力影响很大。一般情况下,当中间层种类相同时,在一定尺寸范围内,中间层厚度越大,接头残余应力越小。采用 Al 中间层连接 Al_2O_3 与钢,当中间层厚度为 0.8mm 时,测得靠近界面的 Al_2O_3 中的残余应力为 90MPa,接头强度仅有 4MPa;而当中间层的厚度增加到 2.5mm 时,残余应力的数值下降到 50MPa,接头强度相应地提高到 23MPa。当然,中间层厚度超过一定值时,再增加厚度对降低接头残余应力的贡献就很小。例如,在 Si_3N_4 与钢连接中,采用 0.5mm 厚的 Cu 中间层就已使接头最大残余应力降至 180MPa,当 Cu 层厚度增大到 2mm 时,接头最大残余应力仍然为 180MPa。同样,中间层的弹性模量越小,屈

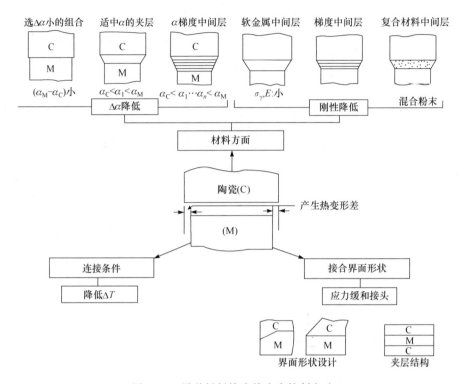

图 1.20　异种材料接头热应力控制方法

服强度越低,厚度越大,缓解的效果越好。在进行 Si_3N_4 与钢的连接中发现,当不采用中间层时,接头中的最大残余应力为 350MPa;当分别采用 1.5mm 厚的 Cu 和 Mo 中间层时,接头最大残余应力的数值分别降至 180MPa 和 250MPa。加入软金属中间层如铝、铜等的目的是为了通过弹性、塑性及蠕变变形来缓解残余拉应力。但是该方法对于降低接头残余应力的效果并不十分明显,尤其是对硅系陶瓷与金属接头的效果比较差。另外,该方法的作用是有一定限度的,它无法适应极冷极热的场合以及非常苛刻的冷热循环。

　　与单一金属中间层相比,多层金属中间层降低接头残余应力的效果更好,尤其适用于热胀系数相差较大的陶瓷与金属接头。一般在金属一侧施加塑性好的软金属,如 Ni、Cu 等;而在陶瓷一侧施加低热胀系数、高弹性模量的 Mo、W 等。这样即可充分发挥不同金属中间层的特性来适应陶瓷/金属接头的热变形,更好地降低接头的残余应力。采用多种材料做中间层时,不同的材料组合具有不同的热应力缓和效果,如图 1.21 所示,采用 Ni/W 做中间层时,热应力的降低效果比 Ni/Cu 显著。当 Ni 的厚度为 0.2mm 时,增加 W 的厚度,接头的热应力逐渐下降;与此相反,增加 Cu 的厚度时,界面最大热应力反而上升。

梯度金属中间层可通过成分配比变化的合金粉末烧结而成,也可通过蒸镀或电镀实现,又称为粉末梯度中间层或者功能梯度中间层,它是按弹性模量或热膨胀系数逐渐变化设计的。整个中间层表现为在陶瓷一侧的热膨胀系数低、弹性模量高,而在金属一侧的热膨胀系数高、塑性好。也就是说,从陶瓷一侧过渡到金属一侧,梯度中间层的弹性模量逐渐降低,而热膨胀系数逐渐增高。这种中间层能更为有效地降低陶瓷/金属接头的残余应力,提高接头的性能。

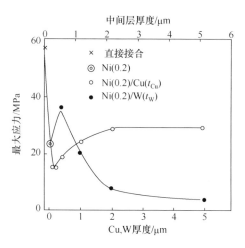

图 1.21　Ni/Cu 及 Ni/W 中间层厚度对 Si_3N_4 接头最大应力的影响

3. 中间层材质及厚度对热应力的影响

中间层的热膨胀系数和弹性模量对异种材料接头的热应力缓和有很大影响[109],如图 1.22 所示,材料 A 和 B 的厚度均为 10mm,中间层厚度分别为 0.1mm、1mm 和 5mm。从图 1.22(a)可知,当中间层厚度为 0.1mm 时,单位温度产生的热应力基本不随中间层的热膨胀系数而变化;当中间层厚度大于 0.1mm 以后,随着中间层热膨胀系数的增大,单位温度所对应的界面应力变大。从图中还可以看出,中间层的热膨胀系数小于材料 B 的值时,增加中间层的厚度可以起到缓解热应力的作用,而当热膨胀系数比材料 B 的值大时,薄中间层的应力缓和效果比厚中间层好。从图 1.22(b)中可以看出,中间层弹性模量 E 对热应力的影响与热膨胀系数相反,当材料的弹性模量较小时,应采用较薄的中间层;而当材料的弹性模量较大时,厚中间层的热应力缓和效果比较好。

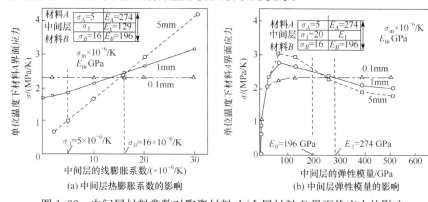

(a) 中间层热膨胀系数的影响　　　　(b) 中间层弹性模量的影响

图 1.22　中间层材料常数对陶瓷材料 A/金属材料 B 界面热应力的影响

4. 接头形状及尺寸对热应力的影响

一般来讲,陶瓷和金属连接面积越大,接头产生的残余热应力数值也越大;母材厚度越厚,焊后冷却时接头部位越不容易变形,接头的残余热应力也就越大。接头形式的影响比较复杂,陶瓷和金属的连接面为方形时,四个角的残余应力比边缘大。圆管或圆筒形试件以搭接的接头形式连接时,搭接部位金属的厚度及搭接部位是否开槽都影响接头的残余应力。例如,将内径 186mm、壁厚 7mm 的 SiO_{2f}/SiO_2 陶瓷基复合材料与 Kovar 合金管连接时(套接接头,Kovar 合金在内,复合材料在外),分别采用如下四种连接结构进行了有限元分析[110]:结构 I 是原始尺寸的两种管材,第二种结构是将 Kovar 合金的连接部位减薄,第三和第四种结构是分别将 Kovar 合金连接部位的圆环进行四等分及八等分开槽,然后采用相同的活性中间层钎料及相同的工艺参数连接。焊后接头的应力分析如图 1.23 所示。接头的残余拉应力呈现出 σ_x(I)>σ_x(II)>σ_x(III)≥σ_x(IV)的趋势,而剪应力 τ_{xy} 的大小也呈现出同样趋势:τ_{xy}(I)≥τ_{xy}(II)>τ_{xy}(III)≥τ_{xy}(IV)。可见,对刚性较大的 Kovar 合金环进行减薄和等分,能有效降低接头残余应力的大小并改善其分布。

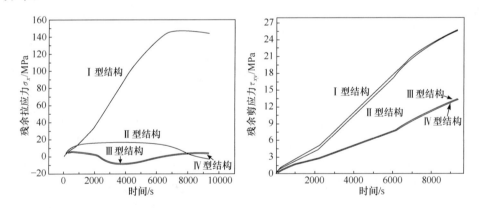

图 1.23　Kovar 合金和 SiO_{2f}/SiO_2 陶瓷基复合材料四种结构的残余应力

1.3.3　陶瓷和金属连接接头的强度

陶瓷与金属连接接头的力学性能是衡量接头质量的重要指标,目前基本采用的是接头的抗剪强度和抗拉强度。围绕接头的力学性能,国内外研究人员进行了大量工作,并取得了显著成果,部分数据列于表 1.4。

影响接头强度的因素很多,从宏观上看,主要有连接工艺规范(包括温度、时间、压力等)、钎料及中间层、接头形式等。从接头微观上看,影响连接接头强度的主要因素有材料的本身强度(陶瓷母材、金属母材、钎料及中间层)、界面反应形成的生成物强度(各类反应相、金属间化合物等)、反应相与母材的界面连接强度、生成物之间的界面连接强度等。

提高接头强度的途径和方法也很多,应选择合理的母材搭配及钎料(或中间层)、优化连接工艺、设计合理的接头形式、控制界面的脆性化合物种类及分布,降低接头的残余应力等。

表 1.4　陶瓷与金属扩散连接的工艺参数

母材与中间层的组配	中间层厚度 /μm	界面尺寸 /mm	温度 /K	时间 /ks	压力 /MPa	气氛 /mPa	强度 /MPa	评定方法	参考文献
SiC/Al-Si/ Kovar	600	8×8	873	1.8	4.9	30	113	抗弯	[111]
SiC/Ag-Cu-In-Ti/SiC	50	6×4	973~1053	10~3.6	—	5	234	抗弯	[23]
SiC/Ag-Cu-Ti/SiC	50	3×4	1174	0.3	1	真空	342	抗剪	[25]
SiC/Ag-Cu-Ti/ WC-Co	100	5×5	1375	0.036	—	Ar	78	抗剪	[112]
SiC/Ag-27.14 Cu-4.54Ti/TiAl	20	—	1173	0.6	0	6.6	173	抗剪	[113]
SiC/Ag+ Ni0.93B0.07/ 镍基超合金	200	15×5	1183~1373	0.6	16	1	45	抗剪	[114]
SiC/Bi-Ag-X/ CuMo-Al₂O₃	127	2×2	593	0.18	0	—	34.3	抗剪	[115]
SiC/Cu/SiC	—	—	1020		20		80	—	[116]
SiC/Cr/SiC	25	ϕ 6	1473	1.8	7.3	1.33	89	抗剪	[27]
SiC/Mo/SiC	32	20×20	1673	3.6	7	真空	76	抗剪	[29]
SiC/Ni/SiC	—		1200		15		90	—	[116]
SiC/Ni-51Cr	—	ϕ 10	1633	0.3	0.05	—	74.2	抗弯	[34]
SiC/Ni-49.5Cr-3Nb	480	ϕ 10	1673	0.6	—	优于 20	75.1	抗弯	[35]
SiC/(Ni-Si) Mo(Ni-Si)/SiC	150	15×2	1623	0.6	—	真空	41	抗剪	[33]
SiC/Nb/SiC	12	ϕ 6	1790	36	7.3	1.33	187	抗剪	[36]
SiC/Pd-Co-Ni-V	40	3×4	1493	0.6	—	优于 5	56.8	抗弯	[37]

续表

母材与中间层的组配	中间层厚度/μm	界面尺寸/mm	温度/K	时间/ks	压力/MPa	气氛/mPa	强度/MPa	评定方法	参考文献
SiC/SnAgTi/SiC	50	3×4	1133,1173,1573	0.6,1.8,3.6	—	5	342	抗弯	[25]
SiC/SnAgTi/钢	300	φ16	673	0.12	—	—	22	抗剪	[117]
SiC/Ti/SiC	20	φ6	1773	3.6	7.3	1.33	250	抗剪	[118]
SiC/Ti/SiC	30	15×6	1973~2373	0.3	60	—	126	抗弯	[40]
SiC/Ti/SiC	20	6×6	1443	10.8	20	Ar	125	抗剪	[41]
SiC/Ti/SiC	32	20×20	1673	3.6	7	真空	67	抗剪	[29]
SiC/Ti-Si/SiC	100	5×5	1674	0.6	0.15		125	抗剪	[42]
SiC/Ti-35Zr-15Ni-15Cu			1233	0.6	0	—	117	抗剪	[45]
SiC/含铝聚合物/SiC			1273~1473	0.6	—		206	抗弯	[119]
SiC/Ta/SiC	20	φ6	1773	28.8	7.3	1.33	72	抗剪	[46]
SiC/W/Cu/F82H钢	15	10×5	1273	36	10	—	41.3	抗剪	[120]
SiC/W/Ni/钢	200	2×22	1023~1173	10.8	3	1	55	抗拉	[121]
SiC/ZnAlMg	—	5×10	693	0.016	0	Ar	148	抗剪	[122]
C_f/SiC/Ag-Cu-Ti-C_f/Ti			1173	1.8	—	高于6	84	抗剪	[123]
C_f/SiC/Ag-Cu-Ti-TiC/Ti			1223	0.3	—	高于6	157	抗剪	[50]
C_f-SiC/Cu-Ti-C/TC4			1214	2.4	—	高于6	126	抗剪	[51]
Si_3N_4/AISI316		φ10	1373	10.8	7	0.2	95	抗剪	[52]
Si_3N_4/316不锈钢	50	6×4	1373	7.2	4~5	0.1	~29	抗剪	[124]
Si_3N_4/Ag54.67eCu35.96eTi4.37ePd5/42CrMo	50	3×4	1193	1.8	0.015	1~3	352.3	抗拉	[125]

续表

母材与中间层的组配	中间层厚度/μm	界面尺寸/mm	温度/K	时间/ks	压力/MPa	气氛/mPa	强度/MPa	评定方法	参考文献
Si_3N_4/52Ag-12.5In-27.25Cu-1.25Ti/Cu	—	8×5	1053	0.6	—	真空	55	抗拉	[126]
Si_3N_4/Ag59.0-Cu27.25-In12.5-Ti1.25+SiCp/14NiCr14 钢	300	3×4	1283	0.6	—	—	523	抗弯	[127]
Si_3N_4/AgCuTi/镍基超合金	60	4×3	1193	0.48	—	1	74	抗弯	[128]
Si_3N_4/Ag-Cu-Ti+Mo	—	—	1173	0.6	0.025~0.033	1.3~1.7	429.4	抗弯	[56]
Si_3N_4/AgCu/TiAl	100	—	1133	0.3	—	5	124.6	抗剪	[53]
Si_3N_4/Ag-Cu-Ti/Invar 合金	100	—	1143	0.9	—	2	92.8	抗剪	[54]
Si_3N_4/Ag-Cu-Ti	—	—	1423	1.8	—	20	159.4	抗弯	[55]
Si_3N_4/Cu-20Ti	—	11×5	1413	0.6	—	4~5	105	抗剪	[61]
Si_3N_4/Cu-Ti-B+Mo+Ni/40Cr	50+100+1000	φ14	1173	2.4	30	6	180	抗剪	[129]
Si_3N_4/Fe-36Ni+Ni/MA6000	2000+1000	3.5×2.5	1473	7.2	100	—	75	抗弯	[67]
Si_3N_4/Invar/AISI316	250	φ10	1323	5.4	7	2	95	抗剪	[130]
Si_3N_4/Ni-20Cr/Si_3N_4	125	15×15	1473	3.6	100	0.14	100	抗弯	[66]
Si_3N_4/Ni-20Cr/Si_3N_4	125	15×15	1423	3.6	100	Ar	300	抗弯	[66]
Si_3N_4/Nb+Cu+Ni/因科镍 600	0.02+0.2+0.12	20×20	1403	3.0	7.5	真空	100	抗剪	[131]
Si_3N_4/Ni	—	φ10	1273	3.6	5	6.65	32	抗拉	[132]

母材与中间层的组配	中间层厚度 /μm	界面尺寸 /mm	温度 /K	时间 /ks	压力 /MPa	气氛 /mPa	强度 /MPa	评定方法	参考文献
Si_3N_4/Ni-Cr/Si_3N_4	200	15×15	1423	3.6	22	Ar	160	抗弯	[133]
Si_3N_4/Ni＋Ni-Cr＋Ni＋Ni-Cr＋Ni/Si_3N_4	10＋60＋60＋60＋10	15×15	1423	3.6	22	Ar	391	抗弯	[133]
Si_3N_4/(Ti/Ni)/Ni	20	19×19	1423	3.6	0.1	真空	100	抗剪	[134]
Si_3N_4/TiZrCuB/Cu 中间层	—	—	1123	1.8	0.027	—	230	抗弯	[71]
Si_3N_4/TiNi-V	200	—	1473	0.6	—	5	28	抗剪	[72]
Si_3N_4/TiZrCuB/Cu 中间层	—	—	1323	1.8	0.027	不低于15	241	抗弯	[73]
Si_3N_4/V/Mo	25	φ10	1328	5.4	20	5	118	抗剪	[75]
TiC/NiCrSiB/铸铁	—	—	1373	1.2	—	—	78.6	抗剪	[76]
TiC/TiAlCNi/TiAl	—	φ10	1323	3.6	40	真空	128.1	抗拉	[77]
Al_2O_3/AA7075	—	φ10	633	360	6	665	60	抗剪	[135]
Al_2O_3/Ag	—	φ8	1173	0	3	空气	70	抗拉	[136]
Al_2O_3/Al/Al_2O_3	150	4×3	1023	0.9	30	—	113.3	抗弯	[137]
Al_2O_3/Al-Si/低碳钢	—	φ32	873	1.8	5	30	23	抗拉	[138]
Al_2O_3/Ag/Al_2O_3	250	φ6	1173	7.2	6	—	64	抗剪	[139]
Al_2O_3/AgCuInTi/Kovar	60	φ20	1053	0.6	—	<2	93	抗拉	[78]
Al_2O_3/Ag-Cu-Ti/Ti	60/105	5×5	1098～1148	0.9～1.2	—	9～20	100 以上	抗剪	[79]

母材与中间层的组配	中间层厚度 /μm	界面尺寸 /mm	温度 /K	时间 /ks	压力 /MPa	气氛 /mPa	强度 /MPa	评定方法	参考文献
Al$_2$O$_3$/AgCuTi/Nb	190	—	1093	0.9	—	—	223	抗剪	[80]
Al$_2$O$_3$/Cu-Sn-Ti+B/Ti-6Al-4V	—	—	1183	0.6	—	<0.3	70.1	抗剪	[85]
Al$_2$O$_3$/Cu/AISI1015	100	ϕ 10	1273	18	3	O$_2$	100	抗弯	[140]
Al$_2$O$_3$/Cu-Ti-Zr/Nb	—	—	1293	0.6		30	162	抗剪	[87]
Al$_2$O$_3$/Cu-25Ti-5Zr/Nb	—	—	1293	0.6		30	162	抗剪	[88]
Al$_2$O$_3$/Ti/1Cr18Ni9Ti	200	ϕ 10	1143	1.8	15	13.3	32	抗拉	[141]
Al$_2$O$_3$/1Cr18Ni9Ti	—	ϕ 10	1373	3.6	7	13.3	19	抗拉	[141]
Al$_2$O$_3$/Ti-5Ta/Al$_2$O$_3$	700	ϕ 16	1423	1.2	0.2	0.13	56	抗拉	[142]
Al$_2$O$_3$/Mg-Al/Al$_2$O$_3$	150	20×40	672	1.8	20	—	202	抗剪	[143]
Al$_2$O$_3$/Nb/Al	1	ϕ 17	1223	1.8	—	0.2	43	抗剪	[90]
Al$_2$O$_3$/Ti/Al	0.8	ϕ 17	1223	1.8	—	0.2	38	抗剪	[90]
Al$_2$O$_3$/Ti+Nb/Al	0.9	ϕ 17	1223	1.8	—	0.2	54	抗剪	[90]
Al$_2$O$_3$/Ti+Ag27Cu3Ti/Nb	100	5×5	1143	1.2	0.04	1.5	107	抗剪	[144]
Al$_2$O$_3$/Al+Ag27Cu3Ti/Nb	100	5×5	1123	1.2	0.04	1.5	139	抗剪	[144]
Al$_2$O$_3$/Mo-Mn/Ni/Ag-Cu/304 不锈钢	50+4～9+800	ϕ 10	1093	1.2	—	8	110	抗剪	[145]
Al$_2$O$_3$/Al$_2$O$_3$-ZrO$_2$/Al$_2$O$_3$	1000	30×10	1973	3.6	0.17	—	310	抗弯	[146]

续表

母材与中间层的组配	中间层厚度/μm	界面尺寸/mm	温度/K	时间/ks	压力/MPa	气氛/mPa	强度/MPa	评定方法	参考文献
Al_2O_3/Al_2O_3 浆料(42.2vol%)/Al_2O_3	～90	2×3	1923	7.2	0.03	—	283	抗弯	[147]
Al_2O_3/聚碳硅烷/Al_2O_3	—	3×4	1873	3.6	0	—	109	抗弯	[148]
ZrO_2/AISI316/ZrO_2	100	2×2	1473	3.6	10	100	720	抗弯	[105]
ZrO_2/Ag-28Cu/Ti	50	ϕ 8	1093	0.6	0.09	3	32	抗弯	[95]
ZrO_2/$Ag_{53}Cu_{41}Ti_6$/TC4	17—50	5×5	1123	0.3	—	0.5	178	抗剪	[96]
ZrO_2/Ag-26.7Cu-4.5Ti/不锈钢	100～120	4×4	1188	0.3	0.1875	0.133	40.2	抗剪	[99]
ZrO_2/72Ag-28Cu＋Ti/304 不锈钢	—	ϕ 8	1123	1.8	—	真空	90	抗剪	[149]
ZrO_2/Ag-Cu-TiH_2/Kovar	—	—	1148	0.6	—	—	134	抗剪	[101]
ZrO_2/Ag-CuO＋5Pd-Ag-CuO＋15Pd-Ag-CuO/ZrO_2	200	4×3	1273	3.6	0.004	—	193	抗弯	[150]
ZrO_2/Al/Fe-Cr/Al/ZrO_2	0.5	10×10	1273	28.8	80	真空	135	抗弯	[151]
ZrO_2/CuO-Ag-Ti/ZrO_2	—	4×3	1273	3.6	0.5	—	128	抗弯	[152]
ZrO_2/CuAgTi/Ti	50	ϕ 8	1123	0.3	0.0259	1	246	抗弯	[103]
ZrO_2/Ni-Cr/ZrO_2	125	ϕ 15	1373	7.2	10	100	574	抗弯	[105]
ZrO_2/Ni-Cr-(O)/ZrO_2	126	ϕ 15	1373	7.2	10	100	620	抗弯	[105]

续表

母材与中间层的组配	中间层厚度/μm	界面尺寸/mm	温度/K	时间/ks	压力/MPa	气氛/mPa	强度/MPa	评定方法	参考文献
ZrO_2/Pd-Ag-CuO_x/ZrO_2	—		873～1073	—		1.01	150	抗弯	[153]
ZrO_2/Ni-Ti-Ni/TC4	50	—	1308	0.3		0.013	261.1	抗弯	[104]
ZrO_2/Ti47Zr28Cu14Ni11/TC4	50	15×5	1123	1.8		0.5	63	抗剪	[107]
ZrO_2/Ti-17Zr-50Cu/TC4	50	—	1173	0.6			165	抗剪	[108]
SiO_2/TiZrNiCu/TC4			1153	0.3			23	抗剪	[154]
SiO_2/AgCuTi/TC4			1173	0.3			27	抗剪	[154]
SiO_2 复合材料/AgCu-4.5Ti/TC4	100		1123	0.6			7.8	抗剪	[155]
SiO_{2f}/SiO_2 复合材料/AgCuTi/碳碳复合材料	50	—	1153	3.6	—	不低于5	16.6	抗剪	[156]

注：接头强度均指室温强度。

参 考 文 献

[1] 马里内斯库(美). 先进陶瓷加工导论. 田欣利,张保国,吴志远译. 北京:国防工业出版社,2010

[2] 周玉. 陶瓷材料学. 2 版. 北京:科学出版社,2014

[3] 傅恒志,郭景杰,刘林,等. 先进材料定向凝固. 北京:科学出版社,2008

[4] 李荣久. 陶瓷-金属复合材料. 北京:冶金工业出版社,1995

[5] 方洪渊,冯吉才. 材料连接过程中的界面行为. 哈尔滨:哈尔滨工业大学出版社,2005

[6] 美国焊接学会钎焊委员会编. 钎焊手册. 修订第 3 版. 北京:国防工业出版社,1982

[7] 岩本信也,宗宫重行. 金属とセラミックスの接合. 东京:内田老鹤圃,1990

[8] 李志远,钱乙余,张九海. 先进连接方法. 北京:机械工业出版社,2000

[9] 中国机械工程学会焊接学会. 焊接科学基础. 黄石生主编. 焊接方法与工程控制. 北京:机械工业出版社,2014

[10] 冯吉才. 固相接合されたSiCセラミックスと金属 Ti,Cr,Nb,Ta 接合体における界面反应机理に关する研究[博士学位论文]. 大阪:日本国大阪大学,1996

[11] 张启运,庄鸿寿. 钎焊手册. 2版. 北京:机械工业出版社,2008

[12] 冯吉才. 陶瓷/金属扩散连接接头的界面反应和相形成[博士后出站报告]. 哈尔滨:哈尔滨工业大学,1997

[13] Yong T. An essay on the cohesion of fluids. Philosophical Transaction Royal Society London,1805,95:65~87

[14] 方洪渊. 简明钎焊工手册. 北京:机械工业出版社,2000

[15] 熊华平,陈波. 陶瓷用高温活性钎焊材料及界面冶金. 北京:国防工业出版社,2014

[16] Cao J,Wang Y F,Song X G,et al. One-dimensional nickel borate nanowhiskers:characterization,properties,and a novel application in materials bonding. RSC Advances,2014,4:19221~19225

[17] 宋晓国,刘洪伟,曹健,等. 真空多室表面活化辅助连接复合装备:中国,201510403314. 0,2015-7-11

[18] 张丽霞,亓钧雷,王刚,等. 真空活化焊接装置:中国,ZL201110188104. 6,2012-12-19

[19] 曹健,陈海燕,宋晓国,等. 一种预摩擦及利用该装置实现扩散连接的方法:中国,ZL201110371561. 9,2014-02-12

[20] 杨振文. SiO₂-BN 陶瓷与 Invar 合金钎焊中间层设计及界面结构形成机理[博士学位论文]. 哈尔滨:哈尔滨工业大学,2013

[21] Shuster J C. Design criteria and limitations for SiC-metal and Si₃N₄-metal joints derived from phase diagram studies of the systems Si-C-metal and Si-N-metal. Structural Ceramics Joining Ⅱ. Ceramic Transactions,1993,35:43~57

[22] Ratnaparkhi P L,Howe J M. Characterization of a diffusion-bonded Al-Mg alloy/SiC interface by high resolution and analytical electron microscopy. Metallurgical and Materials Transactions,1994,25A:617~627

[23] Liu Y,Huang Z R,Liu X J,et al. Brazing of SiC ceramics using Ag-Cu-In-Ti filler metal. Journal of Inorganic Materials,2009,24(4):817~820

[24] Mrityunjay S,Matsunaga T,Lin H T. Microstructure and mechanical properties of joints in sintered SiC fiber-bonded ceramics brazed with Ag-Cu-Ti alloy. Materials Science and Engineering A,2012,557:69~76

[25] Liu Y,Huang Z R,Liu X J. Joining of sintered silicon carbide using ternary Ag-Cu-Ti active brazing alloy. Ceramics International,2009,35:3479~3484

[26] 刘岩,黄政仁,刘学建. Ag-Cu-Ti 连接 SiC/SiC 接头界面反应和界面结构. 人工晶体学报,2009,S1:195~198

[27] 冯吉才,奈贺正明,Schuster J C. SiC/Cr 接合层の构造と破断强度. 日本金属学会志,1997,61(7):636~642

[28] Backhaus-Ricoult M. Solid state reactions between silicon carbide and (Fe,Ni,Cr)-Alloys-reaction paths,kinetics and morphology. Acta Metallurgical Materials,1992,40(Supplement):S95~S103

[29] Jung Y I,Kim S H,Kim H G. Microstructures of diffusion bonded SiC ceramics using Ti

and Mo interlayers. Journal of Nuclear Materials,2013,441:510~513

[30] Martinelli A E,Drew R A L. Microstructural development during diffusion bonding of α-silicon carbide to molybdenum. Materials Science and Engineering,1995,A191:239~247

[31] Feng J C,Liu H J,Naka M. Reaction products and growth kinetics during diffusion bonding of SiC ceramic to Ni-Cr alloy. Materials Science and Technology,2003,19:137~140

[32] Li S J,Mao Y W,He Y H. Joining of SiC ceramic by high temperature brazing using Ni-Cr-SiC powders as filler. High-Performance Ceramics Ⅳ,Pts 1-3,Book Series:Key Engineering Materials,2007,336-338:2394~2397

[33] Liu G W,Valenza F,Muolo M L,et al. SiC/SiC and SiC/Kovar joining by Ni-Si and Mo interlayers. Journal of Material Science,2010,45:4299~4307

[34] 毛样武,李树杰,韩文波. 采用 Ni-51Cr 焊料高温钎焊 SiC 陶瓷. 稀有金属材料与工程,2006,02:312~315

[35] 毛样武,李树杰,韩文波. 采用 Ni-Cr-Nb 焊料连接再结晶 SiC 陶瓷. 稀有金属材料与工程,2009,S1:276~279

[36] 冯吉才,刘会杰,韩胜阳,等. SiC/Nb/SiC 扩散连接接头的界面构造及接合强度. 焊接学报,1997,18(2):20~23

[37] 陈波,熊华平,毛唯,等. Pd-Co-Ni-V 钎料钎焊 SiC 陶瓷的接头组织及性能. 航空材料学报,2007,05:49~52

[38] 赵华涛,黄继华,张华,等. 用 Cu-Ti 钎料对 Si/SiC 陶瓷与低膨胀钛合金的钎焊. 稀有金属材料与工程,2007,12:2184~2188

[39] Naka M,Feng J C,Schuster J C. Phase reaction and diffusion path of the SiC/Ti system. Metallurgical and Materials Transactions,1997,28A:1385~1390

[40] Grasso S,Tatarko P,Rizzo S,et al. Joining of beta-SiC by spark plasma sintering. Journal of the European Ceramic Society,2014,34:1681~1686

[41] Katoh Y,Snead Lance L,Cheng T,et al. Radiation-tolerant joining technologies for silicon carbide ceramics and composites. Journal of Nuclear Materials,2014,448:497~511

[42] Li J K,Liu L,Liu X. Joining of SiC ceramic by 22Ti-78Si high-temperature eutectic brazing alloy. Journal of Inorganic Materials,2011,26:1314~1318

[43] Yang Y Q,Dudek H J,Kumpfert J. Interfacial reaction and stability of SCS-6SiC/Ti-25Al-10Nb-3V-1Mo composites. Materials Science and Engineering,1998,A246:213~220

[44] 冯广杰,李卓然,朱洪羽,等. SiC 陶瓷真空钎焊接头显微组织和性能. 材料工程,2015,01:1~5

[45] 李卓然,徐晓龙,刘文波,等. 钎缝间隙对 SiC 陶瓷钎焊接头组织及性能的影响. 焊接学报,2012,11:9~12

[46] 冯吉才,奈贺正明,Schuster J C. SiC/Ta/SiC 接合体の界面反应と强度. 日本金属学会志,1997,61(5):456~461

[47] Feng J C,Fukai T,Naka M,et al. Interfacial microstructure and strength of diffusion bonded SiC/metal joints. Proceedings of the 6th International Symposium on the Role of Weld-

ing Science and Technology in the 21st Century. Nagoya,1996:101～106

[48] Fukai T,Naka M,Schuster J C. Bonding and interfacial structures of SiC/Zr joint. Transactions of the Japan Welding Research Institute,1996,25 (1):59～62

[49] 王宇欣,张丽霞,王军,等. 置氢 TC4 钛合金与 C/SiC 复合材料钎焊接头界面组织和结构. 焊接学报,2011,10:105～108

[50] 熊进辉,黄继华,张华,等. C_f/SiC 复合材料与 Ti 合金的 Ag-Cu-Ti-TiC 复合钎焊. 中国有色金属学报,2009,06:1038～1043

[51] 王志平,黄继华,班永华,等. 反应复合钎焊 C_f-SiC/Cu-Ti-C/TC4 接头组织结构. 材料工程,2008,09:36～39

[52] StoopB T J,Ouden G D. Diffusion bonding of silicon nitride to austenitic stainless steel without interlayers. Metallurgical Transactions,1993,24A:1835～1843

[53] 宋晓国,曹健,蔺晓超,等. Si_3N_4/AgCu/TiAl 钎焊接头界面结构及性能. 稀有金属材料与工程,2011,01:48～51

[54] 王颖,杨振文,张丽霞,等. Invar 合金与 Si_3N_4 陶瓷钎焊接头界面组织和性能研究. 稀有金属材料与工程,2015,02:339～343

[55] 赵其章,王磊,邹家生. Ag-Cu-Ti 急冷钎料钎焊 Si_3N_4 陶瓷接头界面结构及性能. 江苏科技大学学报(自然科学版),2009,06:500～503

[56] 贺艳明,王兴,王国超,等. 采用 Ag-Cu-Ti＋Mo 复合钎料钎焊 Si_3N_4 陶瓷. 焊接学报,2013,08:59～62

[57] He Y M,Zhang J,Liu C F,et al. Microstructure and mechanical properties of Si_3N_4/Si_3N_4 joint brazed with Ag-Cu-Ti plus SiC_p composite filler. Materials Science and Engineering A,2010,527:2819～2825

[58] He Y,Sun Y,Zhang J,et al. An Analysis of deformation mechanism in the Si_3N_4-AgCuTi ＋SiC_p-Si_3N_4 joints by digital image correlation. Journal of the European Ceramic Society,2013,33:157～164

[59] Liu G M,Zou G S,Wu A P,et al. Improvements of the Si_3N_4 brazed joints with intermetallics. Materials Science and Engineering A ,2006,415:213～218

[60] Sun Y,Zhang J,Geng Y P,et al. Microstructure and mechanical properties of an Si_3N_4/Si_3N_4 joint brazed with Au-Ni-Pd-V filler alloy. Scripta Materialia,2011,64:414～417

[61] 张德库,张文军,蒋佳敏. 采用 Cu-Ti 钎料高温连接 Si_3N_4 陶瓷. 焊接学报,2014,05:59～62

[62] Liu C F,Zhang J,Zhou Y,et al. Effect of Ti content on microstructure and strength of Si_3N_4/Si_3N_4 joints brazed with Cu-Pd-Ti filler metals. Materials Science and Engineering A,2008,491:483～487

[63] Xiong H P,Chen B,Pan Y,et al. A Cu-Pd-V System filler alloy for silicon nitride ceramic joining and the interfacial reactions. Journal of the American Ceramic Society,2014,97:2447～2454

[64] Schneibel J H,Sabol S M,Joslin D L. On the High-temperature reactions between advanced ceramics and a cobalt-base alloy. Materials Science and Engineering,1998,A246:124～132

［65］ Larker R, Wei L Y, Loberg B, et al. AEM investigation of ceramic/incoloy 909 diffusional reactions after joining by HIP. Journal of Materials Science, 1994, 29:4404～4414

［66］ Peteves S D, Moulaert M, Nicholas M G. Interface Microchemistry of silicon nitride/nickel-chromium alloy joints. Metallurgical Transactions, 1992, 23A:1773～1781

［67］ Frisch A, Kaysser W A, Zhang W, et al. Stress relaxation and bonding in Si_3N_4/MA6000 joints by reactive interlayers. Acta Metallurgical Materials, 1992, 40(Supplement):S361～S368

［68］ Lemus-Ruiz J, Leon-Patino C A, Aguilar-Reyes E A. Interface behaviour during the self-joining of Si_3N_4 using a Nb-foil interlayer. Scripta Materialia, 2006, 54:1339～1343

［69］ Shimoo T, Okamura K, Adachi S. Interaction of Si_3N_4 with titanium at elevated temperatures. Journal of Materials Science, 1997, 32:3031～3036

［70］ Luz A P, Ribeiro S. Wetting behavior of silicon nitride ceramics by Ti-Cu alloys. Ceramics International, 2008, 34:305～309

［71］ 邹家生, 曾鹏, 许祥平. 非晶钎料加铜层连接 Si_3N_4 陶瓷的高温强度. 焊接学报, 2012, 11:47～50

［72］ 王国星, 宋晓国, 陈海燕, 等. TiNi-V 共晶钎料钎焊 Si_3N_4 陶瓷接头界面结构及性能. 焊接学报, 2012, 10:41～44

［73］ 邹家生, 左淮文, 许祥平. 用非晶钎料加铜层连接 Si_3N_4 的界面结构与强度. 焊接学报, 2012, 12:5～8

［74］ Zou J S, Jiang Z G, Zhao Q Z, et al. Brazing of Si_3N_4 with amorphous Ti40Zr25Ni15Cu20 filler. Materials Science and Engineering A, 2009, 507:155～160

［75］ Ito Y, Kitamura K, Kanno M. Joint of silicon nitride and molybdenum with vanadium foil and its high-temperature strength. Journal of Materials Science, 1993, 28:5014～5018

［76］ 张丽霞, 冯吉才, 李卓然, 等. TiC 陶瓷/NiCrSiB/铸铁钎焊连接的界面组织和强度分析. 材料科学与工艺, 2005, 02:116～118

［77］ Feng J C, Cao J, Li Z R. Microstructure evolution and reaction mechanism during reactive joining of TiAl intermetallic to TiC cermet using Ti-Al-C-Ni interlayer. Journal of Alloys and Compounds, 2007, 436(1/2):298～302

［78］ 李新成, 张小勇, 陆艳杰, 等. AgCuInTi 钎料焊接 Al_2O_3 陶瓷界面反应机制研究. 稀有金属, 2013, 01:71～75

［79］ 赵文庆, 吴爱萍, 邹贵生, 等. 高纯氧化铝与金属钛的钎焊. 焊接学报, 2006, 05:85～88

［80］ 吴铭方, 于治水, 祁凯, 等. Al_2O_3/AgCuTi 钎料/Nb 连接的微观结构及性能. 硅酸盐学报, 2000, 05:475～478

［81］ Zhu W, Chen J, Jiang C, et al. Effects of Ti Thickness on Microstructure and Mechanical Properties of Alumina-Kovar Joints Brazed with Ag-Pd/Ti Filler. Ceramics International, 2014, 40:5699～5705

［82］ Liu Y, Jiang G F, Xu K, et al. Effect of inter-layers on the microstructure and shear strength of alumina ceramic and 1Cr18Ni9Ti stainless steel brazed bonding. China Metallurgica Sinica, 2015, 51(2):209～215

[83] Su C Y,Zhuang X Z,Pan C T. Al$_2$O$_3$/SUS304 brazing via AgCuTi-W composite as active filler. Journal of Materials Engineering and Performance,2013,23:906~911

[84] Rogers K A,Trumble K P,Dalgleish B J,et al. Role of oxygen in microstructure development at solid-state diffusion-bonded Cu/α-Al$_2$O$_3$ interfaces. Journal of the American Ceramic Society,1994,77(8):2036~2042

[85] 杨敏旋,林铁松,甄公博,等. Al$_2$O$_3$/Cu-Sn-Ti+B钎料/Ti-6Al-4V合金连接的微观结构及力学性能.硅酸盐学报,2012,01:95~100

[86] 杨敏旋,林铁松,韩春,等.Cu+B复合钎料配比对Al$_2$O$_3$/TC4合金钎焊接头界面组织的影响.焊接学报,2012,07:33~36

[87] 吴铭方,于治水,蒋成禹,等. Al$_2$O$_3$/Cu-Ti-Zr/Nb钎焊研究.机械工程学报,2001,05:81~84

[88] 吴铭方,于治水,王凤江,等. Al$_2$O$_3$/Cu$_{70}$Ti$_{25}$Zr$_5$/Nb界面结构及强度.硅酸盐学报,2001,04:335~339

[89] De Portu G,Glaeser A M,Reynolds T B,et al. A Comparative assessment of metal-Al$_2$O$_3$ joints formed using two distinct transient-liquid-phase-forming interlayers. Journal of Materials Science,2014,50:2467~2479

[90] Ksiazek M,Richert M,Tchorz A,et al. Effect of Ti,Nb,and Ti+Nb coatings on the bond strength-structure relationship in Al/Al$_2$O$_3$ joints. Journal of Materials Engineering and Performance,2012,21(5):690~695

[91] Bartlett A,Evans A G. The effect of reaction products on the fracture resistance of a metal-ceramic interface. Acta Metallurgical Materials,1993,41(2):497~504

[92] Tillmann W,Pfeiffer J,Wojarski L,et al. Reactive transient liquid phase bonding of ceramic to steel using Zr-Cu-Zr- and Zr-Ni-Cu-Zr-interlayers for high temperature applications. Materialwissenschaft und Werkstofftechnik,2014,45:512~521

[93] Lin K L,Singh M,Asthana R. Characterization of yttria-stabilized-zirconiai/stainless steel joint interfaces with gold-based interlayers for solid oxide fuel cell applications. Journal of the European Ceramic Society,2014,34:355~372

[94] Lin K L,Singh M,Asthana R. TEM characterization of Au-based alloys to join YSZ to steel for SOFC applications. Materials Characterization,2012,63:105~111

[95] Pimenta J S,Buschinelli A J A,Nascimento R M,et al. Brazing of zirconia to titanium using Ag-Cu and Au-Ni filler alloys. Soldagem & Inspecao,2013,18(4):349~357

[96] Liu Y H,Hu J D,Guo Z X,et al. Brazing ceramics to titanium using amorphous filler metal. Welding Journal,2014:66~70

[97] Wei S H,Lin C C. Microstructural evolution and bonding mechanisms of the brazed Ti/ZrO$_2$ joint using an Ag68. 8Cu26. 7Ti4. 5 interlayer at 900 degrees C. Journal of Materials Research,2014,29(5):684~694

[98] Liu G W,Li W,Qiao G J,et al. Microstructures and interfacial behavior of zirconia/stainless steel joint prepared by pressureless active brazing. Journal of Alloys and Compounds,

2009,470:163~167

[99] Lin K L, Singh M, Asthana R, et al. Interfacial and mechanical characterization of yttria-stabilized zirconia (YSZ) to stainless steel joints fabricated using Ag-Cu-Ti interlayers. Ceramic International, 2014, 40:2063~2071

[100] Chao C L, Chu C L, Fuh Y K, et al. Interfacial characterization of nickel-yttria-stabilized zirconia cermet anode/interconnect joints with Ag-Pd-Ga active filler for use in solid-oxide fuel cells. International Journal of Hydrogen Energy, 2015, 40:1523~1533

[101] 蔺晓超, 曹健, 张丽霞, 等. ZrO₂ 陶瓷与 Kovar 合金钎焊接头的组织与性能. 焊接学报, 2011,09:65~68

[102] Singh M, Tarah P S, Asthana R. Brazing of yttria-stabilized zirconia (YSZ) to stainless steel using Cu, Ag, and Ti-based brazes. Joining Science and Technology, 2008, 43:23~32

[103] Smorygo O, Kim J S, Kim M D, et al. Evolution of the interlayer microstructure and the fracture modes of the zirconia/Cu-Ag-Ti filler/Ti active brazing joints. Materials Letters, 2007, 61:613~616

[104] Jiang G Q, Mishler D, Davis R, et al. Zirconia to Ti-6Al-4V braze joint for implantable biomedical device. Journal of Biomedical Materials Research Part B, 2005, 72B:316~321

[105] Qin C D, Derby B. Diffusion bonding of a nickel-chromium alloy to zirconia-mechanical properties and interface microstructures. Journal of Materials Science, 1993, 28:4366~4374

[106] Wei S H, Lin C C. Phase transformation and microstructural development of zirconia/stainless steel bonded with a Ti/Ni/Ti interlayer for the potential application in solid oxide fuel cells. Journal of Materials Research, 2014, 29(8):923~934

[107] Liu Y, Hu J, Zhang Y, et al. Interface microstructure of the brazed zirconia and Ti-6Al-4V using Ti-based amorphous filler. Science of Sintering, 2013, 45:313~321

[108] 刘钢, 邢湘利, 陆嘉, 等. ZrO₂ 陶瓷与钛合金非晶钎焊. 机械工程学报, 2013, 22:121~128

[109] 豊田政男. インターフェイス メカニックス-異材接合界面の力学. 东京: 理工学社, 1991

[110] 赵磊. SiO₂f/SiO₂ 复合材料与 Invar 合金的钎焊接头界面结构及形成机理[博士学位论文]. 哈尔滨: 哈尔滨工业大学, 2010

[111] Yamada T, Satou M, Kohno A, et al. Residual stress estimation of a silicon carbide-Kovar joint. Journal of Materials Science, 1991, 26:2887~2892

[112] Nagatsuka K, Sechi Y, Nakata K. Dissimilar joint characteristics of SiC and WC-Co alloy by laser brazing. Journal of Physics Conference Series, 2012, 379, 012047

[113] 刘会杰, 李卓然, 冯吉才, 等. SiC 陶瓷与 TiAl 合金的真空钎焊. 焊接, 1999, 03:7~10

[114] Hattali M L, Valette S, Ropital F, et al. Study of SiC-nickel alloy bonding for high temperature applications. Journal of the European Ceramic Society, 2009, 29:813~819

[115] Shen Z Z, Fang K, Johnson R W, et al. Characterization of Bi-Ag-X solder for high temperature SiC die attach. IEEE Transactions on Components Packaging and Manufacturing Technology, 2014, 4:1778~1784

[116] Karakozov E S, Konyushkov G V, Musin R A. Fundamentals of welding metals to ceramic

materials. Welding International,1993,7(12):991~996

[117] Südmeyer I,Rohde M,Fürst T. Compound characterization of laser brazed SiC-steel joints using tungsten reinforced SnAgTi-alloys. Laser-based Micro-and Nanopackaging and Assembly IV,2010

[118] 奈贺正明,冯吉才,Schuster J C. SiC/Ti 接合界面の构造と强度. 溶接学会论文集,1996, 14(2):338~343

[119] Lee D H,Jang H W,Kim D J,et al. Joining of RBSiC Using a preceramic polymer with Al. Journal of Ceramic Processing Research,2009,10(3):263~265

[120] Zhong Z H,Hinoki T,Kohyama A. Microstructure and mechanical strength of diffusion bonded joints between silicon carbide and F82H steel. Journal of Nuclear Materials,2011, 417:395~399

[121] Zhong Z H,Hinoki T,Jung H C,et al. Microstructure and mechanical properties of diffusion bonded SiC/steel joint using W/Ni interlayer. Materials and Design,2010,31:1070~ 1076

[122] Chen X G,Yan J C,Ren S C. Microstructure,mechanical properties,and bonding mechanism of ultrasonic-assisted brazed joints of SiC ceramics with ZnAlMg filler metals in air. Ceramics International,2014,40:683~689

[123] 熊进辉,黄继华,张华,等. C_f/SiC 复合材料与钛合金 Ag-Cu-Ti- C_f 复合钎焊. 焊接学报, 2010,05:77~80

[124] Polanco R,De Pablos A,Miranzo P,et al. Metal-ceramic interfaces:Joining silicon nitride-stainless steel. Applied Surface Science,2004,238:506~512

[125] He Y M,Zhang J,Lv P L,et al. Characterization of the Si_3N_4/42CrMo joints vacuum brazed with Pd modified filler alloy for High Temperature Application. Vacuum,2014, 109:86~93

[126] Tateno M,Yokoi E. Dependence of bonding strength of ceramic to metal joint on interface wedge angle in metal side. Proceedings of the ASME Pressure Vessels and Piping Conference,PVP 2012,6:247~252

[127] Blugan G,Kuebler J,Bissig V,et al. Brazing of silicon nitride ceramic composite to steel using SiC-particle-reinforced active brazing alloy. Ceramics International, 2007, 33: 1033 ~1039

[128] Lu S P,Guo Y. Joining of Si_3N_4 to a nickel-based superalloy using active Fillers. Characterization and Control of Interfaces for High Quality Advanced Materials,Book Series:Ceramic Transactions,2005,146:317~323

[129] 翟阳,任家烈,庄丽君,等. 用非晶态合金作中间层扩散连接 Si_3N_4 与 40Cr 钢的研究. 金属学报,1995,31(9):B421~B428

[130] Stoop B T J,Ouden G D. Diffusion bonding of silicon nitride to austenitic stainless steel with metallic interlayers. Metallurgical and Materials Transactions,1995,26A:203~208

[131] Yang M,Zou Z D,Song S L,et al. Effect of interlayer thickness on strength and fracture

of Si₃N₄ and inconel600 joint. Advances in Fracture and Strength,PTS 1-4,Book Series: Key Engineering Materials,2005,297～300:2435～2440

[132] Koguchi H,Hino T,Kikuchi Y,et al. Residual Stress Analysis of Joints of Ceramics and Metals. Experimental Mechanics,1994,(6):116～123

[133] Nakamura M,Shigematsu I,Kanayama K,et al. Joining of Si₃N₄ ceramics with nickel and Ni-Cr Alloy laminated interlayers. Journal of Materials Science Letters,1993,12:716～718

[134] Chen Z,Cao M S,Zhao Q Z,et al. Interfacial microstructure and strength of partial transient liquid-phase bonding of silicon Nitride with Ti/Ni Multi-interlayer. Materials Science and Engineering A,2004,380:394～401

[135] Urena A,Gomez J M,Quinones J. Interface reactions and bonding strength in aluminium alloy (AA-7075)-alumina diffusion bonds. Journal of Materials Science,1992,27:5291～5296

[136] SerierB,Treheux D. Silver-alumina solid state bonding-influence of the work hardening of the metal. Acta Metallurgical Materials,1993,41(2):369～374

[137] Ibrahim A,Hasan F. Influence of processing parameters on the strength of air brazed alumina joints using aluminium interlayer. Journal of Materials Science & Technology,2011, 27:641～646

[138] Yamada T,Yokoi K,Kohno A. Effect of residual stress on the strength of alumina-steel joint with Al-Si interlayer. Journal of Materials Science,1990,25:2188～2192

[139] Serier B,Bouiadjra B B,Belhouari M,et al. Experimental analysis of the strength of silver-alumina junction elaborated at solid state bonding. Materials & Design,2011,32(7):3750～3755

[140] Urena A,Gomez de Salazar J M,Quinones J. Diffusion bonding of alumina to steel using soft copper interlayer. Journal of Materials Science,1992,27:599～606

[141] Huang R. Diffusion bonding behaviour of austenitic stainless steel containing titanium and alumina. Journal of Materials Science,1992,27:6274～6278

[142] 何康生,曹素琴. 高纯三氧化二铝陶瓷与金属扩散焊接的研究. 第九届全国钎焊与扩散焊技术交流会论文集. 扬州,1996:399～408

[143] Hosseinabadi N,Sarraf-Mamoory R,Mohammad Hadian A. Diffusion bonding of alumina using interlayer of mixed hydride nano powders. Ceramics International,2014,40:3011～3021

[144] Xia H,Wu A,Fan Y,et al. Effects of ion implantation on the brazing properties of high purity alumina. Surface and Coatings Technology,2012,206(8):2098～2104

[145] Liu G W,Qiao G J,Wang H J,et al. Bonding mechanisms and shear properties of alumina ceramic/stainless steel brazed joint. Journal of Materials Engineering and Performance,2011,20(9):1563～1568

[146] Kondo N,Hotta M,Hyuga H,et al. Microwave joining of alumina with alumina/zirconia insert under low pressure and high Temperature. Journal of the Ceramic Society of Japan,2012,120(1405):362～365

[147] Miyazaki H,Hotta M,Kita H,et al. Joining of alumina with a porous alumina interlayer. Ceramics International,2012,38(2):1149～1155

[148] Kita K, Kondo N, Izutsu Y, et al. Joining of alumina by using organometallic polymer. Journal of the Ceramic Society of Japan, 2011, 119:658～662

[149] Liu G W, Qiao G J, Wang H J, et al. Microstructure and strength of zirconia/stainless steel joints prepared by pressureless active brazing. Journal of Ceramic Processing Research, 2009, 10:567～570

[150] Darsell J T, Weil K S. Effect of filler metal composition on the strength of yttria stabilized zirconia joints brazed with Pd-Ag-CuO(x). Metallurgical and Materials Transactions A, 2008, 39:2095～2105

[151] Akashi T, Shimura T, Kiyono H. Liquid-phase oxidation joining of yttria-stabilized zirconia via Al/Fe-Cr alloy/Al interlayers. High Temperature Corrosion and Materials Chemistry 8, Book Series: ECS Transactions, 2010, 25:147～153

[152] Kim J Y, Hardy J S, Weil K S. Silver-copper oxide based reactive air braze for joining yttria-stabilized zirconia. Journal of Materials Research, 2005, 20:636～643

[153] Darsell J T, Weil K S. High temperature strength of YSZ joints brazed with palladium silver copper oxide filler metals. International Journal of Hydrogen Energy, 2011, 36:4519～4524

[154] 刘多,张丽霞,何鹏,等. SiO₂ 玻璃陶瓷与 TC4 钛合金的活性钎焊. 焊接学报, 2009, 02:117～120

[155] 张俊杰,张丽霞,亓钧雷,等. TC4 合金与 SiO₂ 复合材料钎焊接头界面结构及性能. 稀有金属材料与工程, 2013, 12:2598～2601

[156] 吴世彪,熊华平,陈波,等. 采用 Ag-Cu-Ti 钎料真空钎焊 SiO₂f/SiO₂ 复合陶瓷与 C/C 复合材料. 材料工程, 2014, 10:16～20

第 2 章　SiC 与 Ti 及其合金的连接

　　SiC 陶瓷具有优越的高温强度、高硬度及化学稳定性,是很有前途的轻质高强耐高温结构材料[1,2],在实际应用时,为了克服 SiC 陶瓷的脆性及难加工等问题,常常和金属材料复合或连接后使用。在金属材料中,Ti 及其合金具有密度低、比强度高、韧性和抗蚀性能好等优点,在飞机发动机、火箭发动机、高速巡航导弹、潜艇、石油化工、核电站建造等领域具有广泛的应用。由于 SiC 陶瓷和 Ti 及其合金的物理性能、化学性能和力学性能有很大差别,用一般电弧熔焊的方法不能实现两者的连接,虽然可以采用超声波焊、电磁成型压焊进行连接,但目前最常用的可靠连接方法是钎焊与扩散连接[3~6]。

　　SiC 陶瓷和金属 Ti 的连接研究中,主要内容涉及连接接头的界面组织观察、连接机理分析、界面生成物的确定、反应层的成长机理、界面应力分析及应力缓和等[7~10]。研究中所用的陶瓷主要是常压烧结及反应烧结的 SiC 陶瓷,Ti 及其合金的形态有板、箔、粉等。此外,SiC 长纤维增强 Ti 基复合材料的扩散连接[11]、SiC/C 复合材料与 Ti 的钎焊也有报道[12,13]。

　　SiC/Ti 的界面反应比较复杂,文献[14]~[17]的报道对 SiC 和 Ti 界面生成物的种类存在着分歧,反应相的形成过程也各有差别。作者通过改变连接温度和连接时间,对反应相的生成条件、形成过程、成长规律、界面结构及对接头强度的影响进行了系统研究[18~28],得到了五种界面反应相形成的温度及时间区间,建立了反应相形成的模型,并指出文献[14]~[17]的结论只是反应全过程中某一反应阶段的结果。同时,得到了界面各反应相成长的计算公式,阐明了接头界面组织结构对接头性能的影响,为合理地选择连接工艺参数或根据已知的工艺参数推测界面组织结构提供了理论基础和技术支撑。

　　SiC 和钛合金的界面反应研究主要是使用 Ti-Co[29]、Ti-Fe[29]、Ti-Si[30] 以及 Ag-Cu-Ti 钎料连接 SiC 陶瓷[31,32],在钎焊过程中产生了各类化合物相。SiC 和 TiAl 合金扩散连接研究的比较系统[33],探讨了 SiC 陶瓷与不同类型 TiAl 合金的扩散连接机理,阐明了接头的界面反应过程及组织结构,提出反应层成长的动力学模型[33~38]。利用这些基础理论,可以通过选择合适的连接工艺条件实现接头的界面反应控制,从而提高连接接头的力学性能。

2.1　SiC 与 Ti 的连接

　　试验材料为常压烧结的 SiC 陶瓷圆棒,烧结时添加了 2%～3%(质量分数)的

Al_2O_3 烧结助剂,金属材料为 99.6%(质量分数)纯度的钛箔及钛板,在真空环境下进行扩散连接。

2.1.1　SiC/Ti 接头的界面组织

1. 反应初期的组织分析

在连接温度 1373K、连接时间(也称保温时间)0.3ks 的条件下,界面发生元素扩散并在局部形成块状的反应物。连接时间延长到 1.8ks 时界面可以观察到明显的反应层。该反应层随着连接时间的增加而变厚,在 3.6ks 时厚度达到 3μm。

随着连接温度的升高,界面反应速度加快,图 2.1 是连接温度 1673K 条件下的界面组织,在连接时间 0.3ks 的界面上,SiC 侧形成了含有细小颗粒的反应层,而在金属 Ti 侧形成了大块状的反应物。当连接时间延长到 0.9ks 时,反应层变成两层。采用电子探针微区成分分析设备对各元素进行分析,元素线扫描分析结果如图 2.2 所示。结合 Ti、Si、C 元素的分析可知,SiC 侧反应层的 Si 含量不均匀,在白色的基体中析出了黑色细小颗粒,该颗粒 C 含量很高。照片左侧白色区域是金属 Ti,Ti 侧的块状黑色反应物不含 Si 元素,但含有大量的 C 元素。结合 X 射线衍射分析结果可知,图 2.1 中 SiC 侧灰色反应层的基体是 $Ti_5Si_3C_x(0<x\leqslant1)$,细小的黑色颗粒和 Ti 侧的大块状黑色颗粒均为 TiC 相,该相 Si 含量在 1%(原子分数)左右,C 含量可达 34.7%~39.1%(原子分数)。当连接时间达到 0.9ks 以后,在 SiC 和 $Ti_5Si_3C_x$+TiC 混合物的界面上又形成了单一的白色反应层,该相的主要元素是 Ti,Si 的含量在 28.9%~31.5%(原子分数),C 的含量为 12.8%~15.6%(原子分数)。可以确认该反应层是单一的 $Ti_5Si_3C_x$ 相,通过和 Ti_5Si_3 比较可知,其

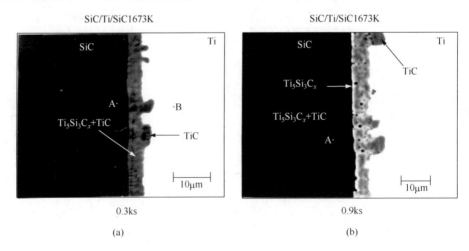

图 2.1　1673K 条件下 SiC/Ti/SiC 接头微观形貌

相结构均为六方晶体,只是其中固溶了一定的 C 元素(表 2.1)。关于 $Ti_5Si_3C_x$＋TiC 混合物的生成,在 SiC 纤维或颗粒增强的 Ti 基复合材料的界面也有过报道[39],但只是在扩散连接界面才能观察到单一的 $Ti_5Si_3C_x$ 层[7]。

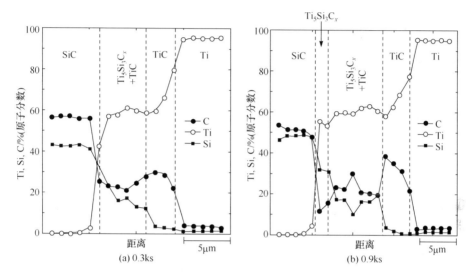

图 2.2　1673K 条件下接头各元素线扫描分析结果

表 2.1　SiC/Ti 系统中生成相化学成分

相	成分/%(原子分数)			晶型	晶格参数/nm 参考文献数据[40]	晶格参数/nm 本实验数据[7]
	Ti	Si	C			
TiC	60.6	1.2	38.1	立方	$a＝0.43272$	$a＝0.4286$ $a＝0.4353$
Ti_5Si_3	64.2	34.8	1.0	六方	$a＝0.7429$ $c＝0.5139$	—
$TiSi_2$	34.9	61.6	3.4	斜方	$a＝0.82687$ $b＝0.85534$ $c＝0.47983$	$a＝0.8274$ $b＝0.8534$ $c＝0.4795$
$Ti_5Si_3C_x$	54.9	30.6	14.2	六方	$a＝0.7444$ $c＝0.5143$	$a＝0.7456$ $c＝0.5170$
Ti_3SiC_2	48.0	15.3	36.7	六方	$a＝0.3062$ $c＝1.7637$	$a＝0.3069$ $c＝1.7670$

2. 反应中期的界面组织

为了研究界面反应相的生成顺序及生成条件,采用 SiC/Ti/SiC 的组合方式进行扩散连接,Ti 箔厚度为 $50\mu m$,1673K/3.6ks 接合条件下界面的 EPMA 分析及元素分析分别如图 2.3 和图 2.4 所示。$SiC/Ti_5Si_3C_x$ 的界面上出现了新的反应相,该相 Ti 含量高,还含有 35.2%～38.1%(原子分数)的 C、14.7%～16.5%(原子分数)的 Si,结合 X 射线衍射分析可确定该反应物是 Ti_3SiC_2 相。更进一步,将上述连接条件下的试件进行逐层 X 射线衍射分析,结果如图 2.5 所示。图中的 A 主要是 Ti 和 TiC 的衍射波形,这和组织观察结果是一致的。对于 TiC 反应物,出现了晶格常数稍有差异的两种衍射波形,由 Ti-C 二元相图及相关文献可知[41],含 37%(原子分数)C 的立方 TiC 的晶格常数 a 是 0.4316nm,随着 C 含量的变化,TiC 晶格常数稍有变化。在本实验中,Ti 侧大块状 TiC 的 C 含量高,晶格常数变大($a=0.4353nm$),图中用 TiC' 表示;在 $Ti_5Si_3C_x+TiC$ 混合物中,TiC 的 C 含量稍低,晶格常数比正常的数值小($a=0.4286nm$),图中用 TiC 表示;从衍射角度来看,两种 TiC 的(200)面在 40°附近的衍射角度有 0.15°的相位差。同时,根据衍射波形的角度计算出了其他各反应相的晶格常数(表 2.1),六方晶格的 $Ti_5Si_3C_x$ 相的 $a=0.7456nm$、$c=0.5170nm$,和文献给出的数值($a=0.7444nm$、$c=0.5143nm$)有一定的差别;而 Ti_3SiC_2(也称 T 相)也是六方晶体,其晶格常数 a 和 c 分别是 0.3069nm 和 1.767nm,比文献中的数值($a=0.3062nm$、$c=1.7637nm$)稍有增大[40],其原因可能是 C 含量发生了变化。

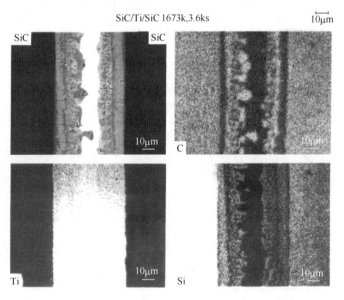

图 2.3　SiC/Ti/SiC 接头界面微观结构

及面扫描分析(1673K、3.6ks)

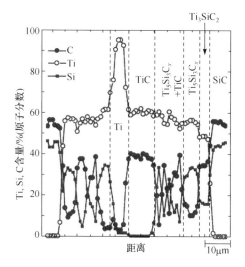

图 2.4　SiC/Ti/SiC 接头中元素线扫描分析结果

(1673K、3.6ks)

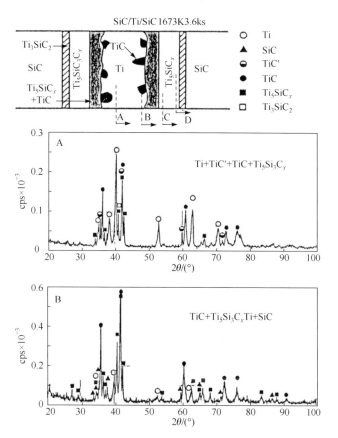

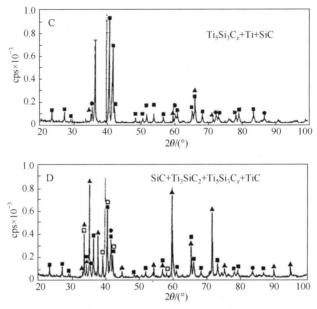

图 2.5　SiC/Ti/SiC 接头反应层 X 射线衍射分析结果(1673K、3.6ks)

　　保持连接温度 1673K 不变,进一步增加连接时间到 7.2ks。组织观察可知,各反应层逐渐变厚,中间的 Ti 金属层变薄,但界面生成反应相的种类没有发生变化,接头的界面结构依然是 $SiC/Ti_3SiC_2/Ti_5Si_3C_x/Ti_5Si_3C_x+TiC/TiC/Ti$。当连接时间延长到 14.4ks 时,界面组织和成分分析结果分别如图 2.6 和图 2.7 所示。随着反应的进行,Ti 全部参与反应并逐渐被消耗掉,在中间部位形成了大块状的 TiC。

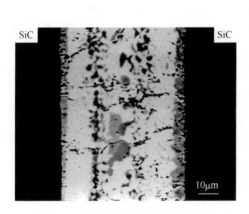

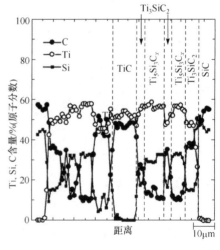

图 2.6　SiC/Ti/SiC 接头界面微观
形貌(1673K、14.4ks)

图 2.7　1673K 及 14.4ks 条件下接头各
元素线扫描分析结果

SiC 侧灰色的反应层 Ti_3SiC_2 也逐渐变厚,而浅白色的 $Ti_5Si_3C_x$ 基体中也形成了微细的 Ti_3SiC_2 相,这和图 2.8 的 X 射线衍射结果是一致的,此时的界面结构变为 $SiC/Ti_3SiC_2/Ti_5Si_3C_x + Ti_3SiC_2/Ti_5Si_3C_x + TiC$,且呈对称分布。

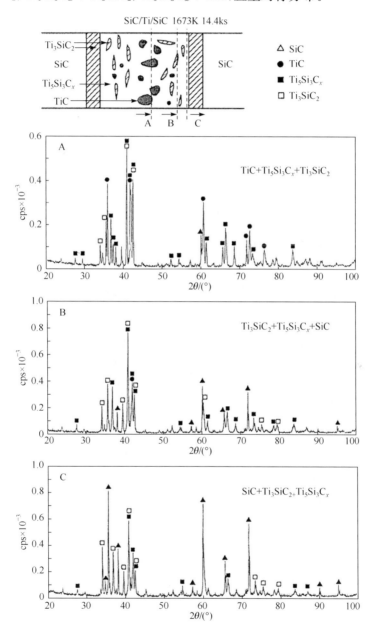

图 2.8　1673K 及 14.4ks 条件下接头反应层 X 射线衍射分析结果

3. 接近平衡状态的界面组织(反应后期)

使用 $50\mu m$ 厚的 Ti 箔,保持 1673K 的连接温度不变,连接时间延长至 36ks,连接界面的 EPMA 分析及元素线扫描分析结果如图 2.9 及图 2.10 所示。和 14.4ks 的界面相比较可以看出,中间的大块状 TiC 也消失了,取而代之的是长大的 Ti_3SiC_2 相,同时在 $Ti_5Si_3C_x$ 基体中也生成了细小的 Ti_3SiC_2 相。分析可知,界面新生成了 $TiSi_2$ 硅化物,以大块状和细小的长条状存在,从 $TiSi_2$ 的形成位置来看,块状的 $TiSi_2$ 全部在 Ti_3SiC_2 和 $Ti_5Si_3C_x$ 的界面上生成,细小的 $TiSi_2$ 弥散分布在 Ti_3SiC_2 基体中,二者的成分基本相同,含有原子分数为 61.6% 的 Si 和 34.9% 的 Ti 以及 3.4% 左右的 C,这和 Ti-Si-C 的三元相图是对应的[42]。

SiC/Ti/SiC 1673K 36ks

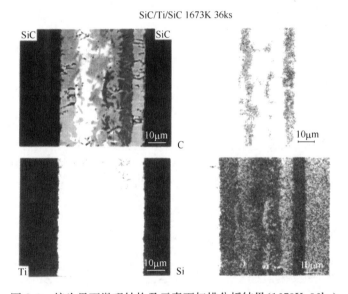

图 2.9　接头界面微观结构及元素面扫描分析结果(1673K、36ks)

为了尽快达到反应的平衡状态,将中间金属换为 $20\mu m$ 的 Ti 箔,连接温度保持 1673K 不变,连接时间选择 14.4ks 进行扩散连接,其接头组织如图 2.11 所示。此时 $Ti_5Si_3C_x$ 相已全部消耗掉,界面只存在 Ti_3SiC_2 和 $TiSi_2$ 两种反应相,且 $TiSi_2$ 以块状的形式分布于 Ti_3SiC_2 基体中,基本达到了三元相图中的平衡状态。由 X 射线衍射分析结果(图 2.12)可知,$TiSi_2$ 是斜方晶体,晶格常数为 $a=0.8274nm$、$b=0.8543nm$、$c=0.4795nm$,和文献报道的数据基本吻合[43]。进一步延长连接时间至 72ks 和 144ks,由接头组织分析可知,生成的反应相种类没有变化,反应层的厚度也基本没有发生变化,说明已经达到了三相的平衡状态。

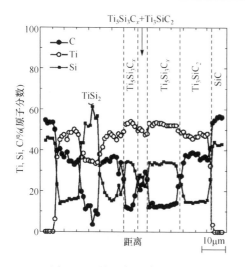

图 2.10　接头各元素线扫描
（1673K、36ks）

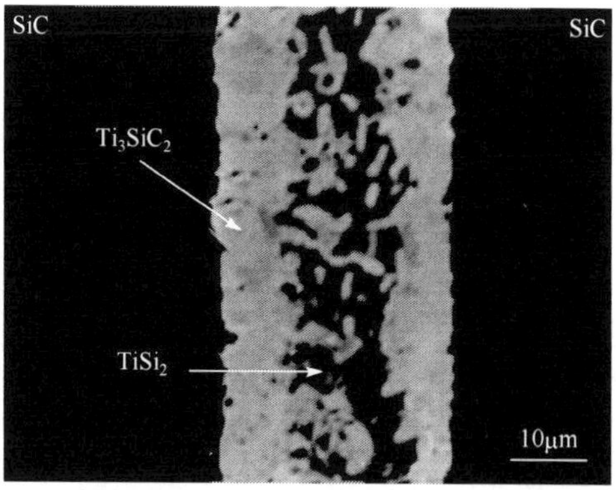

图 2.11　SiC/Ti(20μm)/SiC 接头组织
（1673K、14.4ks）

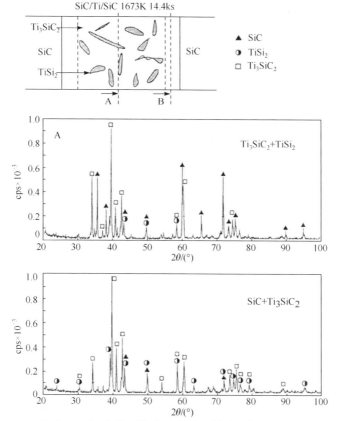

图 2.12　1673K 及 14.4ks 条件下接头反应层 X 射线衍射分析结果（20μmTi 箔）

2.1.2　反应相的形成条件与扩散路径

1. 反应相的形成条件

界面反应相的形成与扩散连接工艺参数有关,采用 $50\mu m$ 的 Ti 箔,在连接温度 1373~1773K、连接时间 0~72ks 的条件下研究反应相的形成条件(连接时间为 0 的含义是按照 0.6K/s 的加热速度加热,到达预定温度后不进行保温而开始降温)。

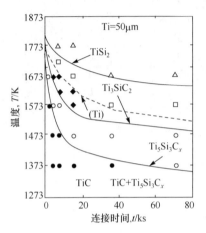

图 2.13 是各反应相随温度和时间的生成曲线,图中的横坐标是连接时间,纵坐标是连接温度。由图可以看出,连接温度较低时,大块状的 TiC 和 $TiC+Ti_5Si_3C_x$ 混合反应物首先在界面上出现,紧接着形成了单相的 $Ti_5Si_3C_x$ 层;随着温度上升,界面反应加剧,Ti_3SiC_2 相开始出现,然后是 Ti 金属在虚线所对应的条件下全部消耗掉,此时反应逐渐向平衡状态移动,当 $TiSi_2$ 相出现后,反应进入了平衡状态。在实际生产中,可以利用此图确定工艺参数,也可以在给定的扩散连接工艺参数下推断界面生成的反应相种类及界面结构。

图 2.13　连接温度与连接时间对 SiC/Ti 体系反应产物影响

当金属 Ti 的厚度减少或增加时,达到平衡状态的时间将发生变化,但各相出现的顺序没有变化。实验结果表明,在金属 Ti 消失以前,TiC、$TiC+Ti_5Si_3C_x$ 和 Ti_3SiC_2 相的形成条件没有变化。增加 Ti 的厚度,图中的虚线将向上移动,减少 Ti 的厚度,虚线将向下移动。在同一连接温度下,当 Ti 变薄时,金属 Ti 在较短的连接时间内消耗掉,Ti_3SiC_2 相和 $TiSi_2$ 相开始出现的时间提前,Ti-Si-C 反应系在较短的时间内进入平衡状态;当 Ti 变厚时,Ti_3SiC_2 相和 $TiSi_2$ 相开始出现的时间滞后,反应需要更长的时间才能达到平衡状态。

2. 扩散路径

扩散路径主要是指在稳定状态下,元素扩散达到平衡时界面反应生成的各相按照一定的次序进行排列,各相邻反应相之间达到了热力学的局部平衡。对于二元扩散系统,其扩散路径是唯一的,也很容易计算或预测出来。对于三元或三元以上的系统,扩散路径的预测和计算非常困难,根据反应条件的不同,可能有多条扩散路径,具体按照哪条路径进行扩散,一般来说需要根据实验确定。

本实验对 Ti-Si-C 系统的扩散行为进行研究。根据实验条件不同,有时整条扩散路径都能出现,有时只出现一部分。采用 $50\mu m$ 的 Ti 箔进行扩散连接时,在反应的初期阶段,扩散路径只出现了 Ti 侧的一部分($Ti/TiC/Ti_5Si_3C_x+TiC$),与此相反,当 Ti 全部消耗以后,扩散路径也只能显示 SiC 侧的一部分。整个体系的扩散路径如图 2.14 所示,箭头标出的方向及顺序就是本系统的扩散路径,图中阴影部分是根据温度和各相的熔点推测出的液相区。从实验结果可知,在 1673K、$3.6\sim9ks$ 的连接条件下,Ti-Si-C 系的扩散路径全部都能观察到,该路径是 $SiC/Ti_3SiC_2/Ti_5Si_3C_x/Ti_5Si_3C_x+TiC/TiC/Ti$,当 Ti 元素全部参与反应消耗掉时,Ti 侧的扩散路径也消失了。此外,连接温度在 $1373\sim1673K$ 的范围变化时,各相出现的时间发生变化,但扩散路径没有变化。更进一步,采用 $20\mu m$ 的 Ti 箔在 1473K 的温度下进行扩散连接,由于金属很薄,扩散时很快消失,扩散路径只观察到一部分,即反应界面只显示出 $SiC/Ti_5Si_3C_x/Ti_5Si_3C_x+TiC/TiC/Ti$。但当连接时间很长以后,也相继观察到 Ti_3SiC_2 和 $TiSi_2$ 反应物,说明系统已经进入了 SiC-Ti_3SiC_2-$TiSi_2$ 的平衡状态。

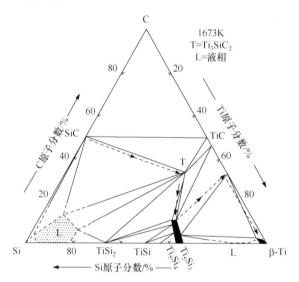

图 2.14　Ti-Si-C 相图及 SiC/Ti 体系扩散路径

2.1.3　反应相的形成机理

1. 反应相形成的热力学

在 SiC 和 Ti 的连接界面上,反应相能否生成主要看是否符合反应相生成的热力学条件,从 Ti-Si-C 三元相图上看,界面可能生成的反应相有 TiC、$TiSi_2$、TiSi、Ti_5Si_3、Ti_5Si_4 和 Ti_3SiC_2,其反应的吉布斯自由能变化可以进行计算[7],其计算公式如下:

$$Ti+C \longrightarrow TiC \quad \Delta G^{\ominus}=-186.6+13.221\times10^{-3}T \qquad (2-1)$$

$$5/3Ti + Si \longrightarrow 1/3Ti_5Si_3 \quad \Delta G^\ominus = -683.6 + 0.182T \tag{2-2}$$

$$Ti + Si \longrightarrow TiSi \quad \Delta G^\ominus = -623.2 + 0.179T \tag{2-3}$$

$$1/2Ti + Si \longrightarrow 1/2TiSi_2 \quad \Delta G^\ominus = -597.5 + 0.190T \tag{2-4}$$

图 2.15 给出了 1300~1800K 温度范围内各化合物的形成吉布斯自由能变化(缺少 Ti_5Si_4 的数据),在扩散连接的温度范围内,这四种反应产物的吉布斯自由能变化均为负值,说明反应可以自发进行,这些反应相都有可能在界面出现。但是,在实验中一直都没有发现 TiSi 及 Ti_5Si_4 相出现,从图 2.14 的相图中可知,扩散路径没有经过 TiSi 及 Ti_5Si_4 相区。当反应时间足够长或温度很高时,整个界面上只有 $TiSi_2$、Ti_3SiC_2 和 SiC 的平衡状态存在。因此,虽然计算中可以生成这两个反应相,但实际上不存在它们和其他相共存的条件,也就无法在界面上生成。此外,虽然没有公式可以计算 $Ti_5Si_3C_x$ 的自由能变化,但 Schuster 曾在文献中报道过,在 1473K 的温度下,其 $\Delta G^\ominus$ 在 $-90.6 \sim -90.0$ kJ/mol 的范围内[44],故该相的生成是有理论依据的。

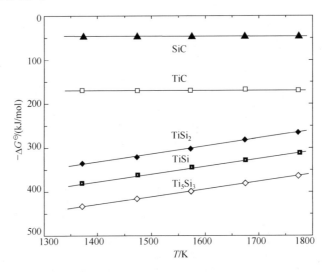

图 2.15　SiC/Ti 系反应相的吉布斯自由能随温度的变化曲线

2. 反应相的形成机理

SiC 和 Ti 的反应机理及界面生成的反应相种类已经有过不少报道,但结果并不一致,究其原因主要是各自的实验条件不一样,因而得出了不同的结果,有些作者的结论是反应初期的结果,有些作者的结果是反应后期的现象。为了解决这个问题,本研究采用不同厚度的 Ti 箔,在不同温度、不同时间下进行系统的扩散连接实验。

1) 反应初期的相形成机理

所谓反应初期主要是指连接温度较低（1373～1573K、1.8ks 以下），或较高温度（1673K）但连接时间较短（0.9ks 以下）的条件下发生的界面反应。为了便于分析，本研究保持连接温度 1673K 不变，改变连接时间，界面组织变化结果如图 2.16 所示。

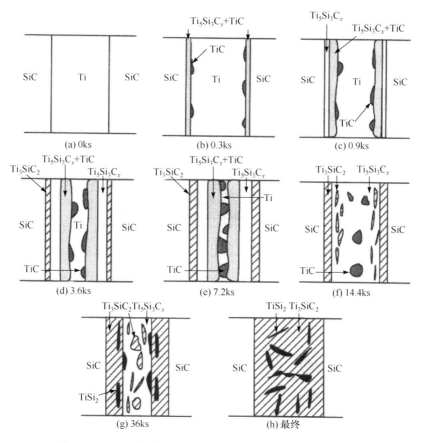

图 2.16　1673K 条件下 SiC/Ti/SiC 接头反应产物演变示意图

在 0.3ks 的扩散连接阶段，界面的 Ti 向 SiC 内扩散，并和 Si 及 C 发生反应，其反应方程式分别为 $Ti+C \Longrightarrow TiC$，$5Ti+3Si+xC \Longrightarrow Ti_5Si_3C_x$。由于 C 的扩散速度快，在 Ti 侧很快形成了大块状的 TiC，而在 SiC 侧则形成了 $Ti_5Si_3C_x+TiC$ 的混合物。为了测定 $Ti_5Si_3C_x$ 中的 C 元素，专门冶炼了高纯度的 Ti_5Si_3 相进行比较，以消除分析设备带来的误差。

随着连接时间的延长，界面进一步发生反应，由于 TiC 和 $Ti_5Si_3C_x$ 中的 Si、C 及 Ti 都存在浓度差，各自向对方进行扩散，即 SiC 母材中的 Si 和 C 元素不断向

TiC 及 $Ti_5Si_3C_x$ 中扩散,同时 TiC 及 $Ti_5Si_3C_x$ 中的 Si 和 C 不断向界面的 Ti 侧扩散;而 Ti 元素也通过 TiC 及 $Ti_5Si_3C_x$ 向 SiC 侧扩散,其结果是界面反应生成相越来越多,反应层也逐渐变厚。由于 C 的扩散速度比 Si 快,扩散到 Ti 侧的 C 浓度较高,因此在 Ti 侧形成了块状的 TiC,此外多余的 C 和 Ti 及 Si 又生成了 $Ti_5Si_3C_x$ 相。而在 SiC 一侧,由于 Si 和 C 的浓度高,三者发生反应形成了 $Ti_5Si_3C_x$ 相,多余的 Ti 和 C 反应形成了细小的 TiC 弥散分布在 $Ti_5Si_3C_x$ 的基体中,其界面结构如图 2.16(b)所示。

2)反应的中期阶段

当连接时间超过 0.3ks 以后,随着扩散的进行,由于三种元素扩散速度的差异,从金属 Ti 侧通过 TiC 及 $Ti_5Si_3C_x$ 反应层扩散到 SiC 界面的 Ti 元素的浓度下降,不足以形成细小块状的 TiC,而只能维持 $Ti_5Si_3C_x$ 的形成及长大,因此在 SiC 侧形成了单一的硅化物层。此时的界面结构如图 2.16(c)所示,界面结构变为 $SiC/Ti_5Si_3C_x/Ti_5Si_3C_x+TiC/TiC/Ti$。

当连接时间进一步延长至 3.6ks 时,由于反应层变厚,通过多层反应相扩散到 SiC 侧的 Ti 元素浓度降低,虽然 Si 和 C 元素比较充足,但相对来讲 C 的浓度比 Si 高,因此 Ti、Si 和 C 三种元素反应形成了新的 Ti_3SiC_2 反应物,并以层状的形式存在于 SiC 侧,其界面结构如图 2.16(d)所示。由于还存在没有参加反应的 Ti 金属,在图 2.14 中形成了箭头所示的 $SiC/Ti_3SiC_2/Ti_5Si_3C_x/Ti_5Si_3C_x+TiC/TiC/Ti$ 的扩散路径。在 Ti 消耗掉以前一直可以观察到该扩散路径,当 Ti 消失以后,SiC/Ti 系的扩散路径也变得不完整了。

3)反应的后期阶段

随着连接时间的进一步延长,中间的金属 Ti 逐渐参与反应被消耗掉,在接下来进行的反应过程中,由于金属 Ti 的耗尽,已经没有 Ti 元素扩散到 $Ti_5Si_3C_x+TiC$ 混合物中,但该层中的 Ti 浓度比 SiC 侧高,Ti 仍然向 SiC 中扩散,即 $Ti_5Si_3C_x+TiC$ 层中的 Ti 元素只是向外扩散。此时为了维持反应继续进行下去,只能消耗该反应层。当连接时间达到 14.4ks 时,界面结构如图 2.16(f)所示,$Ti_5Si_3C_x+TiC$ 混合物层消失,中央部位块状的 TiC 仍然存在,同时在 $Ti_5Si_3C_x$ 层中也出现了弥散分布的 Ti_3SiC_2 相。此时连接接头的界面结构为 $SiC/Ti_3SiC_2/Ti_3SiC_2+Ti_5Si_3C_x+TiC/Ti_3SiC_2/SiC$。

连接时间 36ks 的界面组织如图 2.16(g)所示,虽然接头整体反应层的厚度没有增加,但反应相的种类又发生了变化。中部的块状 TiC 消失,在 Ti_3SiC_2 和 $Ti_5Si_3C_x$ 界面上生成 $TiSi_2$ 相,其形成机理是 SiC 中的 Si 和 C 不断向中间扩散,界面发生了 $Si+C+Ti_5Si_3C_x \longrightarrow Ti_3SiC_2+TiSi_2$ 的反应。更进一步延长连接时间,接头的界面结构如图 2.16(h)所示,反应基本达到平衡状态,界面上只有 $TiSi_2$ 和 $Ti_5Si_3C_x$ 存在。

为了验证该平衡状态与温度无关,采用更薄的 $8\mu m$ Ti 箔,在 1473K 的温度下,扩散连接 108ks 和 144ks,接头组织分别如图 2.17 和图 2.18 所示,其变化过程与 1763K 的结果相同。

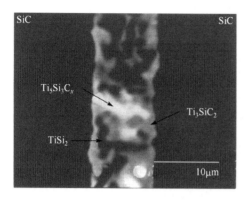

图 2.17　$8\mu m$ Ti 箔连接时的界面组织
（1473K、108ks）

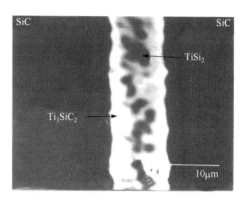

图 2.18　反应达到平衡时的界面组织
（1473K、144ks、$8\mu m$ Ti 箔）

通过上述分析可知,在不同反应条件下,连接界面生成的反应物不同,所呈现的界面结构也不同,如果不系统地进行实验,很难全面准确地描述 SiC 和 Ti 反应系的生成物及界面结构。在此之前,不少学者报道了该反应系的生成物及界面结构,但部分结果相互矛盾,主要原因是他们观察到的结果只是整个反应中的某一局部结果[14~17],特别是当 Ti 反应消耗掉以后,扩散路径不存在,最先生成的几个反应相又参与了后续的反应,因此很难用少量的实验结果解释 SiC/Ti 系的整个反应过程。

2.1.4　反应相成长的动力学

关于陶瓷和金属界面反应相的成长问题,由于涉及的因素多,例如,界面反应层薄、反应层的厚度不均匀、多种反应相以混合物的形式存在、缺少反应相的有关数据等,致使关于反应相成长规律方面的研究受到限制。但是,研究反应层的成长对于控制界面反应相的生成种类、生成厚度及预测接头性能具有很重要的意义。

1. 反应相的成长规律

一般来说,在金属或陶瓷母材没有消耗掉以前,陶瓷和金属界面反应相的成长符合常用的扩散定律,按照抛物线规律成长,反应层的厚度和成长速度 k 的关系可表示为[7]

$$x^2 = kt \tag{2-5}$$

对于 SiC 和 Ti 的反应相体系,块状 TiC 和 $Ti_5Si_3C_x$＋TiC 混合物层是在反应初期形成的,其他的反应相均经过一定时间后形成,将此时间设定为 t_0,则反应相的厚度可用式(2-6)表示,同时成长速度 k 可由式(2-7)得到。

$$X^2 = k(t-t_0) \tag{2-6}$$

$$k = k_0 \exp(-Q/RT) \tag{2-7}$$

将式(2-3)变换后得到常用的计算式(2-8)。

$$\ln k = \ln k_0 - Q/RT \tag{2-8}$$

式中,x 为反应相的厚度(m);k 为反应相的成长速度(m^2/s);k_0 为反应相的成长常数(m^2/s);t 为扩散连接时间(s);t_0 为新相开始产生的时间(s);T 为扩散连接温度(K);R 为普氏气体常数(8.314J/(K·mol));Q 为反应相成长的活化能(kJ/mol)。

应注意,上述公式只适用于陶瓷和金属均存在的条件下,一旦某种母材全部消耗掉,上述公式便不再适用。对于 SiC 和 Ti 反应系来说,在金属 Ti 没有消耗掉时,各反应层的成长速度可以通过计算得到。

1) 块状 TiC 的成长规律

由于 TiC 以大块状的形式存在,不能用反应层厚度表示,本节假设 TiC 为圆形颗粒,通过测量各颗粒的半径,取平均值进行计算。图 2.19(a)是在 1373~1673K 温度范围内,TiC 的半径随连接时间的变化曲线。在 1373K 的温度下,连接时间从 0ks 到 14.4ks,TiC 的直径均按照抛物线规律长大。而温度上升到 1473K 时,TiC 的成长速度变快,在连接时间 7.2ks 以前,TiC 的半径按照抛物线规律成长,在 7.2ks 出现了拐点,成长速度变慢。结合组织分析可知,此时界面上形成了新的 $Ti_5Si_3C_x$ 层,由于新反应相的出现,元素扩散受到限制,特别是 C 的扩散需要经过 $Ti_5Si_3C_x$ 和 $Ti_5Si_3C_x$+TiC 两个层才能到达中间部位,这就使 TiC 的成长速度变慢。同理,在 1573K 的连接温度下,该拐点在较短的连接时间内出现,这个时间对应着 $Ti_5Si_3C_x$ 新相的形成,由此也可知,随着温度的升高,反应加快,新反应相出现的时间提前。对于 1673K 的成长曲线,由于界面新形成了 $Ti_5Si_3C_x$ 和 Ti_3SiC_2 两个反应相,在成长速度上出现了两个拐点,由于扩散的 C 先满足这两个新相的成长,从而使 TiC 的平均半径比 1573K 时小。

2) 层状反应相的成长规律

在接头界面形成的反应相中,$Ti_5Si_3C_x$+TiC、$Ti_5Si_3C_x$、Ti_3SiC_2 均以层状出现,以前的文献报道中,没有区分各反应相,只是给出了全体反应层的成长曲线[15,39]。本研究对每层反应相都进行了分析。从电镜照片可以看出,界面并不是非常平直,因此在分析时对每个工艺规范下的试件,取不同的位置拍照,将照片中测出的数值取平均值,然后用于分析。图 2.19(b)、(c)、(d)分别是 $Ti_5Si_3C_x$+TiC、$Ti_5Si_3C_x$、Ti_3SiC_2 反应层厚度随温度及时间的变化曲线。SiC 侧的 $Ti_5Si_3C_x$+TiC 混合物层在 $Ti_5Si_3C_x$ 形成前后出现了拐点,成长速度下降。单一的 $Ti_5Si_3C_x$

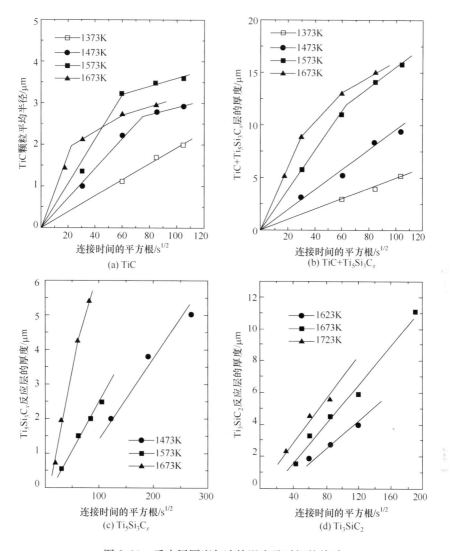

(a) TiC

(b) TiC+Ti₅Si₃C_x

(c) Ti₅Si₃C_x

(d) Ti₃SiC₂

图 2.19　反应层厚度与连接温度及时间的关系

层在 Ti_3SiC_2 生成以前也是按照抛物线规律成长的,当 Ti_3SiC_2 形成后,其成长速度也变慢了。而 Ti_3SiC_2 的成长曲线没有所谓的"拐点"出现,主要是在本实验的条件下,SiC 和 Ti_3SiC_2 界面上没有新的反应相生成。

综上所述,在三元以上的多元反应系统中,如果有多种反应物生成,其成长规律比较复杂,无法用单一的抛物线生长规律来描述。最初形成的反应相的成长符合抛物线规律,当新的反应相生成时,新相按照抛物线规律成长,而以前存在的反应相的成长速度变慢,表现在厚度和时间的关系曲线上出现了拐点。其原因主要是由于多元多相系统中,各元素在不同反应相中的扩散速度数值不一样,扩散系数之间存在相互影响。一般来讲,多元多相系统的扩散过程中,每一个反应相都存在一个影响成长的主要元素(可称为主控元素),它的扩散速度决定了反应相成长的快慢。

2. 反应相的成长常数及活化能

根据式(2-5)~式(2-8),可以得到各反应相的成长速度及反应相成长的活化能。但由于反应系统中几个相的出现不同步,除 Ti_3Si_2 以外的各相均有成长速度变慢的问题,为了简化计算,各反应相厚度的数据只选用抛物线成长的时间段内。

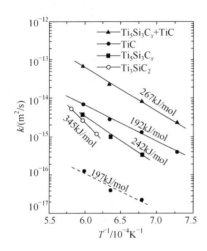

图 2.20　反应相成长速度
k 随温度的变化曲线

以温度 T 的倒数为横坐标,反应相成长速度 k 为纵坐标,得到图 2.20 的结果。利用图中曲线的斜率及不同温度、不同时间的反应层厚度,可以得到各反应相的成长常数 k_0 和活化能 Q,其数据列在表 2.2 中,表中也列出了其他学者的结果以供参考。从图 2.20 中可知,大块状的 TiC 的成长速度有两个,实线表示 $Ti_5Si_3C_x$ 生成以前的成长速度(用 k 表示),虚线表示单相 $Ti_5Si_3C_x$ 生成以后 TiC 的成长速度(用 k' 表示),虽然成长速度有差异,但其成长的表观活化能大致相同。经分析和计算得到,k_0' 为 1.5×10^{-10} m^2/s,而 k_0 为 7.3×10^{-9} m^2/s,两者成长常数的不同直接影响了反应相的成长。

表 2.2　SiC/Ti 体系中各反应相的 Q 及 k_0 值

相	$Q/(kJ/mol)$	$k_0/(m^2/s)$	文献
$Ti_5Si_3C_x+TiC$	267	2.83×10^{-5}	[7]
TiC	192	7.30×10^{-9}	[7]
$Ti_5Si_3C_x$	242	1.07×10^{-7}	[7]
Ti_3SiC_2	345	1.15×10^{-5}	[7]
SiC/Ti	251	1.38×10^{-5}	[7]
SiC/Ti	250	1.84×10^{-5}	[15]
SiC/Ti	274	4.58×10^{-4}	[39]
SiC/Ti-6Al-4V	257	2.7×10^{-5}	[39]

由上述的 k_0 和 Q 值,可以得到 SiC/Ti 界面各反应相的厚度和温度及时间的关系式(2-9)~式(2-14),可以利用这些公式计算不同温度、不同时间的反应层厚度。

TiC($Ti_5Si_3C_x$ 生成前)

$$r^2 = 7.3 \times 10^{-9} \exp(-192 \times 10^3 / RT) \times t \tag{2-9}$$

TiC($Ti_5Si_3C_x$ 生成后)

$$r^2 = 1.5 \times 10^{-10} \exp(-197 \times 10^3 / RT) \times t \tag{2-10}$$

$Ti_5Si_3C_x + TiC$

$$x^2 = 2.83 \times 10^{-5} \exp(-267 \times 10^3 / RT) \times t \tag{2-11}$$

$Ti_5Si_3C_x$

$$x^2 = 1.07 \times 10^{-7} \exp(-242 \times 10^3 / RT) \times t \tag{2-12}$$

Ti_3SiC_2

$$x^2 = 1.15 \times 10^{-5} \exp(-345 \times 10^3 / RT) \times t \tag{2-13}$$

SiC/Ti 界面的全体反应层

$$x^2 = 1.38 \times 10^{-5} \exp(-251 \times 10^3 / RT) \times t \tag{2-14}$$

3. 反应相的成长速度

表 2.3 是各反应层在不同温度下的成长速度,除 $Ti_5Si_3C_x + TiC$ 属于混合物层以外,其他各层均为单一的反应相。在较低温度范围内($1373 \sim 1573K$),$Ti_5Si_3C_x + TiC$ 反应层成长最快,其次是 TiC 颗粒,然后是单一的 $Ti_5Si_3C_x$ 相,成长速度最慢的是 Ti_3SiC_2 反应相。在连接温度 1673K 时,$Ti_5Si_3C_x$ 相和 Ti_3SiC_2 反应相的成长速度基本相同;而当温度上升到 1773K 时,Ti_3SiC_2 反应相的成长速度大于 $Ti_5Si_3C_x$ 相。

表 2.3　SiC/Ti 体系中不同反应相的成长速度(k 值)　　　(单位:m^2/s)

相	1373K	1473K	1573K	1673K	1773K
$Ti_5Si_3C_x + TiC$	2.0×10^{-15}	9.6×10^{-15}	3.8×10^{-14}	1.3×10^{-13}	3.8×10^{-13}
TiC	$3.6. \times 10^{-16}$	1.1×10^{-15}	3.1×10^{-15}	7.0×10^{-15}	1.6×10^{-14}
$Ti_5Si_3C_x$	6.6×10^{-17}	2.8×10^{-16}	9.7×10^{-16}	3.0×10^{-15}	7.9×10^{-15}
Ti_3SiC_2	1.1×10^{-17}	8.8×10^{-17}	5.3×10^{-16}	2.6×10^{-15}	1.0×10^{-14}
SiC/Ti	3.9×10^{-15}	1.7×10^{-14}	6.3×10^{-14}	2.0×10^{-13}	5.6×10^{-13}

2.1.5　接头的力学性能

1. 反应层厚度对接头强度的影响

在 1473K 的连接温度下,改变连接时间进行 SiC 和 Ti 的连接,相同规范下连接八个试件,其中一个试件用于分析界面组织及反应层的厚度,七个试件用于测量接头的抗剪强度并取平均值。由于 SiC/Ti 界面的反应层比较多,各层非常薄,所以分析时的厚度是整个反应层的厚度,其厚度随连接时间的变化如图 2.21(a)所示。

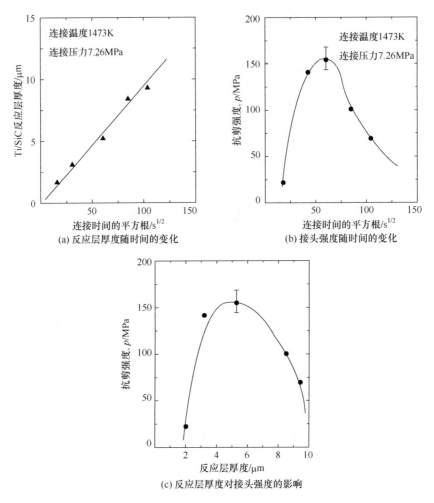

(a) 反应层厚度随时间的变化

(b) 接头强度随时间的变化

(c) 反应层厚度对接头强度的影响

图 2.21　反应层厚度对接头抗剪强度的影响

对各种规范下得到的接头进行拉剪实验,图 2.21(b)是抗剪强度随连接时间的变化曲线,图 2.21(c)是接头抗剪强度随反应层厚度的变化曲线。从图中可知,在反应层厚度 1.9~5.3μm 的范围内,接头强度随反应层厚度的增加急剧上升,在厚度为 5.3μm 时达到 153MPa 的最大值,此点对应的连接时间是 3.6ks。当反应层厚度继续增加时,接头强度反而快速下降,在连接时间 10.8ks 时只剩下 68MPa,此时对应的反应层厚度为 9.2μm;当连接时间 14.4ks 时,接头强度几乎为零。

断口分析发现,所有的断裂均发生在 SiC 和反应层的界面上,断面平坦,属于脆性断裂。断口表面的电镜分析发现,SiC 侧的断口上以黑色的 SiC 为主,附有少量的块状 TiC 相。从界面反应相的差别可知,连接时间小于 10.8ks 时,界面反应物主要是 SiC 侧的 $Ti_5Si_3C_x$ ＋TiC 层及 Ti 侧的大块状 TiC；当连接时间大于 10.8ks 时，SiC 侧形成了单一的 $Ti_5Si_3C_x$ 层，断口的元素分析没有发现 TiC 的存在。由此可知，当 $Ti_5Si_3C_x$ 层出现以后强度下降，主要原因是该硅化物脆性大、强度低。此外，抗剪强度还与 TiC 的生成量有关，连接时间 3.6ks 的断口上 TiC 的含量较多，因而接头强度高。

2. 接头的室温强度

1）连接温度对室温接头强度的影响

为了便于分析接头组织对室温强度的影响，采用 $20\mu m$ 厚的 Ti 箔作为中间层，固定连接时间为 3.6ks，连接压力为 7.26MPa，连接温度在 1473～1773K 变化。每一种连接规范焊接出八个试件，其中七个试件测量抗剪强度并取平均值，一个试件分析界面组织结构及确定反应相的种类。图 2.22 是不同连接温度下，与测量强度试件相对应的接头组织照片，图 2.23 是对应的元素线扫描分析结果。

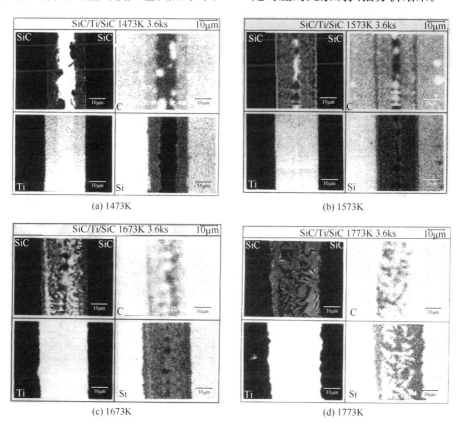

(a) 1473K

(b) 1573K

(c) 1673K

(d) 1773K

图 2.22　拉剪试件的接头组织照片（$20\mu m$Ti 箔）

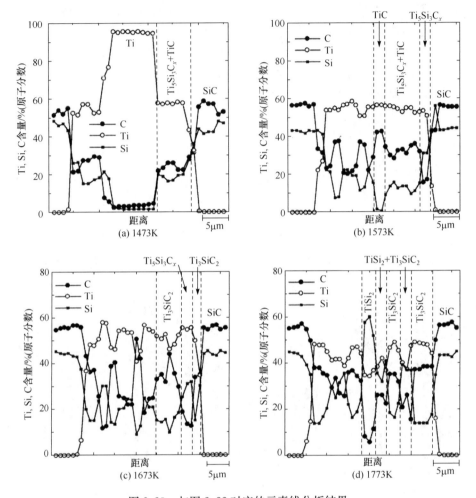

图 2.23　与图 2.22 对应的元素线分析结果

结合前述分析可知,不同连接温度下的界面结构如下。

1373K 和 1473K:SiC/Ti$_5$Si$_3$C$_x$＋TiC/TiC/Ti/TiC/Ti$_5$Si$_3$C$_x$＋TiC/SiC。

1573K：　SiC/Ti$_5$Si$_3$C$_x$/Ti$_5$Si$_3$C$_x$　＋　TiC/TiC/Ti/TiC/Ti$_5$Si$_3$C$_x$　＋　TiC/Ti$_5$Si$_3$C$_x$/SiC。

1673K:SiC/Ti$_3$SiC$_2$/Ti$_5$Si$_3$C$_x$＋TiC＋Ti$_3$SiC$_2$/Ti$_3$SiC$_2$/SiC。

1773K:SiC/Ti$_3$SiC$_2$＋TiSi$_2$/SiC。

为了便于分析和理解,将照片中组织的界面结构以图 2.24 的示意图表示。图 2.25是 SiC/Ti/SiC 接头的室温抗剪强度随连接温度的变化曲线,接头在 1373K 温度下的抗剪强度为 44MPa,随着温度的升高,接头强度在 1473K 时增加到 153MPa。当连接温度进一步上升到 1573K 时,接头强度反而下降到 54MPa。

连接温度进一步提高,接头强度又开始上升,到 1773K 时达到了 250MPa 的最大值。接头强度随连接温度的变化比较复杂,出现了两个峰值和两个低值。

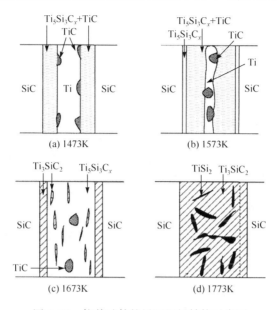

图 2.24　拉剪试件的界面组织结构示意图

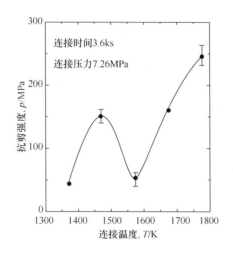

图 2.25　连接温度对室温抗剪强度的影响

2) 断口分析及断裂路径

从接头界面组织可知,接头断裂位置可以有以下六种可能:陶瓷和反应层的界面、Ti 金属和反应层的界面、各反应相之间的界面、陶瓷内部、金属 Ti 内部、各反应相内部。通过断口元素分析及断面 X 射线衍射,得到接头断裂位置如图 2.26

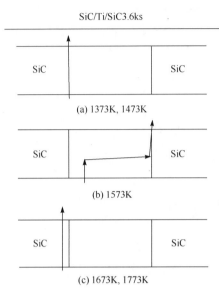

SiC/Ti/SiC3.6ks

SiC　　　　SiC

(a) 1373K, 1473K

SiC　　　　SiC

(b) 1573K

SiC　　　　SiC

(c) 1673K, 1773K

图 2.26　裂纹扩展示意图

所示。连接温度 1473K 以下的接头,开裂从 $SiC/Ti_5Si_3C_x+TiC$ 的界面上开始发生,沿 SiC 侧的界面扩展,直至全部断裂。对于 1573K 的接头,裂纹在靠近 SiC 的反应层中产生,扩展过程中横穿反应层向母材的另一侧发展,然后又沿着 SiC 和反应层的界面扩展。对于连接温度 1673K 以上的接头,裂纹从靠近反应层的 SiC 中产生,沿着紧靠反应界面的 SiC 母材扩展,其断裂面与连接界面平行。

分析产生上述不同断裂路径的原因,可以从断面组织、各反应相的本身强度及各相之间的晶格错配度等方面进行解释。1373K 的断面非常平坦,1473K 的断面凹凸较多,SiC 断面上粘有较多的块状反应相 $Ti_5Si_3C_x+TiC$。从表 2.4 可知,所有 Ti 的化合物中 TiC 最硬,而且 TiC 和 SiC 的热膨胀系数之差最小,两者在结晶学上也有很好的对应关系,TiC (111)面的间距是 $0.244\sim0.25nm$,六方晶 SiC 的(0006)及(1012)面的间距是 0.252nm,二者能很好地连接在一起,故可推测出 SiC/TiC 的界面强度高。可是在 1473K 的界面上,和 SiC 直接接触的是 $Ti_5Si_3C_x+TiC$ 混合层,TiC 和 SiC 直接接触的面积比较少,虽然强度比 1373K 时高,但难以达到较高的强度。1573K 时的界面,SiC 和 $Ti_5Si_3C_x$ 单相层直接相连,$Ti_5Si_3C_x$ 相本身强度不高,从表 2.4 可知,SiC 的硬度比 $Ti_5Si_3C_x$ 相高 1 倍以上,而热膨胀系数之差正好相反(由于 $Ti_5Si_3C_x$ 是由 C 扩散到 Ti_5Si_3 相中而形成的,故可推测二者的热膨胀系数差别不大),再加上 Ti_5Si_3 相的弯曲强度只有 SiC 的 15%,可推测出 $Ti_5Si_3C_x$ 相的弯曲强度也不高。在这些因素的综合作用下,$Ti_5Si_3C_x$ 相首先开裂,而且裂纹是在两侧的 $Ti_5Si_3C_x$ 相中扩展,从而使接头强度大大下降。文献[17]的研究结果也认为,具有 Ti_5Si_3 和 Ti_3SiC_2 相的接头以及具有 Ti_5Si_3 和 TiC 相的接头性能不好。

表 2.4　SiC/Ti 界面反应相的硬度及线膨胀系数

相	SiC	Ti	TiC	Ti_5Si_3	$TiSi_2$	$Ti_5Si_3C_x$	Ti_3SiC_2
$HV/(kg/mm^2)$	2900	412	2900	1030	768	1385	1148
$\alpha/(\times10^{-6}/K)$	4.7	9.9	8.2	11.0	12.5	—	9.2

接头强度在 1673K 时重新升高,主要原因是接头组织发生了变化,如前所述,此时的界面结构为 $SiC/Ti_3SiC_2/Ti_5Si_3C_x + TiC + Ti_3SiC_2/Ti_3SiC_2/SiC$,单一的 $Ti_5Si_3C_x$ 相不存在,含有 $Ti_5Si_3C_x$ 相的混合物层也不直接和 SiC 接触,接头各反应层的强度都比较高,从而提高了接头的强度。连接温度 1773K 的接头界面处,不连续的 $TiSi_2$ 弥散分布在 Ti_3SiC_2 基体中,Morozumi 等[16] 曾报道过 SiC 和 Ti_3SiC_2 具有良好的晶格对应关系,二者的结合性能好,这也是该接头抗剪强度高的原因之一。

3. 接头的高温强度

根据室温抗剪强度测试的结果,选取 1773K、3.6ks 的工艺参数进行连接,然后在高温环境下测量接头的抗剪强度。如图 2.27 所示,当测试温度较低时(573K 以下),接头的强度比室温时稍有增加,这可能是由于温度的升高使接头的残余应力分布发生了一些变化。温度继续上升,接头强度几乎没有变化,其高温抗剪强度可保持到 1000K 左右,显示出良好的耐高温特性。接头的断裂位置和室温时相同,也是发生在接头附近的 SiC 母材上,即环境温度对接头抗剪强度的影响不大,接头能够承受 1000K 的环境温度。

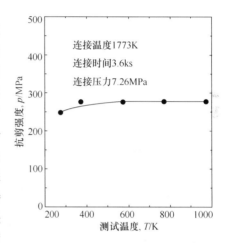

图 2.27　测试温度对 SiC/Ti 接头抗剪强度的影响

2.2　SiC 与 Ti-Co 合金的连接

SiC 陶瓷和金属的连接除了采用扩散连接,还常采用钎焊的方法,使用的钎料主要有 Ag-Cu-Ti、Ti-Cu 或 Al-Si 基合金。由于受合金自身熔点的影响,接头的使用温度受到一定限制。为了充分发挥陶瓷本身的耐高温性,提高接头的高温强度,有必要开发高熔点的合金中间层。由二元相图可知[45],Ti-Co 合金可以生成高熔点的化合物,但还不清楚能否用作中间层连接 SiC 陶瓷材料,因此有必要对 SiC/Ti-Co 的界面反应、合金成分及工艺参数对接头强度的影响进行探讨。

试验用 SiC 陶瓷和 2.1 节相同,选用三种成分的 Ti-Co 合金(Ti 含量的原子分数分别为 10%、50% 及 76.8%),在真空环境下进行扩散连接。

2.2.1　SiC/Ti-Co 接头的界面组织

1. 含 Ti 量低的接头组织

试验结果表明,Ti-Co 合金和 SiC 陶瓷在 1373K 以上的温度区间发生化学反应,界面组织随连接温度的变化而不同。当连接温度低于合金的熔点时,属于固相扩散连接,界面形成了层状反应物,其厚度随连接时间的延长而增加;当连接温度高于合金熔点时,合金形成液相,加快了陶瓷和合金的扩散,接头组织也在短时间内达到平衡状态。

反应相的种类和分布形态随合金中 Ti 含量的不同而变化。用 Co-10Ti(原子分数)合金连接 SiC 陶瓷时,在 1723K 的连接温度下,由于合金的熔点在 1073K 左右,中间的合金层全部熔化为液态,在液相扩散的条件下,接头中生成了颗粒状的黑色化合物,弥散分布于灰色基体中,这些化合物的尺寸随温度的增高而变大。当合金的 Ti 含量达到 50% 时(此时的熔点为 1598K),中间的合金层仍然处于液态,界面组织如图 2.28(a)所示,颗粒状的黑色反应相成长为块状,仍均匀分布于基体中。图 2.29 是该接头的断面 X 射线衍射结果,结合表 2.5 的 EPMA 分析结果可知,块状的反应相为 TiC,灰色的基体为 CoSi 相,即接头形成了以 CoSi 为基体、TiC 弥散分布的混合物。

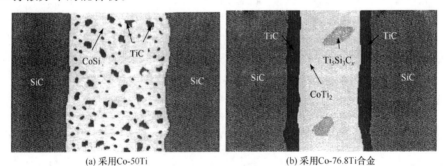

(a) 采用Co-50Ti　　　　　　　　　(b) 采用Co-76.8Ti合金

图 2.28　接头组织示意图

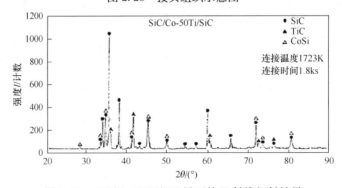

图 2.29　SiC/Co-50Ti/SiC 界面的 X 射线衍射结果

表 2.5　反应相的化学成分

合金成分	反应相	元素成分(原子分数)/%			
		Ti	Co	Si	C
Co-50Ti	TiC	54.3	0.5	0.1	45.1
	CoSi	0.8	49.8	49.4	0.0
Co-76.8Ti	TiC	62.5	0.7	0.3	36.5
	CoTi$_2$	66.1	28.9	0.4	4.6
	Ti$_5$Si$_3$C$_x$	55.2	1.7	35.6	7.5

2. 含 Ti 量高的接头组织

当合金的 Ti 含量进一步增加到 76.8%(原子分数)时,界面组织如图 2.28(b)所示,SiC 侧形成了层状的反应相(黑色),中间部分为白色组织并含有少量灰色的大块状化合物。利用 XRD 衍射(图 2.30)和 EPMA 分析结果可知,SiC 侧的黑色层状反应相为 TiC,白色基体为 CoTi$_2$,基体中灰色的块状反应相为 Ti$_5$Si$_3$C$_x$ 硅化物,各相的成分见表 2.5。由表 2.5 可知,块状 TiC 和层状 TiC 的 C 含量不同,C含量在很大范围内变化,这与 Ti-C 二元相图相吻合,二者均为立方结构,只是晶格常数稍有不同。关于界面硅化物随合金元素成分不同而发生变化的原因,可以从图 2.31 的 Co-Si-Ti 三元相图中得到解释[46]。用 Ti 含量低的合金连接时,形成Ti-Si 化合物所需的 Ti 含量不能满足要求,再加上 Co 的浓度高,界面很容易生成CoSi 反应相。从三元相图可知,能生成硅化物的最小 Ti 含量是 50%,否则没有路径可以从 Co-10%Ti(原子分数)的合金成分点直接生成硅化物;而 Ti 含量增高时,界面的硅化物变为 Ti$_5$Si$_3$C$_x$ 相。该变化的主要原因是合金中 Ti 元素含量高,Ti 的活性比 Co 高。从三元相图可知,在温度超过 1073K 时,含 76.8%Ti 的合金

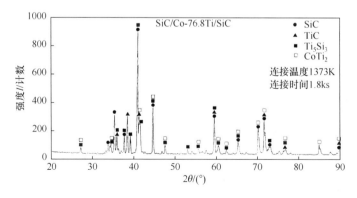

图 2.30　SiC/Co-76.8Ti/SiC 界面的 X 射线衍射图

形成了由 CoTi$_2$-Ti$_5$Si$_3$-Ti 组成的三相区域,即接头中形成了 Ti$_5$Si$_3$ 和 CoTi$_2$,而 C 元素也扩散到 Ti$_5$Si$_3$ 中形成 Ti$_5$Si$_3$C$_x$ 相。同时,SiC 中的 C 也和 Ti 反应生成了 TiC 相,并在界面以层状形式存在。

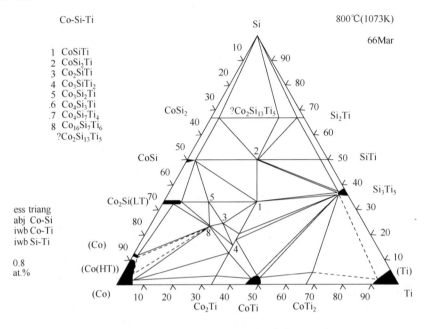

图 2.31 Ti-Co-Si 三元相图[46]

2.2.2 Ti 含量对接头抗剪强度的影响

图 2.32 是合金的 Ti 含量(原子分数)对接头抗剪强度的影响,当 Ti 含量小于 50%时,接头的抗剪强度随 Ti 含量的增加而变大,在含 50%Ti 时达到最大值。进一步增加 Ti 含量到 76.8%,接头强度急速下降,其值已接近于零。在液相扩散的条件下,改变连接时间和温度,接头的抗剪强度均具有相同的变化规律。接头强度的变化与接头的组织结构有关,Ti 含量小于 50%时,尽管 TiC 颗粒在 CoSi 中弥散分布,但由于所占的体积比较小,脆性硅化物 CoSi 的强度决定了接头的强度;当 Ti 含量为 50%时,TiC 呈块状均匀分布,其体积占接头组织的 45%以上,接头的硬度也显示出最大值(1600kg/mm^2),即反应层自身强度的增加是促使接头强度提高的主要原因;当 Ti 含量高达 76.8%时,出现了金属间化合物 CoTi$_2$ 和硅化物 Ti$_5$Si$_3$C$_x$,界面的 TiC 呈层状分布,使接头的应力分布变得更加复杂,且硅化物的脆性大,最终导致接头抗剪强度的下降。

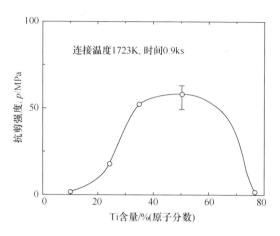

图 2.32　Ti 含量对抗剪强度的影响

2.2.3　连接时间对接头强度的影响

采用具有较高室温强度的 Co-50 Ti(原子分数,%)合金,在 1723K 的条件下对 SiC 陶瓷进行扩散连接,分析连接时间对接头抗剪强度的影响。试验结果如图 2.33 所示,在连接时间小于 1.8ks 的区域内,接头的抗剪强度从最初的 53MPa(对应于连接时间 0.3ks)逐渐上升到 60MPa;连接时间大于 1.8ks 后,接头强度趋于稳定,不随时间而变化。产生这种现象的主要原因是:在小于 1.8ks 的区域内扩散进行得不充分,TiC 颗粒没充分形成;长时间连接后,接头的 CoSi+TiC 组织没发生变化,从而使接头强度保持稳定。

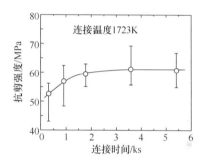

图 2.33　连接时间对接头
拉剪强度的影响

2.2.4　连接温度对接头强度的影响

图 2.34 为 1.8ks 的连接时间下,接头的抗剪强度与连接温度的关系。从图 2.34(a)可知,使用 Co-50 Ti(原子分数,%)的合金连接 SiC 陶瓷,接头强度随温度升高而增加。由界面组织分析可知,低温连接时 TiC 的生成量比较少;而高温连接时,各元素可以充分进行扩散,TiC 的生成量变多,从而提高了接头的强度。与此相反,使用 Co-76.8 Ti(原子分数,%)合金时,接头强度随温度的升高而下降(图 2.34(b))。这是因为接头组织中生成了金属间化合物 $CoTi_2$ 和 $Ti_5Si_3C_x$ 硅化物,这些脆性相随着连接温度的升高而迅速长大,SiC 侧的 TiC 层也逐渐变厚,这

就使接头的脆性增大,同时也使接头的应力分布变得更加复杂,综合作用的结果使接头强度随温度的升高而下降。

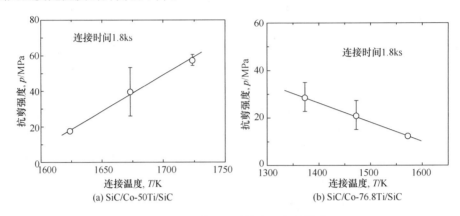

(a) SiC/Co-50Ti/SiC　　　　(b) SiC/Co-76.8Ti/SiC

图 2.34　连接温度对接头强度的影响

2.3　SiC 与 Ti-Fe 合金的连接

Ti-Fe 合金与 Ti-Co 合金一样,可以生成高熔点的化合物,为此开发 Ti-Fe 合金中间层具有一定的实用价值。本节通过改变合金中的 Ti 含量,对 Ti-Fe 合金和 SiC 陶瓷的界面反应、接头的室温及高温强度进行了初步探讨。

2.3.1　界面组织分析

在连接温度 1623K、连接时间 2.7ks 的条件下,改变合金成分进行了扩散连接。试验结果表明,Fe-Ti 合金和 SiC 陶瓷在高温下发生反应,反应物的种类和形态随合金中 Ti 含量的不同而变化。从 Fe-Ti 二元相图可知[47],Ti 含量为 10%(原子分数)的合金在 1562K(1289℃)存在 $TiFe_2$ 和 α-Fe 的共晶反应,可以形成液相。在液态合金和 SiC 反应过程中,接头中生成了颗粒状的 TiC 和复杂成分的反应层(含有 Fe、Ti、Si 和 C 元素,其相结构还有待确定)。由于连接温度高于合金的熔点,各元素在液相中扩散速度快,并因扩散速度差而形成了少量的扩散孔洞。

当合金的 Ti 含量增加到 20%时,接头组织没发生明显变化,只是 TiC 的比例有所增加,复杂成分反应层的厚度变薄。进一步增加 Ti 含量到 50%,接头组织和各元素的面分析如图 2.35 所示,整个接头是由弥散的块状化合物(黑色)和白色基体组成的混合组织。EPMA 分析结果可知,白色基体的成分为 48.3Fe-48.1Si-2.7C-0.9Ti(原子分数,%),结合 Fe-Si 二元相图和接头的 X 射线衍射(平行于连接面逐层研磨)结果,可以确定该相为立方晶格的 FeSi,其晶格常数 $a = 0.4457nm$,和标准数据($a = 0.4460nm$)几乎没有差别。黑色块状的反应相含有

56.7Ti-40.0C-2.6Si-0.7Fe(原子分数,%),X射线分析结果表明该相为立方晶格的 TiC,晶格常数 $a=0.4329$nm(标准值为 $a=0.43272$nm)。当 Ti 含量上升到71%时,接头组织发生了明显变化,整个接头由三层反应物组成。SiC 侧的反应物是立方晶格的 TiC,由前述的颗粒状变为层状,紧靠 TiC 的反应物是 FeSi,最中间的反应相是立方晶格的 $Ti_5Si_3C_x$,该相也是在 Ti_5Si_3 的基础上由于扩散进来10%(原子分数)左右的 C 而形成的,此时的界面结构为 SiC/TiC/FeSi/$Ti_5Si_3C_x$/FeSi/TiC/SiC。

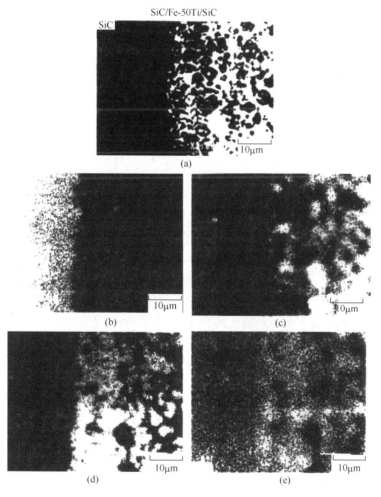

图 2.35　接头显微组织及元素面分析
(Fe-50 Ti(原子分数,%),1673K、2.7ks)

2.3.2　Ti 含量对接头强度的影响

图 2.36 是中间层合金的 Ti 含量对接头抗剪强度的影响(连接时间 1.8ks)，两种连接温度下的强度均显示出相同的变化趋势。在 Ti 含量小于 50% 的范围内，接头强度随 Ti 含量的增加而升高，在 Ti 含量为 50% 时达到最大值；进一步增加合金中的 Ti 含量，接头强度急速下降，连接温度 1723K 时的接头强度值已接近于零。

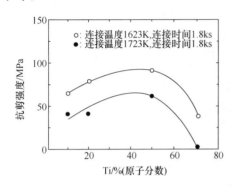

图 2.36　Ti 含量对接头抗剪强度的影响

抗剪强度的变化与接头界面组织结构有关。低于共晶温度以下进行的连接属于固相扩散，接头中存在扩散孔洞，实际承载面积的下降影响了接头强度。图 2.36 的两条曲线，连接温度均高于共晶温度，在 1623K 连接温度下，连接机理也由固相扩散转变为液相扩散。当 Ti 含量较小时，接头界面 TiC 的生成量少，接头主要由金属间化合物组成，接头强度不高。当 Ti 含量为 50% 时，冷却后的接头组织是由 TiC 和 FeSi 组成的混合物(图 2.35)，TiC 颗粒的弥散分布起到了强化作用，即接合层强度的增加是促使接头抗剪强度增加的主要原因。Ti 含量高达 71% 时，出现了 $Ti_5Si_3C_x$ 反应相，该相的弯曲强度只有 TiC 的 1/7，硬度只有 TiC 的 1/3，热膨胀系数约是 TiC 的 1.4 倍，而且在接头中呈层状分布，该脆性相使反应层的强度下降，在拉剪过程中反应层先发生开裂，从而使接头只有很低的抗剪强度，这种现象在用 Ti 箔扩散连接 SiC 时也曾出现过($Ti_5Si_3C_x$ 在 SiC 侧形成层状时接头强度低)。当温度升高到 1723K 时，界面反应加快，不论使用哪种成分的合金，$Ti_5Si_3C_x$ 相均在接头组织中出现，且随 Ti 含量的增加而增多，接头强度也低于 1623K 时的抗剪强度。

2.3.3　连接时间对接头强度的影响

图 2.37 是连接时间与接头抗剪强度的关系曲线，当连接时间小于 2.7ks 时，抗剪强度随时间的增加而急剧上升，在 2.7ks 时显示出 133MPa 的最大值；再增加连接时间，接头强度反而下降。强度的这种变化和接头中的组织结构有关，即短时间连接时，界面反应不充分，

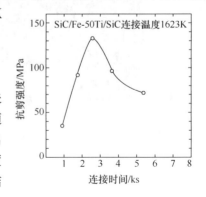

图 2.37　连接时间对抗剪强度的影响

TiC 的生成量较少,硅化物 FeSi 的强度决定了接头强度;连接时间增加时,接头中 TiC 的体积率随连接时间的增加而上升,在 2.7ks 后趋于稳定。连接时间为 2.7ks 时,TiC 的体积占整个接头组织的 46%,硬度为 1700kg/mm^2,已接近其最大值。TiC 不仅和 SiC 有良好的晶格对应关系,而且两者热膨胀系数的差也较小,这都使界面连接强度和反应层本身的强度大大提高,从而促使接头的抗剪强度升高。长时间(5.4ks)连接后,接头中的 TiC 体积率和接头的硬度虽然没发生变化,但 TiC 的颗粒尺寸变大,甚至形成层状,部分区域还形成了 Ti$_5$Si$_3$C$_x$ 相,因此抗剪强度下降为 72MPa。

2.3.4　接头的高温强度

采用室温强度最高(133MPa)的接头进行短时(180s)高温强度试验,结果如图 2.38 所示。在试验温度从室温到 973K 的范围内,接头强度没有下降,其原因是各反应产物具有良好的热稳定性,这些反应相的强度在试验温度范围内没发生变化。图 2.38 还给出了使用 Ag-Cu-5%Ti 钎料钎焊 SiC 陶瓷的接头高温强度,尽管两种接头的室温强度相差不大,但在 973K 的试验温度下,使用 Ag-Cu-Ti 钎料钎焊的接头强度几乎为零,因此,Fe-50%Ti(原子分数)的合金可以用于陶瓷材料的钎焊,且接头的高温性能较好。

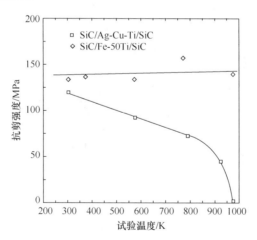

图 2.38　试验温度对抗剪强度的影响

2.4　SiC 与 TiAl 合金的连接

试验用 SiC 陶瓷材料如前所述,为常压烧结的陶瓷圆棒。采用两种不同的 TiAl 合金(也称金属间化合物,本书中均称为合金),一种是 γ-TiAl 合金,其化学成分为 Ti-53Al(原子分数,%),具有全 γ 相的微观组织;另一种合金的化学成分为 Ti-45Al-1.7Cr-1.7Nb(均为原子分数,%),该材料由水冷铜坩埚高频感应加热设备熔炼,先浇铸成圆柱坯,然后进行真空热处理、热等静压处理,再用不锈钢包套后锻压成圆饼坯料,采用线切割切成试验用试样。经电镜观察确认此 TiAl 合金为 γ+α₂ 层片状组织(本书中称为双相 TiAl)。将装配好的连接试件在 6.6mPa 的真空度下与 SiC 进行扩散连接[33,38],连接压力为 30MPa,加热及冷却速度均为 0.25K/s。

2.4.1　SiC/TiAl 接头的界面组织

1. 双相 TiAl 与 SiC 接头的组织

在 1373K、0.3ks 的连接条件下,SiC 与双相 TiAl 的界面发生元素扩散并在局部形成块状的反应物;连接时间为 0.9ks 时,接头界面形成了明显的两层反应层,各反应层的厚度随连接时间的延长快速增加;1.8ks 时总厚度约 4μm 左右(图 2.39)。从图中可以看出,尽管连接时间不同,但所形成的界面结构是相同的,即在 SiC 和双相 TiAl 合金之间形成了两个反应层。当连接时间延长到 28.8ks 时,接头两个反应层的总厚度达到 14μm 左右。

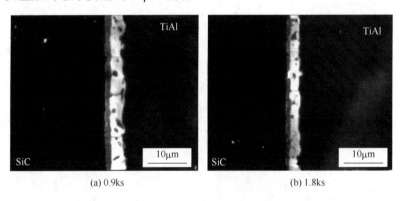

(a) 0.9ks　　　　　　　　　　(b) 1.8ks

图 2.39　不同连接时间的 SiC/双相 TiAl 接头组织照片(1573K)

固定连接时间 7.2ks 不变,改变连接温度所得到的接头组织如图 2.40 所示。由图可以看出,虽然连接温度不同,但所形成的界面结构仍然由两层反应层组成,而且连接温度越高,各反应层的厚度越大,这和前述的连接时间对界面结构的影响是相同的。

2. SiC 与双相 TiAl 接头的反应层成分

图 2.41 给出了连接温度 1573K、连接时间 28.8ks 的接头界面处的元素面分布和线扫描分析结果,其中 AB 线表示线分析的位置,A 点是 SiC 陶瓷母材,B 点

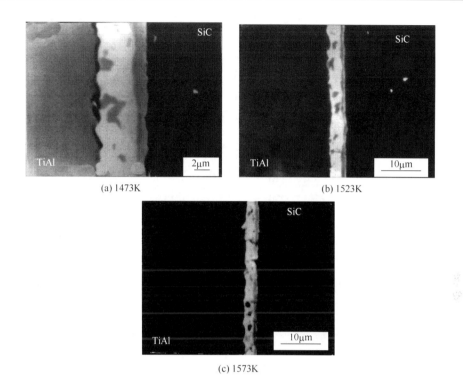

(a) 1473K

(b) 1523K

(c) 1573K

图 2.40 SiC/双相 TiAl 接头组织随温度的变化(7.2ks)

是 TiAl 合金。从面分布图来看,各元素的分布规律与短时间连接的情况相同。为进一步确认反应产物的种类,对接头界面进行了 X 射线衍射分析和 EPMA 定量分析(连接条件 1573K、3.6ks)。分析结果显示,在接头界面生成了 TiC 和 $Ti_5Si_3C_x$(该相是 C 溶于 Ti_5Si_3 而形成的)。

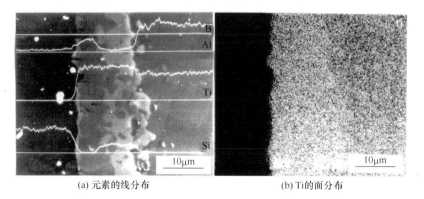

(a) 元素的线分布

(b) Ti的面分布

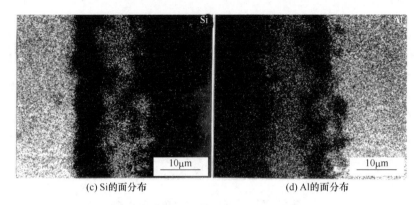

(c) Si的面分布   (d) Al的面分布

图 2.41 SiC/双相 TiAl 接头界面处的元素面分布(1573K、28.8ks)

接头元素线扫描分析结果如图 2.42 所示,各反应层的平均成分见表 2.6。在紧靠 SiC 的反应层(A 点为 SiC 陶瓷上的一点)中,Ti 与 C 的原子比在 1.05~1.22,结合 Ti-C 二元相图可以推断该层及粒状化合物是 TiC。这与 X 射线衍射结果是一致的,值得注意的是,TiC 中溶解了一定数量的 Al,从而使 TiC 的晶格尺寸有所增大。同理,在 TiAl 合金侧的反应层中(B 点为 TiAl 上的一点),Ti、Si 和 C 的比例大致为 5∶3∶1,X 射线衍射结果也断定该层是 $Ti_5Si_3C_x$。以上结果说明,SiC 与双相 TiAl 合金扩散连接接头的界面结构为 $SiC/TiC/(Ti_5Si_3C_x+TiC)/TiAl$。

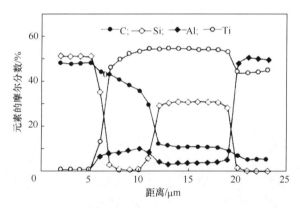

图 2.42 SiC/双相 TiAl 接头界面元素成分分析(1573K、28.8ks、30MPa)

表 2.6 SiC/双相 TiAl 接头反应层中主要元素的含量(1573K、28.8ks)

	化学成分/%(原子分数)				反应产物	晶体结构
	Ti	Al	Si	C		
SiC 侧黑色层	49.5	8.6	1.2	40.7	TiC	面心立方
TiAl 侧灰色层	53.6	4.1	31.2	11.1	$Ti_5Si_3C_x$	六方晶格
灰色层中的黑色颗粒	45.3	9.2	2.4	43.1	TiC	面心立方

3. SiC/γ-TiAl 接头组织及反应层成分

图 2.43 是连接温度 1573K,不同连接时间的 SiC 与 γ-TiAl 合金反应形成的界面组织结构照片。与图 2.40 的 SiC/双相 TiAl 合金的两层界面结构相比,SiC 与 γ-TiAl 反应所形成的界面结构明显不同,呈现三层的界面结构,该三层的界面结构不随连接时间而变化,只是反应层的厚度随连接时间的延长而变厚。保持连接时间 28.8ks 不变,在连接温度 1523K 和 1623K 下进行连接,接头的界面组织和图 2.43 大致相同,也是三层反应层的界面结构,反应层的厚度随着连接温度的升高而快速增加。

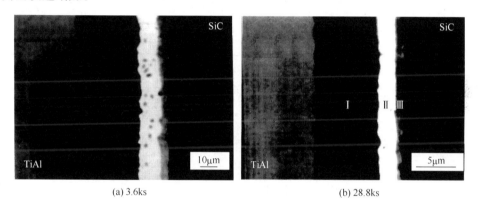

(a) 3.6ks　　　　　　　　　　　　　　(b) 28.8ks

图 2.43　SiC/γ-TiAl 接头的界面组织(1573K)

为了方便分析,将图 2.43 中 γ-TiAl 侧的黑色反应层定义为 Ⅰ,中间白色的反应层定义为 Ⅱ,SiC 侧的灰色反应层为 Ⅲ。图 2.44 是连接温度 1573K、连接时间 28.8ks 的接头界面的元素面分布。由图可以定性看出,Ⅰ 层中几乎不含 Si 和 C,

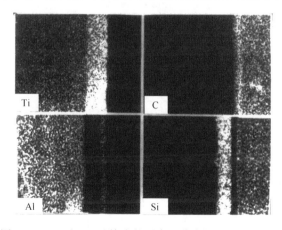

图 2.44　SiC/γ-TiAl 接头的元素面分布(1573K、28.8ks)

Al 的含量最高,其次是 Ti,结合 X 射线衍射分析和 EPMA 成分分析可知是 TiAl$_2$ 金属间化合物。Ⅱ层 Ti 和 Si 的含量高,C 的含量低,不含有 Al 元素,是三元化合物 Ti$_5$Si$_3$C$_x$ 相,而该相中分布的黑色颗粒是 TiC。Ⅲ层比较薄,含有大量的 Ti 及 C 元素,被确定为 TiC 相。表 2.7 是各反应层的 EPMA 元素点分析的平均含量,TiAl$_2$ 的原子比例大致是 1∶2,而 TiC 中 C 的含量和 Ti-C 二元相图中 C 的成分是对应的,只是含有一定数量的 Al,这可能是由于反应层太薄引起的测量误差。总之,SiC 与 γ-TiAl 扩散连接接头的界面结构为 SiC/TiC/(Ti$_5$Si$_3$C$_x$ + TiC)/TiAl$_2$/γ-TiAl。

表 2.7　SiC/γ-TiAl 接头主要元素的含量及反应产物(1573K、28.8ks)

反应层	化学成分/%(原子分数)				反应产物	晶体结构
	Ti	Al	Si	C		
Ⅰ	33.5	63.6	0.8	2.1	TiAl$_2$	体心正方
Ⅱ(基体)	54.2	4.4	30.1	11.3	Ti$_5$Si$_3$C$_x$	六方晶格
Ⅱ(粒状相)	45.3	8.6	2.3	43.8	TiC	面心立方
Ⅲ	44.3	10.2	2.8	42.7	TiC	面心立方

2.4.2　SiC/TiAl 界面反应相的形成过程

以双相 TiAl 合金为例,根据不同连接规范的组织照片,结合 EPMA 分析及 X 射线衍射结果,得到 SiC/双相 TiAl 接头的界面反应模型如图 2.45 所示。由图可见,整个界面结构的形成过程分为四个阶段,即待连接表面的紧密接触阶段、TiC 层出现阶段、(Ti$_5$Si$_3$C$_x$ + TiC)层出现阶段以及各反应层的成长阶段。实际上,前三个阶段进行得非常迅速而短暂,很难从时间上区分开来。但从过程的本质来看,依然存在反应层生成及成长的先后顺序。

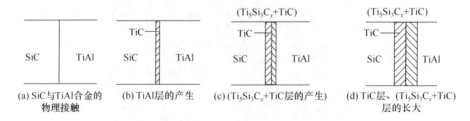

图 2.45　SiC 与双相 TiAl 合金的界面反应模型

1. 连接表面物理接触阶段

达到连接温度时,开始给待连接的试件施加压力。在连接温度和压力的共同作用下,虽然 SiC 材料很难变形,但 TiAl 合金的表面产生了微观塑性变形,使其表面形态向 SiC 的表面形态趋近,直至达到两个表面的紧密接触,为 SiC 与 TiAl 合金的原子扩散和界面反应提供通道(图 2.45(a))。连接温度越高,采用的压力越大,SiC 的表面越平整,达到紧密接触所需的时间越短,接触的程度也越好。

2. TiC 层的生成阶段

在连接表面紧密接触之后,TiAl 合金中的 α_2-Ti$_3$Al 首先转变成了 Al 在 β-Ti 中的固溶体 β-Ti(Al),使 Ti 具有了较强的活性。Ti 与 SiC 中的 C 反应生成 TiC 和自由状态的 Si(以下简称自由 Si),于是在 SiC 与 TiAl 合金的界面处形成了一层很薄的、如图 2.44(b)所示的 TiC 反应层。

3. (Ti$_5$Si$_3$C$_x$＋TiC)层出现阶段

当 TiC 层出现后,界面反应将转移到 SiC 与 TiC 的界面及 TiC 与 TiAl 合金的界面上。从 TiAl 合金的 β-Ti(Al)中扩散而来的 Ti 穿过 TiC 层来到 SiC 与 TiC 的界面,继续与 SiC 反应并生成 TiC 和自由 Si。这样一方面使 TiC 层向 SiC 侧增厚;另一方面使 SiC 前沿自由 Si 的数量增加,促使其穿过 TiC 层向 TiC 与 TiAl 合金的界面处扩散聚集。当自由 Si 在该界面处的浓度达到一定数值时,就会与从 β-Ti(Al)中扩散而来的 Ti 和界面上的 TiC 发生反应,从而在 TiC 与 TiAl 合金的界面处又产生一个新相 Ti$_5$Si$_3$C$_x$,并形成含有少量 TiC 的(Ti$_5$Si$_3$C$_x$＋TiC)双相层(图 2.45(c))。出现(Ti$_5$Si$_3$C$_x$＋TiC)双相层而不出现 Ti$_5$Si$_3$C$_x$ 单相层,其原因是在 TiC 与 TiAl 合金界面处的 TiC 只有大部分参与了生成 Ti$_5$Si$_3$C$_x$ 的反应,少量没参与反应的 TiC 仍然残留在新生的 Ti$_5$Si$_3$C$_x$ 中,形成了双相组织。

4. 各反应层的成长

当(Ti$_5$Si$_3$C$_x$＋TiC)层出现后,界面反应除了在 SiC 与 TiC 的界面上继续进行,在 TiC 与(Ti$_5$Si$_3$C$_x$＋TiC)的界面上也开始发生。当 Ti 不断从 TiAl 合金中的 β-Ti(Al)中扩散出来,穿过(Ti$_5$Si$_3$C$_x$＋TiC)和 TiC 两个反应层后,在 SiC 与 TiC 的界面上同 SiC 反应,继续生成 TiC 并使 TiC 层向 SiC 侧伸展;与此同时,在 TiC/(Ti$_5$Si$_3$C$_x$＋TiC)界面上,穿过(Ti$_5$Si$_3$C$_x$＋TiC)层的 Ti 将同 TiC 和自由 Si 反应,继续生成 Ti$_5$Si$_3$C$_x$,并使(Ti$_5$Si$_3$C$_x$＋TiC)层向 TiC 侧增长(图 2.45(d))。

扩散连接的保温过程完成后,在接头的冷却过程中,无论是为界面反应提供 Ti 的 β-Ti(Al),还是远离界面未参与界面反应的 β-Ti(Al),都将重新转变成室温组成相 α_2-Ti$_3$Al。

应注意,TiAl 母材的原始组织不同,界面反应存在差异,对于纯 γ-TiAl 和 SiC 反应,界面生成了 TiAl$_2$、TiC 和 Ti$_5$Si$_3$C$_x$ 三种反应产物,形成了 SiC/TiC/

$(Ti_5Si_3C_x + TiC)/TiAl_2/\gamma\text{-}TiAl$ 的界面结构，该 $TiAl_2$ 是由 $\gamma\text{-}TiAl$ 分解产生的。而对于 SiC 与双相 TiAl 合金的界面，$TiAl_2$ 存在于母材中，不是反应产生的。

2.4.3 界面反应层的成长规律

1. 各反应相形成的 $\Delta G^{\ominus}$

以双相 TiAl 合金为例研究界面反应相的成长。根据 Ti-Al 二元合金相图可知[40]，在本试验所用的连接温度范围内，TiAl 合金中的 $\alpha_2\text{-}Ti_3Al$ 在高温下已经转变成了 Al 在 β-Ti 中的固溶体 β-Ti(Al)。由于固溶体 β-Ti(Al) 的生成吉布斯自由能较低，它对 Ti 的约束程度较 $\gamma\text{-}TiAl$ 要低得多，因而可提供界面反应所需的元素 Ti，也就是说，当 SiC 与双相 TiAl 合金进行扩散连接时，接头界面反应的主控元素 Ti 来于已经转变成 β-Ti(Al) 的 $\alpha_2\text{-}Ti_3Al$。

当 TiAl 合金的相组成发生变化，极限情况下只含有 $\gamma\text{-}TiAl$ 时，界面反应的主控元素 Ti 只能由 $\gamma\text{-}TiAl$ 的分解所提供，即 Ti 由反应式(2-15)得到。分解反应所提供的 Ti，一部分用于生成 TiC，另一部分用于生成 $Ti_5Si_3C_x$，即由反应式(2-15)～式(2-17)消去中间产物 Ti 和 Si 得到式(2-18)的总反应方程式。

$$2TiAl \Longrightarrow TiAl_2 + Ti \tag{2-15}$$

$$SiC + Ti \Longrightarrow TiC + Si \tag{2-16}$$

$$xTiC + 3Si + (5-x)Ti \Longrightarrow Ti_5Si_3C_x \tag{2-17}$$

$$3SiC + 2(8-x)TiAl \Longrightarrow (8-x)TiAl_2 + (3-x)TiC + Ti_5Si_3C_x \tag{2-18}$$

上述反应式的标准吉布斯自由能变化 $\Delta G^{\ominus}$ 可由 SiC、TiAl、$TiAl_2$、TiC 和 $Ti_5Si_3C_x$ 的标准生成吉布斯自由能 $\Delta G^{\ominus}(SiC)$、$\Delta G^{\ominus}(TiAl)$、$\Delta G^{\ominus}(TiAl_2)$、$\Delta G^{\ominus}(TiC)$ 和 $\Delta G^{\ominus}(Ti_5Si_3C_x)$ 而得到，即

$$\Delta G^{\ominus}(SiC) = -70.39 + 0.005T \tag{2-19}$$

$$\Delta G^{\ominus}(TiAl) = -87.98 + 0.022T \tag{2-20}$$

$$\Delta G^{\ominus}(TiAl_2) = -38.25 + 0.008T \tag{2-21}$$

$$\Delta G^{\ominus}(TiC) = -190.97 + 0.016T \tag{2-22}$$

$$\Delta G^{\ominus}(Ti_5Si_3C_x) = -613.35 + 0.029T \tag{2-23}$$

经计算可知，在 1573K 的连接温度下，TiC 和 $Ti_5Si_3C_x$ 的 $\Delta G^{\ominus} < 0$，说明这些反应相可以生成，这和实验结果是一致的。同时，将式(2-19)～式(2-23)的代入式(2-18)可知，其 $\Delta G^{\ominus}$ 小于 0，故反应式(2-18)能够进行下去。

2. 工艺参数对反应层成长的影响

在 SiC 与双相 TiAl 合金的反应中，接头界面形成了 TiC 层和 $(Ti_5Si_3C_x + TiC)$ 层，而在 SiC 与 $\gamma\text{-}TiAl$ 的界面反应中，接头界面形成了 TiC 层、$(Ti_5Si_3C_x +$

TiC)层和 TiAl$_2$ 层。在接头的界面结构上,SiC 和两种 TiAl 反应的界面结构很相似,从 SiC 一侧观察,邻近 SiC 的都是 TiC 层,而邻近 TiC 的都是(Ti$_5$Si$_3$C$_x$＋TiC)层,只有 SiC 与 γ-TiAl 的界面反应中在 TiAl 侧多了 TiAl$_2$ 层。从反应层的厚度来看,即使在相同的工艺参数下,两种 TiAl 和 SiC 反应形成的反应层厚度也有一定的差异。

图 2.46 给出了 SiC 与双相 TiAl 合金反应形成的反应层厚度随温度和时间的变化。由图可以看出,每个反应层的厚度均随温度的升高或时间的延长而增大,其中温度的作用更显著。在温度和时间相同的情况下,(Ti$_5$Si$_3$C$_x$＋TiC)层的厚度大于 TiC 层的厚度。

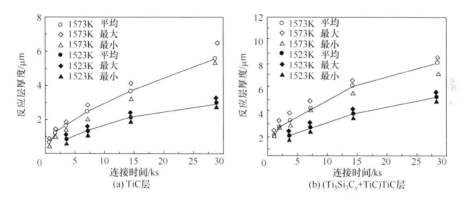

图 2.46　SiC/TiAl 接头的反应层厚度随温度和时间的变化

图 2.47 是 SiC 与 γ-TiAl 反应形成的反应层厚度随温度和时间变化的曲线。由图可以看出,反应层 TiAl$_2$ 的厚度远大于其他两个反应层的厚度。同 SiC 与双相 TiAl 合金的反应相比,在相同的反应条件下,SiC 与 γ-TiAl 反应形成的(Ti$_5$Si$_3$C$_x$＋TiC)层和 TiC 层的厚度均较小,尤其 TiC 层的厚度更小。由此看来,在 SiC 与 TiAl 合金的界面反应中,当 TiAl 合金的组成相不同时,不仅引起界面结构的变化,而且还引起了反应层厚度的改变。

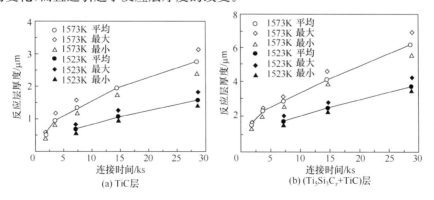

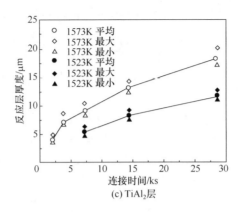

(c) TiAl₂层

图 2.47　SiC/γ-TiAl 接头的反应层厚度随温度和时间的变化

2.4.4　连接工艺参数对接头性能的影响

1. 连接压力的影响

图 2.48 是在连接温度 1573K、连接时间 1.8ks 的条件下,连接压力对 SiC/TiAl 接头室温抗剪强度的影响。连接压力在 5MPa 以下时,扩散连接后接头几乎都是自然分开的,不能承受任何载荷;当连接压力大于 5MPa 时,随着连接压力的增大,接头强度逐渐提高;当连接压力达到 25MPa 时,接头强度达到 240MPa 的最大值;而后再增加连接压力,接头强度基本保持不变。

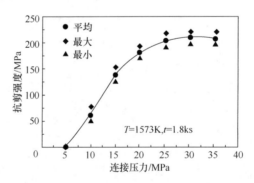

图 2.48　连接压力对接头抗剪强度的影响

接头强度随连接压力发生这种变化的实质是当连接压力较小时,由于 SiC 和 TiAl 合金难于变形而使待连接表面只有较少部分能够达到紧密接触并通过界面反应实现局部连接,因而接头强度较低。随着连接压力的增大,表面紧密接触面积增加,亦即接头有效结合面积增加,因而接头强度提高。当连接压力增加到一定值时,待连接表面的紧密接触只对开始反应起作用,反应过程中形成的 TiC 层和 SiC

的结合力增大,也对提高接头的抗剪强度起到了很大作用。因此,对于 SiC 与
TiAl 合金的扩散连接来讲,选择工艺参数的原则是既能保证连接表面能够达到完
全紧密接触,又能尽量减小接头宏观变形,根据本试验结果可知,在连接温度为
1573K 时,连接压力的值建议选择在 25～30MPa。

2. 连接时间的影响

在连接温度 1573K、连接压力 30MPa 的条件下,连接时间对 SiC/TiAl 接头室
温抗剪强度的影响如图 2.49 所示。由图可以看出,接头强度随连接时间并非单调
变化,而是存在峰值。当连接时间小于 0.9ks 时,接头强度随连接时间的增加急剧
增加,并在连接时间 0.9ks 时迅速达到 240MPa 的最大值。当连接时间大于
0.9ks 时,接头强度又随连接时间的增加而降低,而且开始时下降速度较快,而后
趋于缓慢。

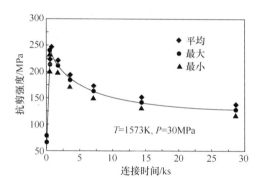

图 2.49　连接时间对接头抗剪强度的影响

接头强度随连接时间产生这种具有峰值的变化是由界面反应程度决定的。与
连接压力的影响不同,连接时间对 SiC/TiAl 接头强度的影响主要体现在界面反应
层的厚度上。当连接时间很短时,SiC 与 TiAl 合金之间的原子扩散和界面反应极
不充分,难以实现有效的冶金结合,因而接头强度很低。随着连接时间的延长,原
子扩散和界面反应程度明显增加,因而接头强度提高。当连接时间达到 0.9ks 左
右时,不但界面反应充分,而且反应层的厚度也较适中,有效地实现了 SiC 与 TiAl
合金的冶金结合,于是接头强度达到最大值。当连接时间继续增加时,界面反应层
加厚,导致接头内部残余应力加大,因而接头强度开始降低。由此看来,连接时间
的选择存在最佳值。在连接温度为 1573K 时,最佳连接时间为 0.9ks。

3. 连接温度的影响

在连接时间 0.9ks、连接压力 30MPa 的条件下,连接温度对 SiC/TiAl 接头室
温抗剪强度的影响如图 2.50 所示。由图可以看出,当连接温度为 1573K 时,接头

强度最高,能够达到 240MPa。而连接温度高于或低于 1573K 时,接头强度均降低。

同连接时间的影响相类似,连接温度对 SiC/TiAl 接头强度的影响也是通过控制界面反应的程度而实现的。当连接温度较低时,SiC 与 TiAl 合金之间的界面反应程度较低,难以实现良好的冶金结合,因而接头强度较低。而当连接温度较高时,界面反应过于激烈,生成的反应层较厚,反应相本身脆性大,这些因素综合作用的结果使接头强度降低。只有连接温度合适,界面反应充分,反应层的厚度适中时,接头强度才能达到较高的数值。因此,连接温度的选择存在优化取值。在连接时间为 0.9ks 时,本试验条件下的最佳连接温度为 1573K。

4. 接头的高温强度

除室温强度外,高温强度也是 SiC/TiAl 接头力学性能的主要指标之一。高温强度试验用试件的连接条件为 1573K/0.9ks/30MPa,SiC/TiAl 接头的高温抗剪强度如图 2.51 所示。由图可见,测试温度对接头抗剪强度的影响很小。随测试温度的增加,接头抗剪强度只是稍有降低。即使在 973K 的测试温度下,接头抗剪强度仍然保持在 220MPa 以上。

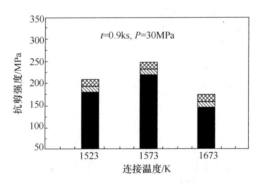

图 2.50　连接温度对接头抗剪强度的影响

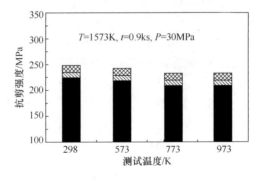

图 2.51　测试温度对接头抗剪强度的影响

　　SiC/TiAl 接头的高温抗剪强度与室温抗剪强度相差较小,这可从两个方面来解释:一方面,测试温度的增加使接头中各组成部分(包括母材、反应层及其界面)的强度有所降低;另一方面,测试温度的增加会使接头的残余热应力有所释放,从而使接头抗剪强度提高。正是这两个方面的综合作用,降低了接头抗剪强度对测试温度的敏感性。

参 考 文 献

[1] 周玉. 陶瓷材料学. 2 版. 北京:科学出版社,2014

[2] 马里内斯库(美). 先进陶瓷加工导论. 田欣利,张保国,吴志远译. 北京:国防工业出版社,2010

[3] 方洪渊,冯吉才. 材料连接过程中的界面行为. 哈尔滨:哈尔滨工业大学出版社,2005

[4] 美国焊接学会钎焊委员会编. 钎焊手册. 修订第 3 版. 北京:国防工业出版社,1982

[5] 岩本信也,须贺唯知. セラミックス接合工学. 东京:日刊工业新闻出版社,1991

[6] 岩本信也,宗宫重行. 金属とセラミックスの接合. 东京:内田老鹤圃,1990

[7] 冯吉才. 固相接合されたSiCセラミックスと金属 Ti,Cr,Nb,Ta 接合体における界面反応机理に関する研究[博士学位论文]. 大阪:日本国大阪大学,1996

[8] 李志远,钱乙余,张九海. 先进连接方法. 北京:机械工业出版社,2000

[9] 李荣久. 陶瓷-金属复合材料. 北京:冶金工业出版社. 1995

[10] 中国机械工程学会焊接学会. 焊接科学基础//黄石生. 焊接方法与工程控制. 北京:机械工业出版社,2014

[11] 中谷浩,伊牟田守,岛田幸雄,他. SiC 纤维强化 TiAl 金属间化合物复合材料の开发. 日本金属学会会报, 1998,37(4):277~279

[12] Wang W L, Fan D Y, Huang J H, et al. A new partial transient liquid-phase bonding process with powder-mixture interlayer for bonding C-f/SiC composite and Ti-6Al-4V alloy. Materials Letters,2015,143:237~240

[13] 董振华. C/SiC 复合材料与 TC4 钎焊工艺研究[硕士学位论文]. 哈尔滨,哈尔滨工业大学,2008

[14] Backhaus-Ricoult M. Physicochemical Processes at Metal-Ceramic Interface. Oxford: Pergamon Press,1990:79~92

[15] 黑川一哉. 金属・セラミックス界面の化学反应. 日本金属学会会报,1990 (29):931~938

[16] Morozumi S, Endo M, Kikuchi M, et al. Bonding mechanism between silicon carbide and thin foils of reactive metals. Journal of Materials Science,1985(20):3976~3982.

[17] 崔相旭,张宁,菅野昭,等. Ti 箔により接合したSiCの机械的性质. 日本金属学会会誌,1992,56(12):1463~1469

[18] Naka M,Feng J C,Schuster J C. Phase reaction and diffusion path of the SiC/Ti system. Metallurgical and Materials Transactions. 1997,28A:1385~1390

[19] 冯吉才,奈贺正明,Schuster J C. SiCセラミックとTi 箔の接合における固相反应机构. 日本金属学会会誌,1995,59(9):978~983

[20] Naka M,Feng J C,Schuster J C. High Temperature Reactions of Ti and SiC. Transactions of JWRI ,1995,24(1):77~82

[21] Naka M, Feng J C, Schuster J C. Bonding strength and interfacial structure of SiC/Ti joints. Proc. 4th Int. Conf. on Brazing, High Temperature Brazing and Diffusion Welding, DVS-Berichte Band,1995 (166):173~175

[22] Naka M,Feng J C,Maeda M,et al. Phase reaction and diffusion path of the SiC/Ti system. Proceedings of the 2nd Pacific Rim International Conference. Conf. on Advanced Materials and Processing//Shin K S,Yoon K,Kim S J. The Korean Institute Metals and Materials, 1995:2687~2692

[23] Feng J C,Naka M,Schuster J C. Phase formation in SiC/metal joints at high temperatures. Materials Transactions,The Japan Institute of Metals,1996,37(3):394~398

[24] Naka M,Feng J C,Schuster J C. Structure and strength of SiC/Ti bonding interface quaterly. Journal of Japan Welding Society,1996,14(2):338~343

[25] Feng J C,Fukai T,Naka M,et al. Interfacial microstructure and strength of diffusion bonded SiC/metal joints. Proceedings of the 6th Interenational Conference. on The Role of Welding Science and Technology in the 21st Century, The Japan Welding Society, 1996: 101~112

[26] Naka M,Feng J C,Schuster J C. Interfacial reactions and diffusions between silicon base cearmics and metals. Ceramic Joining,Ceramic Transactions,American Ceramic Society, 1997,77(1):127~134

[27] Feng J C,Fukai T,Naka M,et al. Interfacial structure and phase reactions in SiC/metal couples. Proceedings of 5th Interenational Conference. on Joining Ceramic,Glass and Metal,1997//Turwitt M. Deutscher Verlag fuer Schuweisstechnik,DVS-Berichte Band ,1997 (184):94~97

[28] Feng J C,Naka M,Schuster J C. Diffusion bonding of silicon carbide ceramics by Ti foil. Japan High Temperature Society,1997,23(5):190~195

[29] 冯吉才. 陶瓷/金属扩散连接接头的界面反应和相形成[博士后出站报告]. 哈尔滨:哈尔滨工业大学,1997

[30] 李家科,刘磊,刘意春,等. Ti-Si 共晶钎料的制备及其对 SiC 陶瓷可焊性. 无机材料学报, 2009,01:204~208

[31] Tillmann Wolfgang,Pfeiffer Jan,Sievers Norman,et al. Analyses of the spreading kinetics of AgCuTi melts on silicon carbide below 900 degrees C using a large-chamber SEM. Colloids and surfaces A-Physicochemical and Engineering Aspects,2015,468:167~173

[32] 林国标,黄继华,张建纲,等. SiC 陶瓷与 Ti 合金的(Ag-Cu-Ti)-W 复合钎焊接头组织结构研究. 材料工程,2005,10:17~22

[33] 刘会杰. SiC 陶瓷与 TiAl 合金的扩散连接机理及反应层成长行为研究[博士学位论文]. 哈尔滨:哈尔滨工业大学,2002

[34] Liu H J,Feng J C. Diffusion bonding of SiC ceramic to TiAl-based alloy. Journal of Materi-

als Science Letters, 2001, 20 (9):815~817

[35] Liu H J, Feng J C, Qian Y Y. Interface structure and formation mechanism of diffusion-bonded joints of SiC ceramic to TiAl-based alloy. Scripta Materialia, 2000, 4 (1):49~53

[36] Liu H J, Feng J C, Qian Y Y. Microstructure and strength of the SiC/TiAl joint brazed with Ag-Cu-Ti filler metal. Journal of Materials Science Letters, 2000, 19(14):1241~1242

[37] Liu H J, Feng J C. Interface structure and formation mechanism of diffusion-bonded joints of TiAl-based alloy to titanium alloy. China Welding, 2000, 9(2):116~120

[38] 刘会杰, 冯吉才, 钱乙余. SiC/TiAl 扩散连接接头的界面结构及连接强度. 焊接学报, 1999, 20 (3):170~174

[39] Martineau P, Pailler R, Lahaye M, et al. SiC filament/titanium matrix composites regarded as model composites. Journal of Materials Science, 1984, 19:2749~2770

[40] Goto T, Hirai T. Chemically vapor deposited Ti_3SiC_2. Materials Resarch Bulletin, 1987, 22:1195~1201

[41] Murray J L. Phase diagrams of binary titanium alloys. ASM, International, 1987:47~51

[42] Nickl J J, Schweitzer K K, Luxenberg P. Gas phase Deposition in the system Ti-Si-C. Journal of the Less Common Metals, 1972, 26:335~353

[43] Jeitschko W. Refinement of the crystal structure of $TiSi_2$ and some comments on bonding in $TiSi_2$ and related Compounds. Acta Crystallographica, 1977, (33B):2347~2348

[44] Shuster J C. Design Griteria and limitations for SiC-metal and Si_3N_4-metal joints derived from phase diagram studies of the systems Si-C-metal and Si-N-metal. Structural Ceramics Joininmg II. Geramic Transactions, 1993, 35:43~57

[45] Murray J L. The Co-Ti (cobalt-titanium) system. Bulletin of Alloy Phase Diagrams, 1982, 3(1):74~85

[46] Villars P, Prince A, Okamoto H. Handbook of Ternary Alloy Phase Diagrams. ASM Inernational. Materials Park. 1995

[47] Okamoto H. Fe-Ti (iron-titanium). Journal of Phase Equilibria, 1996, 17(4):369

第 3 章　SiC 与 Cr 及其合金的连接

Cr 是非常重要的金属元素之一,在不锈钢、工具钢和轴承钢等钢材,熔焊焊丝和钎焊焊料等领域均得到了广泛的应用[1~3]。SiC 陶瓷具有优越的高温强度,是一种很有前途的轻质高强耐高温结构材料[4,5]。实际生产中为了减轻重量和满足某些设计需求,通常将不锈钢和 SiC 陶瓷连接起来形成复合结构,常规的熔化焊接方法不能实现两者的连接,必须采用钎焊、扩散焊等连接方法[6~9]。

SiC/Cr 的连接及界面反应的研究论文比 SiC/Ti 少,主要内容涉及界面反应相的确定及反应相的形成机理。在研究 Cr-Si-C 三元相图时,利用电弧熔炼了 Cr-Si-C 三元合金,在 1673K/2ks 的条件下进行热处理后形成了 $Cr_5Si_3C_x$ 相(也称 T 相)[10];文献[11]将三种元素的粉末混合后在 1673K、86.4ks 条件下热处理,观察到了 $Cr_5Si_3C_x+SiC+CrSi$ 的三相平衡区,并给出了各反应相形成的自由能变化。利用金属蒸气扩散法研究了蒸气在 SiC 表面的扩散,1273K 及 360ks 的条件下形成了 $Cr_{5-x}Si_{3-z}C_{x+z}$ 三元相和 Cr_5Si_3、Cr_7C_3 化合物[12]。而文献[13]发现在 SiC/Cr 的界面反应形成了 $Cr_{23}C_6$ 相,并认为该相的成长符合抛物线规律,但形成条件及形成过程均不清楚。另外,文献[14]认为 SiC/Cr 界面的反应层并不按抛物线规律成长,其成长规律有待研究。作者经过系统的实验研究,阐明了 SiC/Cr 反应体系的界面结构、反应相的形成条件及形成过程、扩散路径、反应层成长规律、接头组织对抗剪强度的影响等[15~18],并对 Ni-Cr 合金和 SiC 的界面反应、反应层的成长规律等进行了研究[19]。

3.1　SiC 与 Cr 的连接

3.1.1　SiC/Cr 扩散连接的界面组织

1. 界面组织随温度的变化

SiC 和 Cr 界面出现的反应相随连接温度的变化而不同。1373K、1.8ks 的连接条件下,界面形成了明显的反应层,该反应层的厚度随连接时间及连接温度的增加而急剧长大。电子探针微区成分分析表明,界面形成了两个反应相,如图 3.1 所示。由图可见 Cr 侧的化合物层 Cr 含量高,虽不含 Si 元素,但却含有少量的 C 元素;SiC 侧的反应相还没形成层状,以不连续的块状形式分布,C 浓度较高,且含有少量的 Si 元素。分析认为这两个反应相分别是 $Cr_{23}C_6$ 和 Cr_7C_3，由于 SiC 侧块状的 Cr_7C_3 尺寸比 EPMA 电子束的直径小，SiC 中少量的 Si 也被检测到。

　　1473K、1.8ks 连接条件下接头的界面组织及各元素线扫描分析结果分别如图 3.2 及图 3.3 所示，由于连接温度上升，反应加快，反应相的成长速度也变快，上述两种反应相都长成层状。此外，在 SiC/Cr_7Cr_3 的界面上形成了少量的块状反应物，通过 X 射线衍射和元素成分分析可以确定此反应物为立方晶格的 Cr_3SiC_x。同时还确定了界面上存在的 Cr_7C_3 相属六方结构，$Cr_{23}C_6$ 属立方结构，晶格常数见表 3.1。

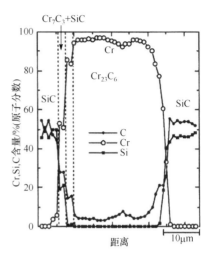

图 3.1　1373K 及 1.8ks 条件下接头中各元素的线分析

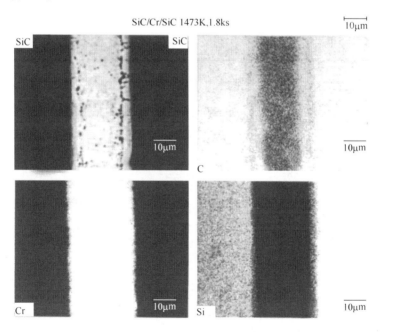

图 3.2　1473K 及 1.8ks 条件接头组织及面扫描分析

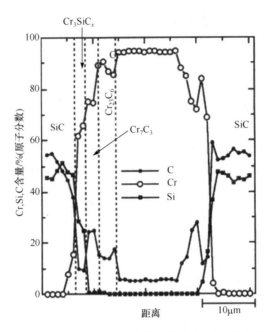

图 3.3　1473K 及 1.8ks 条件下接头各元素线分析

表 3.1　SiC/Cr 体系中反应相的化学成分

反应相	成分/%(原子分数)			晶体结构	晶格常数/nm	
	Cr	Si	C		文献数据[10,20]	本实验数据[15]
$Cr_{23}C_6$	78.8	0.6	20.6	立方	$a=1.0660$	$a=1.0625$
Cr_7C_3	67.7	0.8	31.5	六方	$a=1.3980$ $c=0.4523$	$a=1.3976$ $c=0.4540$
Cr_3C_2	61.4	0.6	38.0	四方	$a=0.5527$ $b=1.1488$ $c=0.2829$	$a=0.5509$ $b=1.1442$ $c=0.2743$
Cr_3SiC_x	72.7	23.1	4.2	立方	$a=0.4558$	$a=0.4553$
$Cr_5Si_3C_x$	54.2	33.7	12.1	六方	$a=0.6984$ $c=0.4737$	$a=0.6981$ $c=0.4743$

　　连接条件 1573K、1.8ks 接头的界面组织及元素线扫描分析如图 3.4 及图 3.5 所示。界面上除了上述的 $Cr_{23}C_6$、Cr_7C_3 和 Cr_3SiC_x 相,SiC 侧还观察到了块状的反应相。元素分析结果显示,该生成物的成分和 $Cr_5Si_3C_x$ 相一致。图 3.6 的 X 射线衍射结果(逐层研磨并进行 X 射线衍射)也显示出反应相以层状分布,$Cr_5Si_3C_x$ 相(一般也称 T 相)是六方晶系,晶格常数为 $a=0.6981nm$,$c=0.4743nm$,和标准

数值 $a=0.6984\text{nm}$，$c=0.4737\text{nm}$ 几乎一样[20]，其平均成分见表 3.1。Cr_3SiC_x 属立方晶系，晶格常数 $a=0.4553\text{nm}$，标准数据 $a=0.4558\text{nm}$[10]，而中央部分未反应的金属 Cr 也是 $a=0.2881\text{nm}$ 的立方晶系。

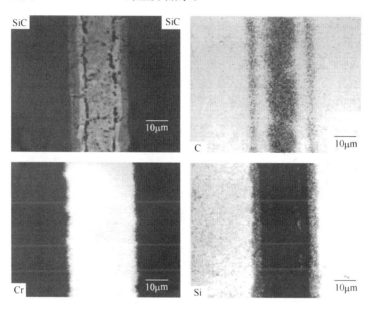

图 3.4　 1573K 及 1.8ks 条件下接头组织及面扫描

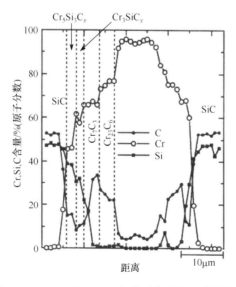

图 3.5　 1573K 及 1.8ks 条件下接头各元素线分析

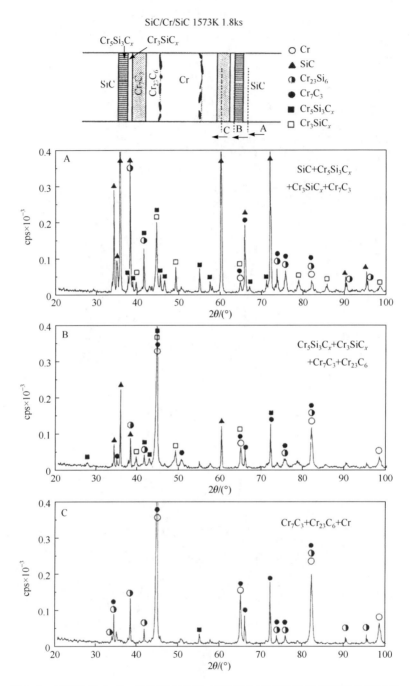

图 3.6　1573K 及 1.8ks 条件下 SiC/Cr/SiC 接头反应层 X 射线衍射分析结果

　　图 3.7 和图 3.8 分别是 1673K、1.8ks 连接条件下的接头组织及元素线扫描分析结果,界面生成物和 1573K 时一样,仍然由四种反应相组成,只是各层的厚度有所增加,从组织照片及线分析中清晰地观察到了层状的反应产物,同时中间的 Cr 金属薄层还存在。将连接温度再升高 100K,接头中各元素的组织照片及 EPMA 线分析如图 3.9 和图 3.10 所示,Cr 箔全部参与了反应并在界面上消失,反应相只剩下两层。由定量分析结果可知,SiC 侧的反应相是 $Cr_5Si_3C_x$,中央部分是 Cr_7C_3 反应相。由此可知,随着连接温度的升高,反应速度加快,Si 和 C 元素从 SiC 侧向中间扩散,其结果使不稳定的 Cr_3SiC_x 和 $Cr_{23}C_6$ 反应相消失,界面组织向平衡状态靠近。此时 $Cr_5Si_3C_x$ 中的组成为 54.1Cr-33.7Si-12.2C(原子分数,%),下角标 x 取最大值 1。

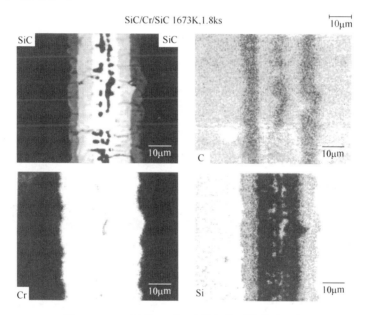

图 3.7　1673K 及 1.8ks 连接条件下的接头组织

2. 界面组织随时间的变化

　　为了更好地理解 SiC 和 Cr 的反应过程,采用 $25\mu m$ 的 Cr 箔,保持 1673K 的连接温度不变,改变连接时间(0.3ks、1.8ks、3.6ks、36ks 及 72ks),对 SiC/Cr/SiC 接头进行扩散连接,然后分析界面组织随连接时间的变化情况。

　　反应相的变化与温度变化时规律基本相同,如图 3.11(a)所示,连接时间 0.3ks 的接头组织共形成了四种化合物,由于 C 的扩散比 Si 快,$Cr_{23}C_6$ 和 Cr_7C_3 在 Cr 侧快速成长并形成层状,$Cr_5Si_3C_x$ 和 Cr_3SiC_x 以块状形式在 SiC 侧出现,两种反应物混杂在一起形成层状。

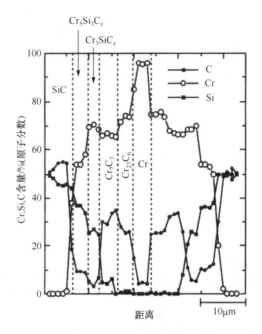

图 3.8　1673K 及 1.8ks 条件下接头中各元素线扫描

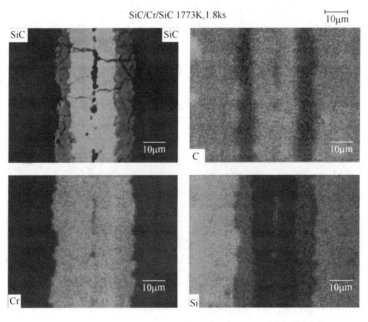

图 3.9　1773K 及 1.8ks 条件下 SiC 接头组织及面扫描

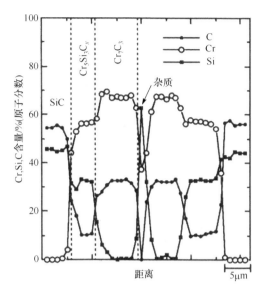

图 3.10　1773K 及 1.8ks 条件下接头各元素线扫描

连接时间为 1.8ks 时,界面各元素的线扫描分析结果如图 3.8 所示,块状的 Cr_3SiC_x 反应物在 $Cr_5Si_3C_x/Cr_7C_3$ 界面成长并形成层状,可以清晰地观察到接头中出现的四种反应相,界面组织呈现出 $SiC/Cr_5Si_3C_x/Cr_3SiC_x/Cr_7C_3/Cr_{23}C_6/Cr$ 的层状排列。

延长连接时间至 3.6ks,界面反应得以充分进行,随着 Si 和 C 从两侧向中间扩散,Cr 层全部反应并消耗掉。此时 SiC 中的 Si 和 C 仍然继续向接头中扩散,一部分 C 扩散到 $Cr_{23}C_6$ 中与 $Cr_{23}C_6$ 反应,并随着 C 浓度在该相中的积累逐渐演变成 Cr_7C_3 相。另一部分 Si 和 C 也和 Cr_3SiC_x 发生反应,以消耗 Cr_3SiC_x 的方式生成了 $Cr_5Si_3C_x$ 相。经过一定时间的反应,Cr_3SiC_x 和 $Cr_{23}C_6$ 全部参与反应被消耗掉。在上述反应的过程中,扩散较快的 C 元素在 $Cr_5Si_3C_x/Cr_7C_3$ 界面上存在较大的浓度差,在此界面上 C 和 Cr_7C_3 反应形成了斜方晶的 Cr_3C_2 化合物,该相的组成为 0.07%～2.0%Si,36.6%～39.5%C 和 60.4%～63.3%Cr(原子分数),X 射线衍射测出的晶格常数为 $a=0.5509nm,b=1.1442nm$ 和 $c=0.2743nm$(标准数据为 $a=0.5527nm,b=1.1488nm,c=0.2829nm$)。此时的接头界面如图 3.11(b)所示,形成了 $SiC/Cr_5Si_3C_x/Cr_3C_2/Cr_7C_3/Cr_3C_2/Cr_5Si_3C_x/SiC$ 的对称层状结构。

连接时间进一步增加,C 和 Cr_7C_3 继续反应,使 Cr_3C_2 反应相的厚度不断增加,连接时间为 36ks 时,只在局部存在剩余的 Cr_7C_3 相,界面组织呈 $SiC/Cr_5Si_3C_x/Cr_3C_2+Cr_7C_3$ 的层状结构。当连接时间为 72ks 时,随着反应的进一步进行,Si 和 C 不断地向中央扩散,Cr_7C_3 也在反应中消失,界面如图 3.11(d)所示。只剩下了 $Cr_5Si_3C_x$ 和 Cr_3C_2 反应相。从三元相图上看,此时已基本达到 Cr-Si-C

的平衡状态。

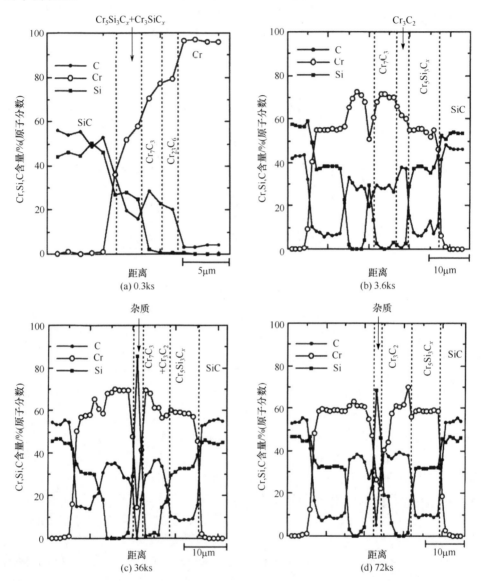

图 3.11 1673K 条件下 SiC/Cr/SiC 接头的各元素线扫描

3.1.2 SiC/Cr 界面反应相的形成及扩散路径

1. 界面反应相的形成条件

采用厚度 50μm 和 25μm、纯度 99.99% 的 Cr 箔,在连接温度 1373～1773K、连接时间 0～72ks 的条件下研究反应相的形成条件。图 3.12 是各反应相在不同温

度和不同时间下开始生成的曲线,图中的横坐标是连接时间,纵坐标是连接温度,
图中由四条线组成了五个区,不同组织的实验点分别用不同的符号(圆圈、三角形
等)标出。低温侧的第一条曲线是 Cr_3SiC_x 的生成线,该线以下的区为 Cr_7C_3 和
$Cr_{23}C_6$ 的双相区。所选的连接条件只要落在此区内,则在接头界面上生成的反应
相就只有这两种。从低温侧开始向上的第二条曲线是 $Cr_5Si_3C_x$ 的生成线,该线和
Cr_3SiC_x 的生成线(第一条线)组成了包含 Cr_3SiC_x、Cr_7C_3、$Cr_{23}C_6$ 的三相区,其中
Cr_3SiC_x 是在该区间内生成的新相,两种碳化物相在低温区生成,随后在该区继续
成长并使反应层变厚。从低温侧开始向上的第三条曲线是 Cr_3C_2 开始生成的曲
线,该线以下是由 Cr_3SiC_x、$Cr_5Si_3C_x$、Cr_7C_3、$Cr_{23}C_6$ 组成的四相区,如前所述,
1573K、1.8ks 的界面正好与该区对应。Cr_3C_2 生成线以上的区又是一个三相区,

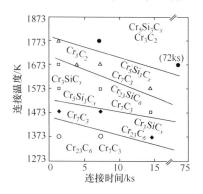

图 3.12　界面反应相随
温度及时间的变化

该区内新生成了 Cr_3C_2 相,由于中心部位 Cr 的
消失及两侧的 Si 和 C 向中间扩散,导致 Si 含量
较低的 Cr_3SiC_x 相(此相的 Si 含量比 $Cr_5Si_3C_x$
低)在和 Si 反应的过程中被消耗,同时 C 含量较
低的 $Cr_{23}C_6$ 相(此相的 C 含量比 Cr_7C_3 低)在
C 反应的过程中消失。高温侧的曲线是 Cr_7C_3
开始消失的曲线,该线以上为二相区,标志着接
头界面的反应已趋于平衡阶段,这也与相图是一
致的。利用该图可以选择合适的连接条件,以便
对反应相进行控制,也可以由给定的连接条件对
接头中的反应产物进行预测。

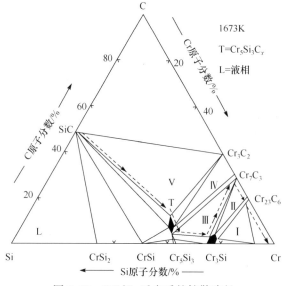

图 3.13　SiC/Cr 反应系的扩散路径

2. SiC/Cr 反应系的扩散路径

通过对不同温度和不同时间生成的界面反应相分析,对 Cr-Si-C 系的扩散路径进行研究,和 Ti Si C 系类似,只能在一定的连接条件下才能完整观察到全部扩散路径。在某些连接条件下,接头界面只显示出局部的扩散路径,与此对应的界面反应相并不全面,这也是很多学者得到不同结果的原因。如图 3.13 所示,反应进行的初始阶段(高温短时间或低温长时间),扩散路径只在 Cr 的一侧出现,即只显示出 $Cr/Cr_{23}C_6/Cr_7C_3/Cr_3SiC_x$ 部分。与此相同,在 Cr 全部参与反应被消耗掉的后期阶段,扩散路径只观察到 SiC 侧的 $SiC/Cr_5Si_3C_x/Cr_7C_3$ 部分。在连接温度 1573K、连接时间 1.8~14.4ks 的区间,或者连接温度 1673K、连接时间 0.3~2.7ks 的范围内,可以观察到整个系统的扩散路径,其路径如图 3.13 中的箭头所示,界面结构从 SiC 到 Cr 按照 $SiC/Cr_5Si_3C_x/Cr_3SiC_x/Cr_7C_3/Cr_{23}C_6/Cr$ 的顺序呈现层状排列。值得注意的是,扩散路径没有经过 $CrSi_2$ 相,这和 SiC/Ti 系统中的 $TiSi_2$ 一样,二者都是在金属消失、系统接近平衡状态时才出现的反应物。

3.1.3　界面反应相的形成机理

1. 反应相形成的热力学

根据 Cr-Si-C 三元相图推测,接头界面上最多可以生成三种碳化物及四种硅化物($Cr_{23}C_6$、Cr_7C_3、Cr_3C_2、Cr_3Si、Cr_5Si_3、$CrSi$、$CrSi_2$),各化合物的反应标准吉布斯自由能变化可以按照以下公式计算:

$$23/6Cr+C \longrightarrow 1/6Cr_{23}C_6 \qquad \Delta G^{\ominus}=-68.534-6.446\times10^{-3}T \quad (3-1)$$

$$7Cr+3C \longrightarrow Cr_7C_3 \qquad \Delta G^{\ominus}=-174.285-25.907\times10^{-3}T \quad (3-2)$$

$$3Cr+2C \longrightarrow Cr_3C_2 \qquad \Delta G^{\ominus}=-35.773-21.05\times10^{-3}T \quad (3-3)$$

$$3Cr+Si \longrightarrow Cr_3Si \qquad \Delta G^{\ominus}=-654.904+0.1513T \quad (3-4)$$

$$5/3Cr+Si \longrightarrow 1/3Cr_5Si_3 \qquad \Delta G^{\ominus}=-608.934+0.157T \quad (3-5)$$

$$Cr+Si \longrightarrow CrSi \qquad \Delta G^{\ominus}=-545.719+0.1417T \quad (3-6)$$

$$1/2Cr+Si \longrightarrow 1/2CrSi_2 \qquad \Delta G^{\ominus}=-528.53+0.1457T \quad (3-7)$$

图 3.14 是 Cr-Si-C 系各反应相生成的标准吉布斯自由能变化与温度的关系,在连接温度 1373~1773K 的范围内,各反应相的 $\Delta G^{\ominus}$ 值均为负数,这说明各反应相均有生成的可能性。此外,虽然没有 $Cr_5Si_3C_x$ 和 Cr_3SiC_x 生成相的标准自由能变化计算公式,但二者均是由于 C 的扩散,在原 Cr_5Si_3 和 Cr_3Si 相的基础上形成的, Schuster 曾报道[11],在 1673K 的温度下,$Cr_5Si_3C_x$ 的 $\Delta G^{\ominus}$ 为 $-30.1\sim-30.8kJ/mol$,Cr_3SiC_x 尽管没有相关的数据,但从实验结果可推测其自由能变化应该为负值。

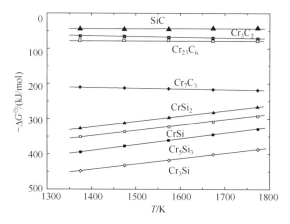

图 3.14　Cr 与 SiC 反应相的标准自由能变化

2. 反应相的形成机理

1) 反应的前期阶段(Cr 消失前)

在低温短时间的连接工艺规范中,SiC 和 Cr 的界面发生元素扩散,由于 C 的扩散比 Si 快,SiC 中的 C 和 Cr 首先发生反应形成 $Cr_{23}C_6$,并不断成长,很快便形成层状。此后,C 的扩散需要通过该层才能到达 Cr 侧,因此其扩散速度变慢,从而使 SiC 界面上的 C 浓度变高,故 Cr_7C_3 反应相在 SiC 一侧生成,如图 3.15(a) 所示。

在碳化物生成及成长的同时,Si 和 Cr 反应形成了 Cr_3Si,由于受到 Cr 和 Si 扩散系数的影响,该硅化物成长较慢,以块状的形式分布在紧邻 SiC 侧的界面上,由于 C 向该硅化物中扩散而逐渐变成块状的 Cr_3SiC_x 反应相,随着反应的进行,该三元化合物相也逐渐形成了层状,如图 3.15(b) 所示。此时,SiC 和 Cr 连接接头的的界面层排列顺序为 $SiC/Cr_3SiC_x/Cr_7C_3/Cr_{26}C_3/Cr$。由 Cr-Si-C 三元相图可知,存在 $Cr_3SiC_x + Cr_7C_3 + Cr_{23}C_6$ 的三相区(图 3.13 中的 Ⅱ 区)。而后,Cr 侧的界面上生成 $Cr_{26}C_3$ 的反应继续进行,SiC 侧 Cr_3SiC_x 继续成长,而 $Cr_3SiC_x/Cr_{23}C_6$ 界面间的 Cr_7C_3 相也不断成长。各界面反应所需的 Si 和 C 元素由 SiC 侧通过 Cr_3SiC_x、Cr_7C_3、$Cr_{23}C_6$ 反应层向 Cr 侧扩散,同时,中间部分的 Cr 也通过 Cr_3SiC_x、Cr_7C_3、$Cr_{23}C_6$ 反应层向 SiC 侧扩散,以保持界面反应继续进行下去。

更进一步,随着反应的进行,C 和 Si 元素不断向中间扩散,SiC 界面上通过各相扩散过来的 Cr 的量相对不足,原来的反应无法保持各元素的浓度平衡,因此 $Cr_5Si_3C_x$ 相在 SiC/Cr_3SiC_x 界面上生成。此时由 $Cr_5Si_3C_x$、Cr_3SiC_x 和 Cr_7C_3 组成的反应区域出现(图 3.13 中的 Ⅲ 区),由于还存在金属 Cr,可以观察到 SiC 和 Cr 的整个扩散路径,其界面构造如图 3.15(c) 所示,接头呈现出 $SiC/Cr_5Si_3C_x/Cr_3SiC_x/Cr_7C_3/Cr_{26}C_3/Cr$ 的层状组织。

2) 反应的后期阶段(Cr 消失后)

Cr 金属反应消失后,三元相图中的区域 I 消失,而区域 II 和 III 仍然存在,此时接头界面变成了 $SiC/Cr_5Si_3C_x/Cr_3SiC_x/Cr_7C_3/Cr_{23}C_6/Cr_7C_3/Cr_3SiC_x/Cr_5Si_3C_x/SiC$ 的对称层状组织。由于 C 和 Si 进一步从两侧的 SiC 向接头中央扩散,中间部位 C 的浓度不断提高,而 Cr 的浓度不断下降。随着反应的进行,$Cr_{23}C_6$ 和 C 反应以消耗自身的形式生成 Cr_7C_3 相。同时,Cr_3SiC_x 相由于 Si 浓度的增加和 Cr 浓度的减少,逐渐在反应中被消耗掉。随着 C 的进一步扩散,反应由三元相图中的 III 区向 IV 区移动,促使在 $Cr_5Si_3C_x/Cr_7C_3$ 界面上形成 Cr_3C_2 相,接头组织如图 3.16 (a)所示,其界面结构变化为 $SiC/Cr_5Si_3C_x/Cr_3C_2/Cr_7C_3/Cr_3C_2/Cr_5Si_3C_x/SiC$ 的层状组织。

反应的最终结果是 Cr_7C_3 不断减少和 Cr_3C_2 不断成长,界面反应进入三元相图中的平衡区域 V,接头组织如图 3.16(b)所示,界面结构呈现出 $SiC/Cr_5Si_3C_x/Cr_3C_2/Cr_5Si_3C/SiC$ 的层状排列。

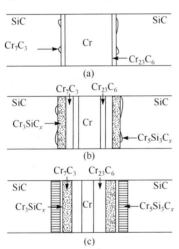

图 3.15　界面反应模型(Cr 消失前)

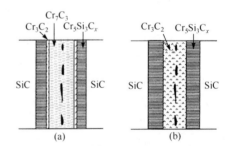

图 3.16　界面反应模型(Cr 消失后)

3.1.4　反应相成长的动力学

1. 反应层厚度随温度及时间的变化

SiC/Cr 界面各反应相随连接时间及连接温度的变化如图 3.17 所示。图 3.17 (a)、(b)、(c)分别为 $Cr_{23}C_6$、Cr_7C_3 和 $Cr_5Si_3C_x+Cr_3SiC_x$ 相的厚度变化曲线(由于 Cr_3SiC_x 相存在的区间范围小,且反应层很薄无法单独测量,因此和 $Cr_5Si_3C_x$ 相一起测量,按照一个反应层处理),图 3.17(d)为总体反应层的厚度。为了不产生测量误差,采用厚度 $50\mu m$ 的 Cr 箔进行连接,测量界面上均有纯 Cr 层存在。用扫描电镜将界面放大 1500 倍,取不同部位拍照并进行测量,各测量数据的平均值作为数据点在图中使用。

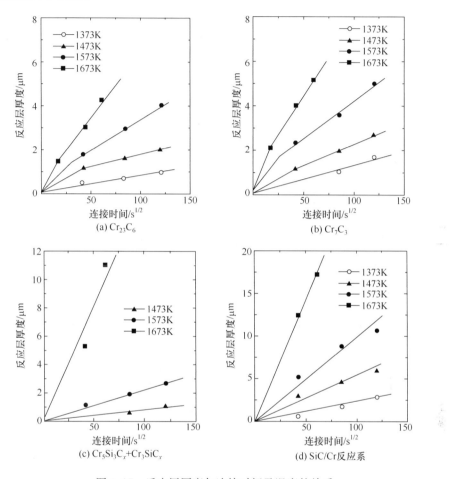

图 3.17　反应层厚度与连接时间及温度的关系

Cr$_{23}$C$_6$ 反应层的成长如图 3.17(a) 所示,在 1373K 的低温区域内,其厚度与时间的平方根成正比。当连接温度上升到 1473K 时,该反应层的成长出现变化,在连接时间 1.8ks 以内,反应层厚度与时间的抛物线关系仍然成立,但是在 1.8ks 以后的厚度曲线出现了转折,成长速度变慢。其原因是在 SiC/Cr$_7$C$_3$ 的界面上 Cr$_3$SiC$_x$ 向层状转变,同时 Cr$_5$Si$_3$C$_x$ 也开始形成。由于新相的形成,C 元素的扩散受到限制,只有通过 Cr$_5$Si$_3$C$_x$ 和 Cr$_3$SiC$_x$ 扩散到中间部位的 C 元素才对 Cr$_{23}$C$_6$ 的成长起作用。1573K 及 1673K 的温度下也有该现象发生,只是出现拐点的时间提前,也就是说,由于温度升高,反应速度加快,在短时间内就可以形成 Cr$_5$Si$_3$C$_x$ 相。同理,图 3.17(b) 中 Cr$_7$C$_3$ 的成长也呈现出相同的趋势。

与此相反,$Cr_5Si_3C_x+Cr_3SiC_x$ 的厚度与全体反应层的厚度在测量区间内均按抛物线规律成长,连接温度越高,成长速度也越快(图 3.17(c)及(d))。其中,$Cr_5Si_3C_x+Cr_3SiC_x$ 反应层在成长期间没有出现拐点,其原因是在该层和 SiC 的界面上没有出现新的反应相,即只有新相生成时,才能对既存相(已经存在的反应相)的成长产生影响。

2. 多相非同时形成时的成长速度

为了讨论新相形成对既存相成长的影响问题,可在以下假设的前提下进行分析。
(1) 新相形成的瞬间,对既存相的影响忽略不计;
(2) 最初参与反应的元素均不存在耗尽问题;
(3) 各相成长的活化能与出现的相数无关(恒定)。

由上述分析可知,连接界面的反应相随温度及时间的不同而不同。同一连接温度下,各相随连接时间变化;而保持连接时间不变,改变连接温度也可以得到类似的结果。为了使结果具有通用性,假定连接界面上在不同时刻出现了 α 相、β 相及 γ 相三种化合物。图 3.18 是连接温度保持不变,界面各反应相随连接时间变化的示意图。图 3.18(a)显示的是界面上三种反应相形成的顺序及形成时的时间,各反应相在 t 时刻所对应的厚度如图 3.18(b)所示。在连接的最初阶段,界面上只生成了 α 相,该相以 $k_α$ 的速度成长。在连接的第二阶段,β 相在界面出现,以 $k_β$ 的速度成长,而此时 α 相的成长由于 β 相的形成而发生了变化,其速度由 $k_α$ 变为 $k_α'$。随着连接时间的增加,γ 相又在界面出现,此时进入图中的第三阶段,α、β、γ 三个相分别以 $k_α^2$、$k_β^1$、$k_γ$ 的速度成长。当界面反应相多于三相时可依此类推。

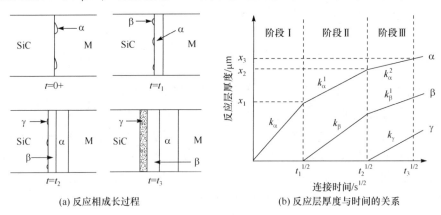

(a) 反应相成长过程　　　　(b) 反应层厚度与时间的关系

图 3.18　多相非同时形成过程及成长的示意图

而当界面上 $i+1$ 相出现时,α 相在 $i\sim i+1$ 区间的厚度为 x,则
$$(x-x_α^i)^2=k_α^i(t-t_i),\quad t_i<t<t_i+1 \tag{3-8}$$

$$k_\alpha^i = k_\alpha^0 \exp(Q_\alpha/RT) \tag{3-9}$$

式中，i 为反应相的个数，$i=1,2,3,\cdots$；k_α^i 为 α 相在 $t_i<t<t_i+1$ 范围内的成长速度；x_α^i 为 α 相对应于 t_i 的厚度；k_α^0 为 α 相的成长常数；Q_α 为 α 相成长的活化能。

利用式(3-8)及式(3-9)，结合实验点的数据可以计算出任意反应相在多相形成时的成长速度及成长的活化能。

3. SiC/Cr 体系的反应相成长常数及活化能

利用上述多相非同时形成时各相的成长公式，可以求出 SiC/Cr 体系各反应相的成长速度，为了便于计算，将界面反应分成两个阶段，第一阶段只有 $Cr_{23}C_6$、Cr_7C_3 相存在并成长；第二阶段是从 $Cr_5Si_3C_x$ 开始形成的时刻为起点，第二阶段的 $Cr_{23}C_6$ 和 Cr_7C_3 的成长速度及活化能分别以 k' 和 Q' 表示。以温度 T 的倒数为横坐标，从反应层厚度和时间的关系中求出反应相成长速度 k 为纵坐标，得到图 3.19 的结果，利用图中曲线的斜率及不同温度、不同时间的反应层厚度，可以得到各反应相的成长常数和活化能，计算结果见表 3.2(表中也列出了文献[13]的结果以供参考)。

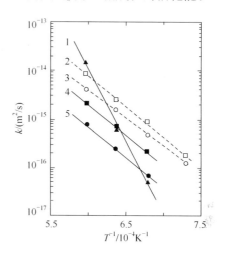

图 3.19　反应相成长速度随温度倒数的变化规律

1. $Cr_5Si_3C_x+Cr_3SiC_x$，$Q=362kJ/mol$；2. Cr_7C_3，$Q=260kJ/mol$；3. $Cr_{23}C_6$，$Q=245kJ/mol$；4. Cr_7C_3，$Q'=263kJ/mol$；5. $Cr_{23}C_6$，$Q'=255kJ/mol$

表 3.2　SiC/Cr 接头反应相的成长常数及活化能

反应相	$Q/(kJ/mol)$	$k_0/(m^2/s)$	$Q'/(kJ/mol)$	$k_0'/(m^2/s)$
$Cr_{23}C_6$	(245)	(1.82×10^{-7})	255	7.52×10^{-8}
Cr_7C_3	(260)	(1.07×10^{-6})	263	8.6×10^{-7}
$Cr_5Si_3C_x+Cr_3SiC_x$	362	3.01×10^{-4}	—	—
Cr/SiC	272	1.95×10^{-5}	—	—
$Cr/SiC^{[13]}$	272	—	—	—

由该表的数据可知，不同反应相成长的活化能 Q 是不同的。对于同一种反应相，不同成长阶段的活化能 Q 和 Q' 几乎是相同的，和界面存在的相数无关，如 Cr_7C_3 的 Q 值，$Cr_5Si_3C_x+Cr_3SiC_x$ 出现前后的变化只有 1%左右，但 k_0' 值比 k_0 小了一个数量级。从扩散的角度可知，由于 $Cr_5Si_3C_x$ 新反应相在 SiC 侧形成，各元素扩散时要通过此相，相当于产生了扩散障碍，扩散系数 D_0 变小，从而使 k_0' 变小，

这就是新相出现后原有反应相的成长速度变慢的主要原因。

利用上述反应相成长的活化能 Q、Q' 和成长常数 k_0、k_0' 的值,可以得到 SiC/Cr 界面各反应相的厚度和温度及时间的关系式如下(式(3-10)～式(3-15)),可以利用这些式计算不同温度、不同时间的反应层厚度。连接温度 1373K 及 1473K、1.8ks 以下的低温短时间段,$Cr_{23}C_6$ 和 Cr_7C_3 反应相按照公式(3-10)和式(3-12)进行计算,而在高温长时间阶段,应按照式(3-11)和式(3-13)进行计算,接头界面的总厚度是两个阶段厚度之和,其中 t_0 是新相 $Cr_5Si_3C_x$ 开始形成的时间。

$Cr_{23}C_6$($Cr_5Si_3C_x$ 生成前)

$$x^2 = 1.82 \times 10^{-7} \exp(-245 \times 10^3 / RT) \times t \tag{3-10}$$

$Cr_{23}C_6$($Cr_5Si_3C_x$ 生成后)

$$x^2 = 7.52 \times 10^{-8} \exp(-255 \times 10^3 / RT) \times (t - t_0) \tag{3-11}$$

Cr_7C_3($Cr_5Si_3C_x$ 生成前)

$$x^2 = 1.07 \times 10^{-6} \exp(-260 \times 10^3 / RT) \times t \tag{3-12}$$

Cr_7C_3($Cr_5Si_3C_x$ 生成后)

$$x^2 = 3.60 \times 10^{-7} \exp(-263 \times 10^3 / RT) \times (t - t_0) \tag{3-13}$$

$Cr_5Si_3C_x + Cr_3SiC_x$

$$x^2 = 3.01 \times 10^{-4} \exp(-362 \times 10^3 / RT) \times t \tag{3-14}$$

SiC/Cr 界面的全体反应层

$$x^2 = 1.95 \times 10^{-5} \exp(-272 \times 10^3 / RT) \times t \tag{3-15}$$

4. 各反应相的成长速度

表 3.3 显示出 SiC/Cr 系的各反应相成长速度 k 及 k',它们均随连接温度的上升而变大。在 1373K 的低温区,Cr_7C_3 的成长速度最快,连接温度上升到 1473K 时,各反应相的 k 值处于同一数量级;在 1573K 时,$Cr_5Si_3C_x + Cr_3SiC_x$ 层的成长变得最快。表中还给出了新相形成后既存相的成长速度 k',k' 的数值均比 k 小,其中 1373K 的数值只是由公式计算得到的,没有进行实验验证,因此在表中用括号表示。

表 3.3　各反应相的 k 及 $k'(m^2/s)$值

组合		1373K	1473K	1573K	1673K
$Cr_{23}C_6$	k	8.7×10^{-17}	3.7×10^{-16}	1.3×10^{-15}	4.1×10^{-15}
	k'	(1.5×10^{-18})	6.9×10^{-17}	2.6×10^{-16}	8.3×10^{-16}
Cr_7C_3	k	1.4×10^{-16}	6.4×10^{-16}	2.5×10^{-15}	8.2×10^{-15}
	k'	(3.6×10^{-17})	1.7×10^{-16}	6.6×10^{-16}	2.2×10^{-15}
$Cr_5Si_3C_x + Cr_3SiC_x$	k	5.1×10^{-17}	4.4×10^{-16}	2.9×10^{-15}	1.5×10^{-14}
SiC/Cr	k	8.7×10^{-16}	4.4×10^{-15}	1.8×10^{-14}	6.3×10^{-14}

3.1.5　接头的力学性能

1. 拉剪试件所对应的接头组织

采用 $25\mu m$ 厚的 Cr 箔,固定连接时间 1.8ks,从 1373K 以 100K 为单位改变连接温度进行扩散连接,其中一个试件用于分析接头组织,七个试件采用拉剪试验对接头的室温强度进行评价(取平均值)。

图 3.20 是接头组织随温度变化的示意图(和照片中的组织相对应),其变化规律和前述的连接温度固定、改变连接时间的情况类似。1373K 的接头界面如图 3.20(a)所示,$Cr_{23}C_6$ 反应物在 SiC/Cr 界面首先出现并快速成长成为层状,同时观察到少量的块状 Cr_7C_3 反应物。1473K 的接头中,$Cr_{23}C_6$ 层厚度变大,靠近SiC 侧的 Cr_7C_3 反应相也成长为层状,同时在 SiC/Cr_7C_3 界面上形成块状的Cr_3SiC_x 相。连接温度上升到 1673K 时,接头界面如图 3.20(e)所示,由于$Cr_5Si_3C_x$ 反应相的形成并快速成长为层状,接头界面呈现出四层排列的界面组织,由于 Cr_3SiC_x 相很薄而且存在的时间较短,故在分析反应相成长时与 $Cr_5Si_3C_x$ 合并为一个反应层考虑。连接温度再上升 100K,反应接近平衡状态,界面如图 3.20(d)所示,只剩下 Cr_7C_3 和 $Cr_5Si_3C_x$ 两种层状生成物。即拉剪试件的接头组织所对应的界面结构如下(没形成层状的反应相用括号表示)。1373K:$SiC/(Cr_7C_3)/$$Cr_{23}C_6/Cr$;1473K:$SiC/(Cr_3SiC_x)/Cr_7C_3/Cr_{23}C_6/Cr$;1573K、1673K:$SiC/$$Cr_5Si_3C_x/Cr_3SiC_x/Cr_7C_3/Cr_{23}C_6/Cr$;1773K:$SiC/Cr_5Si_3C_x/Cr_7C_3/Cr_5Si_3C_x/SiC$。

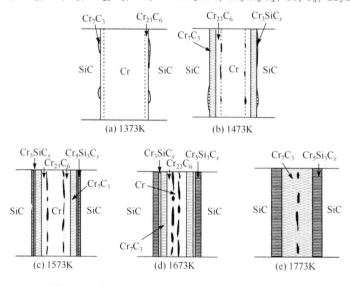

图 3.20　接头界面组织随连接温度的变化(1.8ks)

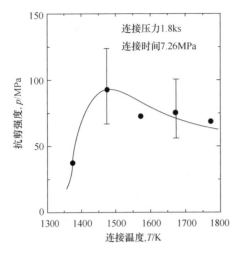

图 3.21　连接温度对接头抗剪强度的影响

2. 接头的室温抗剪强度

图 3.21 是 SiC/Cr/SiC 接头的室温抗剪强度随连接温度变化的关系曲线。1373K 接头的抗剪强度约为 40MPa,且随温度的升高而上升,在 1473K 时达到了 89MPa 的最大值。连接温度超过1473K 以后,随着温度的增加,接头的抗剪强度渐渐下降,1573K 和 1673K 的接头强度大致相同(75.3MPa),而 1773K 时的强度稍有下降(74MPa),但变化不大。

接头强度的变化与断裂位置及断口形貌有关,图 3.22 是 1373K、1473K 及 1573K 连接温度下的接头断口形貌照片,反应层侧的断口组织分别如图 3.22(a)、(b)、(c)所示,而 SiC 一侧的断口组织是图 3.22(a′)、(b′)及(c′)所示。

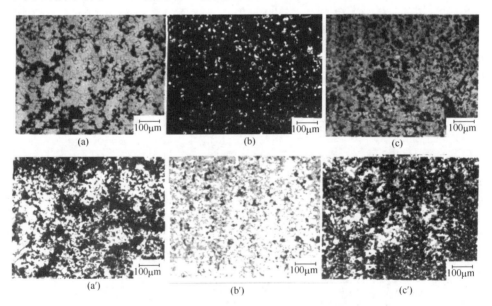

图 3.22　不同连接温度下的接头断口组织
(a)及(a′)1373K,(b)及(b′)1473K,(c)及(c′)1573K

1373K 的断口非常平坦,白色的反应层上带有少量的黑色块状反应物,SiC 侧的断口呈黑色,并有少量的白色小颗粒状反应物,EPMA 点分析结果显示如下。

反应层侧:白色基体(原子分数,%)　　　79.3Cr-1.1Si-19.6C;

　　　　　黑点(原子分数,%)　　　　　4.6Cr-48.6Si-46.8C;

SiC 侧:　白点(原子分数,%)　　　　　71.3Cr-9.9Si-18.8C;

　　　　　黑点(原子分数,%)　　　　　0.1Cr-52.6Si-47.3C。

结合 X 射线衍射结果可知,反应层侧的白色基体是 $Cr_{23}C_6$ 相,上面的黑色块状是 SiC 相,与此对应的(a')侧的成分是 SiC 相,由于白色颗粒太少,X 射线没有检测出来,但从成分分析可推测是 $Cr_{23}C_6$ 相。即低温连接的接头,断裂发生在 SiC 和 $Cr_{23}C_6$ 的界面上,由于反应不充分,界面接合力弱,断口平坦,接头强度低。

1473K 的断口组织如图 3.22 的(b)和(b')所示,反应层侧的基体上分布着很多黑色块状物体,而 SiC 侧的白色相也大量增加,EPMA 点分析结果显示:

反应层侧:白色部分(原子分数,%)　　　68.3Cr-3.4Si-28.3C;

　　　　　黑点(原子分数,%)　　　　　0.7Cr-47.7Si-51.6C;

SiC 侧:　白点(原子分数,%)　　　　　66.7Cr-4.2Si-29.1C;

　　　　　黑点(原子分数,%)　　　　　1.2Cr-45.1Si-53.7C。

各元素的成分点分析及断口的 X 射线衍射结果显示,反应层侧的白色部位是 Cr_7C_3 相,黑色部位是 SiC,而另一侧断口上的反应相也与此相同。从断口上可以看出,断面呈现凹凸状,没有大面积的平坦部位,界面机械结合力变大,可以判断该界面的结合力高。此外,由表 3.4 的热膨胀系数比较可知,Cr_7C_3 和 SiC 热膨胀系数的差值最小,可以推断出两相之间的界面热应力相对其他界面小。从表中的硬度比较可知,除了 Cr_3C_2 相,Cr_7C_3 相的硬度比其他反应相的硬度高,这说明该相本身的强度高,这些因素的综合作用,使 1473K 的接头呈现出相对较高的抗剪强度。

表 3.4　SiC/Cr/SiC 接头中反应相硬度及热膨胀系数

相	SiC	Cr	$Cr_{23}C_6$	Cr_7C_3	Cr_3C_2	Cr_3SiC_x	$Cr_5Si_3C_x$	Cr_3Si	Cr_5Si_3
$HV/(kg/mm^2)$	2900	265	791	1776	2163	1054	1410	1005	1054
$\alpha/(\times10^{-6}/K)$	4.7	9.4	10.1	9.4	11.7	—	—	10.5	14.2

连接温度升高到 1573K 时,接头的界面组织结构如图 3.20(c)所示,随着连接温度的升高,接头界面元素的扩散和反应加快,在 SiC 侧形成 $Cr_5Si_3C_x$ 相,并成长成层状,SiC 不再和 Cr_7C_3 相直接相邻。断口的元素点分析结果也显示,图 3.22(c)侧灰白色的基体主要是 $Cr_5Si_3C_x$ 相,X 射线衍射结果显示含有少量的 Cr_7C_3 相,灰白色基体中分布的少量黑色大颗粒状物质是 SiC。图 3.22(c')侧的黑色基体是 SiC,白色块状的反应相成分分析显示是以 $Cr_5Si_3C_x$ 相为主,含有少量的 Cr_7C_3 相。1673K 的接头界面结构及断口组织和 1573K 类似,只是各反应层变厚了。通过上述分析可知,1573K 和 1673K 的断裂发生在 SiC 和 $Cr_5Si_3C_x$ 的界面,虽然

$Cr_5Si_3C_x$ 相的热膨胀系数尚不确定,但其晶系和 Cr_5Si_3 相同,该相是 C 扩散到 Cr_5Si_3 中而形成的,二者的数据应大致相当。从表 3.4 可知,Cr_5Si_3 和 SiC 的热膨胀系数之差最大,可推测出这两种相界面的热应力较大,热应力在冷却过程中导致反应层内出现横向裂纹,从而使接头强度下降。在前述的组织分析中也可以看到,1373K 和 1473K 的接头照片中基本没有横向裂纹,1573K 的接头照片中有较小的横向裂纹,而在 1673K 和 1773K 的接头照片中可以观察到很明显的横向裂纹(图 3.7、图 3.9)。

1773K 的接头如图 3.20(e)所示,在高温下界面反应进行得比较充分,虽然 Cr_3SiC_x 和 $Cr_{23}C_6$ 相均已消失,但 $SiC/Cr_5Si_3C_x$ 的界面没发生变化,因而接头强度

图 3.23 1773K 连接温度下的
接头断口组织

变化不大。图 3.23 是断口组织照片,此时断口平坦且呈现出台阶状的两部分。经分析,黑色部分是 SiC,灰白色部分是 $Cr_5Si_3C_x$ 相,由此可以断定,接头的断裂路径是从一侧的 $SiC/Cr_5Si_3C_x$ 界面开始,横切整个反应层后从另一侧的 $SiC/Cr_5Si_3C_x$ 界面上扩展。其原因是 $Cr_5Si_3C_x$ 相已经变得很厚,该相和 SiC/Ti 体系中的 $Ti_5Si_3C_x$ 类似,本身强度差且和相邻的 SiC 相热膨胀系数的差值大,导致界面热应力变大,从而使接头强度下降。

3.2 SiC 与 Ni-Cr 合金的连接

实际使用的金属材料中,多种钢材含有 Cr、Ni 等合金元素,这类 Ni-Cr 合金和 SiC 陶瓷连接时,由于参与反应的元素多,界面反应变得更加复杂。许多研究报道了 SiC 陶瓷和多种合金(Fe-Cr,Fe-Ni,Cu-Sn 和 TiAl 等)的钎焊及界面反应[21~25]。然而,关于 SiC 陶瓷和 Ni-Cr 合金扩散连接的研究工作较少,两者之间的界面反应过程、界面生成物的种类、成长规律等均不清楚。为了阐明 SiC/Ni-Cr 界面的反应机理及反应相的成长规律,本章选用真空扩散连接的方法对 SiC 陶瓷和 NiCr 合金进行连接。合金成分分别含 Cr75%及 50%(原子分数)两种(以下简记为 $Ni_{75}Cr_{25}$、NiCr),连接温度范围选择在 1223~1323K(此温度低于合金的熔点),连接时间 0.9~3.6ks,连接过程中施加 7.2MPa 压力保证工件紧密接触。采用扫描电镜(SEM)、电子探针(EPMA)和 X 射线衍射(XRD)对接头的反应产物和界面结构进行了分析,同时得到了描述反应层生长的动力学方程,为 SiC/Ni-Cr 接头的实际应用提供了理论基础。

3.2.1 界面组织

1. 连接温度的影响

图 3.24 为采用 $Ni_{75}Cr_{25}$ 合金,保持连接时间 1.8ks 不变,连接温度分别为 1223K、1273K 和 1323K 时的接头组织照片,SiC 和 $Ni_{75}Cr_{25}$ 合金的反应比较剧烈,界面形成了多种反应物,这些反应物在低温短时间的界面就形成了较厚的反应层,而且随着温度的增加,反应层的厚度增加很快。但是,连接温度变化时,所观察到的 SiC/$Ni_{75}Cr_{25}$ 接头的界面结构都是相似的。后续的成分分析也表明,界面所生成的化合物没有变化。同理,固定连接温度改变连接时间,界面结构和反应相的种类也没有发生变化。

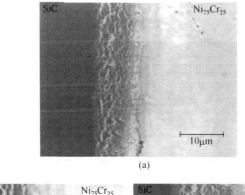

(a)

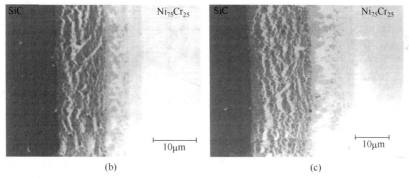

(b)　　　　　　　　　　　　　　(c)

图 3.24　SiC/$Ni_{75}Cr_{25}$ 接头组织随温度的变化

2. 界面反应相的确定

图 3.25 是连接温度 1273K、连接时间 3.6ks 条件下得到的 SiC/$Ni_{75}Cr_{25}$ 界面的背散射电子照片和元素面分布,从照片可以看出在 SiC 陶瓷和 $Ni_{75}Cr_{25}$ 合金之间形成了三个反应层。为了方便起见,靠近 SiC 一侧的反应层被称为 A 层,靠近

$Ni_{75}Cr_{25}$ 合金侧的反应层被称为 C 层,A 层和 C 层之间的反应层被称为 B 层。A 层由黑色和白色两种生成相构成,B 层由浅黑色和灰色两种生成相构成,C 层是一个由灰色相构成的单相区。从图中各元素面分布也可以看出,A 层中的黑色相只包含有碳元素,A 层的白色相是由 Ni 和 Si 元素构成的。所有的元素(包括 Cr、Ni、Si 和 C)都存在于 B 层中的浅黑色相中,B 层和 C 层中的灰色相主要由元素 Ni、Cr 和 Si 构成。分析表明浅灰色相和灰色相分别是 Cr-Ni-Si-C 四元化合物和 Cr-Ni-Si 三元化合物。

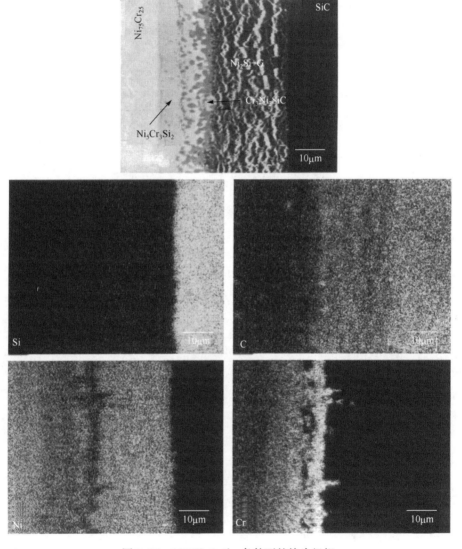

图 3.25 1273K、3.6ks 条件下的接头组织

　　图 3.26 是连接温度 1273K、保温时间 3.6ks 的 SiC/Ni$_{75}$Cr$_{25}$ 接头的逐层 XRD 结果。分析位置是从 SiC 侧开始,按照 A 层,B 层再到 C 层的顺序进行采集,即图 3.26(a)是和 SiC 相邻的衍射图谱,图 3.26(c)是和 Ni$_{75}$Cr$_{25}$ 合金相邻反应层的衍射图谱。分析结果表明,A 层中的生成的反应产物是 Ni$_2$Si 和石墨(简称 G),B 层中反应生成物是 Cr$_3$Ni$_2$SiC 和 Ni$_5$Cr$_3$Si$_2$ 相,C 层的反应生成物是 Ni$_5$Cr$_3$Si$_2$ 相。因此,在 SiC 和 Ni$_{75}$Cr$_{25}$ 合金的扩散连接过程中生成了四种反应产物,即斜方晶体结构的 Ni$_2$Si,六方晶体结构的 G(石墨),立方晶体结构的 Ni$_5$Cr$_3$Si$_2$ 和 Cr$_3$Ni$_2$SiC。这些反应产物和它们的晶格参数见表 3.5。分析发现,Ni$_2$Si 相晶格参数的实际值比标准值大,这是由于 Ni$_2$Si 固溶了一定量的碳(表 3.5),使晶格常数变大。

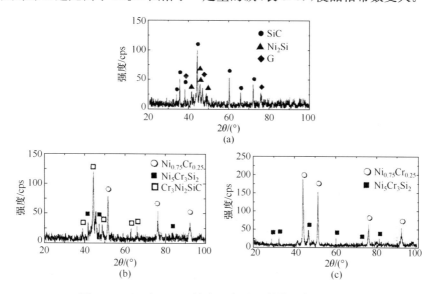

图 3.26　SiC/Ni$_{75}$Cr$_{25}$ 接头反应层 X 射线衍射分析结果

表 3.5　SiC/Ni-Cr 接头反应产物的晶体结构和晶格参数

反应相	晶体结构	晶格常数(文献数据)[26]	晶格常数(本实验结果)[19]
Ni$_2$Si	斜方晶体	$a=0.7392,b=0.9902,c=0.7036$	$a=0.7397,b=1.0004,c=0.7051$
石墨(G)	六方晶体	$a=0.2470,b=0.6724$	$a=0.2463,b=0.6735$
Ni$_5$Cr$_3$Si$_2$	立方晶体	$a=0.6120$	$a=0.6122$
Cr$_3$Ni$_2$SiC	立方晶体	$a=1.0628$	$a=1.0631$

　　表 3.6 是 SiC/Ni$_{75}$Cr$_{25}$ 接头界面反应产物的化学成分分析结果,该结果是由 EPMA 分析得到的。每种相的化学计量组成表明,反应层 A 中的白色相和黑色相分别是 Ni$_2$Si 和石墨,B 层中的灰白色相和浅黑色相分别是 Ni$_5$Cr$_3$Si$_2$ 和 Cr$_3$Ni$_2$SiC,C 层中的灰白色相也是 Ni$_5$Cr$_3$Si$_2$。换句话说,反应层 A、B 和 C 分别

是由(Ni_2Si+G),($Cr_3Ni_2SiC+Ni_5Cr_3Si_2$)和 $Ni_5Cr_3Si_2$ 构成的。值得注意的是本研究中显示的反应产物和界面结构与 Backhaus-Ricoult 学者报道的结果是不同的[26],这是由 Ni-Cr 合金中的 Cr 含量低引起的。即 SiC 和 $Ni_{75}Cr_{25}$ 连接接头的界面结构是 $SiC/G \mid Ni_2Si/Cr_3Ni_2SiC+Ni_5Cr_3Si_2/Ni_5Cr_3Si_2/Ni_{75}Cr_{25}$。

表 3.6　$SiC/Ni_{75}Cr_{25}$界面反应相的化学成分(原子分数)　　(单位:%)

反应层及颜色	形成的反应相	Ni	Cr	Si	C
SiC 侧的白色条状反应物	Ni_2Si	60.4	0.2	33.1	6.3
SiC 侧的黑色条状反应物	石墨(G)	2.7	0.2	1.5	95.6
界面中部浅黑色颗粒	Cr_3Ni_2SiC	29.0	41.3	15.7	14.0
界面中部灰白色基体	$Ni_5Cr_3Si_2$	49.5	29.6	20.0	0.9
$Ni_{75}Cr_{25}$侧灰白色层	$Ni_5Cr_3Si_2$	48.8	30.1	19.6	1.5

3.2.2　反应相形成及扩散路径

如前所述,接头界面形成了 Ni_2Si、G、Cr_3Ni_2SiC、$Ni_5Cr_3Si_2$ 四种反应相,但从合金元素的二元相图来看(图 3.27),在 1273K 的温度下,界面上参与反应的各元素都没有形成二元共晶的条件,所有的反应物都是由固相扩散形成的。首先是 SiC 中的 C 向 $Ni_{75}Cr_{25}$ 合金中扩散,同时 $Ni_{75}Cr_{25}$ 合金中一部分 Ni 变成单质元素,如图 3.27(a)所示。从图 3.27(b)的 Ni-C 相图可知,C 和单质 Ni 不反应,以石墨的形成存在于界面。而 Ni 和界面上的 Si 反应形成了 Ni_2Si 反应相,即 SiC 侧出现了类似条状相间的 Ni_2Si+G 反应层,系统的扩散路径如图 3.28 的箭头所示,按照1 的路径进行扩散。另外,$Ni_{75}Cr_{25}$ 中除了形成单质 Ni,剩余的合金和 Si 及 C 反应,在紧靠 Ni_2Si+G 层的位置形成了四元化合物 Cr_3Ni_2SiC 相,该相和 Ni_2Si+G 层相连的部位也是层状,随着向 $Ni_{75}Cr_{25}$ 合金方向发展,生成的速度受各元素扩散

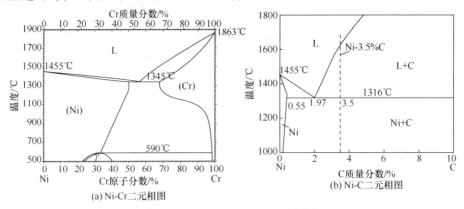

图 3.27　Ni-C 及 Ni-Cr 二元相图

系数的控制,生成物的数量相对减少,其存在形式也由层状变成了块状。此外,在 $Ni_{75}Cr_{25}$ 一侧,Ni 元素、Cr 元素和扩散过来的 Si 元素反应,形成了 $Ni_5Cr_3Si_2$ 三元相,该相也是以层状的形式存在,即接头界面呈现出 $SiC/Ni_2Si+G/Cr_3Ni_2SiC+Ni_5Cr_3Si_2/Ni_5Cr_3Si_2/Ni_{75}Cr_{25}$ 的层状结构。此时整个反应系统的扩散路径全部出现,如图 3.28 所示,扩散路径沿着 Ni-Cr-Si-C 四元相图中的箭头方向,从 SiC 侧开始,经路径 1、2 及 3 到达 $Ni_{75}Cr_{25}$ 合金。

关于接头界面中石墨的形成问题,从文献[11]的 Si-C-M(金属)三元相图可知,Fe、Ni、Co 等金属与 SiC 反应时,主要的反应相是硅化物和石墨,不生成三元化合物。

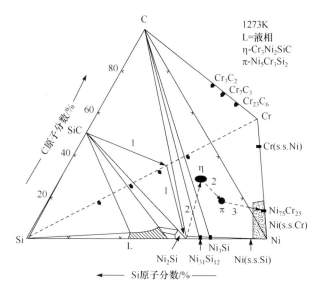

图 3.28　Ni-Cr-Si-C 相图及扩散路径

3.2.3　界面反应层的成长

在讨论反应层成长时,需要测量各反应层的数据,从图 3.25 可知,SiC 侧的 Ni_2Si+G 层的边界比较清晰,可单独按一层处理,$Ni_{75}Cr_{25}$ 合金侧的 $Ni_5Cr_3Si_2$ 层也很规则,同样也可以单独处理,中间部位是由 $Ni_5Cr_3Si_2+Cr_3Ni_2SiC$ 的混合物组成的,不好区分各相的厚度,因此将此混合区假设为一层,不考虑该混合层内部两个相的分布是否均匀及各个相所占的比例。将上述三个反应层及全部反应相的厚度作为连接温度和连接时间的函数进行研究,得到图 3.29 所示的界面反应相厚度随连接温度及连接时间的变化曲线。从图中可知,连接温度保持不变时,每个反应层的厚度变化与连接时间的平方根呈正比例关系。也就是说,每个反应层的厚度随着连接时间的延长按照抛物线规律增长。利用反应层的厚度数据、结合连接温度和连接时间,可以求出不同温度下反应相的成长常数 k,并汇总在表 3.7 中。分析结果表明,在给定的温度下生成的三个反应层中,反应层(Ni_2Si+G)的成长速度最大,所以(Ni_2Si+G)反应层的成长要比别的反应层更迅速。成长速度最慢的是 $Ni_5Cr_3Si_2$ 反应层,在本实验所有的温度条件下,该层的厚度值最小。

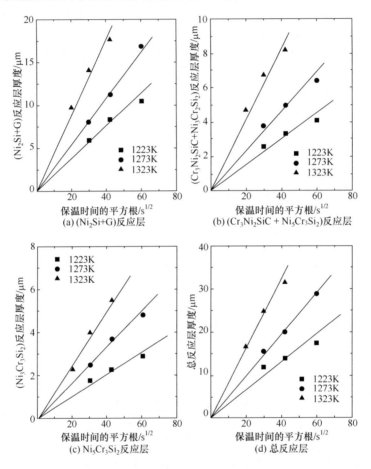

图 3.29　反应层厚度随温度及时间的变化规律

表 3.7　SiC/Ni-Cr 接头各反应层的生长常数 k　　　　　(单位:m^2/s)

反应相	1223K	1273K	1323K
Ni_2Si+G	4.04×10^{-14}	7.68×10^{-14}	2.03×10^{-13}
$Cr_3Ni_2SiC+Ni_5Cr_3Si_2$	6.07×10^{-15}	1.38×10^{-14}	4.75×10^{-14}
$Ni_5Cr_3Si_2$	2.95×10^{-15}	6.98×10^{-15}	1.59×10^{-14}
$SiC/Ni_{75}Cr_{25}$ 全体反应层	1.15×10^{-13}	2.40×10^{-13}	6.40×10^{-13}

对于在 1223K 连接温度条件下形成的整个反应层,成长常数 k 的值为 $1.15\times$

10^{-13}。而文献[26]给出的值是 4.0×10^{-13}，本实验得到的数值较小，这是因为本研究中所用的 Ni-Cr 合金的 Cr 含量比较高。

根据第 2 章式(2-6)~式(2-8)，求出各反应层成长的活化能和成长常数，列于表 3.8 中，利用反应相成长的活化能 Q 和成长常数 k_0 的值，可以得到 $SiC/Ni_{75}Cr_{25}$ 界面各反应相的厚度和温度及时间的关系式如下，可以利用这些公式计算不同温度、不同时间的反应层厚度。

$Ni_2Si + G$

$$x^2 = 5.62 \times 10^{-5} \exp(-217.3 \times 10^3 / RT) \times t \tag{3-16}$$

$Cr_3Ni_2SiC + Ni_5Cr_3Si_2$

$$x^2 = 2.47 \times 10^{-4} \exp(-248.1 \times 10^3 / RT) \times t \tag{3-17}$$

$Ni_5Cr_3Si_2$

$$x^2 = 2.80 \times 10^{-5} \exp(-233.7 \times 10^3 / RT) \times t \tag{3-18}$$

$SiC/Ni_{75}Cr_{25}$ 全体反应层

$$x^2 = 3.72 \times 10^{-3} \exp(-247.5 \times 10^3 / RT) \times t \tag{3-19}$$

表 3.8　$SiC/Ni_{75}Cr_{25}$ 界面反应层成长的 k_0 和 Q 值

反应相	$Q/(kJ/mol)$	$k_0/(m^2/s)$
$Ni_2Si + G$	217.3	5.62×10^{-5}
$Cr_3Ni_2SiC + Ni_5Cr_3Si_2$	248.1	2.47×10^{-4}
$Ni_5Cr_3Si_2$	233.7	280×10^{-5}
$SiC/Ni_{75}Cr_{25}$ 全体反应层	247.5	3.72×10^{-3}

3.2.4　合金成分对组织的影响

采用 Cr 含量高的 $Ni_{50}Cr_{50}$ 和 SiC 进行扩散连接，研究合金成分变化对接头组织的影响。1373K/3.6ks 的接头界面组织如图 3.30 所示，和图 3.24 中的组织相比较可知，界面反应物的分布发生了变化，紧邻 SiC 层的反应层虽然也是呈现出黑、白色相间的层状条纹，但是使用 $Ni_{75}Cr_{25}$ 合金时的白色条纹多，Ni 含量降低后白色条纹减少。而紧邻 NiCr 合金侧形成的反应层比较薄，也不是由单一反应相组成的层，接头的中间部位出现了一层灰白色的反应层，而 SiC 和 $Ni_{75}Cr_{25}$ 合金接头的界面上没有出现此反应层。对图 3.30 的照片组织进行元素成分点分析，分析位置如图 3.31 所示。从成分分析可知，SiC 侧的黑、白色相间的条纹状层也是由 $G + Ni_2Si$ 组成的混合物，只是由于合金中 Ni 含量的降低，形成 $G + Ni_2Si$ 相的量减少，而混合物中 G 的比例增加了，因而照片上白色条纹少。紧靠 $G + Ni_2Si$ 层的反应相(分析点 6 和 7)含有 Ni、Cr、Si 和 C 四种元素，其成分和 $SiC/Ni_{50}Cr_{50}$ 合金接头的 Cr_3Ni_2SiC 基本没有差别，因而可确定为 Cr_3Ni_2SiC 相。和 $Ni_{50}Cr_{50}$ 合金相邻的反应层也是混合物，分析点 8 和 9 是浅白色的反应相，Cr 的成分比 Ni 高，从

Ni-Cr 二元相图可知,二者能形成很好的固溶体,因而可确定此生成物为 $Cr_5Ni_3Si_2$ 相(和前述的 $Ni_5Cr_3Si_2$ 类似);分析点 10 和 11 是深灰色的反应相,从各元素含量的比例及前述 SiC/Cr 系的反应产物可确定为 Cr_3SiC_x 相。即合金中 Cr 含量增加以后,界面出现了 Cr_3SiC_x 化合物,同时 CrNiSi 三元化合物的成分也由 $Ni_5Cr_3Si_2$ 相变为 $Cr_5Ni_3Si_2$ 相,即此时的界面结构呈现出 $SiC/Ni_2Si + G/Cr_3Ni_2SiC/$ $Cr_5Ni_3Si_2 + Cr_3SiC/Ni_{50}Cr_{50}$ 的层状排列。

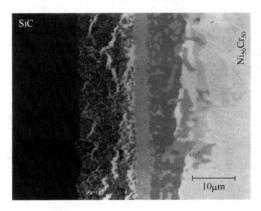

图 3.30　$SiC/Ni_{50}Cr_{50}$ 接头组织

(1373K、3.6ks)

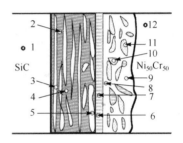

图 3.31　$SiC/Ni_{50}Cr_{50}$ 界面点

分析位置示意图

表 3.9　$SiC/Ni_{50}Cr_{50}$ 界面反应相的化学成分(原子分数)　　(单位:%)

	1	2	3	4	5	6	7	8	9	10	11	12
C	50.4	39.7	17.4	49.7	3.8	15.3	14.2	6.5	5.5	4.3	5.6	4.3
Si	49.4	21.0	28.4	18.3	32.9	15.1	15.5	16.7	17.8	24.6	23.2	0.0
Cr	0.0	0.7	1.0	0.4	2.8	42.6	41.7	47.3	51.9	69.4	69.1	48.5
Ni	0.2	38.6	53.2	31.6	60.5	27.0	28.6	29.5	24.8	1.7	2.1	47.2
反应相	SiC	$G+Ni_2Si$	Ni_2Si+G	$G+Ni_2Si$	Ni_2Si	Cr_3Ni_2SiC	Cr_3Ni_2SiC	Cr_3Ni_2SiC	$Cr_5Ni_3Si_2$	$Cr_5Ni_3Si_2$	Cr_3SiC_x	Cr_3SiC_x	$Ni_{50}Cr_{50}$

通过 $Ni_{50}Cr_{50}$ 及 $Ni_{75}Cr_{25}$ 两种成分的合金和 SiC 反应的组织分析可知,由于 Ni 和 Cr 成分的变化,和 SiC 陶瓷的反应过程、界面形成反应产物的种类等都有差别。当 Ni 含量比 Cr 含量高时,界面化合物主要是 Ni_2Si、G、Cr_3Ni_2SiC、$Ni_5Cr_3Si_2$,当 Ni 和 Cr 的含量相同时,界面除了形成上述化合物,在靠近合金一侧的界面上还出现了富 Cr 的块状 Cr_3SiC 三元化合物,进一步减少合金中的 Ni 含量,接头组织基本不变化,只是形成 Cr_3SiC 相的量增加,该相由块状转变为层状。

参 考 文 献

[1] 中国机械工程学会焊接学会. 焊接手册. 3 版. 北京:机械工业出版社,2008

[2] 约瑟夫,戴维斯,等. 金属手册案头卷(上册). 金锡志译. 北京:机械工业出版社,2011

[3] 熊华平,陈波. 陶瓷用高温活性钎焊材料及界面冶金. 北京:国防工业出版社,2014

［4］周玉. 陶瓷材料学. 2 版. 北京:科学出版社,2014

［5］马里内斯库(美). 先进陶瓷加工导论. 田欣利,张保国,吴志远译. 北京:国防工业出版社,2010

［6］方洪渊,冯吉才. 材料连接过程中的界面行为. 哈尔滨:哈尔滨工业大学出版社,2005

［7］美国焊接学会钎焊委员会编. 钎焊手册. 修订第 3 版. 北京:国防工业出版社,1982

［8］岩本信也,须贺唯知. セラミックス接合工学. 东京:日刊工业新闻出版社,1991

［9］中国机械工程学会焊接学会. 焊接科学基础//黄石生. 焊接方法与工程控制. 北京:机械工业出版社,2014

［10］Pellegrini P W,Giessen B C, Feldman J M. A survey of the Cr-rich area of the Cr-Si-C phase digram. Journal of The Electrochemical Society,1972,4：535～537

［11］Shuster J C. Design Criteria and limitations for SiC-metal and Si_3N_4-metal joints derived from phase diagram studies of the systems Si-C-metal and Si-N-metal. Structural Ceramics Joining II. Ceramic Transactions,1993,35：43～57

［12］高岛敏行,山本强,成田敏夫. 碳化ケイ素セラミックス表面のCr 蒸汽メタライジング,日本セラミックス协会论文誌,1989,97(1)：38～42

［13］黑川一哉. 金属・セラミックス界面の化学反应. 日本金属学会会报,1990 (29)：931～938

［14］野城清,加藤敏宏,荻野和己. Co 基合金と反应烧结 SiC の高温两立性. 高温学会誌,1990. 16(3)：120～128

［15］冯吉才. 固相接合されたSiCセラミックスと金属 Ti,Cr,Nb,Ta 接合体における界面反应机理に关する研究[博士学位论文]. 大阪:日本国大阪大学,1996

［16］冯吉才. 陶瓷/金属扩散连接接头的界面反应和相形成[博士后出站报告]. 哈尔滨:哈尔滨工业大学,1997

［17］冯吉才,奈贺正明,Shuster J C. SiC/Cr 接合层の构造と破断强度. 日本金属学会誌,1997,61(7)：636～642

［18］冯吉才,奈贺正明. SiC/Cr 界面的相形成和扩散路径. 哈尔滨工业大学学报,1996,28：48～52

［19］Feng J C,Liu H J,Naka M. Reaction products and growth kinetics during diffusion bonding of SiC ceramic to Ni-Cr alloy. Materials Science, Technology,2003,19：137～140

［20］Villars P, Calvert L D. Pearsons Handbook of Crystallographic Date for Intermetallic Phases. ASM. Metals Park,OH. ,1985

［21］李树杰,刘伟,李姝芝,等. SiC 陶瓷与 Ni 基高温合金连接件应力的有限元分析. 粉末冶金材料科学与工程,2012,01：10～17

［22］Fengqun L, Yamaguchi H, Nakagawa H, et al. Thermally stable bonding of SiC devices with ceramic substrates：Transient liquid phase sintering using Cu/Sn powders. Journal of the electrochemical society,2013,160：D315～D319

［23］Chen X G, Yan J C, Ren S C, et al. Microstructure, mechanical properties, and bonding mechanism of ultrasonic-assisted brazed joints of SiC ceramics with ZnAlMg filler metals in air. Ceramics international,2014,40：683～689

［24］Liu H J,Feng J C. Diffusion bonding of SiC ceramic to TiAl-based alloy. Journal of Materials Science Letters, 2001,20 (9)：815～817

［25］Liu H J,Feng J C,Qian Y Y. Interface structure and formation mechanism of diffusion-bonded joints of SiC ceramic to TiAl-based alloy. Scripta Materialia, 2000,43 (1)：49～53

［26］Backhaus-Ricout M. Solid state reactions between silicon carbide and (Fe,Ni,Cr)-alloys-reaction paths,kinetics and morphology. Acta Metallurgical Materials,1992,40：S95～S103

第 4 章　SiC 与 Nb、Ta 的连接

金属 Nb 及 Ta 具有很高的熔点,是常用的高温结构材料。铌合金有良好的耐腐蚀性、耐辐射性及热稳定性,在空间核动力系统、高超声速飞行器、火箭发动机喷管及燃气轮机等方面获得广泛的应用。Ta 在高熔点金属中具有独特的弹性模量和良好的室温塑性,容易进行焊接及成型加工,是化工设备、冷凝器、容器内衬等加工制造领域的常用材料[1,2]。但由于该类金属的相对密度大,实际应用中对于有重量要求的结构受到限制。SiC 陶瓷具有优越的高温强度,是很有前途的轻质高强耐高温结构材料[3,4]。因此,实际生产中通常将 SiC 陶瓷和 Nb、Ta 通过连接形成复合结构,既能够保证结构的耐高温性能,又能减轻结构的重量[5~7]。目前常规的熔化焊接方法不能实现 SiC 和 Nb 及其与 Ta 的连接,必须采用钎焊、扩散焊等连接方法[8~12]。

在 SiC 陶瓷和高温金属的连接及界面反应中,SiC/Nb 的研究比较系统。奈贺等在 1373~1773K、1.8~21.6ks 的接合条件下,确定了 SiC/Nb 界面的反应相是 Nb_5Si_3、Nb_2C 和 NbC,并分析了反应烧结陶瓷和常压烧结陶瓷对接头强度的影响[13]。Joshi 等在 SiC 基板上用 PVD 的方法沉积了一层厚 1mm 左右的 Nb 薄膜,在 1073~1273K、7.2~14.4ks 的条件下进行热处理,报道了两种成分不确定的化合物 NbC_x 和 NbC_xSi_y[14]。更进一步,采用铜基钎料连接 SiC 和 Nb[15],用 Zr/Nb 复合中间层连接 SiC 和镍基高温合金的研究工作也有报道[16]。作者通过系统的扩散连接实验研究,阐明了 SiC 和 Nb 接头界面的反应相生成条件、成长规律、界面结构及对接头强度的影响,建立了反应相的形成模型,为获得高质量的连接接头提供了理论基础和技术支撑[17~22]。

SiC 和 Ta 连接的研究非常少。Joshi 等在 SiC 基板上先沉积了一层约 1mm 厚的 Ta 薄膜,然后在 1373~1473K、7.2ks 和 14.4ks 的条件下进行真空热处理。界面分析(EPMA,SEM)结果表明,生成了 TaC_x 和 TaC_xSi_y 两种反应相[14]。文献[23]采用弹性有限元方法计算了 SiC 和 Ta 连接试样的残余应力,并采用四点弯曲试验检验了计算结果。

4.1　SiC 与 Nb 的连接

实验材料为常压烧结的 SiC 陶瓷圆棒,烧结时添加了 2%~3%(质量分数)的 Al_2O_3 烧结剂,金属材料为 99.9% 纯度的 Nb 箔,厚度分别为 $8\mu m$、$12.5\mu m$ 和 $25\mu m$(厚箔用于研究界面组织及扩散路径,$8\mu m$ 的箔材用于研究平衡状态的组织),在 1.33mPa 的真空环境下进行扩散连接。

4.1.1　SiC/Nb 接头的界面组织

1. 反应前期的界面组织

采用 12.5μm 的 Nb 箔(如没有特别注明,后续分析均采用此厚度的 Nb 箔),保持连接时间 1.8ks 不变进行扩散连接。在连接温度 1123K 时,可观察到界面发生了不均匀的元素扩散及反应。温度升高到 1673K 时,界面形成很薄的反应层,各元素的分布如图 4.1(a)所示,结合 X 射线衍射及成分分析可知,界面生成物是由 Nb_2C 和 $Nb_5Si_3C_x$ 相组成的混合层。随着温度的进一步上升,反应层逐渐变厚,在 1790K 时,接头的线扫描分析结果如图 4.1(b)所示,两种反应物均成长为层状。

保持连接温度 1790K 不变,不同连接时间的接头组织如图 4.2 所示,图 4.2(a)的组织和图 4.1(b)的线扫描分析结果相对应。连接时间 14.4ks 条件下的界面组织如图 4.2(b)所示,图 4.3 是所对应的元素成分线扫描分析结果。为了提高元素分析的精度(特别是 C 的精度),采用纯 Nb、纯 Si 及 Fe_3C 中的 C 作为 EPMA 分析的标准试样对设备进行标定。由 Nb、Si、C 元素的成分分析可知,SiC 侧的反应物 Ti 含量较高,还含有 29.0%～35.9%(原子分数)的 Si 及 13.3%～17.3%(原子分数)的 C,结合 X 射线衍射分析结果可确定该反应物是 $Nb_5Si_3C_x$ 相($0<x\leqslant1$),该相经常被称为 T 相。Nb 侧浅白色的反应物不含 Si,C 含量在 25.3%～35.1%(原子分数)范围内,其余为 Nb,可确定为单一的 Nb_2C 相。同时在 SiC 和 $Nb_5Si_3C_x$ 的界面上以及 $Nb_5Si_3C_x$ 相和 Nb_2C 相的界面上还出现了黑色块状的反应物,经测定该生成物为 NbC。接头组织照片中间的白色物体是没有反应的金属 Nb,和 Nb 相连的 Nb_2C 反应层厚度不均匀,这是该相有选择性地按某一特定方向优先成长的结果。与此相反,SiC 侧的 $Nb_5Si_3C_x$ 反应层的厚度比较均匀。此时接头的界面组

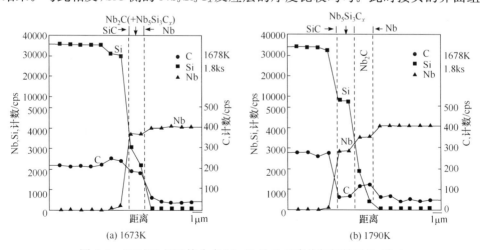

图 4.1　SiC/Nb/SiC 接头中 Nb,Si 及 C 元素线扫描结果(1.8ks)

织结构为 SiC/(NbC)/Nb$_5$Si$_3$C$_x$/(NbC)/Nb$_2$C/Nb,由于 NbC 没有形成层状,特用括号表示其和层状的差别。

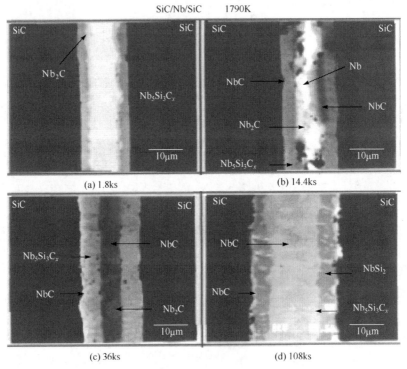

图 4.2　不同连接时间的接头组织(1790K)

随着连接时间的延长,各反应层逐渐变厚,在 21.6ks 的接头中,反应相的种类没有发生变化,只是金属 Nb 全部参与反应并被消耗掉,中部区域的主要生成物是 Nb$_2$C,并含有少量的块状 Nb,接头的元素线扫描分析结果如图 4.4 所示。从元素成

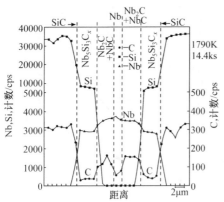

图 4.3　1790K 及 14.4ks 条件下 SiC/Nb/SiC 接头中各元素线分析结果

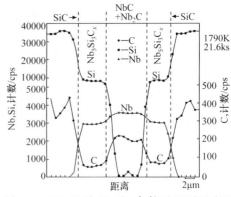

图 4.4　1790K 及 21.6ks 条件下 SiC/Nb/SiC 接头各元素线分析结果

分分析可知,此时 $Nb_5Si_3C_x$ 相中 C 的含量基本不变化,x 达到最大值 1。接头界面反应相的成分及结构见表 4.1。其中 Nb_2C 相的 C 含量随连接时间不同而变化,例如,7.2ks 的接头中 Nb_2C 含 29.9%(原子分数)的 C,而在 14.4ks 的接头中 Nb_2C 中 C 含量变为 35.9%(原子分数),这和 Nb-C 二元相图中 C 的变化范围是一致的。表中还列出了自制标准试样 Nb_5Si_3 的成分,该相中的 C 含量可认为是电镜分析时的误差,由此可推测 $Nb_5Si_3C_x$ 中的 C 含量应在 10%左右。通过对不同连接时间的 $Nb_5Si_3C_x$ 成分比较可知,该相中的 C 含量变化范围基本保持在 9.8%～12.1%(原子分数)。

表 4.1　SiC/Nb 体系中生成相化学成分

相	组成/%(原子分数)			晶型	晶格参数/nm	
	Nb	Si	C		参考文献数值[4~6]	本实验结果[17]
Nb_2C	70.0	0.1	29.9	六方	$a=0.3116$ $c=0.4958$	$a=0.3106$ $c=0.4946$
Nb_5Si_3	58.0	36.2	5.8	四方	$a=0.6570$ $c=1.1884$	$a=0.6578$ $c=1.1906$
$Nb_5Si_3C_x$	51.8	32.5	15.7	六方	$a=0.7536$ $c=0.5249$	$a=0.7544$ $c=0.5273$
NbC	52.5	0.3	47.2	立方	$a=0.4470$	$a=0.4462$
$NbSi_2$	32.8	64.4	2.8	六方	$a=0.4819$ $c=0.6592$	$a=0.4796$ $c=0.6388$

2. 反应后期的界面组织

连接温度 1790K、连接时间 36ks 的接头组织如图 4.2(c)所示,所对应的元素线扫描分析结果如图 4.5 所示,由于 Si 和 C 元素从两侧源源不断地向中部扩散,SiC 侧的 $Nb_5Si_3C_x$ 相成分上虽然没有变化,但厚度有很大增加。中间部位的 Nb_2C 和扩散过来的 C 反应,在形成 NbC 的同时逐渐被消耗掉,从图 4.2(c)可以看出,剩余的 Nb_2C 相以大块状形式分布于 NbC 中。同时,元素的点分析结果显示,在 SiC/$Nb_5Si_3C_x$ 的界面上也有 NbC 相生成,虽然在组织照片上的区别不很明显,但图 4.6 的 X 射线衍射分析结果清晰显示该层的存在。该阶段在两个部位形成的 NbC 相,其 C 含量的范围都在 43.3%～52.1%(原子分数),平均值为 47.2%。通过 X 射线衍射还确定了各相的晶体结构,Nb_2C 为六方晶体,$a=0.3106$nm、$c=0.4946$nm(文献[27]:$a=0.3116$nm、$c=0.4958$nm);NbC 为立方晶体,$a=0.4462$nm(文献[24]:$a=0.4470$nm);$Nb_5Si_3C_x$ 为六方晶体,$a=0.7544$nm、$c=$

0.5273nm(文献[26]:$a=0.7536$nm、$c=0.5249$nm);自制的标准试件 Nb$_5$Si$_3$ 为斜方晶体,$a=0.6578$nm、$c=1.1906$nm（文献[26]:$a=0.6570$nm、$c=1.1884$nm）。从上述的实验得到的晶格常数和文献的数值比较可知,本研究得到的数值稍有增大,这很有可能是 C 含量的差异引起的差别,也不排除因设备型号不同而引起的系统误差。综上所述,在 1790K,36ks 的连接条件下,SiC/Nb/SiC 接头形成了由 SiC/NbC/Nb$_5$Si$_3$C$_x$/NbC＋(Nb$_2$C)/Nb$_5$Si$_3$C$_x$/NbC/SiC 对称层排列的界面结构。

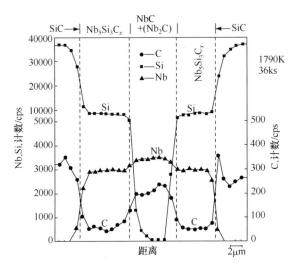

图 4.5　1790K 及 36ks 条件下 SiC/Nb/SiC 接头各元素线分析结果

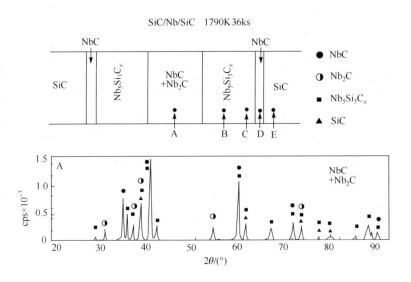

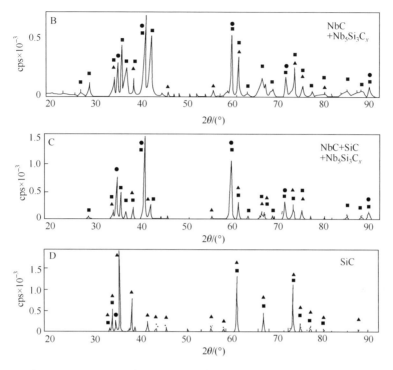

图 4.6　SiC/Nb/SiC 接头反应层 X 射线衍射分析结果(1790K、36ks)

3. 接近平衡状态的界面组织

1790K、108ks 的连接接头组织如图 4.2(d)所示。照片中接头的宽度比其他三种条件的界面宽,主要是电镜照片的放大倍数不同引起的,实际宽度没有大的变化。与此接头组织相对应的元素线扫描分析及 X 射线衍射结果如图 4.7 和图 4.8 所示。综合各分析结果可知,界面又新形成了 $NbSi_2$ 反应物,该相也是六方晶体,晶格常数 $a = 0.4796nm$、$c = 0.6388nm$,各元素成分(原子分数)为 56.0%～62.2% Si、30.4%～33.8%Nb 及 3.2%～8.8%C,C 含量可能是分析误差产生的,从相图及有关文献中都没有找到 $NbSi_2$ 中含有 C 的报道。连接时间延长至 144ks,界面组织结构和 108ks 的相同,只是 NbC 和 $NbSi_2$ 反应相随连接时间的增加而变多,$Nb_5Si_3C_x$ 反应相随连接时间的延长而减少。

为了尽快达到反应的平衡状态,将中间金属换为 $8\mu m$ 的 Nb 箔,连接温度保持 1790K 不变,连接时间选择 144ks 进行扩散连接,其接头组织照片及元素线扫描分析如图 4.9 和图 4.10 所示。此时反应基本接近平衡状态,$Nb_5Si_3C_x$ 相全部在反应过程中被消耗掉,界面只存在 $NbSi_2$ 和 NbC 两种反应相,而且均以层状的形态存在,从 Nb-Si-C 的三元相图可知[28],反应进入了 $NbSi_2$、NbC 和 SiC 的共存区域,说明已经到达了三相的平衡状态。

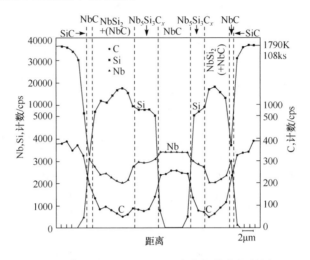

图 4.7　SiC/Nb/SiC 接头中 Nb,Si 及 C 元素线扫描分析结果(1790K、108ks)

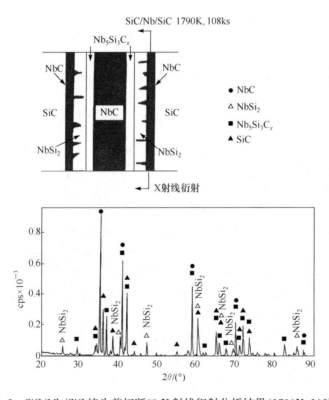

图 4.8　SiC/Nb/SiC 接头剪切断口 X 射线衍射分析结果(1790K、108ks)

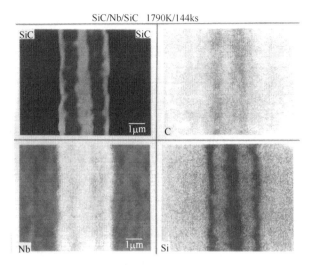

图 4.9　使用 8μm Nb 箔的接头组织及面扫描分析结果(1790K、144ks)

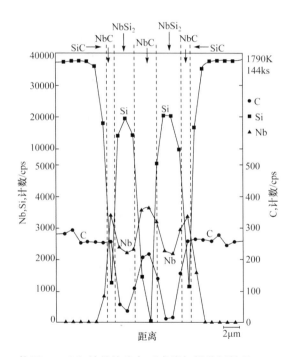

图 4.10　使用 8μm Nb 箔的接头各元素线扫描分析结果(1790K、144ks)

4.1.2　SiC/Nb 的扩散路径

1. 连接温度 1473K 的扩散路径

在连接温度低于 1473K 时,SiC 和 Nb 的界面反应比较缓慢,即使延长连接时间,界面反应相的成长也非常慢。在 1473K、1.8~14.4ks 的连接条件下,界面形成非常薄的反应层,用 EPMA 难以准确测定生成物的成分,只能通过 X 射线和透射电镜来确定。从图 4.11 的 X 射线衍射图谱可知,界面除了生成 $Nb_5Si_3C_x$ 和 Nb_2C 反应相,还检测出少量的 Nb_3SiC_x 反应相,该相是在 Nb_3Si 的基础上,通过 C 元素扩散到晶格内部而形成的。该条件下,没有检测出 NbC 的存在,但由于 NbC 的含量范围宽,一种可能是元素长时间扩散后将直接形成 NbC 相,也有可能当 C 的含量扩散到一定高的浓度时,Nb_2C 相转化为 NbC。结合 Nb-Si-C 的三元相图分析可知,在较低的连接温度下,SiC 和 Nb 系统将沿着图 4.12 箭头 1 的方向进行扩散,其扩散路径为 $SiC/NbC/Nb_5Si_3C_x/Nb_5Si_3/Nb_3SiC_x/Nb_2C/Nb$。

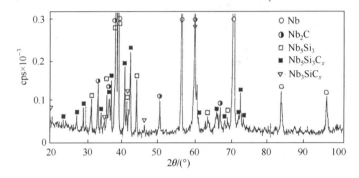

图 4.11　SiC/Nb/SiC 接头断口 X 射线衍射分析结果(1473K、14.4ks)

2. 高温条件下的扩散路径

多次实验表明,在连接温度大于 1673K 时,SiC 和 Nb 的连接界面没有发现 Nb_5Si_3 反应相和 Nb_3SiC_x 反应相,说明在高温反应条件下,这两个相没有形成,其原因可结合图 4.12 中的扩散路径 2 来考虑。高温连接时,反应相在形成过程中,SiC 侧形成了块状的 NbC 及层状的 $Nb_5Si_3C_x$,Nb 侧形成了 Nb_2C 相,其扩散路径没有经过 Nb_5Si_3 和 Nb_3SiC_x 这两个相。在反应的前期阶段,只观察到扩散路径中的 $Nb/Nb_2C/Nb_5Si_3C_x$ 部分,在反应接近平衡的后期阶段,也只能观察到 SiC 侧的局部路径;而在 1790K、7.2~21.6ks 的工艺范围内,整个扩散路径 2 全部出现,界面形成了 $SiC/NbC/Nb_5Si_3C_x/NbC/Nb_2C/Nb$ 的层状结构。

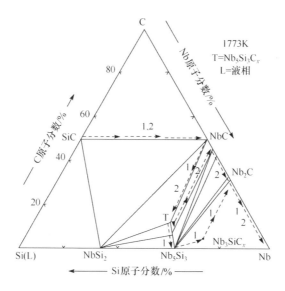

图 4.12　Nb-Si-C 三元相图及 1773K 条件下 SiC/Nb 体系扩散路径

　　为了研究金属中间层的厚度对扩散路径的影响,采用 25 μm 厚的 Nb 箔,在 1790K、36ks 的连接条件进行扩散连接,并和厚度为 12.5 μm、相同连接条件下的组织进行对比。如前所述,采用 12.5 μm 厚的 Nb 箔时,接头组织中 Nb 已经全部消耗掉,而采用 25 μm 的 Nb 箔进行扩散连接时,界面中央部位还存在一定厚度的 Nb 金属层(图 4.13)。成分分析及 X 射线衍射表明,界面存在的反应相(图 4.14)的

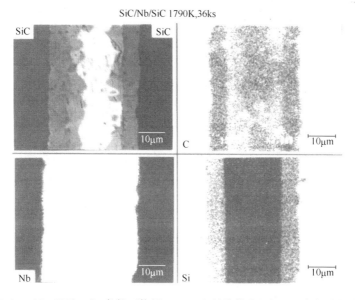

图 4.13　1790K 及 36ks 条件下使用 25 μm Nb 箔的接头组织及面扫描分析结果

种类和厚度为 12.5μm、连接时间为 21.6ks 时的结果相同,即界面生成了 $Nb_5Si_3C_x$、Nb_2C 和 NbC 反应相。此时的扩散路径也能够全部观察到。由于只是在 X 衍射中出现 NbC,成分分析和照片组织中没有直接观察到,因此采用逐层研磨、边研磨边观察及边进行 X 射线衍射的办法进一步确认。图 4.15 是平行于整个结合面研磨时,恰好研磨到 $SiC/Nb_5Si_3C_x$ 界面时的元素面分析结果,从照片中可知,灰色的 SiC 基体上分布有大块状的黑色 NbC 相,有些部位的 NbC 相已经连在一起,这证明了此界面上确实生成了 NbC 反应相。

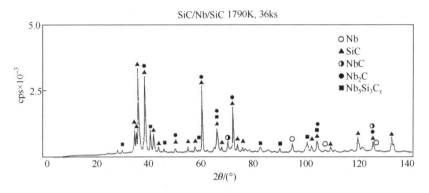

图 4.14　1790K 及 36ks 条件下 SiC/Nb(25μm)/SiC 接头界面 X 射线衍射分析结果

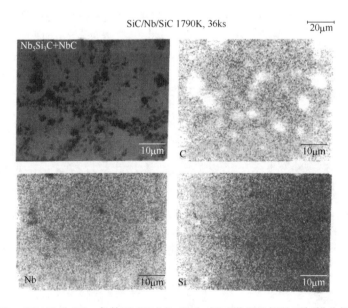

图 4.15　1790K 及 36ks 条件下 $SiC/Nb_5Si_3C_x$ 界面微观组织及面扫描分析结果

4.1.3　反应相的形成机理

1. 反应相形成的热力学

高温状态下的 SiC 和 Nb 界面,在热力学上处于非平衡状态,各元素将在界面发生相互扩散,如果满足反应相生成的热力学条件,将在界面形成各种化合物。从 Nb-Si-C 三元相图上看,界面可能生成的反应相有 Nb_2C、NbC、Nb_5Si_3、$Nb_5Si_3C_x$、Nb_3Si、$NbSi_2$,其反应的吉布斯自由能变化可以进行计算,其计算公式如下[17]:

$$Nb+1/2C=NbC \quad \Delta G^{\ominus}=-89.5376-9.1211\times10^{-3}T$$
$$\times\lg T+32.426\times10^{-3}T+1.6108\times10^{-6}T^2 \tag{4-1}$$

$$Nb+C=NbC \quad \Delta G^{\ominus}=-142.1723-23.5978\times10^{-3}T\times\lg T+74.4334$$
$$\times10^{-3}T+3.8786\times10^{-6}T^2 \tag{4-2}$$

$$5/3Nb+Si=1/3Nb_5Si_3 \quad \Delta G^{\ominus}=-674.896+0.1426T \tag{4-3}$$

$$1/2Nb+Si=1/2NbSi_2 \quad \Delta G^{\ominus}=-528.462+0.1493T \tag{4-4}$$

根据上述计算公式,可得出 1790K 连接温度时反应物生成的吉布斯自由能变化,对于界面可能出现的 Nb_2C、NbC、Nb_5Si_3 及 $NbSi_2$ 反应相,其 $\Delta G^{\ominus}$ 分别为 $-79.496kJ/mol$、$-133.93kJ/mol$、$-419.64kJ/mol$ 及 $-261.215kJ/mol$,这些反应相均可以在反应过程中形成。$Nb_5Si_3C_x$ 相没有计算公式,但从 Schuster 的报道可知,1573K 温度下,$Nb_5Si_3C_x$ 相的吉布斯自由能变化 $\Delta G^{\ominus}$ 在 $-59.871\sim-57.714kJ/mol$ 范围内[29]。从本实验结果可断定,该相在 1790K 的温度下的 $\Delta G^{\ominus}$ 值也应为负值。

图 4.16 给出了 $1300\sim1800K$ 温度范围内 SiC/Nb 扩散体系中各化合物的 $\Delta G^{\ominus}$ 与温度的关系曲线,在扩散连接的温度范围内,四种反应产物的生成吉布斯自由能均为负值,反应可以自发进行,这些反应相都有可能在界面出现。从图中可知,Nb_5Si_3 相的 $\Delta G^{\ominus}$ 值最低,反应过程中最容易生成,由于 C 向该相内部扩散,最终的生成物是 $Nb_5Si_3C_x$ 相。在反应初期的界面没有直接观察到 NbC 反应物,但由于 $\Delta G^{\ominus}$ 为负,理论上应该在界面上生成,只是反应初期 C 的浓度没有达到形成 NbC 所需的浓度。当反应进行到一定程度时,具备了生成 NbC 的条件,便可以在界面上观察到该相。同理,在反应前期和中期阶段均没有观察到 $NbSi_2$ 相,主要是形成该相所需的 Si 浓度没有达到要求。当反应进入后期,Nb 被全部消耗掉后,随着反应的进行,Si 元素的浓度逐渐升高,一旦达到形成 $NbSi_2$ 所需的 Si 浓度,便在界面上形成该硅化物。

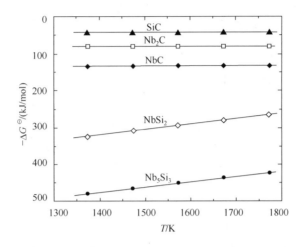

图4.16　Nb 与 SiC 反应相的标准自由能随温度的变化曲线

2. 反应相的形成机理

1) 反应初期的相形成机理

所谓反应初期主要是指连接温度较低(1473~1673K、10.8ks 以下)或高温短时间(1790K、7.2ks 以下)发生的界面反应。为了便于分析,本研究保持连接温度 1790K 不变,改变连接时间,界面组织变化结果如图 4.17 所示。

在 0.6ks 的扩散连接阶段,SiC 侧的 Si 及 C 向 Nb 扩散,并和接触的金属 Nb 发生反应,其反应方程式分别为 $Nb+C \longrightarrow NbC, Nb+Si+C \longrightarrow Nb_5Si_3C_x$。由于 C 的扩散速度快,颗粒状的 Nb_2C 在 Nb 侧聚集并优先成长,而在 SiC 侧形成了 $Nb_5Si_3C_x$ 反应物。当连接时间增加到 1.2ks 时,成长速度较快的 Nb_2C 形成了层状,也在 SiC 侧的界面上观察到了 $Nb_5Si_3C_x$ 的薄层,如图 4.17(b)所示,界面形成了 $SiC/Nb_5Si_3C_x/Nb_2C/Nb$ 的层状组织结构。

随着连接时间的延长,界面进一步发生扩散和反应,由于在 SiC、Nb 和反应生成物 Nb_2C、$Nb_5Si_3C_x$ 中的 Si、C 及 Nb 元素都存在着浓度差,两侧的母材为扩散源,各自向对方进行扩散,即 SiC 中的 Si 和 C 元素向 $Nb_5Si_3C_x$ 及 Nb_2C 反应相中扩散,而这两个反应相中的 Si 和 C 又向接头中部的 Nb 侧扩散,各元素在扩散的过程中形成了动态平衡。同理,Nb 元素也通过 Nb_2C 及 $Nb_5Si_3C_x$ 向 SiC 侧扩散,其结果是界面反应生成相越来越多,反应层也逐渐变厚。由于三种元素的扩散速度不一样,这种动态扩散的平衡状态将被打破,某一元素的浓度将在两个相的界面升高或者降低,随着扩散时间的延长,界面上就会生成新的反应物。在上述反应中,由于 C 的扩散速度比 Si 快,C 元素在 $Nb_5Si_3C_x/Nb_2C$ 界面上聚集,从而形成了块状的 NbC,如图 4.17(c)所示,此 NbC 的成长速度很慢,在连接时间 21.6ks

的界面上也没有形成层状。

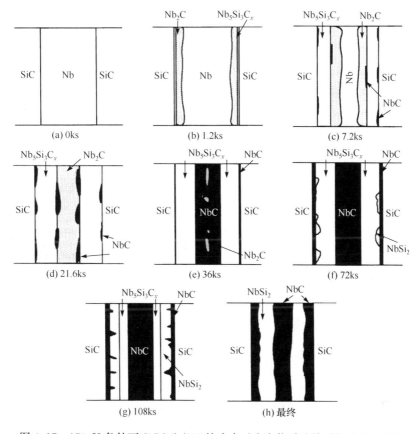

图 4.17　1790K 条件下 SiC/Nb/SiC 接头中反应产物随连接时间演变示意图

2) 反应中后期阶段的相形成机理

当连接时间达到 21.6ks 时,接头界面的金属 Nb 全部参与反应而被消耗掉,中间部位全部形成了 Nb_2C 相,SiC 和 Nb 反应系统的整体扩散路径消失,界面结构如图 4.17(d)所示,形成了 $SiC/(NbC)/Nb_5Si_3C_x/(NbC)/Nb_2C/(NbC)/Nb_5Si_3C_x/(NbC)/SiC$ 的对称层排列。

由于 C 元素继续从两侧向中部扩散,Nb_2C 中的 C 浓度逐渐提高,使部分 Nb_2C 转变为 NbC,随着时间的增加,NbC 相逐渐增多,而 Nb_2C 相逐渐减少,连接时间 36ks 的接头界面如图 4.17(e)所示,中间部位几乎都形成了 NbC,同时也在 $SiC/Nb_5Si_3C_x$ 的界面上形成薄层状的 NbC 相。

当连接时间进一步延长至 72ks 时,SiC 侧的 Si 和 C 元素继续向界面扩散,当这两种元素的量超过 $Nb_5Si_3C_x$ 和 NbC 两相并存的浓度后,将发生式(4-5)的反应。

$$Si+C+Nb_5Si_3C_x \longrightarrow NbC+NbSi_2 \tag{4-5}$$

　　在上述反应过程中，Si 和 C 从两侧源源不断地扩散而来，而 $Nb_5Si_3C_x$ 相参与反应被逐渐消耗掉，在连接时间 108ks 的接头界面上（图 4.17(g)），$NbSi_2$ 相已经成长为较厚的层状，$Nb_5Si_3C_x$ 相由于消耗仅剩下一个小薄层。此时接头形成了 $SiC/NbC/NbSi_2/Nb_5Si_3C_x/NbC/Nb_5Si_3C_x/NbSi_2/NbC/SiC$ 的界面结构。

　　在 1790K 的温度下继续延长连接时间，或者使用较薄的 Nb 箔在高温、长时间下连接（图 4.9），接头的界面组织如图 4.17(f) 所示，$Nb_5Si_3C_x$ 相全部参与反应被消耗掉，界面只剩下 NbC 和 $NbSi_2$ 两种反应物，且按照 $SiC/NbC/NbSi_2/NbC/NbSi_2/NbC/SiC$ 的顺序排列。

4.1.4　反应相成长的动力学

　　关于 SiC 和 Nb 界面反应相的成长问题，文献[13]报道了常压烧结和反应烧结两种 SiC 陶瓷和金属 Nb 的界面反应相的成长规律，界面都生成了 Nb_5Si_3 相，其成长的活化能分别为 452kJ/mol 及 456kJ/mol，二者几乎相同。文献[14]的研究结果是界面形成了 NbC_x 和 $Nb_5C_xSi_y$ 两个反应相，由于涉及的因素多，x 和 y 没有确定，得到这两个相的成长活化能分别是 48.5kJ/mol 及 83.7kJ/mol。由于二者对同一种反应相报道的数据差值太大，所以有必要系统地研究反应层的成长规律，以便进行界面结构及接头性能控制。

　　1. 反应相的成长规律

　　由上述实验结果可知，在金属 Nb 存在的前提下，SiC 和 Nb 界面的生成物主要是 $Nb_5Si_3C_x$ 和 Nb_2C 两种反应相，此时 NbC 出现得比较晚，成长很慢，也没有形成层状。当连接时间超过 36ks 时，金属 Nb 已经全部被消耗，此时 NbC 才以层状形式出现，故计算时假设如下：反应开始时，$Nb_5Si_3C_x$ 和 Nb_2C 反应相在界面同时产生；在金属 Nb 存在时，界面生成的少量块状 NbC 对反应系统的影响可以忽略不计。

　　和 SiC/Ti 系的研究方法相同，为了不产生测量误差，采用厚度 $25\mu m$ 的 Nb 箔进行连接，测量 $Nb_5Si_3C_x$ 层和 Nb_2C 层厚度时界面上均有纯 Nb 层存在，测量 NbC 厚度时均采用 Nb 消失、NbC 成长为层状时的接头界面，用扫描电镜将界面放大 1500 倍，取不同部位拍照并进行测量，各测量数据的平均值作为数据点在图中使用。

　　SiC 和 Nb 界面反应相的厚度随连接时间的变化如图 4.18 所示，图 4.18 (a)、(b) 及 (c) 分别对应 $Nb_5Si_3C_x$、Nb_2C 和 NbC 三种反应相的厚度。从图中可知，$Nb_5Si_3C_x$ 相在 1678K 和 1734K 的连接温度下，其反应层的厚度变化和连接时间符合抛物线规律。1790K 的连接温度下，连接时间小于 36ks 时，该层的成长和低温时一样；当连接时间超过 36ks 时，曲线出现了拐点，反应相的成长变慢，其原因是在此连接条件下，NbC 相在 $Nb_5Si_3C_x$/SiC 界面上形成并逐渐长大，新相的形成影响了既存相的成长。

图 4.18(b) 是 Nb_2C 反应层的厚度变化曲线，在所有的连接条件下，该反应相的厚度与时间的平方根成正比，也符合抛物线成长规律，其原因是在连接时间 7.2～36ks 范围内，NbC 相没有出现，接近 36ks 时虽然界面有少量的 NbC 出现，但对 Nb_2C 的成长没有影响。NbC 在 1790K、72ks 的连接条件下才能够测量到反应层的厚度，如图 4.18(c) 所示，36ks 时的厚度是通过直线内推而获得的，其厚度应在 $0.1\mu m$ 左右。NbC 的成长速率比较小，在 144ks 时也只有 $1.5\mu m$ 左右。图 4.18(d) 是 SiC/Nb 反应系全体反应层的厚度随时间及温度的变化曲线，反应层的总厚度在各连接温度下均随时间的延长按照抛物线规律增加。

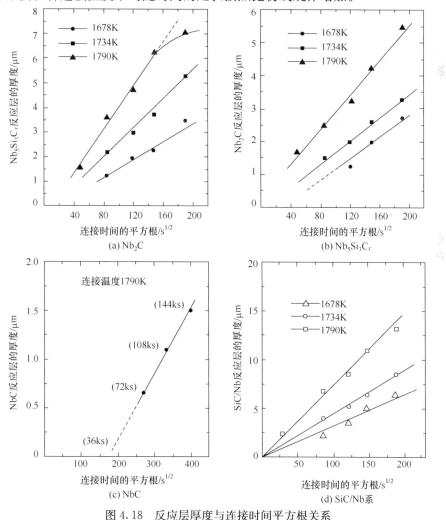

(a) Nb_2C

(b) $Nb_5Si_3C_x$

(c) NbC

(d) SiC/Nb系

图 4.18　反应层厚度与连接时间平方根关系

2. 反应相的成长常数及活化能

根据第 2 章的式(2-1)～式(2-4),可以得出各反应相的成长速度及反应相成长的活化能,其反应相的成长速度 k 和温度倒数的关系如图 4.19 所示。利用图中曲线的斜率及不同温度、不同时间的反应层厚度,可以得到各反应相的成长常数 k_0 和活化能 Q,其数据列在表 4.2 中,利用 k_0 和 Q 值,可以得到 SiC/Nb 界面反应相的厚度和温度及时间的关系式,利用这些公式可计算不同温度、不同时间的反应层厚度。

$$\mathrm{Nb_2C}: x^2 = 1.57 \times 10^{-5} \exp(-353 \times 10^3 / RT) \times t \tag{4-6}$$

$$\mathrm{Nb_5Si_3C_x}: x^2 = 1.91 \times 10^{-4} \exp(-382 \times 10^3 / RT) \times t \tag{4-7}$$

SiC/Nb 界面的全体反应层: $x^2 = 1.48 \times 10^{-5} \exp(-359 \times 10^3 / RT) \times t \tag{4-8}$

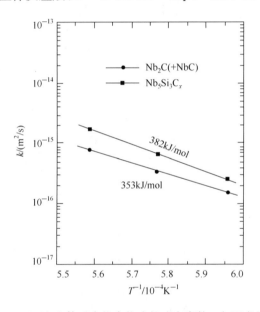

图 4.19　SiC/Nb 体系中化合物成长速度常数 k 与温度关系

表 4.2　SiC/Nb 体系反应产物 Q 及 k_0 值

物相	Q /(kJ/mol)	k_0/(m²/s)	参考文献
$\mathrm{Nb_2C}$	353	1.57×10^{-5}	[17]
$\mathrm{Nb_5Si_3C_x}$	382	1.91×10^{-4}	[17]
SiC/Nb	359	1.48×10^{-5}	[17]
$\mathrm{Nb_5Si_3}$	452	3.22×10^{-3}	[13]
$\mathrm{NbC_x}$	49	—	[14]
$\mathrm{NbC_xSi_y}$	84	—	[14]

3. 反应相的成长速度

利用表 4.2 中的 k_0 和 Q 值,计算出 SiC 和 Nb 接头界面各反应层在不同温度下的成长速度,并列于表 4.3 中。由表可知,各反应相的成长速度都随着连接温度的升高而增加。在 1473K 和 1678K 的温度范围内,$Nb_5Si_3C_x$ 和 Nb_2C 的成长速度基本相同;而在 1734K 以上的温度范围内,$Nb_5Si_3C_x$ 相的成长速度比 Nb_2C 高。文献[13]曾报道,在 1673K 的连接温度下,Nb_5Si_3 相和 $Nb_5Si_3C_x$ 相的成长速度分别为 $2.48 \times 10^{-15} m^2/s$ 及 $2.45 \times 10^{-16} m^2/s$,本研究在相同温度下得到的 $Nb_5Si_3C_x$ 相的成长速度为 $2.5 \times 10^{-16} m^2/s$,和文献报道的结果比较吻合。文献[14]报道了在 1373K 热处理条件下 NbC_x 和 $Nb_5C_xSi_y$ 反应相的成长速度分别为 $1.6 \times 10^{-17} m^2/s$ 及 $5.8 \times 10^{-18} m^2/s$,本研究没有在 1373K 温度下焊接,但从 k 的计算公式可以推算出在 1373K 时,Nb_2C 和 $Nb_5Si_3C_x$ 的成长速度分别为 $5.8 \times 10^{-19} m^2/s$ 及 $6.0 \times 10^{-19} m^2/s$,和文献报道的结果有很大差异。结果差异是由实验条件不同而引起的,本实验采用的方法是扩散连接,而文献[14]是在陶瓷表面镀上一层金属 Nb 的薄膜,然后进行热处理,由于薄膜中缺陷较多,故各元素的扩散速度快,从而使反应相的成长速度变大。

表 4.3　SiC/Nb 体系各反应产物 k 值　　　　　　　　　　（单位:m^2/s）

物相	1473K	1678K	1734K	1790K
Nb_2C	4.8×10^{-18}	1.6×10^{-16}	3.6×10^{-16}	7.8×10^{-16}
NbC	—	—	—	1.3×10^{-17}
$Nb_5Si_3C_x$	5.4×10^{-18}	2.5×10^{-16}	6.8×10^{-16}	1.8×10^{-15}
Nb/SiC	6.2×10^{-18}	8.3×10^{-16}	1.9×10^{-15}	5.0×10^{-15}

4.1.5　接头的力学性能

1. 接头的室温抗剪强度

SiC 和 Nb 的接头强度研究比较少,文献[13]报道了在 1673K、7.2ks 的钎焊条件下,接头的室温抗剪强度达到 108MPa,并且在 1073K 的高温环境下得到了 100MPa。说明接头具有一定的耐高温性能,但缺少系统的研究,其影响因素、开裂机理、断裂路径、界面组织对接头强度的影响等问题都不清楚。为了更好地分析断裂机理,相同规范下焊接八个试件,其中一个试件用于组织分析,七个试件用于测量接头的抗剪强度并取平均值。

采用 $12.5 \mu m$ 厚的 Nb 箔做中间层,选定连接温度 1790K 不变,连接时间从 1.2ks 到 108ks 变化,不同连接时间下的界面结构如下,没有形成层状的反应物用括号表示。

1. 2ks：　　　$SiC/Nb_5Si_3C_x/Nb_2C/Nb/Nb_2C/Nb_5Si_3C_x/SiC$；

7. 2~14. 4ks：$SiC/(NbC)/Nb_5Si_3C_x/(NbC)/Nb_2C/Nb/Nb_2C/(NbC)/Nb_5Si_3C_x/$
　　　　　　　$(NbC)/SiC$；

21. 6ks：　　$SiC/(NbC)/Nb_5Si_3C_x/(NbC)/Nb_2C/(NbC)/Nb_5Si_3C_x/(NbC)/SiC$；

36ks：　　　$SiC/NbC/Nb_5Si_3C_x/NbC+(Nb_2C)/Nb_5Si_3C_x/NbC/SiC$；

72ks：　　　$SiC/NbC/(NbSi_2)/Nb_5Si_3C_x/NbC/Nb_5Si_3C_x/(NbSi_2)/NbC/SiC$；

108ks：　　$SiC/NbC/NbSi_2/Nb_5Si_3C_x/NbC/Nb_5Si_3C_x/NbSi_2/NbC/SiC$。

　　图 4.20 是与上述组织相对应的接头抗剪强度,接头性能随连接时间而变化,当连接时间小于 36ks 时,接头强度随连接时间的延长而增加,36ks 时达到 187MPa 的抗剪强度。连接时间进一步延长,接头强度反而下降,当连接时间为 108ks 时,接头强度下降到 87MPa。

　　影响接头力学性能的因素很多,主要有母材强度(SiC、Nb)、各个反应相本身的强度($Nb_5Si_3C_x$、NbC、Nb_2C、$NbSi_2$)以及各个界面间的强度($SiC/Nb_5Si_3C_x$、SiC/NbC、$Nb_5Si_3C_x/Nb_2C$、$Nb_5Si_3C_x/NbC$、$Nb_5Si_3C_x/NbSi_2$、$NbC/NbSi_2$、NbC/Nb_2C、Nb_2C/Nb)。通过断口的元素分析及断面 X 射线衍射分析,得到接头断裂位置如图 4.21 所示。连接时间低于 36ks 的接头,从 SiC 和紧靠 SiC 的反应层之间的界面开裂,裂纹沿着此界面扩展,然后贯穿整个结合层,在另一侧的相同位置扩展并导致断裂。36ks 的接头开裂发生在 SiC 和 NbC 的界面,沿着紧靠反应界面的 SiC 母材扩展,直至接头全部断裂,其断裂面与连接界面平行,在 NbC 侧的断面上存在少量 SiC 母材颗粒。108ks 的接头,裂纹从接头内部的反应层中产生,沿着 $NbC/NbSi_2$ 的界面扩展,然后转向 SiC/NbC 的界面,再沿此界面扩展直至断裂。断口的 EPMA 和 X 射线衍射发现,断面上主要的生成物是 NbC 和 $NbSi_2$。

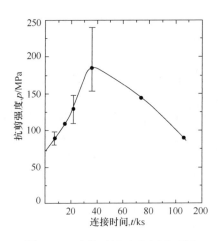

图 4.20　连接时间对 SiC/Nb/SiC
接头抗剪强度影响(1790K)

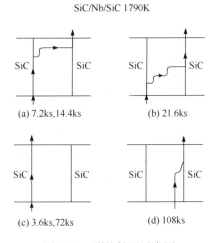

图 4.21　裂纹扩展示意图

接头强度的变化和接头组织有很大关系,连接时间小于 36ks 的接头,和 SiC 直接相连的是 $Nb_5Si_3C_x$ 相,部分接头以 $Nb_5Si_3C_x$ 相为主,还和少量的 NbC 颗粒直接相连,和 SiC/Ti 系一样,$Nb_5Si_3C_x$ 三元化合物本身的强度不高,和 SiC 间的界面结合力较差,这就导致了接头性能不高。接头抗剪强度在连接时间 36ks 时达到最高值,结合前述的界面反应过程示意图(图 4.17)可知,此时的接头中 SiC 侧形成了很薄的 NbC 反应层,从表 4.4 中可以看出,NbC 的硬度值在界面生成的反应相中最大,和 SiC 的硬度值基本相同,可推断其强度也和 SiC 类似,该界面 NbC 的厚度虽然没能测出,但从 108ks 和 144ks 的厚度可推测在 0.1μm 左右。连接时间延长至 108ks 时,接头抗剪强度下降,主要原因是界面上出现了 $NbSi_2$ 反应相,该相的硬度比较低,从硬度值推知其本身强度不高、脆性很大,而且热膨胀系数也是所有界面反应相中最大的,和 SiC 与 NbC 的热膨胀系数的差值也最大,即在 SiC/$NbSi_2$ 和 NbC/$NbSi_2$ 界面之间存在很大的残余应力,在这些因素的综合作用下,$NbSi_2$ 相和 NbC 界面首先开裂,裂纹尖端沿界面扩展并横切到 SiC/$NbSi_2$ 界面。在 SiC 和 Ti 扩散体系中,接头虽然也生成了 $TiSi_2$ 硅化物,但该相没有形成层状,而是弥散分布在高强度的 Ti_3SiC_2 基体中,所以 SiC/Ti 接头中 $TiSi_2$ 出现后接头性能反而提高了。

表 4.4　SiC/Nb/SiC 接头中各物相硬度及膨胀系数

物相	SiC	Nb	NbC	Nb_2C	Nb_5Si_3	$Nb_5Si_3C_x$	$NbSi_2$
HV/(kg/mm²)	2900	175	2800	2100	1460	1565	950
$\alpha/(\times10^{-6}/K)$	4.7	8.9	7.72	8.7	7.3	—	11.7

2. 接头的高温强度

选取室温抗剪强度最高的连接条件 (1790K、36ks)进行连接,然后在高温环境下测量接头的强度。图 4.22 是接头的高温抗剪强度随测试温度的变化曲线。从图中可知,测试温度升高时,接头强度下降不大,在 673K 时接头强度为 177MPa,即使在 973K 的测试温度下,接头的抗剪强度也在 150MPa 以上,断裂位置和室温时大致相同,说明接头能够在 973K 的环境温度下使用。

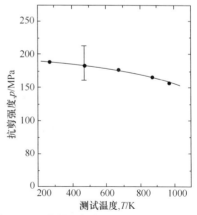

图 4.22　测试温度对 SiC/Nb/SiC 接头抗剪强度的影响(连接条件 1790K、36ks)

4.2　SiC 与 Ta 的连接

实验采用纯度为 99.9% 的 Ta 箔,厚度分别为 7.5μm 和 25μm(厚箔用于研究界面组织及扩散路径,7.5μm 的箔材用于研究平衡状态的组织),在 1.33mPa 的真空环境下进行扩散连接,选择连接温度为 1673K、1723K 和 1773K,连接时间在 3.6～108ks 变化。

4.2.1　SiC/Ta 接头的界面组织

1. 反应前期的界面组织

在 1673K、3.6ks 的连接条件下,接头界面发生了反应,颗粒状的反应物断续分布于界面,由于生成物的体积小,EPMA 点分析很难确定其成分。保持连接温度不变,连接时间延长到 7.2ks 时,接头界面呈现出 0.5mm 厚的反应层,该反应层随连接时间的增加而变厚。连接温度升高到 1723K,连接时间为 3.6ks 和 7.2ks 的接头界面反应层仍然很薄,仅靠成分分析难以确定反应相的种类。为了得到较厚的反应层,采用 25μm 厚的 Ta 箔,在 1773K 温度下进行连接。图 4.23 是保温时间 7.2ks 的界面组织。分析可知,SiC 侧的生成物 Si 含量高,还含有一定的 C 元素;而 Ta 侧的生成物 C 元素的含量高,Si 元素的含量低。采用 EPMA 对图中的各点进行元素成分分析,SiC 侧的生成物除了含 Ta,还含有原子分数为 30.6%～38.1% 的 Si、10.6%～15.5% 的 C,而 Ta 侧生成物不含 Si,除 Ta 以外还含有 20.9%～25.9%C,各点的元素含量见表 4.5,表中的点 1、2 和 9、10 分别是 SiC 和 Ta 母材,从母材的分析数据看,分析结果基本没有误差。结合 Ta-Si-C 三元相图可知,SiC 侧的化合物应为 $Ta_5Si_3C_x$ 相(T 相),Ta 侧的反应物应为 Ta_2C,各反应

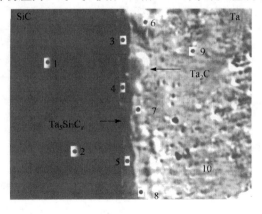

图 4.23　1773K 及 7.2ks 条件下 SiC/Ta/SiC 接头微观形貌照片

相的平均成分见表 4.6,该结果也被后面的 X 线衍射结果所证实。从图 4.23 可以看出,$Ta_5Si_3C_x$ 相呈均匀的层状,Ta_2C 相的反应层厚度不均匀,而是按照某一方向优先成长。图中左侧黑色部分为 SiC,右侧灰色部分为金属 Ta,此连接条件下的接头界面排列顺序为 $SiC/Ta_5Si_3C_x/Ta_2C/Ta$。

表 4.5　SiC/Ta/SiC 接头中各元素的成分分析(1773K 及 7.2ks)

序号	成分/%(原子分数)			相
	Ta	Si	C	
1	0.5	47.2	52.3	SiC
2	0.1	48.5	51.4	SiC
3	58.5	30.6	10.9	$Ta_5Si_3C_x$
4	52.4	37.0	10.6	$Ta_5Si_3C_x$
5	56.1	31.3	12.6	$Ta_5Si_3C_x$
6	67.6	0.6	31.8	Ta_2C
7	72.9	0.4	26.7	Ta_2C
8	75.2	0.6	24.2	Ta_2C
9	98.9	0.6	0.5	Ta
10	98.7	0.5	0.8	Ta

表 4.6　SiC/Ta 体系各反应相化学成分

相	成分/%(原子分数)			晶型	晶格参数/nm	
	Ta	Si	C		标准数据[25]	实验数据[17]
Ta_2C	71.5	0.8	27.6	六方	$a=0.31028$ $c=0.49374$	$a=0.3101$ $c=0.4931$
TaC	51.2	0.4	48.3	立方	$a=0.44547$	$a=0.4469$
$TaSi_2$	31.9	67.4	0.6	六方	$a=0.47835$ $c=0.65698$	$a=0.4749$ $c=0.6609$
$Ta_5Si_3C_x$	55.1	33.5	11.4	六方	$a=0.7474$ $c=0.5225$	$a=0.7437$ $c=0.5353$

图 4.24 是与图 4.23 相对应的 X 射线衍射结果(逐层边研磨边衍射)。从图中可知,除反应相 $Ta_5Si_3C_x$ 和 Ta_2C 以外,由于反应层比较薄,也同时出现了 SiC 的衍射结果。图中 B 与 A 相比,两个反应相的强度均有所增强,也可观察到 Ta 金属的衍射波形。根据 X 射线测量结果,$Ta_5Si_3C_x$ 属立方晶系,实验测得的晶格常数为 $a=0.7437nm,c=0.5353nm$,文献[25]报道 $a=0.7474nm,c=0.5225nm$。Ta_2C 也是六方晶系,实验测得 $a=0.3101nm,c=0.4931nm$,而文献[25]报道的

$a=0.31028\text{nm}$，$c=0.49374\text{nm}$，本实验数据和文献报道比较吻合。

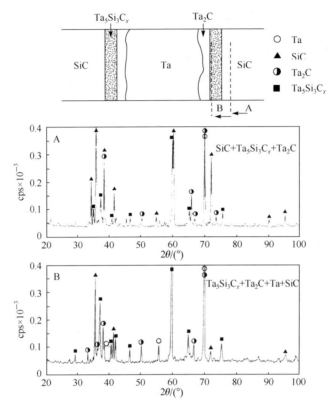

图 4.24　1773K 及 7.2ks 条件下 SiC/Ta/SiC 接头反应层 X 射线衍射分析结果

2. 反应后期的界面组织

为了在短时间内得到反应后期的组织状态，节省连接时间，在 1773K 温度下使用 7.5μm 的 Ta 箔进行连接。连接时间增加到 57.6ks 时，不仅 Ta 金属全部参与反应被消耗掉，Ta$_2$C 相也由于 C 的浓度不断升高，在反应过程中被消耗，此时在接头界面上形成 TaC 和 TaSi$_2$。EPMA 的分析结果可知，TaC 相含有 43.9%～49.1%C(Ta 基，原子分数，以下相同)，这和 Ta-C 二元相图中 TaC 的范围是一致的。与 Ta$_2$C 的成分相比，TaC 中的 C 元素约增加了 20%。TaSi$_2$ 相含有 67.4 %Si 和 0.6 %C(Ta 基)，此外，Ta$_5$Si$_3$C$_x$ 相的成分几乎没有变化。

图 4.25 是 1773K、57.6ks 连接接头的 X 射线衍射结果，立方晶格的 TaC 晶格常数 $a=0.4469\text{nm}$(标准数据 $a=0.44547\text{nm}$)，六方晶格的 TaSi$_2$ 的 $a=0.4749\text{nm}$、$c=0.6609\text{nm}$(标准数据 $a=0.47835\text{nm}$、$c=0.65698\text{nm}$)。延长连接时

间至 108ks，X 射线衍射结果显示（图 4.26），接头中的反应相没有发生变化，只是 TaC 和 TaSi$_2$ 相的衍射强度变大，可以认为，反应层的厚度逐渐增加，界面组织已接近于 Ta-Si-C 三元相图上的平衡状态。

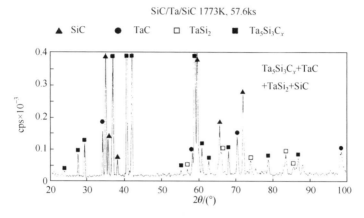

图 4.25　1773K 及 57.6ks 条件下 SiC/Ta/SiC 接头界面 X 射线衍射分析结果

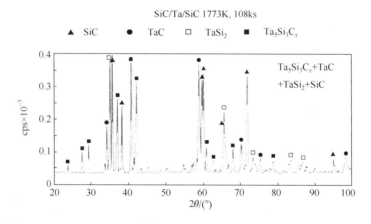

图 4.26　1773K 及 108ks 条件下 SiC/Ta/SiC 接头界面 X 射线衍射图谱

4.2.2　反应相的形成机理

1. 界面组织演变过程

固定连接温度为 1773K，改变连接时间分析反应相的形成过程及形成机理，图 4.27 是 SiC/Ta/SiC 界面组织变化过程示意图，该图是根据各接头的组织分析和 X 射线衍射结果而得到的。在连接的最初阶段（金属 Ta 消失前），经过一定时间的保温，SiC 和 Ta 发生反应，Ta$_5$Si$_3$C$_x$ 在 SiC 侧形成，Ta$_2$C 相在 Ta 侧形成并按照某一方向优先生长。接头界面形成了如图 4.27(a) 所示的 SiC/Ta$_5$Si$_3$C$_x$/Ta$_2$C/Ta

层状组织。由于 C 的扩散速度比 Si 快，Ta_2C 层的成长比 $Ta_5Si_3C_x$ 快。随着扩散时间的延长，Si 和 C 元素不断从两侧向 $Ta_5Si_3C_x$ 和 Ta_2C 反应层中扩散，这两个反应层中的 Si 和 C 元素再向 Ta 扩散，而 Ta 则向两侧的 Ta_2C、$Ta_5Si_3C_x$ 反应层及 SiC 母材扩散，并通过反应使各反应层逐渐变厚。

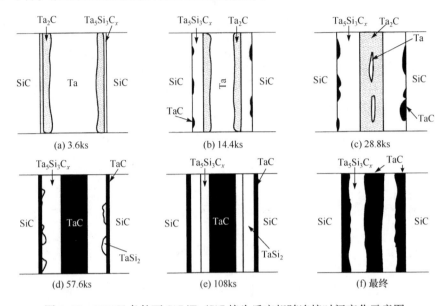

图 4.27　1773K 条件下 SiC/Ta/SiC 接头反应相随连接时间变化示意图

当连接时间增加至 14.4ks 时，由于 Ta_2C 的成长受到 C 元素在 $Ta_5Si_3C_x$ 层中扩散速度的影响，加上扩散路径较长，所以 Ta_2C 的成长速度比 $Ta_5Si_3C_x$ 慢，$Ta_5Si_3C_x$ 的厚度已经超过了 Ta_2C。而且，由于在 SiC/$Ta_5Si_3C_x$ 界面上 C 的浓度较高，在此界面上出现了新的 TaC 相，界面组织如图 4.27(b) 所示。由于该 TaC 的体积很小，用 SEM 难以观察到，本实验结果是通过微区 X 射线衍射得到的。进一步增加连接时间至 28.8ks，界面组织如图 4.27(c) 所示，Ta 几乎全部参与了反应，中间部分的 Ta_2C 在该范围内已连成一片，界面的 TaC 也缓慢成长，但仍然没有形成层状（用括号表示），此时的界面呈现出 SiC/(TaC)/$Ta_5Si_3C_x$/Ta_2C+Ta/$Ta_5Si_3C_x$/(TaC)/SiC 的层结构。

金属 Ta 全部反应并消失后，继续保温至 57.6ks，由于 C 继续向中间扩散，中间部分的 Ta_2C 已全部转变为 TaC（图 4.27(d)）。随着 C 向中间扩散，与之相平衡的 Si 元素将在 TaC 和 $Ta_5Si_3C_x$ 相的界面上聚集，该界面附近的 Si 浓度不断升高。从 Ta 元素的含量来看，$Ta_5Si_3C_x$ 相的含量比 TaC 高，因此，当 C 和 Si 继续向反应层内扩散时，这两种元素将和含 Ta 浓度高的 $Ta_5Si_3C_x$ 相按照式(4-9)发生反应。

$$Si+C+Ta_5Si_3C_x \longrightarrow TaC+TaSi_2 \tag{4-9}$$

反应的结果是在靠近 SiC 侧的 TaC 和 $Ta_5Si_3C_x$ 界面上新出现了块状 $TaSi_2$ 相。$Ta_5Si_3C_x$ 相除了在反应中消耗,各元素的组成几乎没发生变化。继续延长连接时间,界面进入平衡反应阶段,随着 $TaSi_2$ 和两侧的 TaC 不断变厚(图 4.27(e)),$Ta_5Si_3C_x$ 相不断减少。虽然没有直接观察到最后的平衡界面,但由于 Nb-Si-C 和 Ta-Si-C 具有相同的三元相图,从 SiC 和 Nb 的结果可推测出,SiC/Ta 系的平衡组织由 SiC、TaC 和 $TaSi_2$ 组成,其界面组织如图 4.27(f)所示,形成 $SiC/TaC/TaSi_2/$ $TaC/TaSi_2/TaC/SiC$ 的层状结构。

2. 扩散路径

使用 $7.5\mu m$ 的 Ta 箔,在连接温度 1673~1773K,对 SiC/Ta 的扩散路径进行了分析。如图 4.28 所示,在反应的最初阶段,SiC/Ta 体系的扩散路径只显示出 Ta 侧的一部分($Ta/Ta_2C/Ta_5Si_3C_x$);Ta 全部消失后只能观察到 SiC 侧的一部分。在该温度区内,SiC/Ta 的扩散路径如图 4.28 中的箭头所示,即完整的扩散路径为 $SiC/TaC/Ta_5Si_3C_x/Ta_2C/Ta$。

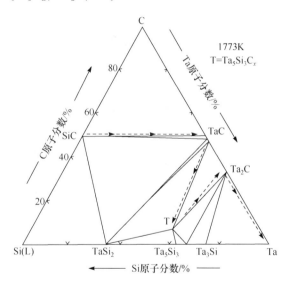

图 4.28　1773K 条件下 Ta-Si-C 相图及 SiC/Ta 体系扩散路径

4.2.3　反应相的形成及成长

1. 反应相形成的热力学

SiC 和 Ta 在高温下处于热力学非平衡状态,各元素将在界面发生相互扩散和反应,如果满足反应相生成的热力学条件,将在界面形成各种化合物。从 Ta-Si-C

三元相图上看,界面可能生成 Ta_2C、TaC、$TaSi_2$、$Ta_5Si_3C_x$、Ta_5Si_3 和 Ta_3Si 反应相,其反应的吉布斯自由能变化可以按照如下公式计算:

$$2Ta+C \longrightarrow Ta_2C \qquad \Delta G^{\ominus} = -142.243+5.573\times10^{-3}T \qquad (4-10)$$

$$Ta+C \longrightarrow TaC \qquad \Delta G^{\ominus} = -161.071+5.573\times10^{-3}T \qquad (4-11)$$

$$5/3Ta+Si \longrightarrow 1/3\ Ta_5Si_3 \qquad \Delta G^{\ominus} = -591.741+0.1551T \qquad (4-12)$$

$$1/2Ta+Si \longrightarrow 1/2TaSi_2 \qquad \Delta G^{\ominus} = -534.298+0.1571T \qquad (4-13)$$

根据上述计算公式,可得到 SiC/Ta 界面反应物生成的吉布斯自由能变化值,在 $1373\sim1790K$ 的连接温度范围内,各反应相的 $\Delta G^{\ominus}$ 均为负值。对应于 1773K 的界面上,Ta_2C、TaC、Ta_5Si_3 及 $TaSi_2$ 反应相的 $\Delta G^{\ominus}$ 分别为 $-132kJ/mol$、$-151kJ/mol$、$-317kJ/mol$ 及 $-256kJ/mol$,说明这些反应相均可以在反应过程中形成。$Ta_5Si_3C_x$ 相没有计算公式,但从 Schuster 的报道可知,1273K 温度下,Ta_5Si_3 C_x 相的吉布斯自由能变化 $\Delta G^{\ominus}$ 在 $-42.67\sim-40.88kJ/mol$ 范围内[29]。从本实验结果可断定,该相在 1773K 的温度下,其 $\Delta G^{\ominus}$ 的值也应为负值。

图 4.29 给出了 $1300\sim1800K$ 温度范围内 SiC/Ta 扩散体系中各化合物的 $\Delta G^{\ominus}$ 与温度的关系曲线,在扩散连接的温度范围内,四种反应产物的生成吉布斯自由能均为负值,反应可以自发进行,这些反应相都有可能在界面出现。从图中可知,Ta_5Si_3 相的 $\Delta G^{\ominus}$ 值最低,反应过程中最容易生成,由于 C 向该相内部扩散,最终的生成物是 $Ta_5Si_3C_x$ 相[30]。在反应初期没有直接观察到 TaC 和 $TaSi_2$ 相,这是由于反应初期 C 的浓度没有达到形成 TaC 所需的浓度,当反应进行到一定程度时,具备了生成 TaC 的条件,便可以在界面上观察到该相。同理,在反应前期和中期阶段没有观察到 $TaSi_2$ 相,主要是形成该相的 Si 浓度没有达到要求,当反应进入后期,Ta 被全部消耗掉后,随着反应的进行,Si 元素的浓度逐渐升高,一旦达到形成 $TaSi_2$ 所需的 Si 浓度,便在界面上形成该硅化物。

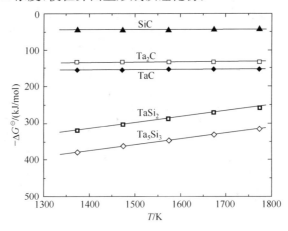

图 4.29　SiC/Ta 反应系的吉布斯自由能随温度的变化曲线

2. 反应层的成长

采用 $20\mu m$ 厚的 Ta 箔在不同时间和不同温度下进行连接,探讨连接条件对反应层厚度的影响。如图 4.30 所示,全体反应层总厚度(由于反应相 Ta_2C 层和 $Ta_5Si_3C_x$ 层都比较薄,难以进行单独测量)在所有的连接温度范围内,均随连接时间的增加而增加,连接温度越高,成长速度也越大。从图中可知,在本实验范围内,全体反应层总厚度和连接时间的平方根成正比,符合反应相成长的抛物线法则。

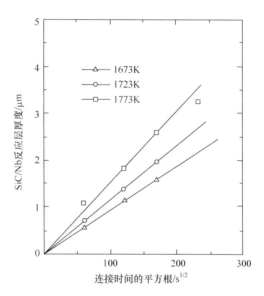

图 4.30　SiC/Ta 体系中反应层厚度随连接温度及连接时间的变化曲线

通过计算,可求出 SiC/Ta 系反应层的成长常数 k_0 为 $1.82\times10^{-8}\,m^2/s$,反应相成长的活化能 Q 为 266kJ/mol,其反应层的总厚度可采用公式(4-14)计算。

$$Ta_2C+Ta_5Si_3C_x:x^2=1.82\times10^{-8}\exp(-266\times10^3/RT)\times t \qquad (4\text{-}14)$$

将 SiC/Ta 的反应层成长速度和 Ti、Cr、Nb 界面的成长速度进行比较,可以看出 SiC/Ti 系($k_0=1.38\times10^{-5}\,m^2/s$,$Q=251kJ/mol$)、SiC/Cr 系($k_0=1.95\times10^{-5}\,m^2/s$,$Q=272kJ/mol$)及 SiC/Nb 系($k_0=1.48\times10^{-5}\,m^2/s$,$Q=359kJ/mol$)的成长速度都比 SiC/Ta 快。例如,在连接温度 1673K/7.2ks 的条件下,SiC/Ti、SiC/Cr、SiC/Nb、SiC/Ta 的反应层厚度分别为 25.7mm、22.3mm、2.1mm、0.5mm。由此可知,金属和 SiC 的反应性具有 Ti>Cr>Nb>Ta 的特征。

4.2.4　界面组织对接头强度的影响

采用 $7.5\mu m$ 厚的 Ta 箔做中间层,选定连接温度 1773K 不变,连接时间从

3.6ks 到 108ks 变化,不同连接时间下的界面结构如下,没有形成层状的反应物用括号表示。

3.6～7.2ks：　　$SiC/Ta_5Si_3C_x/Ta_2C/Ta/Ta_2C/Ta_5Si_3C_x/SiC$；

14.4ks：　　　　$SiC/(TaC)/Ta_5Si_3C_x/Ta_2C/Ta/Ta_2C/Ta_5Si_3C_x/(TaC)/SiC$；

28.8ks：　　　　$SiC/(TaC)/Ta_5Si_3C_x/TaC+Ta_2C/Ta_5Si_3C_x/(TaC)/SiC$；

57.6ks：　　　　$SiC/TaC/(TaSi_2)/Ta_5Si_3C_x/TaC/Ta_5Si_3C_x/(TaSi_2)/TaC/SiC$；

108ks：　　　　$SiC/TaC/TaSi_2/Ta_5Si_3C_x/TaC/Ta_5Si_3C_x/TaSi_2/TaC/SiC$。

图 4.31 是 SiC/Ta/SiC 接头的室温抗剪强度与连接时间的关系曲线[21]。在连接时间小于 28.8ks 时,接头的室温抗剪强度随连接时间的增加而上升,在 28.8ks 时达到 72MPa 的最大值。连接时间进一步延长,接头强度反而下降,在 108ks 时减少到 14MPa。

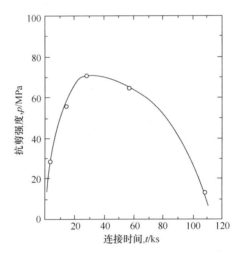

图 4.31　1773K 条件下连接时间对 SiC/Ta/SiC 接头强度影响

连接时间 3.6ks、28.8ks 及 108ks 接头的断面组织如图 4.32(a)～(c)所示。图 4.32(a)和(b)的断口呈现出较多的凹凸断面,EPMA 成分分析可知,白色反应

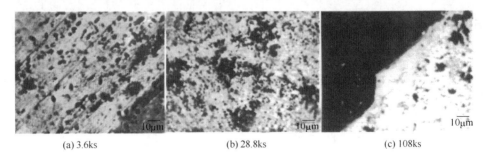

(a) 3.6ks　　　　　　　(b) 28.8ks　　　　　　　(c) 108ks

图 4.32　接头断口形貌

层是 $Ta_5Si_3C_x$,黑色块状物是 SiC。108ks 的断口非常平坦,由 X 射线和 EPMA 分析可知,界面上主要的化合物是 TaC 和 $TaSi_2$。

　　图 4.31 的强度变化与界面组织有关,在低于 28.8ks 的短时间内,SiC 和 $Ta_5Si_3C_x$ 直接连接,接头强度较低;28.8ks 的接头界面,TaC 已经形成。从表 4.7 的热膨胀系数和硬度可知,TaC 的硬度在反应相中最大,而且和 SiC 热膨胀系数的差值最小,该界面的残余应力也应最小,因而强度达到本实验的最大值,但由于 TaC 没有形成层状,故 SiC 和 TaC 的直接连接界面比较少,接头强度相对还是不高。连接时间超过 28.8ks 时,TaC 虽然在界面形成,但 $TaSi_2$ 也开始形成并随时间的延长而增多,TaC 和 $TaSi_2$ 的热膨胀系数的差值最大,当 $TaSi_2$ 大量形成时界面的残余应力变大,因而使接头强度下降。SiC/Nb 系中,NbC 相在界面成长为层状时 $NbSi_2$ 还没出现,因而 SiC/Nb 接头的最高强度可达 187MPa。

表 4.7　SiC/Ta/SiC 接头中各反应相显微硬度与线胀系数

相	SiC	Ta	Ta_2C	TaC	$TaSi_2$	Ta_5Si_3	$Ta_5Si_3C_x$
HV/(kg/mm^2)	2900	250	1714	2380	1100	1350	—
$\alpha/(\times 10^{-6}/K)$	4.7	7.7	7.8	6.8	12.5	8.0	—

参 考 文 献

[1] 约瑟夫,戴维斯,等.金属手册案头卷(上册).金锡志译.北京:机械工业出版社,2011

[2] 中国机械工程学会焊接学会.焊接手册.3 版.北京:机械工业出版社,2008

[3] 周玉.陶瓷材料学.2 版.北京:科学出版社,2014

[4] 马里内斯库(美).先进陶瓷加工导论.田欣利,张保国,吴志远译.北京:国防工业出版社,2010

[5] 冯吉才,刘会杰,韩胜阳,等.SiC/Nb/SiC 扩散连接接头的界面结构及结合强度.焊接学报,1997,(18)2:20~23

[6] 方洪渊,冯吉才.材料连接过程中的界面行为.哈尔滨:哈尔滨工业大学出版社,2005

[7] 熊华平,陈波.陶瓷用高温活性钎焊材料及界面冶金.北京:国防工业出版社,2014

[8] 美国焊接学会钎焊委员会编.钎焊手册.修订第三版.北京:国防工业出版社,1982

[9] 岩本信也,须贺唯知.セラミックス接合工学.东京:日刊工业新闻出版社,1991

[10] 李志远,钱乙余,张九海.先进连接方法.北京:机械工业出版社,2000

[11] 任家烈,吴爱萍.先进材料的连接.北京:机械工业出版社,2000

[12] 黄石生,焊接方法与工程控制//中国机械工程学会焊接学会.焊接科学基础.北京:机械工业出版社,2014

[13] Naka M,Saito T,Okamoto I. Effect of a silicon sintering additive on solid state bonding of SiC to Nb. Journal of Materials Science,1991,26:1983~1987

[14] Joshi A,Hu H S,Jesion L,et al. High-temperature interactions of refractory metal matrices

with selected ceramic reinforcements. Materials Transactions,1990,21(A):2829~2837

[15] 吕宏,康志君,楚建新,等. 铜基钎料钎焊 SiC/Nb 的接头组织及强度. 焊接学报,2005,01:29~31

[16] 冀小强,李树杰,马天宇,等. 用 Zr/Nb 复合中间层连接 SiC 陶瓷与 Ni 基高温合金. 硅酸盐学报,2002,3:305~310

[17] 冯吉才. 固相接合されたSiCセラミックスと金属 Ti,Cr,Nb,Ta 接合体における界面反応机理に関する研究[博士学位论文]. 大阪:日本国大阪大学,1996

[18] 奈贺正明,冯吉才. SiC/Nb 接合界面の构造と强度. 日本金属学会誌,1995,59(1):636~642

[19] Feng J C, Naka M, Schuster J C. Interfacial structure and reaction mechanism of SiC/Nb joints. Transactions of JWRI,1994,23(2):191~196

[20] Naka M,Feng J C,Schuster J C. Interfacial reactions and diffusions between silicon base ceramics and metals. ceramic joining. Ceramic Transactions,American Ceramic Society,1997,77(1):127~134

[21] Feng J C, Naka M, Schuster J C. Interfacial reaction and strength of SiC/Ta/SiC joint. Journal of The Japan Institute of Metals,1997,61(5):456~461

[22] 冯吉才. 陶瓷/金属扩散连接接头的界面反应和相形成[博士后出站报告]. 哈尔滨:哈尔滨工业大学,1997

[23] 张小勇,吕宏,王林山,等. SiC 陶瓷与金属 Ta 连接的残余应力. 中国稀土学报,2003,S1:98~101

[24] Villars P,Calvert L D. Pearson's Handbook of Crystallographic Date for Intermetallic Phases. American Society for Metals,1985,1985:3258

[25] Schachner H, Nowotny E, Schmid H. Strukturuntersuchungen an siliziden. Monatshefter Fuer Chemie,1954,85:245~254

[26] Parthe E,Nowotny H,Schmid H. Strukturuntersuchungen an siliziden. Monatshefter Fuer Chemie,1955,86:245~254

[27] Rudy E,Benesovsky F,Sedlatschek K. Untersuchungen in system niob-molybdan-kohlenstoff. Monatshefter Fuer Chemie,1961,92:841~855

[28] Brukl C E. Ternary Phase equilibria in transition metal-boron-carbon-silicon systems. Technical Report No. AFML-TR-65-2,PartII,1966,4:44

[29] Schuster J C. Design Criteria and limitations for SiC-metal and Si_3N_4-metal joints derived from phase diagram studies of the systems Si-C-metal and Si-N-metal. Structural Ceramics Joining II. Ceramic Transactions,1993,35:43~57

[30] Feng J C, Naka M, Schuster J C. Phase Formation and diffusion path of SiC/Ta/SiC joint. Journal of Materials Science Letters,1997(16):1116~1117

第5章　TiC金属陶瓷与钢的钎焊

金属陶瓷是一种由金属或合金与一种或几种陶瓷相所组成的非均质复合材料[1]。这种材料既能保持陶瓷的高强度、高硬度、耐磨损和耐高温等特性,又具有较好的金属塑韧性,因此它是一类非常重要的工具材料和结构材料[2~18]。作为一种新型的金属陶瓷,利用自蔓延高温准等静压(SHS)方法制成的TiC金属陶瓷材料不但具有较高的硬度和较好的耐磨性,由于其含有40%(质量分数)的金属Ni,同时也具有一定的塑性和韧性,所以可将这种材料应用到汽车发动机挺柱上。这种新型的挺柱是采用在金属本体的磨损面上镶嵌陶瓷[19]。由于其不仅能发挥陶瓷的耐磨损性又能保持金属的塑韧性优势,而且还能降低对凸轮轴的磨损,所以是理想的汽车挺柱结构[20]。

从现有的文献资料来看,目前对金属陶瓷的合成方法、组织和性能报道得相对较多[21~31],而对金属陶瓷的连接问题报道得相对较少。但随着近几年金属陶瓷的广泛应用,越来越多的学者开始重视金属陶瓷的连接问题,如Xu[32]采用CO_2激光与TIG电弧复合的方法对WC-Co硬质合金与Invar合金进行了焊接,分析了接头界面组织与力学性能的对应关系,Peng[33]采用脉冲电流加热与热压复合的方法连接TiB_2-Ni金属陶瓷与Ti6Al4V合金,研究了电流对界面反应产物的影响并分析了电流的引入对接头热影响区形成的影响。Guo[34]对Ti(C,N)-Mo_2C-xWC-Ni与钢进行了直接扩散焊,研究了金属陶瓷中WC添加量对接头组织和性能的影响。由于钎焊方法在陶瓷与金属连接领域中的广泛应用,因此也有研究学者对金属陶瓷与金属的钎焊进行了初步研究。Chen[35]采用CuZn钎料对梯度WC-Co硬质合金与不锈钢进行了钎焊,分析了焊后接头微观组织及各生成相,并讨论了梯度材料在钎焊过程中对接头残余应力的缓解作用。Lee[36]采用Cu/Ni中间层对不同Cr_3C_2添加量的WC-Co硬质合金与碳钢进行了钎焊试验,并对硬质合金中Cr_3C_2添加对接头界面组织及力学性能的影响进行了分析。Chen[37]采用两侧镀Ni的CuZn钎料钎焊WC-Co硬质合金与3Cr13不锈钢,分析了Ni镀层对接头界面及力学性能的影响。由于利用SHS法合成的镍基TiC金属陶瓷是一种近些年研制的新型陶瓷材料,到目前为止,对这种陶瓷的钎焊研究鲜有报道。

本书采用Ag-54Cu-33Zn(质量分数,%)钎料对TiC金属陶瓷(Ni含量为40%(质量分数))进行真空钎焊,通过研究Zn在真空中的挥发对钎料在陶瓷表面润湿性的影响,不仅为难润湿的TiC金属陶瓷找到一种较为理想的钎料;而且通过钎焊机理研究,揭示了界面反应规律,提出界面扩散层和固溶层成长的动力学模型;通过对钎焊工艺进行研究,获得工艺参数对接头界面结构及性能的影响规律,为 TiC 金属陶瓷的实际应用提供技术储备。

5.1　TiC 金属陶瓷/45 钢钎焊接头的界面结构

在 TiC 金属陶瓷与 45 钢的钎焊连接中,其核心问题是 TiC 金属陶瓷与 45 钢的界面反应问题。主要包括反应过程中形成何种反应产物以及由反应产物组成何种界面结构,这都对接头的性能起决定性作用。只有探明反应产物的种类、尺寸及其分布随钎焊工艺的变化规律,才能找到提高接头性能的途径。

5.1.1　界面组织形态及反应产物

为分析 TiC 金属陶瓷/45 钢钎焊接头界面组织的形态,图 5.1 给出了 850℃下保温 15min 后得到的 TiC 金属陶瓷/AgCuZn/45 钢接头的界面结构。从图 5.1 (a)中可以看出,采用 AgCuZn 钎料对 TiC 金属陶瓷与 45 钢进行钎焊后,在接头的界面处有三个明显的反应层出现。为分析方便,将靠近 TiC 金属陶瓷侧的不规则黑带称为 A 层;将钎料内部由黑色块状相和白色基体组成的反应层称为 B 层;靠近 45 钢侧的不规则黑带称为 C 层。

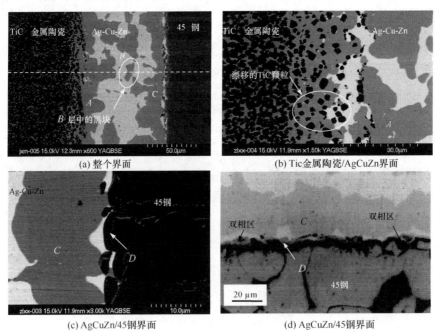

(a) 整个界面　　　　　　　　　　(b) Tic金属陶瓷/AgCuZn界面

(c) AgCuZn/45钢面　　　　　　　　(d) AgCuZn/45钢界面

图 5.1　TiC 金属陶瓷/AgCuZn/45 钢接头的界面结构(T=850℃,t=15min)

由图 5.1(b)和(c)可以分别观察到 TiC 金属陶瓷/AgCuZn 及 AgCuZn/45 钢的界面形态。从图中可以看到,AgCuZn 钎料在界面处与 TiC 金属陶瓷和 45 钢结合都很好。值得注意的是,在 TiC 金属陶瓷/AgCuZn 界面处有大量从 TiC 金属陶瓷扩散而来的 TiC 颗粒(这主要是由 TiC 金属陶瓷中的 Ni 原子向 AgCuZn 钎料中溶解的过程中,部分 TiC 颗粒随着溶解的 Ni 原子向液态钎料中漂移而引起的)。在 AgCuZn/45 钢界面处,又有一个明显的新薄反应层出现,在这里将其命名为 D 层,由图 5.1(d)可知,其可能存在两种反应相。这样,在 TiC 金属陶瓷/AgCuZn/45 钢的界面处共有四个反应层出现,从 TiC 金属陶瓷侧开始它们依次为 A、B、C 和 D 层。为了确定界面反应产物,对图 5.1(a)的钎焊界面从 TiC 金属陶瓷侧开始,沿白色虚线路径进行了 EPMA 逐点分析,其结果如图 5.2 所示。

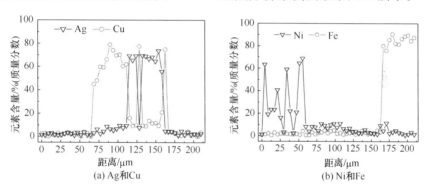

图 5.2 TiC 金属陶瓷/AgCuZn/45 钢界面的主要元素分布($T=850℃$,$t=15min$)

从图中可知,由于界面各层的元素分布未出现平台,所以界面各层的反应产物应该是由固溶体组成,而非金属间化合物。其中,靠近 TiC 金属陶瓷的 A 反应层主要由 Cu 元素组成;钎缝中心的 B 反应层主要由 Cu 元素和 Ag 元素组成,其中黑块主要是 Cu,而白色基体主要是 Ag;靠近 45 钢的 C 反应层也主要由 Cu 元素组成。

由图 5.1(a)和图 5.2 可知,A 和 C 反应层不仅形态相似,且元素的含量也相近,因此 A 和 C 反应层可能含有相同的相。从图 5.2 中还可以知道,TiC 金属陶瓷中的 Ni 元素在整个接头处有少量的扩散,但 45 钢中的 Fe 元素在整个接头处却扩散得非常少。

为了进一步分析 TiC 金属陶瓷/AgCuZn/45 钢钎焊接头各反应层的相组成,表 5.1 列出了钎焊温度为 850℃条件下保温 15min 所得到的 TiC 金属陶瓷/AgCuZn/45 钢接头处各反应层的平均元素含量。由表可知,靠近 TiC 金属陶瓷侧的 A 反应层和靠近 45 钢侧的 C 反应层主要由大量的 Cu 元素和少量的 Ni 元素组成。由 Cu-Ni 的二元相图可知,Cu-Ni 可以无限固溶,因此 A 和 C 反应层可能是

Ni 在 Cu 中的 Cu 基固溶体,用(Cu,Ni)来表示。

又由表 5.1 可知,B 反应层的白色基体主要含有大量的 Ag 元素和少量的 Cu 元素;而黑块中含有大量的 Cu 元素和少量的 Ag 元素。由于钎焊过程中所选用的钎料是 AgCuZn 钎料(其中 Zn 元素在真空钎焊的过程中挥发),所以由 Ag-Cu 二元相图可知:B 反应层的白色基体是 Cu 在 Ag 中的 Ag 基固溶体,用 Ag(s. s.)表示;而黑块是 Ag 在 Cu 中的 Cu 基固溶体,用 Cu(s. s.)表示。

表 5.1　TiC 陶瓷/AgCuZn/45 钢接头各反应层中元素的平均含量($T=850℃$,$t=15min$)

反应层	化学成分/%(质量分数)						
	Ag	Cu	Fe	Ni	C	Zn	Ti
A	2.78	77.23	1.84	8.05	2.64	7.27	0.19
B(白色基体)	62.41	25.14	0.62	1.63	5.33	4.54	0.33
B(黑块)	14.32	77.09	1.49	1.32	4.01	1.41	0.36
C	2.75	75.74	1.92	6.66	5.68	2.75	0.14
D	0.90	10.49	53.78	28.28	4.54	1.79	0.21

由于靠近 45 钢侧的 D 反应层主要是大量 Fe 元素及少量的 Cu 和 Ni 元素,根据 Cu-Fe-Ni 的三元相图可知,D 反应层中可能是以 Cu 为基的(Cu,Ni)固溶体和以 Fe 为基的(Fe,Ni)固溶体的混合物。综合以上分析结果可知,采用 AgCuZn 钎料对 TiC 金属陶瓷与 45 钢进行钎焊后,接头界面反应产物可能为(Cu,Ni)固溶体、Cu(s. s.)、Ag(s. s.)和(Fe,Ni)固溶体。

为进一步确认 TiC 金属陶瓷/AgCuZn/45 钢界面各层的反应产物,对钎焊温度为 850℃、保温时间为 15min 时的界面 A、B 和 C 反应层进行了 X 射线衍射分析(由于 D 反应层非常薄,因此无法对 D 层进行 X 射线衍射分析),结果如图 5.3 所示。

由图 5.3(a)和(c)可以看出,靠近 TiC 金属陶瓷侧的 A 反应层和靠近 45 钢侧的 C 反应层主要由(Cu,Ni)固溶体组成。由于在 A 和 C 反应层的 X 射线衍射面上有少量母材和 B 反应层的反应产物存在,所以在 X 射线衍射结果中有少量 TiC 金属陶瓷或 Fe 与 Ag(s. s.)存在。由图 5.3(b)可知,钎缝中心的 B 反应层为 Cu(s. s.)＋Ag(s. s.)。

这样,在 TiC 金属陶瓷/AgCuZn/45 钢的钎焊接头中共有四种反应物生成,它们分别是(Cu,Ni)固溶体、Cu(s. s.)、Ag(s. s.)和(Fe,Ni)固溶体;从 TiC 金属陶瓷侧开始,接头的界面层依次为(Cu,Ni)固溶体/Cu(s. s.)＋Ag(s. s.)/(Cu,Ni)固溶体/(Cu,Ni)＋(Fe,Ni)固溶体。

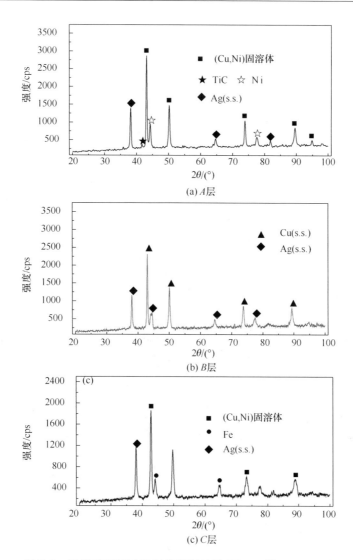

图 5.3　钎焊界面逐层 X 射线衍射结果($T=850℃$,$t=15min$)

5.1.2　钎焊工艺参数对界面结构的影响

1. 钎焊温度的影响

在保温时间为 15min 的条件下,改变钎焊温度所得到的 TiC 金属陶瓷/AgCuZn/45 钢接头的界面结构如图 5.4 所示。从图中可以看出,尽管在钎焊的过程中施加在被焊试件表面的压力大小是相同的,但由于焊前对 AgCuZn 钎料表面进行手工打磨时造成的钎料焊前厚度不同,使得钎焊接头处的整个界面厚度也是不同的。由于钎料的焊前厚度可以影响界面各反应层的实际成长厚度,所以不能单纯地用各反应层的实际成长厚度来描述钎焊工艺参数对接头界面结构的影响。对此,提出一个新的概念——反应层相对厚度——即反应层厚度与钎料焊前厚度的比值来描述反应层的生成厚度。因此,在分析钎焊工艺参数对接头界面结构影响时,主要分析钎焊工艺参数对反应层相对厚度的影响。

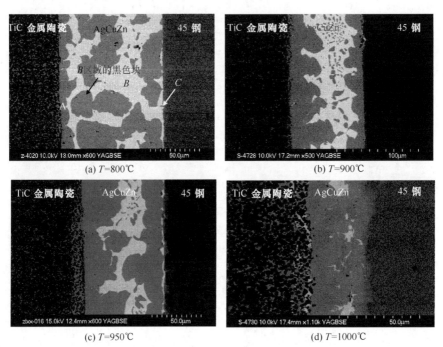

图 5.4　钎焊温度对 TiC 金属陶瓷/AgCuZn/45 钢接头界面结构的影响($t=15\min$)

在这里需要特别指出的是,由于 AgCuZn/45 钢界面处的 $(Cu,Ni)+(Fe,Ni)$ 固溶体层非常薄,且反应产物的元素主要来源于 TiC 金属陶瓷和 45 钢,故钎料焊前厚度的变化对其实际生成厚度的影响非常小。因此,在分析钎焊工艺参数对 $(Cu,Ni)+(Fe,Ni)$ 固溶体层影响时,主要用实际生成厚度来描述钎焊工艺参数对它的影响。

由图 5.4(a)可知,当钎焊温度为 800℃时,靠近 TiC 金属陶瓷侧有一较薄的 (Cu,Ni) 固溶体层生成;界面中间及靠近 45 钢侧有大量的 $Cu(s.s.)$ 黑块溶于 $Ag(s.s.)$ 中;靠近 45 钢侧的 (Cu,Ni) 固溶体层非常薄。将其与图 5.1 中钎焊温度为 850℃时的界面结构相比可知,当钎焊温度升高到 850℃时,靠近 TiC 金属陶瓷和 45 钢侧的 (Cu,Ni) 固溶体层的相对厚度增大;而界面中间的 $Cu(s.s.)$ 黑块数量减少,特别是靠近 45 钢侧的 $Cu(s.s.)$ 黑块消失。在这里需要特别指出的是,当钎焊温度为 850℃时,由于钎料/母材侧 (Cu,Ni) 固溶体层相对厚度的增加,使得界面中间 Cu(s. s.)＋Ag(s. s.)层的相对厚度减小。

由图 5.4(b)、(c)和(d)可知,当钎焊温度从 850℃开始继续升高时,靠近母材侧的(Cu,Ni)固溶体层的相对厚度不断增加,而界面中间的 Cu(s. s.)＋Ag(s. s.)层的相对厚度不断减小。特别是当钎焊温度升高到 1000℃时,靠近母材侧的(Cu,Ni)固溶体层的相对厚度达到最大值,而界面中间的 Cu(s. s.)＋Ag(s. s.)层的相对厚度达到最小值。

为了分析钎焊温度对 AgCuZn/45 钢界面处(Cu,Ni)＋(Fe,Ni)固溶体层的影响,图 5.5 分别给出了钎焊温度为 800℃ 和 950℃ 温度下保温 15min 后的 AgCuZn/45 钢界面照片。由图 5.5 和前面给出的 5.1(c)可知,当保温时间相同时,随着钎焊温度的升高,AgCuZn/45 钢界面处(Cu,Ni)＋(Fe,Ni)固溶体层实际的成长厚度也是相应增加的。

 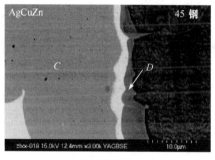

(a) T=800℃　　　　　　　　　　(b) T=950℃

图 5.5　钎焊温度对(Cu,Ni)＋(Fe,Ni)层的影响(t=15min)

2. 保温时间的影响

为了分析保温时间对 TiC 金属陶瓷/AgCuZn/45 钢接头界面结构的影响,图 5.6 给出了在钎焊温度为 850℃ 的条件下,改变保温时间所得到的 TiC 金属陶瓷/AgCuZn/45 钢接头的界面结构。由图 5.6(a)可以看出,与钎焊温度对接头界面结构的影响相似,当保温时间为 5min 时,靠近 TiC 金属陶瓷和钢侧的(Cu,Ni)固溶体层的相对厚度较小;界面中间和靠近 45 钢侧也有大量的 Cu(s. s.)黑块溶于 Ag(s. s.)中。

由图 5.6(b)可知,当保温时间增加到 10min 时,靠近 TiC 金属陶瓷侧和 45 钢侧的(Cu,Ni)固溶体层的相对厚度增大;界面中间的 Cu(s. s.)黑块数量减少,且 Cu(s. s.)＋Ag(s. s.)层的相对厚度减小。由图 5.1 和图 5.6(c)、(d)可知,当保温时间从 10min 继续增加时,靠近母材侧的(Cu,Ni)固溶体层的相对厚度不断增加,而界面中间的 Cu(s. s.)＋Ag(s. s.)层的相对厚度不断减小。特别是当保温时间增加到 20min 时,靠近母材侧的(Cu,Ni)固溶体层的相对厚度达到最大值,而界面中间的 Cu(s. s.)＋Ag(s. s.)层的相对厚度达到最小值。

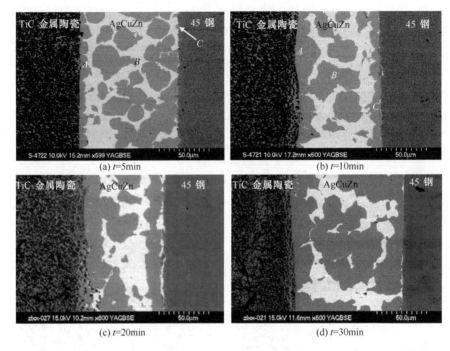

图 5.6　保温时间对 TiC 金属陶瓷/AgCuZn/45 钢接头界面结构的影响($T＝850℃$)

图 5.7 分别给出了钎焊温度为 850℃ 条件下,保温 5min 和 30min 后得到的 AgCuZn/45 钢界面(Cu,Ni)＋(Fe,Ni)固溶体层的照片。由图 5.1(c)和图 5.7 可知:与钎焊温度对(Cu,Ni)＋(Fe,Ni)固溶体层的影响相似,在钎焊温度一定的条件下,随着保温时间的延长,AgCuZn/45 钢界面处(Cu,Ni)＋(Fe,Ni)固溶体层实际的成长厚度也是相应增加的。

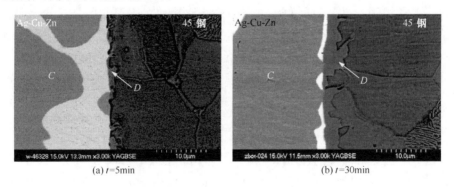

图 5.7　保温时间对(Cu,Ni)＋(Fe,Ni)层的影响 ($T＝850℃$)

综合以上分析结果可知,当钎焊温度较低或保温时间较短时,TiC 金属陶瓷侧和 45 钢侧的(Cu,Ni)固溶体层的相对厚度较小;界面中间和 45 钢侧均有大量的 Cu(s. s.)黑块溶于 Ag(s. s.)中;同时,(Cu,Ni)+(Fe,Ni)固溶体层实际的成长厚度非常小。当钎焊温度较高或保温时间较长时,TiC 金属陶瓷侧和 45 钢侧(Cu,Ni)固溶体层的相对厚度增加;界面中间的 Cu(s. s.)黑块数量减少,且 Cu(s. s.)+Ag(s. s.)层的相对厚度减小;45 钢侧的(Cu,Ni)+(Fe,Ni)固溶体层实际的成长厚度也相应增加。

5.1.3　钎焊界面的机理研究

由前面分析得到的接头界面反应产物可知,采用 AgCuZn 钎料对 TiC 金属陶瓷与 45 钢进行钎焊时的界面反应所涉及的元素主要有 Ni、Cu、Ag 和 Fe。由于这四种元素在母材或钎料中均以单质形式存在,所以在界面的反应过程中不存在由化合物分解后而参与界面反应的过程。特别是 TiC 金属陶瓷中的 Ni 元素不仅在 TiC 金属陶瓷/AgCuZn 界面处固溶在 Cu 中,生成(Cu,Ni)固溶体层;而且其能发生较长路程的扩散,在 AgCuZn/45 钢界面处固溶在 Cu 或 Fe 中,生成(Cu,Ni)固溶体层和(Cu,Ni)+(Fe,Ni)固溶体层。因此,本书将 TiC 金属陶瓷中的 Ni 元素称为强扩散元素,这是由于接头的部分界面反应产物的形成都与 Ni 元素在液态钎料中发生了较长路程的扩散有关。

为了分析 TiC 金属陶瓷/AgCuZn/45 钢钎焊界面的连接机理,图 5.8～图 5.10分别给出了由室温加热至钎料实际熔化温度 T_M 的加热过程中、随后的加热和钎焊保温过程中、钎焊的冷却过程中界面结构的形成过程及界面原子行为。

由图 5.8～图 5.10 可知,采用 AgCuZn 钎料对 TiC 金属陶瓷与 45 钢进行钎焊的过程中,界面结构的形成过程可分为以下几个阶段:①待焊表面的物理接触;②钎料的局部熔化及 Zn 的挥发;③钎料全部熔化后的原子扩散及(Cu,Ni)+(Fe,Ni)固溶体层的开始形成;④TiC 金属陶瓷/钎料界面的溶解、钎料内原子的扩散及(Cu,Ni)+(Fe,Ni)固溶体层的长大;⑤钎料成分的均匀化、(Cu,Ni)+(Fe,Ni)固溶体层的继续长大及 TiC 金属陶瓷/钎料界面溶解的终止;⑥(Cu,Ni)固溶体层的凝固;⑦Cu(s. s.)+Ag(s. s.)的析出。下面,就这几个阶段中的界面原子行为进行详细的阐述。

(1) 待连接表面的物理接触。当20℃<T<T_A(T_A 为钎料的局部熔化温度),在压力的作用下,AgCuZn 钎料产生微观的塑性变形,使其表面形态向母材的表面形态趋近,直至达到钎料表面与母材表面的紧密接触,为 TiC 金属陶瓷/AgCuZn/45 钢接头的原子扩散及界面结构的形成提供保证,如图 5.8(a)所示。在此阶段中,随着加热温度的提高,AgCuZn 钎料与母材表面的接触程度也增强。

(2)钎料的局部熔化及 Zn 的挥发。当 $T_A \leqslant T < T_M$(T_M 为 AgCuZn 钎料的实际熔化温度)时,钎料局部区域开始熔化,钎料中的 Zn 原子脱离与其相互作用的 Ag 原子和 Cu 原子的束缚向真空中挥发,如图 5.8(b)所示。

由于 Zn 原子在挥发的过程中,始终要受到其他原子的束缚,所以由界面成分分析结果可知,最终在界面处可能还会残留极少量未挥发的 Zn。由于其含量非常少,所以界面产物中未发现含 Zn 的化合物或固溶体存在。这样,在下面原子的扩散及界面结构的形成过程中,不再提及 Zn 原子。至于其具体的挥发过程及挥发过程中与其他原子间的相互作用,会在后面详细分析。

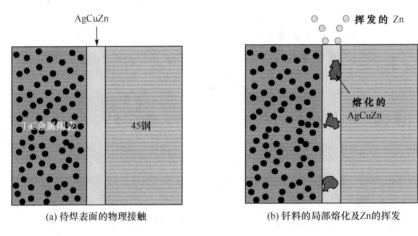

(a) 待焊表面的物理接触　　　　(b) 钎料的局部熔化及Zn的挥发

图 5.8　TiC 金属陶瓷/AgCuZn/45 钢界面的原子行为(20℃<T<T_M)

(3)钎料全部熔化后的原子扩散及(Cu,Ni)+(Fe,Ni)固溶体层的形成。当 $T_M \leqslant T < T_L$(T_L 为 TiC 金属陶瓷中的 Ni 开始向钎料中溶解的温度)时,钎料已经达到全部熔化的液态。由于液态钎料为钎料/母材间原子的浓度扩散提供了方便条件,所以有少量 Ni 原子从 TiC 金属陶瓷侧向钎料内扩散。特别是由于 Cu-Ni 可以无限固溶,而 Ag 在 Ni 中的极限溶解度非常小,且 Cu 原子的半径较 Ag 原子的半径小得多($r_{Cu} < r_{Ag}$),因此钎料内 Cu 原子向 TiC 金属陶瓷内的扩散量 M_{Cu} 要大于 M_{Ag}。但总体而言,强扩散元素 Ni 原子向液态钎料内的扩散量 M_{Ni} 远远大于钎料内的 Cu 原子向固态 TiC 金属陶瓷中的扩散量 M_{Cu},如图 5.9(a)所示。

在钎料/45 钢界面处由于 Cu 在 Fe 中的极限溶解度较 Ag 大,且 $r_{Cu} < r_{Ag}$,因此 Cu 原子向 45 钢内的扩散量 M_{Cu} 要大于 M_{Ag};同样,在钎料/45 钢界面处存在 Fe 原子的浓度梯度,理论上会有大量的 Fe 原子向液态钎料内扩散。但由于 Fe 元素的熔点较 Ni 元素的高,因此极少量 Fe 原子的扩散会使液态钎料的熔点升高得较快,这使得在钎料/45 钢界面处钎料欲发生凝固,这必然会影响 Fe 原子向液态钎料中的继续扩散。

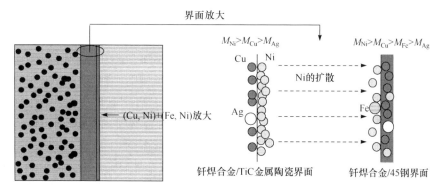

(a) 钎料全部熔化后的原子扩散及(Cu,Ni)+(Fe,Ni)固溶体层的形成

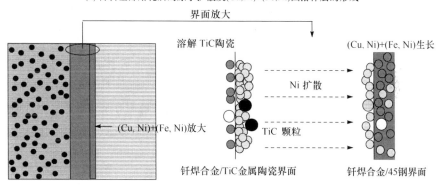

(b) TiC金属陶瓷/钎料界面的溶解、钎料内原子的扩散及(Cu,Ni)+(Fe,Ni)固溶体层的长大

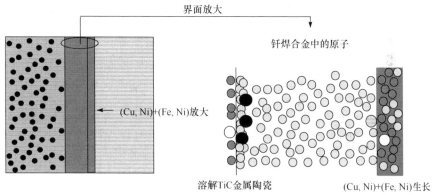

(c) 钎料成分的均匀化、(Cu,Ni)+(Fe,Ni)固溶体层的继续长大及TiC金属陶瓷/钎料界面溶解的终止

图 5.9　TiC 金属陶瓷/AgCuZn/45 钢界面的原子行为($T_M \leqslant T \leqslant T_B$)

　　钎料内 Ni 原子也存在浓度梯度,因此 Ni 原子从高浓度区向低浓度区扩散,即 Ni 原子从 TiC 金属陶瓷侧向 45 钢侧扩散。由于 Ni 在 Fe 中的极限溶解度较 Cu 大,因此在钎料/45 钢界面处 Ni 的扩散量 M_{Ni} 要高于 M_{Cu}。根据 Cu-Fe-Ni 三元相图可知:在钎料/45 钢界面处有(Cu,Ni)＋(Fe,Ni)固溶体生成,且随温度的升高,

(Cu,Ni)＋(Fe,Ni)固溶体层的厚度增加。

(4) TiC 金属陶瓷/钎料界面的溶解、钎料内原子的扩散及(Cu,Ni)＋(Fe,Ni)固溶体层的长大。当 $T_L \leqslant T < T_B$(T_B 为钎焊温度),TiC 金属陶瓷/钎料界面处有大量的 Ni 原子向液态钎料中溶解,并造成少量的 TiC 颗粒也向液态钎料中漂移,且随着加热温度的升高,Ni 原子的溶解量和 TiC 颗粒的漂移量逐渐增大。

随着 Ni 原子向钎料内的溶解,钎料内的 Ni 原子存在明显的浓度梯度,因此有大量的 Ni 原子从 TiC 金属陶瓷侧向 45 钢内扩散,导致(Cu,Ni)＋(Fe,Ni)固溶体层的厚度增加,如图 5.9(b)所示。

在 45 钢/钎料界面处,由 Ag-Cu-Fe 三元相图已知,可能会有少量的 Fe 原子溶解在液态钎料中。但由于极少量 Fe 原子的溶入会明显增加钎料的熔点,使得在钎料/45 钢界面处钎料欲发生凝固,这必然会影响 Fe 原子向液态钎料中的继续溶解。特别是在表 5.1 所示的界面能谱分析结果中,在 TiC 金属陶瓷/钎料/45 钢界面处并未发现较多的 Fe 原子,因此在界面原子行为的讨论中可忽略 Fe 原子向液态钎料中的进一步溶解与扩散。

(5) 钎料成分的均匀化、(Cu,Ni)＋(Fe,Ni)固溶体层的继续长大及 TiC 金属陶瓷/钎料界面溶解的终止。当 $T = T_B$ 时,由于钎料内存在原子的浓度梯度,所以随着保温时间的延长,液态钎料内将发生成分的均匀化。同时,大量的 Ni 原子和 Cu 原子继续向 45 钢内扩散,使得钎料/45 钢界面处(Cu,Ni)＋(Fe,Ni)固溶体层的厚度明显增加。

液态钎料内部存在 Ni 原子的浓度扩散,使得 TiC 金属陶瓷/钎料界面处 Ni 原子的浓度降低,因此 TiC 金属陶瓷/钎料的界面处还会有少量的 Ni 原子和向钎料内溶解。当钎料内 Ni 原子的浓度达到此温度下其在液态钎料中的饱和溶解度时,TiC 金属陶瓷/钎料界面处的溶解过程停止,如图 5.9(c)所示。

(6) (Cu,Ni)固溶体层的凝固。当 $T_P < T < T_B$ 时(T_P 为 Cu(s.s.)＋Ag(s.s.)开始析出的温度),随着炉内气氛温度的降低,在钎料/母材界面处有(Cu,Ni)固溶体逐渐凝固析出。它的具体过程是:在炉内气氛温度降低的过程中,由 Cu-Ag-Ni 三元相图及温度对液态钎料极限溶解度的影响可知,距气氛最近的钎料/母材界面处有高熔点的(Cu,Ni)固溶体从液态钎料中逐渐凝固析出(在这段过程中还是会有极少量的(Cu,Ni)＋(Fe,Ni)固溶体生成)。

在(Cu,Ni)固溶体凝固析出的同时,由于(Cu,Ni)固溶体/液态钎料界面处 Cu 原子和 Ni 原子的浓度较低,故在液态钎料内还是存在浓度梯度。因此液态钎料内继续发生成分的均匀化过程。这样,随着炉内气氛温度的继续降低,(Cu,Ni)固溶体层的厚度逐渐增加。当温度接近于 T_P 时,(Cu,Ni)固溶体层的厚度达到最大值;同时,液态钎料中 Cu 原子的浓度降为最低值,Ni 原子的浓度几乎为零。

在这里需要特别指出的是:由于钎料/45 钢界面处的 Ni 原子浓度较 TiC 金属

陶瓷/钎料界面处的浓度低,且在钎料/45 钢界面处有少量的 Cu 原子和 Ni 原子向 45 钢内扩散,所以在钎料/45 钢界面处凝固析出的(Cu,Ni)固溶体层的总厚度较 TiC 金属陶瓷侧的小,如图 5.10(a)所示。

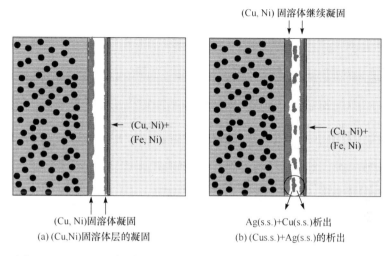

(a) (Cu,Ni)固溶体层的凝固　　　　　(b) (Cus.s.)+Ag(s.s.)的析出

图 5.10　TiC 金属陶瓷/AgCuZn/45 钢界面的原子行为(20℃<T<T_B)

(7) Cu(s. s.)+Ag(s. s.)的析出。当 293K≤T≤T_P 时,根据 Ag-Cu 二元相图可知,随着炉内气氛温度降低,在均匀的液态钎料内有熔点相对较高的 Cu(s. s.)和相对较低的 Ag(s. s.)先后析出,如图 5.10(b)所示。当炉内气氛温度降为 20℃时,从 TiC 金属陶瓷侧开始,接头的界面结构可依次表示为(Cu,Ni)固溶体/Cu(s. s.)+Ag(s. s.)/(Cu,Ni) 固溶体/(Cu,Ni)+(Fe,Ni)固溶体。

由于强扩散 Ni 元素在接头界面产物的形成过程中起着非常重要的作用,因此将强扩散 Ni 元素称为界面的主控元素,其是界面产物的主要来源。其中,靠近 45 钢侧的(Cu,Ni)+(Fe,Ni)固溶体是在钎料全部熔化后 Ni 原子向液态钎料中扩散后开始形成的。特别是在 TiC 金属陶瓷中的 Ni 元素向液态钎料中溶解后,由于 Ni 原子的数量明显增多,所以(Cu,Ni)+(Fe,Ni)固溶体层的厚度显著增加。在保温过程中,Ni 原子在液态钎料内发生浓度扩散,使其成分均匀。在冷却的初始阶段,靠近 TiC 金属陶瓷与 45 钢的(Cu,Ni)固溶体逐渐凝固形成,在其凝固完毕之后,有 Cu(s. s.)+Ag(s. s.)在液态钎料中随冷却温度的降低依次析出。

5.2　TiC 金属陶瓷/45 钢钎焊接头的力学性能

在陶瓷与金属钎焊的接头中,影响其性能的因素很多,如载荷性质、工作温度及环境介质等外在因素,钎料成分、界面结构、工艺参数、残余应力等内在因素。其中,内在因素是影响钎焊接头性能最本质的因素。由前面对 TiC 金属陶瓷与 45 钢钎焊接头的研究结果可知,其界面结构主要由钎料和钎焊工艺参数决定。由于焊后的残余应力对接头的性能也有重要影响,所以内在因素中的界面结构和残余应力是接头力学性能最为重要的影响因素。

5.2.1　接头抗剪强度及其影响因素

1. 界面结构对接头抗剪强度的影响

在 TiC 金属陶瓷与 45 钢的钎焊过程中,接头处生成的反应产物种类及其数量是影响钎焊接头性能的本质因素。一般来说,在陶瓷/金属的接头通常有固溶体或金属间化合物生成。其中固溶体的硬度、屈服强度和抗拉强度要低于金属间化合物,但塑韧性要优于金属间化合物,因此固溶体比金属间化合物具有较为优越的综合力学性能,这对接头的力学性能是有利的。

由前面的研究结果可知,在 TiC 金属陶瓷/45 钢钎焊界面处并没有金属间化合物生成,只有固溶体组织存在。从陶瓷侧开始,接头的界面结构可依次表示为 (Cu,Ni)/Cu(s. s.)＋Ag(s. s.)/(Cu,Ni)/(Cu,Ni)＋(Fe,Ni),即分为 A、B、C、D 层。为了研究上述各界面层对接头力学性能的影响,图 5.11 分别给出了在 850℃温度条件下保温 15min 时的界面各层纳米压痕硬度。

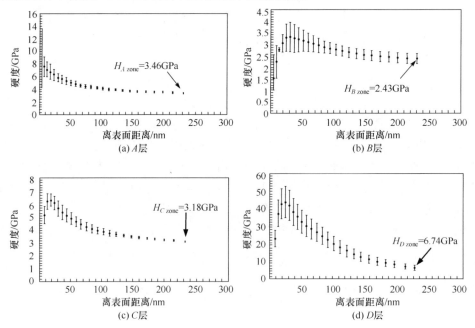

图 5.11　TiC 金属陶瓷/45 钢界面各层的纳米压痕硬度($T＝850℃,t＝15$min)

由图 5.11 可知,在 TiC 金属陶瓷/45 钢界面各层中,钎缝中心处的 Cu(s. s.)＋Ag(s. s.)层硬度最低;靠近 45 钢侧的(Cu,Ni)＋(Fe,Ni)层硬度最高。由此可知,界面各层中 Cu(s. s.)＋Ag(s. s.)层的强度最低,塑韧性最好;而(Cu,Ni)＋(Fe,Ni)层的强度最高,塑韧性最差。

由于界面各层的力学性能不同,且 TiC 金属陶瓷/45 钢钎焊接头的抗剪强度是由界面各层厚度综合影响的,所以各层的数量变化对接头的抗剪强度有着非常重要的影响,如图 5.12 所示。由图可知,随着界面各层厚度递增或递减,接头的抗剪强度总是出现最大值。特别是(Cu,Ni)＋(Fe,Ni)层的厚度变化对接头抗剪强度的影响是最大的,这也是(Cu,Ni)＋(Fe,Ni)层硬度最高的表现结果。

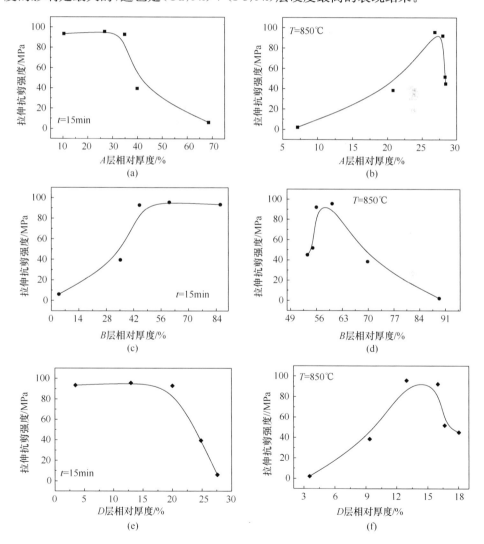

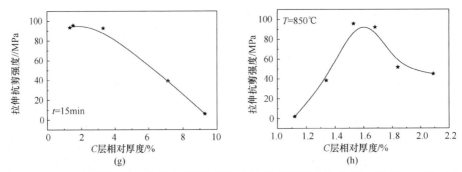

图 5.12　TiC 金属陶瓷/45 钢界面各层厚度对接头抗剪强度的影响($T=850℃$, $t=15min$)

(a)和(b)A 层;(c)和(d)B 层;(e)和(f)C 层;(g)和(h)D 层

2. 钎焊工艺参数对接头抗剪强度的影响

在 TiC 金属陶瓷与 45 钢的钎焊过程中,所涉及的工艺参数主要有钎焊温度和保温时间。由于它们对界面处原子间相互作用的程度不同,因而对接头性能的影响也不同,如图 5.13 所示。由图 5.13(a)可知,在保温时间 $t=15min$ 的条件下,当钎焊温度 $T=850℃$ 时,接头的抗剪强度出现最大值,其中采用拉伸试验方法得

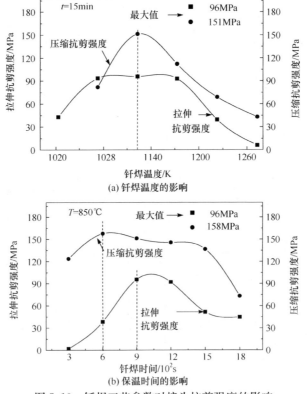

图 5.13　钎焊工艺参数对接头抗剪强度的影响

到的抗剪强度能够达到 96MPa；采用压缩试验方法得到的抗剪强度达到 151MPa。而钎焊温度高于或低于 850℃时，接头的抗剪强度降低。

由图 5.13(b)可知，在钎焊温度 $T=850℃$ 的条件下，随着保温时间延长，接头的抗剪强度同样出现最大值。当保温时间 $t=15min$ 时，接头采用拉伸试验方法得到的抗剪强度能够达到 96MPa，而保温时间长于或短于 15min 时，抗剪强度降低。当保温时间 $t=10min$ 时，接头采用压缩试验方法得到的抗剪强度能够达到 158MPa，当保温时间长于或短于 10min 时，抗剪强度降低。

从图 5.13 中也可以看出，当采用相同的工艺参数对 TiC 金属陶瓷与 45 钢进行钎焊时，接头采用压缩试验方法得到的抗剪强度总是要比拉伸试验方法得到的抗剪强度高(这可能是在拉伸过程中产生的微小弯矩及相对较大的陶瓷尺寸造成了较高残余应力而引起实际强度的降低)。

总之，在 TiC 金属陶瓷与 45 钢的钎焊过程中，钎焊温度和保温时间对接头的性能都有直接的影响。当钎焊温度为 850℃，保温时间为 10min 时，接头能获得最佳的抗剪强度为 158MPa。

5.2.2　接头的断裂部位分析

接头的断裂部位是指断裂表面在接头中所对应的具体位置，这些位置包括母材内部、反应层内部、母材与反应层的界面以及反应层与反应层的界面。通过对断裂部位的研究就可以探明接头各组成部分之间的结合性能。由于接头内部残余应力分布以及接头在加载测试中的受力状态均与反应层的厚度有关，所以反应层的厚度不仅影响接头强度的高低，而且会造成接头断裂部位的变化。下面就通过改变钎焊工艺参数来考察反应层厚度对接头断裂部位的影响。

1. 较低钎焊工艺参数的接头断裂部位

图 5.14 是钎焊温度为 800℃，保温时间为 15min 时的 TiC 金属陶瓷与 45 钢

(a) TiC 金属陶瓷侧　　　　　　　　　　　　(b) 45 钢侧

图 5.14　TiC 金属陶瓷/45 钢宏观断口形貌($T=800℃,t=15min$)

钎焊接头的宏观断口形貌照片。由图可见,在 TiC 金属陶瓷与 45 钢的宏观断口上均存在Ⅰ和Ⅱ两个明显不同的区域,说明此断裂是在接头中的不同部位发生的。由于Ⅱ区的面积相对较大,所以接头主要在Ⅱ区断裂。为确定此接头的具体断裂位置和断裂形式,对断裂表面分别进行了微观组织观察和 EPMA 分析,如图 5.15和表 5.2 所示。

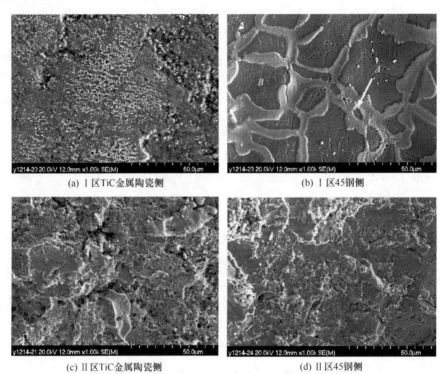

(a) Ⅰ区TiC金属陶瓷侧   (b) Ⅰ区45钢侧

(c) Ⅱ区TiC金属陶瓷侧   (d) Ⅱ区45钢侧

图 5.15 TiC 金属陶瓷/45 钢接头断口的Ⅰ区/Ⅱ区微观断口形貌($T=800℃,t=15\text{min}$)

表 5.2 TiC 金属陶瓷/45 钢接头断口的 EPMA 分析结果($T=800℃,t=15\text{min}$,质量分数)

（单位:%）

母材	区域	Ag	Ti	Fe	Ni	Cu	Zn
TiC 金属陶瓷	Ⅰ	0.20	37.00	0.22	58.24	1.64	2.68
	Ⅱ	14.62	22.42	0.66	13.72	42.79	5.74
45 钢	Ⅰ(A)	67.05	0.28	0.53	1.03	30.16	0.93
	Ⅰ(B)	2.94	0.12	0.87	1.95	92.34	1.77
	Ⅱ	9.96	4.10	0.82	4.17	67.58	13.36

由图 5.15 可见,TiC 金属陶瓷侧的Ⅰ区呈现明显的河流花样,因此属于典型的解理断裂,而Ⅱ区属于明显的准解理断裂。同理,在 45 钢侧的Ⅰ区也呈现明显

的河流花样,因此属于解理断裂,而Ⅱ区也属于准解理断裂。

由表 5.2 的断口 EPMA 分析结果可知,断裂表面Ⅰ区应是连接界面的未焊合区;Ⅱ区的断裂应该发生在靠近陶瓷的(Cu,Ni)层。由于Ⅱ区是接头的主要断裂部位,所以当钎焊工艺参数较低时接头主要在靠近陶瓷的(Cu,Ni)层处发生断裂,如图 5.16 所示。

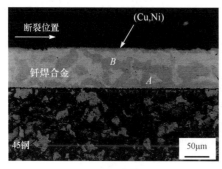
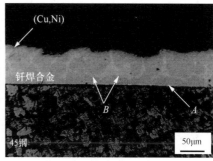

(a) 800℃,15min　　　　　　　　　　　　　　(b) 850℃,5min

图 5.16　TiC 金属陶瓷/45 钢钎焊接头的断裂位置

2. 较高钎焊工艺参数的接头断裂部位

图 5.17 是钎焊温度为 850℃,保温时间为 30min 时的 TiC 金属陶瓷与 45 钢钎焊接头的宏观断口形貌照片。由照片可见,其断口也存在两个明显不同的区域,其中Ⅰ区是接头的主要断裂部位。

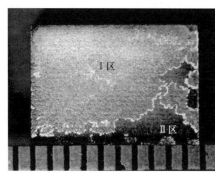

(a) TiC金属陶瓷侧　　　　　　　　　　　　　(b) 45钢侧

图 5.17　TiC 金属陶瓷/45 钢宏观断口形貌($T=850℃,t=30min$)

为确定接头的具体断裂位置和断裂形式,同样对接头的断裂表面进行微观组织观察和 EPMA 分析,如图 5.18 和表 5.3 所示。由照片可见,TiC 金属陶瓷和 45 钢侧的Ⅰ区属于准解理断裂,而Ⅱ区属于明显的解理断裂,且由 EPMA 分析可知,对于断裂表面Ⅰ区而言,在母材两侧发现的主要表面物相均是(Cu,Ni)。而对于断裂表面Ⅱ区而言,在 TiC 金属陶瓷侧应该是 TiC 金属陶瓷,在 45 钢侧是 Ag(s. s.)＋Cu(s. s.)。因此,TiC 金属陶瓷/45 钢接头的断裂位置主要发生在靠近陶瓷的(Cu,Ni)界面层处。

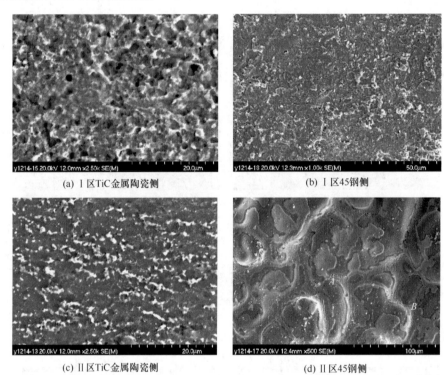

(a) Ⅰ区TiC金属陶瓷侧　　　　　　　　(b) Ⅰ区45钢侧

(c) Ⅱ区TiC金属陶瓷侧　　　　　　　　(d) Ⅱ区45钢侧

图 5.18　TiC金属陶瓷/45 钢接头断口的Ⅰ区/Ⅱ区微观断口形貌($T＝850℃,t＝30min$)

表 5.3　TiC 金属陶瓷/45 钢接头断口的 EPMA 分析结果($T＝850℃,t＝30min$,质量分数)

(单位:%)

母材	区域	Ag	Ti	Fe	Ni	Cu	Zn
TiC 金属陶瓷	Ⅰ	2.15	17.49	1.06	12.78	64.04	2.43
	Ⅱ	0.24	40.54	0.56	55.74	2.33	0.54
45 钢	Ⅰ	1.07	2.57	2.41	16.22	76.57	1.16
	Ⅱ(A)	76.85	0.26	0.56	1.14	20.14	1.00
	Ⅱ(B)	2.60	0.26	0.68	2.75	92.31	1.33

图 5.19 为钎焊温度和保温时间分别为 850℃/30min 和 1000℃/15min 时接头的断裂位置金相照片,说明当保温时间较长或钎焊温度较高时,接头在陶瓷侧的(Cu,Ni)层内或 45 钢侧的(Cu,Ni)＋(Fe,Ni)界面层发生解理断裂。

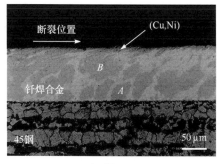
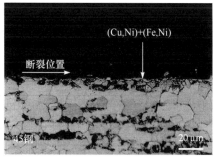

(a) 850℃,30min　　　　　　　　　　　(b) 1000℃,15min

图 5.19　TiC 金属陶瓷/45 钢钎焊接头的断裂位置

3. 较佳钎焊工艺参数的接头断裂部位

图 5.20 是钎焊温度为 850℃,保温时间为 15min 时的 TiC 金属陶瓷与 45 钢宏观断口的形貌照片。由于断口只存在一个明显的区域,所以接头主要在同一部位发生断裂。同样,对接头的断裂表面进行了微观组织观察和 EPMA 分析,如图 5.21 和表 5.4 所示。

(a) TiC金属陶瓷侧　　　　　　　　　　　(b) 45钢侧

图 5.20　TiC 金属陶瓷/45 钢宏观断口形貌($T=850℃,t=15$min)

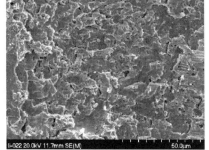

(a) TiC金属陶瓷侧　　　　　　　　　　　(b) 45钢侧

图 5.21　TiC 金属陶瓷/45 钢接头断口的微观形貌($T=850℃,t=15$min)

表 5.4　TiC 金属陶瓷/45 钢接头断口的 EPMA 分析结果($T=850℃$,$t=15$min,质量分数)

（单位:%)

母材	Ag	Ti	Fe	Ni	Cu	Zn
TiC 金属陶瓷	13.46	18.28	0.48	3.16	63.78	0.85
45 钢	16.46	10.29	0.90	5.85	64.94	1.57

　　由照片可见,TiC 金属陶瓷和 45 钢侧的断裂形式均属于准解理断裂;且在 TiC 金属陶瓷侧有少量的韧窝存在,这说明接头的断裂应该属于混合断裂。由表 5.4 可知,在 TiC 金属陶瓷和 45 钢侧发现的主要表面物相均是 Ag(s.s.)＋Cu(s.s.),因此接头的断裂应该发生在靠近陶瓷侧的 Ag(s.s.)＋Cu(s.s.)反应层处,如图 5.22 所示。

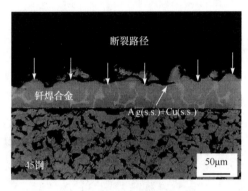

图 5.22　TiC 金属陶瓷/45 钢钎焊接头的断裂位置(850℃,15min)

　　综合以上分析结果可知,当钎焊工艺参数改变时,接头断口形貌和断裂部位均发生相应改变。当钎焊温度为 850℃,保温时间为 15min 时,接头在靠近 TiC 金属陶瓷侧的 Ag(s.s.)＋Cu(s.s.)层内发生准解理断裂;当钎焊工艺参数较低时,接头在 TiC 金属陶瓷侧的未焊合区发生解理断裂,同时在陶瓷侧的(Cu,Ni)层内发生准解理断裂;当钎焊工艺参数较高时,接头主要在靠近 45 钢侧的(Cu,Ni)＋(Fe,Ni)层或陶瓷侧的(Cu,Ni)层中发生准解理断裂。

5.3　TiC 金属陶瓷/45 钢界面反应层的成长行为

　　由前面的力学性能分析结果可知,在 TiC 金属陶瓷与 45 钢的界面反应中,反应层的厚度是影响接头力学性能的重要因素。因此,如何控制反应层的长大成为 TiC 金属陶瓷与 45 钢钎焊问题的关键。

　　在陶瓷与金属异种材料的钎焊中,由于钎料在界面两侧不同母材中的扩散能力不同,以及异种母材原子间的扩散和反应,使得在钎料与母材的界面出现了不同的界面产物,即反应层的种类和厚度不同。以下主要对异种材料钎焊后界面反应层的成长行为进行研究,并建立反应层成长的动力学数学模型,以此来分析界面反应层的成长过程,提出获取反应层成长动力学参数的方法,为深入研究界面反应过程和解释试验现象奠定理论基础。

5.3.1 (Cu,Ni)+(Fe,Ni)扩散层成长的动力学方程

在 TiC 金属陶瓷与 45 钢钎焊时,由于在界面处没有钎料与母材原子间的化学反应发生,所以在反应层成长的动力学分析中只能考虑钎料与母材原子间的扩散和固溶。由前面的力学性能分析结果可知,靠近 TiC 金属陶瓷侧的(Cu,Ni)固溶体层和靠近 45 钢侧的(Cu,Ni)+(Fe,Ni)固溶体混合层易成为接头的主要断裂部位。这样,在数学模型建立时分别对陶瓷侧的(Cu,Ni)固溶体层和 45 钢侧的(Cu,Ni)+(Fe,Ni)固溶体混合层进行数学描述和过程分析。由于 TiC 金属陶瓷中的主控元素 Ni 对接头的界面结构具有重要的影响,所以在反应层成长的动力学分析中主要考虑 Ni 原子的界面行为。

1. 数学模型的建立

假定金属陶瓷 A 和金属 B 在钎焊的过程中,通过钎料发生原子间的扩散和固溶,在界面处依次生成界面层、钎缝中心层、界面层和扩散层,具体的接头形式如图 5.23 所示。

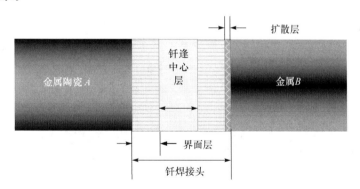

图 5.23 金属陶瓷/钎料/金属钎焊接头的示意图

前面已经提及母材与钎料之间没有化学反应发生,在扩散层有少量从金属陶瓷扩散过来的主控元素 C 存在。这样当温度冷却到室温时,扩散层的厚度可用式(5-1)表示:

$$\Delta x^{\mathrm{Dc}} = \sum_{n=1}^{2} \Delta x_n^{\mathrm{Dc}} + \Delta x^{\mathrm{Dc}}(t) \tag{5-1}$$

式中，$\sum\limits_{n=1}^{2} \Delta x_n^{\mathrm{Dc}}$ 为扩散层在加热和冷却过程中的厚度；$\Delta x^{\mathrm{Dc}}(t)$ 为扩散层在保温过程中的厚度。当钎焊温度、加热和冷却速度一定时，扩散层在加热和冷却过程中生成的厚度假设为常数 x_0，则

$$\sum_{n=1}^{2} \Delta x_n^{\mathrm{Dc}} = x_0 \approx k（常数）\tag{5-2}$$

此时，如能建立保温过程中扩散层的厚度 $\Delta x^{\mathrm{Dc}}(t)$ 值的数学方程，即可得到扩散层在钎焊过程中的成长动力学方程。

接下来，建立保温过程中扩散层成长的动力学方程。如图 5.24 所示，从保温时间 $t=0$ 开始，钎料中的主控元素 C 向钎料/金属界面处扩散。当 $t=\mathrm{d}t$ 时，设扩散层/钎料界面处钎料中的主控元素 C 的初始浓度为 C_0，扩散层中的主控元素 C 的浓度为 C_1；在扩散层/金属界面处扩散层中的主控元素 C 的浓度为 C_2，金属中的主控元素 C 的浓度为 $C_3(\equiv 0)$；D_0、D_1 和 D_2 分别为主控元素在钎料、扩散层和金属中的扩散系数。若假设：

（1）为了简化方程，在钎料/金属界面的 $x \in [-\Delta x, 0]$ 微层间内，假设 C_0 为只与钎焊温度有关的常数；

（2）假设 D_0、D_1 和 D_2 不随浓度变化，只受温度影响；

（3）扩散层中的主控元素 C 的浓度不大，且界面逐点能谱结果可以证实 C_1 和 C_2 的变化不是很大，因此为了简化方程，假设 C_1 和 C_2 主要与其影响因素钎焊温度有关。

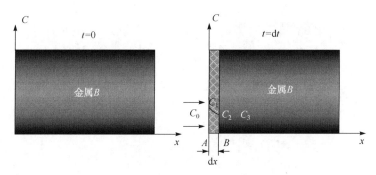

图 5.24　金属/钎料界面处浓度—距离示意图

根据 Fick 第一定律：

$$J = -D \frac{\partial C}{\partial x}\tag{5-3}$$

式中，C 为浓度；X 是界面的位置；D 是扩散系数；J 是扩散通量。由式(5-3)可知：在 A 点两侧的 C 物质量的变化为

$$(C_0 - C_1)\frac{\mathrm{d}x_A}{\mathrm{d}t} = \left(-D_0\frac{\partial C}{\partial x}\right)_{x=A-0} - \left(-D_1\frac{\partial C}{\partial x}\right)_{x=A+0} \qquad (5\text{-}4)$$

同理,在 B 点两侧的 C 物质量的变化为

$$(C_2 - C_3)\frac{\mathrm{d}x_B}{\mathrm{d}t} = \left(-D_1\frac{\partial C}{\partial x}\right)_{x=B-0} - \left(-D_2\frac{\partial C}{\partial x}\right)_{x=B+0} \qquad (5\text{-}5)$$

根据 Fick 第二定律:

$$\frac{\partial C}{\partial t} = D\frac{\partial^2 C}{\partial x^2} \qquad (5\text{-}6)$$

式(5-6)的通解为

$$C = A + B\mathrm{erf}\frac{x}{2\sqrt{Dt}} \qquad (5\text{-}7)$$

式中,A 和 B 为常数,而 $\mathrm{erf}\dfrac{x}{2\sqrt{Dt}}$ 称为高斯误差函数,用 $\mathrm{erf}\beta = \dfrac{2}{\sqrt{\pi}}\displaystyle\int_0^\beta \mathrm{e}^{-\beta^2}\,\mathrm{d}\beta$ 表达。

设 $y = \dfrac{x}{2\sqrt{Dt}}$,则

$$\frac{\partial C}{\partial x} = \frac{1}{2\sqrt{Dt}}\frac{\partial C}{\partial y} \qquad (5\text{-}8)$$

将式(5-8)代入式(5-4)和式(5-5),则有

$$(C_0 - C_1)\frac{\mathrm{d}x_A}{\mathrm{d}t} = \left(-D_0\frac{\partial C}{\partial x}\right)_{x=A-0} + \frac{1}{2}\sqrt{\frac{D_1}{t}}\left(\frac{\partial C}{\partial y}\right)_{x=A+0} \qquad (5\text{-}9)$$

$$(C_2 - C_3)\frac{\mathrm{d}x_B}{\mathrm{d}t} = -\frac{1}{2}\sqrt{\frac{D_1}{t}}\left(\frac{\partial C}{\partial y}\right)_{x=B-0} - \left(-D_2\frac{\partial C}{\partial x}\right)_{x=B+0} \qquad (5\text{-}10)$$

由于主控元素在 A 点左侧的 $\left(D_0\dfrac{\partial C}{\partial x}\right)_{x=A-0} \approx 0$;而在 B 点右侧的 $\left(D_2\dfrac{\partial C}{\partial x}\right)_{x=B+0} \approx 0$,所以式(5-9)和式(5-10)可以分别表示为

$$(C_0 - C_1)\frac{\mathrm{d}x_A}{\mathrm{d}t} = \frac{1}{2}\sqrt{\frac{D_1}{t}}\left(\frac{\partial C}{\partial y}\right)_{x=A+0} \qquad (5\text{-}11)$$

$$(C_2 - C_3)\frac{\mathrm{d}x_B}{\mathrm{d}t} = -\frac{1}{2}\sqrt{\frac{D_1}{t}}\left(\frac{\partial C}{\partial y}\right)_{x=B-0} \qquad (5\text{-}12)$$

由于假设扩散层两侧面 X_A 和 X_B 的 C 浓度 C_1 和 C_2 主要与钎焊温度有关,因此当钎焊温度一定时,在界面处的浓度梯度应为常数,即可用下式表示:

$$\left(\frac{\partial C}{\partial y}\right)_{x=A+0} = k_1 \qquad (5\text{-}13)$$

$$\left(\frac{\partial C}{\partial y}\right)_{x=B-0}=k_2 \tag{5-14}$$

式中,k_1 和 k_2 均为常数。若将式(5-13)和式(5-14)分别代入式(5-11)和式(5-12)式,则有

$$(C_0-C_1)\frac{\mathrm{d}x_A}{\mathrm{d}t}=\frac{k_1}{2}\sqrt{\frac{D_1}{t}} \tag{5-15}$$

$$(C_2-C_3)\frac{\mathrm{d}x_B}{\mathrm{d}t}=-\frac{k_2}{2}\sqrt{\frac{D_1}{t}} \tag{5-16}$$

如将上两式进行积分,并将 $t=0$, $x_A=x_B=0$ 的初始条件式入,得到

$$x_A=\frac{k_1\sqrt{D_1}}{(C_0-C_1)}\sqrt{t} \tag{5-17}$$

$$x_B=\frac{k_2\sqrt{D_2}}{(C_2-C_3)}\sqrt{t} \tag{5-18}$$

则反应层的厚度为

$$x=x_B-x_A=\left[\frac{k_2\sqrt{D_2}}{(C_2-C_3)}-\frac{k_1\sqrt{D_1}}{(C_0-C_1)}\right]\sqrt{t} \tag{5-19}$$

当保温温度 T 一定时,设 $\dfrac{k_2\sqrt{D_2}}{(C_2-C_3)}-\dfrac{k_1\sqrt{D_1}}{(C_0-C_1)}=k_x$,其中 k_x 为常数。则陶瓷/钎料界面处扩散层在全部钎焊过程中的厚度 x 为

$$x=x_0+k_x\sqrt{t} \tag{5-20}$$

其中 t 为保温时间,$k_x=k_0\exp\left(\dfrac{-Q}{RT}\right)$,这样式(5-20)可以表示为

$$x=x_0+\sqrt{t}k_0\exp\left(\frac{-Q}{RT}\right) \tag{5-21}$$

2. 成长动力学参数的求解

由式(5-21)可知,扩散层厚度 x 正比于扩散系数 k_x 与钎焊时间平方根的乘积。扩散系数 k_x 随温度的变化符合 Arrhenius 规律:

$$k_x=k_0\exp\left(\frac{-Q}{RT}\right) \tag{5-22}$$

式中,k_0 为与材料相关的常数;Q 为主控元素 C 扩散的表观激活能;R 为普氏气体常数($R=8.31\mathrm{J/(mol \cdot K)}$);$T$ 是热力学温度。由式(5-22)可得

$$\ln k_x=\ln k_0-\frac{Q}{RT} \tag{5-23}$$

从式(5-23)可以看出:$\ln k_x$ 与 $1/T$ 呈线性关系,因此可作 $\ln k_x \sim 1/T$ 的关系曲线,曲线的斜率即为扩散层成长速度控制元素 C 扩散的表观活化能。利用式(5-23)求出温度 T_1 时的扩散系数 $k_x(T_1)$ 和温度 T_2 时的扩散系数 $k_x(T_2)$ 后,则可求出控制扩散层成长速度的动力学参数 Q 和 k_0:

$$Q = \frac{RT_1 T_2 \ln\left(\dfrac{k_x(T_2)}{k_x(T_1)}\right)}{T_2 - T_1} \ln k_x \tag{5-24}$$

$$\ln k_0 = \ln k_x + \frac{Q}{RT} \tag{5-25}$$

5.3.2　TiC 金属陶瓷侧(Cu, Ni)凝固层成长的动力学方程

1. (Cu, Ni)凝固层温度的数学表达

在建立 TiC 金属陶瓷侧(Cu, Ni)凝固层成长的动力学方程时,主要考虑钎焊冷却过程中,Cu 和 Ni 元素在液态钎料中的逐渐凝固过程。从凝固时间 $t=0$ 开始,钎料中的两种元素 C 和 E 开始凝固出现,如图 5.25(a)所示。当 $t=\mathrm{d}t$ 时,设陶瓷内部、陶瓷/界面层以及钎料内部的温度分布如图 5.25(b)所示,其中 T_w 为金属陶瓷 A 的边界温度,T_i 为陶瓷与(E, C)凝固层的界面温度,T_k 为(E, C)固溶体的凝固温度,δ 为凝固层的厚度。

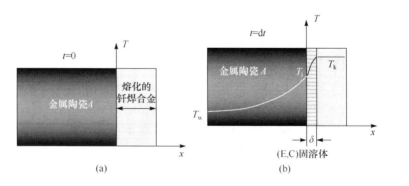

图 5.25　金属陶瓷/钎料界面处温度-距离示意图

若将金属陶瓷 A 假设为半无限大的平壁,由非稳态导热公式可知陶瓷内部的温度分布为

$$\frac{T - T_w}{T_0 - T_w} = \mathrm{erf}\left(\frac{x'}{2\sqrt{\alpha_m t}}\right) \tag{5-26}$$

式中,T_0 为钎焊温度;t 为凝固时间;α_m 为金属陶瓷的热扩散率。金属陶瓷 A 的边界温度 T_w 可以用炉内的气氛温度表示,即 $T_w = T_0 - 0.5t$。则在任意冷却时间 t 内,陶瓷内部的温度可表示为

$$T = T_0 - 0.5t + 0.5t \operatorname{erf}\left[\frac{x'}{2\sqrt{\alpha_m t}}\right] \tag{5-27}$$

若将陶瓷的厚度设为 a，在任意冷却时间 t 内，陶瓷与 (E,C) 凝固层的界面温度 T_i 可用式(5-28)表示：

$$T_i = T_0 - 0.5t + 0.5t \operatorname{erf}\left[\frac{a}{2\sqrt{\alpha_m t}}\right] \tag{5-28}$$

由一维非稳态传热公式可知，(E,C) 凝固层内部的温度 T_s 满足式(5-29)，其通解为式(5-30)，α_s 为 (E,C) 凝固层的热扩散率。

$$\frac{\partial T}{\partial t} = \alpha_s \frac{\partial^2 T}{\partial x^2} \tag{5-29}$$

$$T = A + B \operatorname{erf} \frac{x}{2\sqrt{\alpha_s t}} \tag{5-30}$$

将 (E,C) 凝固层的边界条件 $x=0, T=T_i; x=\delta, T=T_k$ 代入式(5-29)，则 (E,C) 凝固层内部的温度 T_s 可表示为

$$T_s = T_i + \frac{(T_k - T_i)}{\operatorname{erf}\left[\dfrac{\delta}{2\sqrt{\alpha_s t}}\right]} \operatorname{erf}\left[\frac{x}{2\sqrt{\alpha_s t}}\right] \tag{5-31}$$

为获得任意冷却时间 t 内，(E,C) 固溶体的凝固温度 T_k，在这里需以下几点假设。

(1) 假定凝固析出的 (E,C) 固溶体是均匀的，设其密度为 ρ_s，(E,C) 固溶体中 C 与 E 元素的原子百分含量比为常数 k_1。

(2) 由三元合金的变温截面相图可知，当 C 元素的含量在较小的范围内变化时，可将 (E,C) 固溶体的凝固曲线假想为直线，其斜率设为 k_2。

由上述假设可知，任意冷却时间 t 下，(E,C) 固溶体的凝固温度 T_k 与溶液中 C 元素的原子百分含量 $C\%$ 成正比，即

$$T_k = T_0' + k_2 C\% \tag{5-32}$$

设当冷却时间为 t 时，(E,C) 固溶体凝固层的厚度为 δ，则溶液中 C 元素的原子百分含量 $C\%$ 可以表达成

$$C\% = \left(y - \frac{\rho_s A \sigma k_1}{59}\right) \Big/ \left[y - \frac{\rho_s A \sigma k_1}{59} + \frac{\rho A b \cdot 54\%}{63.5 \times 2} - \frac{(1-k_1)\rho_s A \delta}{63.5} + \frac{\rho A b \cdot 13\%}{108 \times 2}\right] \tag{5-33}$$

式中，y 为钎焊加热和保温过程中从陶瓷侧扩散至液态钎料中的 C 元素的总摩尔数；ρ_s 为 (E,C) 固溶体的密度；A 为金属陶瓷与钎料的接触面积；ρ 为钎料的密度；b 为钎料的原始厚度。则冷却时间为 t 时，$x=\delta$ 处的温度 T_k 为

$$T_k = T_0' + k_2 \frac{809244y - 13716\rho_s A\delta k_1}{809244y - 972(13.1+k_1)\rho_s A\delta + 3927.93\rho Ab} \tag{5-34}$$

因此,由式(5-28)和式(5-34)即可求得冷却时间为 t 时的 (E,C)凝固层内部温度的表达式为

$$T_s = T_0 - 0.5t + 0.5t\mathrm{erf}\left(\frac{a}{2\sqrt{\alpha_m t}}\right) - \frac{T_0 - 0.5t + 0.5t\mathrm{erf}\left(\dfrac{a}{2\sqrt{\alpha_m t}}\right)}{\mathrm{erf}\left(\dfrac{\delta}{2\sqrt{\alpha_s t}}\right)}\mathrm{erf}\left(\frac{x}{2\sqrt{\alpha_s t}}\right)$$

$$+ \frac{T_0' + k_2 \dfrac{809244y - 13716\rho_s A\delta k_1}{809244y - 972(13.1+k_1)\rho_s A\delta + 3927.93\rho Ab}}{\mathrm{erf}\left(\dfrac{\delta}{2\sqrt{\alpha_s t}}\right)}\mathrm{erf}\left(\frac{x}{2\sqrt{\alpha_s t}}\right) \tag{5-35}$$

2. 凝固层成长的数学模型

由傅里叶第一定律可知,在任意时刻通过(Cu,Ni)固溶体/液态钎料界面$(x=\delta)$的热流密度为

$$q_{x=\delta} = -\lambda_s \left(\frac{\partial T_s}{\partial x}\right)_{x=\delta} \tag{5-36}$$

式中, λ_s 为 (E,C)固溶体的导热系数;而 $x=\delta$ 时的温度梯度$\left(\dfrac{\partial T_s}{\partial x}\right)$可用式(5-37)表示:

$$\left(\frac{\partial T_s}{\partial x}\right)_{x=\delta} = \frac{T_0' + k_2 \dfrac{809244y - 13716\rho_s A\delta k_1}{809244y - 972(13.1+k_1)\rho_s A\delta + 3927.93\rho Ab}}{\mathrm{erf}\left(\dfrac{\delta}{2\sqrt{\alpha_s t}}\right)} \cdot \frac{\mathrm{e}^{-\frac{\delta^2}{4\alpha_s t}}}{\sqrt{\pi\alpha_s t}}$$

$$- \frac{T_0 - 0.5t + 0.5t\mathrm{erf}\left(\dfrac{a}{2\sqrt{\alpha_m t}}\right)}{\mathrm{erf}\left(\dfrac{\delta}{2\sqrt{\alpha_s t}}\right)} \cdot \frac{\mathrm{e}^{-\frac{\delta^2}{4\alpha_s t}}}{\sqrt{\pi\alpha_s t}} \tag{5-37}$$

又由于在 $x=\delta$ 处, (E,C)固溶体凝固时所释放的热流强度为

$$q_{x=\delta} = -L\rho_s \frac{\partial \delta}{\partial t} \tag{5-38}$$

其中 L 为 (E,C)固溶体的凝固潜热。由于在 (E,C)固溶体和液态钎料的界面处, (E,C)固溶体凝固时所释放的热流强度等于界面所通过的热流密度,因此由

式(5-37)和式(5-38)可得

$$
\frac{\partial \delta}{\partial t} = \frac{\lambda_s}{L\rho_s} \left[\frac{T_0' + k_2 \dfrac{809244y - 13716\rho_s A\delta k_1}{809244y - 972(13.1+k_1)\rho_s A\delta + 3927.93\rho Ab}}{\mathrm{erf}\left(\dfrac{\delta}{2\sqrt{\alpha_s t}}\right)} \cdot \frac{\mathrm{e}^{-\frac{\delta^2}{4\alpha_s t}}}{\sqrt{\pi\alpha_s t}} \right.
$$

$$
\left. - \frac{T_0 - 0.5t + 0.5t\,\mathrm{erf}\left(\dfrac{a}{2\sqrt{\alpha_m t}}\right)}{\mathrm{erf}\left(\dfrac{\delta}{2\sqrt{\alpha_s t}}\right)} \cdot \frac{\mathrm{e}^{-\frac{\delta^2}{4\alpha_s t}}}{\sqrt{\pi\alpha_s t}} \right] \tag{5-39}
$$

式(5-39)即为金属陶瓷侧(E,C)固溶体凝固成长的数学模型。由式(5-39)可知,在某一特定的钎焊温度下,(E,C)固溶体凝固层在任意凝固时间t内的增长厚度不仅与钎料的原始厚度b有关,还与钎焊温度T_0以及加热和保温过程中从陶瓷侧扩散至液态钎料中的C元素总摩尔数y有关(其中y的大小主要由钎焊过程中的保温时间和钎焊温度所控制)。这样,当冷却速度一定时,采用不同的钎焊温度、保温时间及钎料的原始厚度都将最终影响(E,C)固溶体凝固层的厚度。为确定凝固层厚度与凝固时间t之间的关系,通过 MATLAB 语言对式(5-39)的微分方程进行编程求解,可得(E,C)固溶体层的成长距离与不同参数之间的关系。

5.3.3　TiC 金属陶瓷/45 钢钎焊接头界面反应层的成长行为

采用 AgCuZn 钎料分别在 850℃和 950℃下保温不同的时间对 TiC 金属陶瓷与 45 钢进行钎焊,测量了$(Cu,Ni)+(Fe,Ni)$固溶体扩散层厚度x与保温时间t的关系,以及 TiC 金属陶瓷侧(Cu,Ni)固溶体层与凝固时间t之间的关系。

1. $(Cu,Ni)+(Fe,Ni)$扩散层的成长行为

表 5.5 给出了试验测得的在不同钎焊温度下保温不同时间的$(Cu,Ni)+(Fe,Ni)$扩散层厚度。将表中的实测值代入式(5-21),可得在钎焊温度为 850℃(1123K)和 950℃(1223K)条件下的x_0、k_x平均值分别为$x_0^{1123}=4.85\times10^{-4}$ mm、$k_x^{1123}=3.5\times10^{-5}$ mm/s$^{1/2}$,$x_0^{1223}=8.04\times10^{-4}$ mm、$k_x^{1223}=2.17\times10^{-4}$ mm/s$^{1/2}$。

若将x_0^{1123}、k_x^{1123}和x_0^{1223}、k_x^{1223}分别代入式(5-21),则可计算求得$(Cu,Ni)+(Fe,Ni)$扩散层在不同保温时间下的成长厚度。图 5.26 分别给出了在 850℃和 950℃下保温不同时间的扩散层厚度理论值与保温时间之间的关系。由图可知,在某一钎焊温度T下,随着保温时间t的增加,扩散层厚度x也相应增加,且x与$\sqrt{t}$之间呈现直线关系。

表 5.5　TiC 金属陶瓷/45 钢接头处(Cu,Ni)＋(Fe,Ni)扩散层厚度

钎焊条件	(Cu,Ni)＋(Fe,Ni)扩散层厚度/μm					
	5min	10min	15min	20min	25min	30min
850℃	1.12	1.34	1.53	1.68	1.84	2.09
950℃	4.75	6.38	7.13	8.10	9.25	10.15

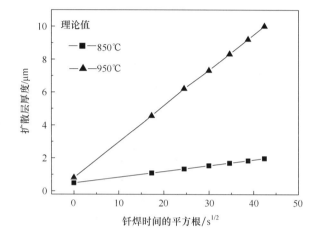

图 5.26　(Cu,Ni)＋(Fe,Ni)扩散层厚度理论值与保温时间的关系

图 5.27 分别给出了在 850℃和 950℃下保温不同时间的扩散层厚度理论值与实测值的比较结果。由图可知：在不同的保温时间下,扩散层厚度的实测值与理论值吻合良好,因此式(5-21)的动力学方程能准确的反映(Cu,Ni)＋(Fe,Ni)扩散层在钎焊过程中的成长行为。

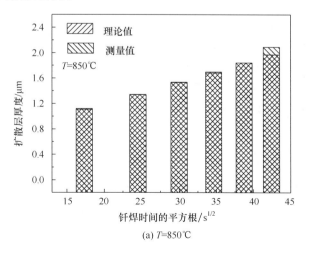

(a) T=850℃

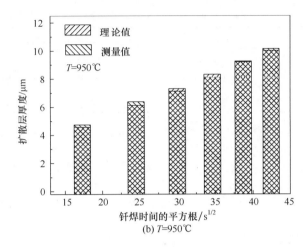

图 5.27　(Cu,Ni)＋(Fe,Ni)扩散层厚度理论值与实测值的比较

通过式(5-24)和式(5-25)可计算得出控制(Cu,Ni)＋(Fe,Ni)扩散层成长速度的动力学参数 $Q＝208.24\text{kJ/mol}$、$k_0^{1123}＝27418\text{mm/s}^{1/2}$ 和 $k_0^{1223}＝150094\text{mm/s}^{1/2}$。这样,就可分别得到钎焊温度为 850℃ 和 1050℃ 时的(Cu,Ni)＋(Fe,Ni)扩散层成长的动力学方程:

$$x＝0.000485＋27418\sqrt{t}\exp\left(\frac{-208240}{RT}\right) \tag{5-40}$$

$$x＝0.000805＋150094\sqrt{t}\exp\left(\frac{-208240}{RT}\right) \tag{5-41}$$

2. TiC 金属陶瓷侧(Cu,Ni)凝固层的成长行为

由前面推导得出的式(5-39)可知,在 TiC 金属陶瓷与 45 钢的钎焊试验中,凝固时间 t、保温时间 t_1 和钎焊温度 T_0 是 TiC 金属陶瓷侧(Cu,Ni)凝固层厚度 δ 大小的主要影响因素,即为函数的变量;而式(5-39)中所涉及的其他参数均可由文献资料查找得出或经试验测得。若将这些参数代入式(5-39)中就可得到(Cu,Ni)凝固层厚度 δ 与凝固时间 t 之间的关系。

经分析本试验条件及查阅相关文献可得如下参数,如 $L＝194\text{J/g}$,$\rho_s＝0.00894\text{g/mm}^3$,$A＝50\text{mm}^2$,$T'_0＝815℃$,$\rho＝0.0094\text{g/mm}^3$,$a＝1\text{mm}$,$\lambda_s＝0.029\text{J/(s·mm·℃)}$,$\alpha_m＝9.61\text{mm}^2/\text{s}$,$\alpha_s＝8.65\text{mm}^2/\text{s}$。由试验结果可近似得到的,如保温过程中扩散至液态钎料中的主控元素 Ni 的摩尔数 y 与钎焊时间的关系,如图 5.28 所示。

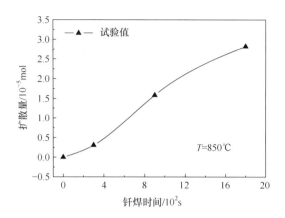

图 5.28　钎焊保温时间与扩散至液态钎料中的 Ni 元素摩尔数关系

当焊后冷却速度一定时,(Cu,Ni)凝固层中主控元素 Ni 的含量 k_1 主要是由保温结束后液态钎料中 Ni 原子的百分含量所决定,因此由试验结果可得到保温结束后液态钎料中 Ni 原子含量与焊后(Cu,Ni)固溶体中 Ni 质量含量之间的关系,如图 5.29。

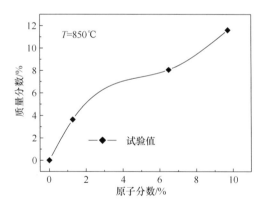

图 5.29　Ni 元素在液态钎料中与(Cu,Ni)固溶体中的百分含量关系

这样,通过图 5.28 和图 5.29 可近似求得钎焊温度为 850℃时,不同钎焊时间的 y 和 k_1 值。而参数 k_2 用式(5-42)计算:

$$k_2 = T_0 - T_0'/C' \tag{5-42}$$

式中,C' 为保温结束后液态钎料中 Ni 原子含量,可用下式计算求得:

$$C' = \frac{y}{0.54\rho A \dfrac{b}{2\times 63.5} + 0.13\rho A \dfrac{b}{2\times 108} + y} \tag{5-43}$$

由于参数 k_2 应为常数,所以选用钎焊温度为 850℃时的 C' 来近似计算 k_2。为

了验证 TiC 金属陶瓷侧(Cu,Ni)凝固层成长的数学模型的可靠性,对钎焊温度为850℃,保温不同时间下的 TiC 金属陶瓷侧(Cu,Ni)凝固层厚度 δ 进行计算。在计算的过程中首先采用 MATLAB 语言对式(5-39)进行编程,然后将文献资料和试验测得的参数全部输入到程序中。对编好的程序运行后,最终可以得到 TiC 金属陶瓷侧(Cu,Ni)固溶体层厚度 δ 与凝固时间 t 关系的输出图像,如图 5.30 所示。

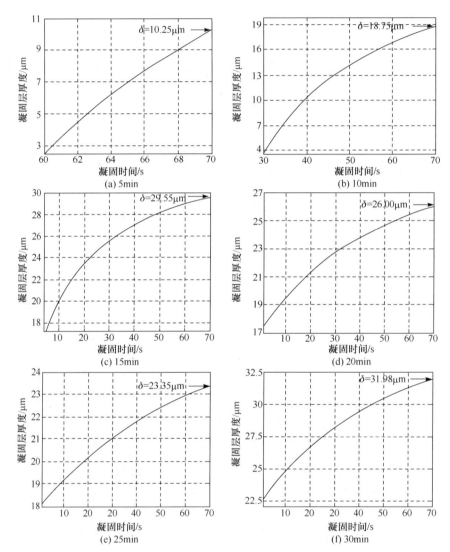

图 5.30　TiC 金属陶瓷侧(Cu,Ni)凝固层厚度 δ 与凝固时间 t 的关系($T=850℃$)

由图 5.30 可知,在温度 $T=850℃$ 条件下钎焊 TiC 金属陶瓷与 45 钢,当保温时间不同时,TiC 金属陶瓷侧(Cu,Ni)层的主要凝固时间也不同。当保温时间较短时,(Cu,Ni)层的凝固过程主要发生在 Ag(s.s.)和 Cu(s.s.)即将凝固析出之前的某段时间内;而当保温时间较长时,(Cu,Ni)层的凝固在冷却初期就已发生,并一直持续到 Ag(s.s.)和 Cu(s.s.)凝固析出。但总体而言,当钎焊温度 $T=850$℃时,TiC 金属陶瓷侧(Cu,Ni)层的凝固速度是非常快的。

　　由 Ag-Cu-Ni 三元合金相图可清楚地解释这个现象:在焊后某一冷却温度下,液态钎料中 Ni 原子的百分含量不能小于相图中所给(Cu,Ni)析出时 Ni 原子的百分含量。这样,当钎料原始厚度相近时,液态钎料中 Ni 原子的百分含量主要取决于加热和保温过程中溶解和扩散至液态钎料中 Ni 的摩尔分数。因此,当保温时间较短时,液态钎料中 Ni 原子的百分含量也相应较低,这使得在冷却的初期没有(Cu,Ni)层凝固出现,而当保温时间较长时,液态钎料中 Ni 原子的百分含量相应较高,因此在冷却初始阶段内就有(Cu,Ni)层析出。

　　通过上述计算,最终可以得到钎焊温度为 850℃,不同保温时间下的 TiC 金属陶瓷侧(Cu,Ni)凝固层厚度 δ。为了对(Cu,Ni)凝固层的理论值和实测值进行拟合,图 5.31 给出了钎焊温度 $T=850$℃下,不同保温时间内得到的 TiC 金属陶瓷侧(Cu,Ni)凝固层的实测值;而图 5.32 给出在此钎焊温度下,不同保温时间内得到的 TiC 金属陶瓷侧(Cu,Ni)凝固层的实测值与理论值的拟合结果。由图可知:(Cu,Ni)凝固层厚度的实测值与理论值能够较好吻合,因此式(5-39)能够较准确地表达出 TiC 金属陶瓷侧(Cu,Ni)凝固层的成长行为。

　　由 TiC 金属陶瓷/45 钢钎焊接头的力学性能与 45 钢侧(Cu,Ni)+(Fe,Ni)扩散层和 TiC 金属陶瓷侧(Cu,Ni)凝固层的厚度紧密相关,所以利用(Cu,Ni)+(Fe,Ni)扩散层和(Cu,Ni)凝固层的成长方程能够对某一温度下的界面扩散层和凝固层成长行为进行分析,进而对接头的力学性能进行预测。

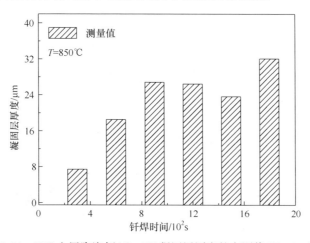

图 5.31　TiC 金属陶瓷侧(Cu,Ni)凝固层厚度的实测值($T=850$℃)

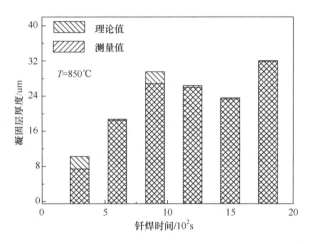

图 5.32　TiC 金属陶瓷侧(Cu,Ni)凝固层厚度实测值和理论值的拟合($T=850℃$)

5.4　TiC 金属陶瓷/45 钢真空钎焊中 Zn 挥发增强钎料润湿性

　　长期以来,金属与陶瓷的钎焊技术是一项具有重要工业应用背景的研究内容。由于普通金属一般在陶瓷上很难润湿,所以提高液态金属在陶瓷表面上的润湿性成为陶瓷与金属连接的关键问题。自 1945 年 Bender 提出采用活性钎料(即在 Ag 基钎料中添加入少量的 Ti)可以提高陶瓷表面的润湿性以来,越来越多的研究人员将这种方法应用在陶瓷与金属的钎焊中。然而事实证明,采用活性钎料对陶瓷与金属连接时,在陶瓷/金属的界面处通常会有降低接头连接强度的脆性金属间化合物层生成。同时,试验表明,采用活性钎料 AgCuTi 对 TiC 金属陶瓷与 45 钢进行钎焊后,尽管界面处无脆性金属间化合物生成,但由于钎料在陶瓷表面的润湿性不好,所以活性钎料 AgCuTi 不适用于 TiC 金属陶瓷与 45 钢的连接,如图 5.33 所示。

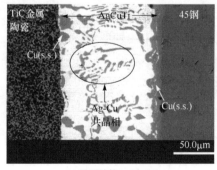

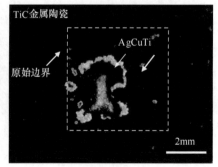

(a) 界面结构($t=20min$)　　　　　　(b) 表面润湿($t=5min$)

图 5.33　AgCuTi 钎料在 TiC 金属陶瓷与 45 钢钎焊中的应用($T=950℃$)

　　为了提高液态钎料在 TiC 金属陶瓷表面的润湿性,降低焊后的接头残余应力,本书采用低熔点的 AgCuZn 钎料对 TiC 金属陶瓷与 45 钢进行钎焊。结果表明,采用 AgCuZn 钎料对 TiC 金属陶瓷与 45 钢进行钎焊时,不仅界面处无脆性金属间化合物生成,且 Zn 的挥发能有效地提高钎料在陶瓷表面的润湿能力。

　　本书通过建立 AgCuZn 钎料中 Zn 挥发增强 TiC 金属陶瓷表面润湿性的物理模型,从物理化学角度描述液态钎料在陶瓷表面铺展时,界面处不同原子间的相互作用,为描述钎料中 Zn 挥发提高钎料在金属陶瓷表面的润湿性提供重要的理论依据。

5.4.1　Zn 挥发增强钎料对陶瓷的润湿性

1. AgCuZn 钎料的熔化过程

　　在建立 Zn 挥发增强 TiC 金属陶瓷表面润湿性的物理模型之前,首先应该了解 AgCuZn 钎料在真空钎焊过程中的熔化过程,以此来分析钎料中原子的挥发和扩散过程及各原子间的相互作用关系。为了分析 AgCuZn 钎料在真空钎焊过程中的熔化过程,图 5.34 分别给出了不同钎焊温度下的 TiC 金属陶瓷/AgCuZn/45 钢界面的宏观形貌。

　　在图 5.34 中依次给出了从室温到 550℃加热过程中的钎料状态变化情况。在这里需要特别指出的是,经分析,室温时钎料中的浅色组织可能是 Ag(Zn)固溶体＋低熔点的 ξ 相(ξ 相熔点为 258℃),而深色组织可能是 Cu(Zn)固溶体。

　　从图 5.34 可以看出,当加热温度升高到 $T=300℃$ 时,浅色组织中含有熔点相对较低的 ξ 相,因此部分浅色组织由固态转变成液态,同时有少量 Ag(Zn)和Cu(Zn)固溶体溶解在液态钎料中。当加热温度继续升高时,钎料中液态体积的相对含量也相应增加,如图 5.34(c)所示。需要注意的是,在这个过程中,有非常少的 Zn 从钎料中挥发,造成钎料的熔点升高。

　　当加热温度继续升高时,尽管还有极少量的 Zn 挥发,但剩余大量的 Zn 还是使得钎料的熔点相对较低,因此 AgCuZn 钎料逐渐向熔化状态变化,如图 5.34(d)所示。从图中不仅可以看到钎料中的 Cu 和 Ag 处于欲熔化状态,而且由于钎料内部的 Zn 欲挥发,但同时钎料表面的黏度又较大,故在钎料表面形成凸起。为了分析钎料转变成欲熔化状态后,温度升高时钎料的状态变化过程,图 5.35 分别给出了不同钎焊温度下 AgCuZn 钎料的宏观形貌。在此段加热过程中,当加热温度为650℃时,可以观察到大量的 Zn 开始挥发。

　　由图 5.35(a)可见,其钎料欲熔化状态类似于图 5.34(d)。在此之前,Zn 原子已经开始大量的挥发,因此钎料熔点的增加高于加热温度的增加(即 $\Delta T_M > \Delta T$),

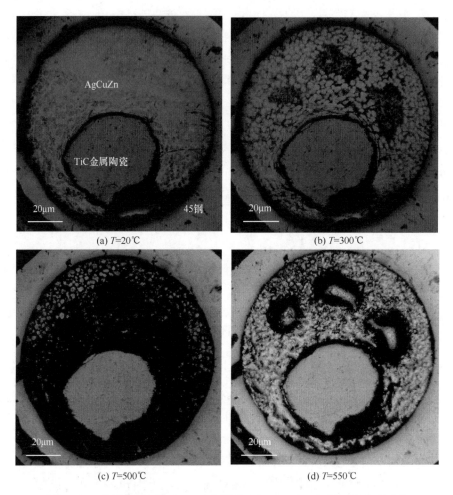

(a) $T=20℃$　　　　　　　　　　　(b) $T=300℃$

(c) $T=500℃$　　　　　　　　　　　(d) $T=550℃$

图 5.34　不同加热温度下 TiC 金属陶瓷/AgCuZn/45 钢界面的宏观形貌

最终使得钎料由欲熔化状态转变成凝固状态,如图 5.35(b)所示。随着加热温度继续升高,只有少量剩余的 Zn 挥发,因此钎料增加的熔点 $\Delta T_M < \Delta T$,这使得温度升高到 T_M(AgCuZn 钎料的实际熔点)时,钎料由凝固状态逐渐转变成液态,如图 5.35(c)所示。当加热温度升高到 850℃时,钎料已经完全熔化,如图 5.35(d)所示。

　　综合以上结果,可以将 AgCuZn 钎料在真空加热过程中的熔化过程分为以下四个阶段:(Ⅰ)钎料中部分低熔点组织熔化;(Ⅱ)钎料的欲熔化;(Ⅲ)钎料的均匀凝固;(Ⅳ)钎料的再次熔化。由此可以看出,在真空条件下,AgCuZn 钎料的熔化过程除了受加热的温度控制,还要受到 Zn 挥发的影响。

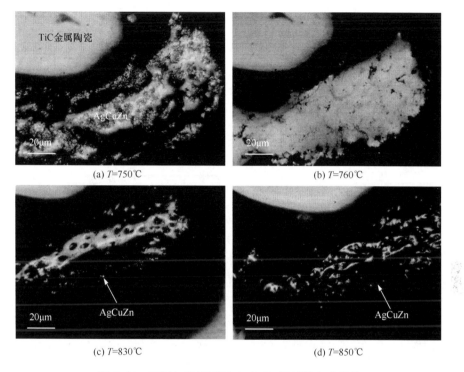

(a) $T=750℃$　　　　　　　(b) $T=760℃$

(c) $T=830℃$　　　　　　　(d) $T=850℃$

图 5.35　不同加热温度下 AgCuZn 钎料的宏观形貌

2. Zn 挥发增强 AgCuZn 对 TiC 金属陶瓷表面润湿的物理模型

由前面的分析结果可知,在真空加热过程中,Zn 的挥发过程与 AgCuZn 钎料的熔化过程息息相关。因此,围绕着 AgCuZn 钎料熔化的四个阶段,在这里将 Zn 的挥发对 AgCuZn 在 TiC 金属陶瓷表面润湿性的影响过程分为四个阶段。为分析方便,将钎料的表面张力设为 σ_{lv}、钎料/TiC 金属陶瓷界面张力设为 σ_{sl}、TiC 金属陶瓷的表面张力设为 σ_{sv}(由 Ramsay 和 Skilds 修正的 Etovos 等提出的表面张力-温度关系式可知,σ_{sv} 只受温度和陶瓷基元晶格类型的影响,因此下面主要讨论 Zn 挥发时 σ_{lv} 和 σ_{sl} 的变化对钎料在 TiC 金属陶瓷表面润湿性的影响)。

为分析方便,将室温($T=20℃$)时,钎料预置在 TiC 金属陶瓷表面称为钎料熔化的 I 阶段,如图 5.36(a)所示。

在钎料熔化的第 II 阶段中($20℃＜T＜T_0$),钎料中部分低熔点组织(由 Ag 和 Zn 生成的 ξ 相金属间化合物)开始熔化。此时的加热温度未达到 Zn 在此真空度下开始挥发的理论温度,因此忽略此阶段 Zn 的少量挥发对 σ_{lv} 和 σ_{sl} 的影响。又由于在这个阶段中,钎料中只有极少量的低熔点组织熔化,所以将 AgCuZn 钎料的表面张力还是看成固态的表面张力。因此,随着加热温度的升高,AgCuZn 钎料的

表面张力 σ_{lv} 降低,为其熔化后在 TiC 金属陶瓷表面的润湿和铺展进行准备,如图 5.36(b)所示。

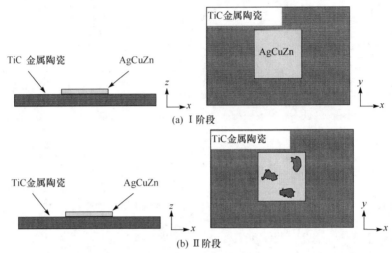

图 5.36　AgCuZn 钎料熔化过程的物理模型(钎料熔化的第 I 和 II 阶段)

在钎料熔化的阶段 III 中($T_O \leqslant T < T_M$),钎料组织处于欲熔化(液固共存)状态。由于这个阶段的加热温度已超过 Zn 在此真空度下开始挥发的理论温度,使得钎料表面还保持晶格关系的 Zn 原子挣脱与其相互作用的 Ag 原子或 Cu 原子向真空中扩散;而正处于做杂乱无章运动的 Zn 原子则相对较容易地向真空中挥发,如图 5.37 所示。

此时,钎料内部的 Zn 原子向表面迁移后,从钎料表面向真空中扩散。但钎料内部还保持晶格关系的 Zn 原子在向钎料表面迁移的过程中,要受到晶格内其他原子(Ag 原子或 Cu 原子)的作用力。当 Zn 原子无法克服晶格内部的这种作用力时,它将与其相互作用的晶格内部的 Ag 原子或 Cu 原子迁移到钎料表面。此时,正处于做杂乱无章运动的 Zn 原子则相对较容易地向钎料表面迁移。最终,造成大量 Zn 原子及少量 Ag 原子和 Cu 原子聚集在钎料表面。

这样,在阶段 III 即将结束时,尽管钎料表面的原子密度要远远高于钎料内部的原子密度,但根据宏观统计热力学可知,Zn 挥发后钎料中单位体积内的原子数较挥发前明显降低,钎料表面周围的气体原子数增加,且原子间的距离也增大,因此由 Padday 和 Uffindell 提出的液体表面能计算公式可知,液态钎料的表面张力 σ_{lv} 降低。尽管在此阶段,固/液界面张力 σ_{sl} 也相应发生变化(但由非反应固/液界面分子的相互作用势能可知,其远没有 σ_{lv} 变化大)。因此,在阶段 III 中 Zn 原子向真空中的挥发可提高钎料在 TiC 金属陶瓷表面的润湿能力。同时,钎料内部留有的大量空位为阶段 IV 中 TiC 金属陶瓷中的 Ni 原子(少量的 TiC 颗粒)向液态钎料中的溶解和扩散做出充分准备。

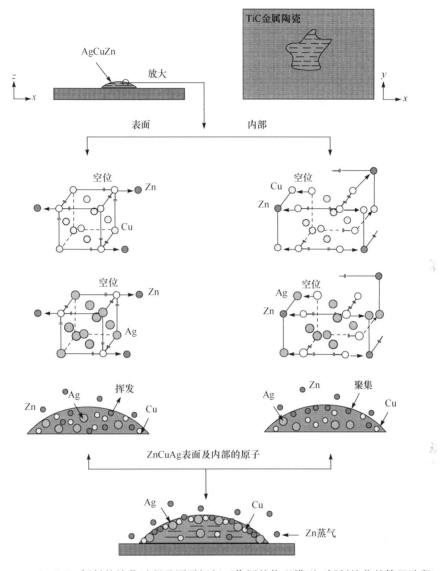

图 5.37　AgCuZn 钎料的熔化过程及原子间相互作用的物理模型（钎料熔化的第Ⅲ阶段）

在钎料熔化的阶段Ⅳ中（$T_M \leqslant T \leqslant T_B$），钎料组织完全处于液态。由于钎料内部留有大量空位，且在 TiC 金属陶瓷/AgCuZn 钎料的界面处有 Ni 的浓度梯度，所以有大量的 Ni 由 TiC 金属陶瓷内部向 AgCuZn 钎料内部扩散。特别是在加热温度高于 Ag-Cu-Ni 三元合金的熔化温度（$T_{M'} \leqslant T \leqslant T_B$）时，界面处 TiC 金属陶瓷中的 Ni 原子向钎料中溶解并扩散。这使得钎料内单位体积的原子数 n_1 较扩散和溶解前单位体积的原子数明显提高，如图 5.38 所示。而在界面处的 TiC 金属侧，尽管有少量 Cu 向 TiC 金属陶瓷内部进行扩散,但由于 Cu 和 Ni 的原子半径相差无几,所以假设单位体积的原子数 n_s 不变。最终,由非反应固/液界面分子的相互作用势能可知,TiC 金属陶瓷/AgCuZn 钎料界面处原子间的相互作用能 φ_{sl} 增大,即 σ_{sl} 减小。

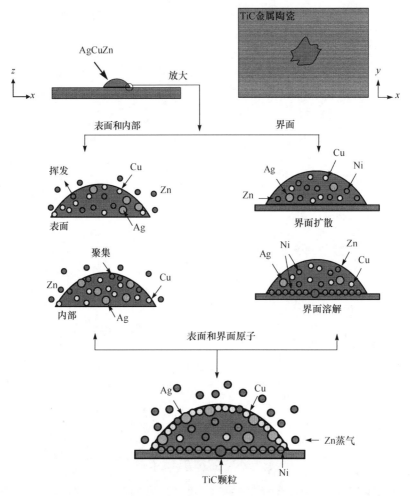

图 5.38　AgCuZn 钎料的熔化过程及原子间相互作用的物理模型(钎料熔化的第Ⅳ阶段)

在此阶段中,钎料内部的 Zn 原子大量向表面聚集,而聚集在钎料表面的 Zn 原子能脱离液态钎料表面向真空中挥发。尽管由于 Ni 原子向钎料中溶解,使得钎料单位体积的原子数 n_l 增加,但由于 Zn 原子向真空中的继续挥发,使得液态钎料表面的气态原子数 n_v 也明显增加;同时 $r_{Ni} < r_{Zn}$,因此 Ni 溶解前后的分子间距离变化得不大。这样,由 Padday 和 Uffindell 提出的液体表面能计算公式可知,AgCuZn 钎料的表面张力 σ_{lv} 较阶段Ⅲ结束时变化较小。这样在阶段Ⅳ中,尽管 σ_{sl}

减小、σ_{lv} 可能增加,但由于 σ_{sl} 的变化较 σ_{lv} 明显,所以由式 $S = \sigma_{sv} - \sigma_{lv} - \sigma_{sl}$ 可知,钎料在陶瓷表面的铺展系数 S 还是明显增加的。

综合以上分析,Zn 挥发提高 AgCuZn 钎料对 TiC 金属陶瓷表面润湿性的过程如图 5.39 所示。由图可以看出,在钎料熔化的阶段 II 中,钎料处于固态,因此随着真空炉内气氛温度的升高,固态钎料的表面张力降低,使得钎料逐渐在 TiC 金属陶瓷表面润湿。

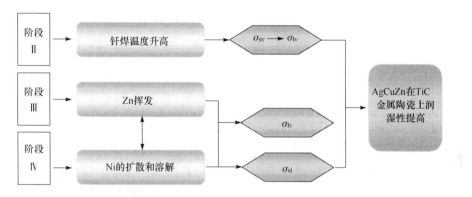

图 5.39　Zn 挥发提高 AgCuZn 钎料对 TiC 金属陶瓷表面润湿性的原理

在钎料熔化的阶段 III 中,随着炉内气氛温度的升高,固态钎料的表面张力降低;但随着 Zn 原子向真空中挥发,钎料内单位体积的原子数较挥发前明显降低,而钎料表面周围的气体原子数及液体内部原子间距离的增加,造成液态钎料表面张力降低。

在钎料熔化的 IV 阶段中,有大量的 Ni 由 TiC 金属陶瓷内部向 AgCuZn 钎料内部溶解和扩散,使得钎料内单位体积的原子数增加,因此 TiC 金属陶瓷/AgCuZn 钎料界面处原子间的相互作用能增大,即界面张力 σ_{sl} 减小,提高了 AgCuZn 钎料在 TiC 金属陶瓷表面的润湿能力。综合以上分析结果,AgCuZn 钎料在 TiC 金属陶瓷表面润湿性的提高都直接或间接地归因于 Zn 从钎料向真空中的挥发。

5.4.2　TiC 金属陶瓷/AgCuZn/45 钢的氩气保护钎焊

为了证实 Zn 挥发可以有效增强 AgCuZn 钎料在 TiC 金属陶瓷表面的润湿能力,采用氩气保护方法对 TiC 金属陶瓷/AgCuZn/45 钢接头进行钎焊,以降低钎焊过程中 Zn 原子向真空环境内的挥发。图 5.40 给出了保温时间相同(均为 1min),但钎焊温度不同时,采用氩气保护方法或真空方法得到的 AgCuZn 钎料在 TiC 金属陶瓷表面的润湿形貌。

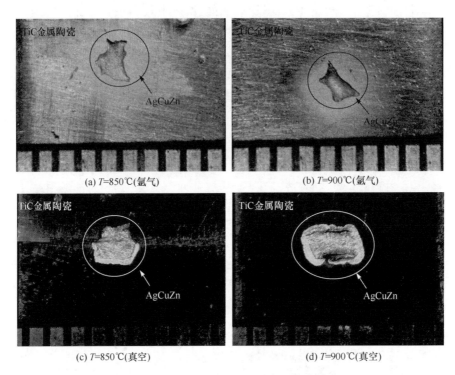

(a) $T=850℃$(氩气)　　　　　　　　　(b) $T=900℃$(氩气)

(c) $T=850℃$(真空)　　　　　　　　　(d) $T=900℃$(真空)

图 5.40　AgCuZn 钎料在 TiC 金属陶瓷表面的润湿形貌($t=1min$)

由图可知,尽管焊前 AgCuZn 钎料的尺寸是相同的(均为 $2mm×2mm$),但可以明显观察到在真空条件下得到的钎料铺展面积要大于在氩气保护条件下得到的铺展面积。由此可以证实以下结论,即在真空条件下,利用 Zn 原子的挥发可以有效地提高 AgCuZn 钎料在 TiC 金属陶瓷表面的润湿能力。

采用氩气保护的方法对 TiC 金属陶瓷/AgCuZn/45 钢进行钎焊时,钎料中的 Zn 原子挥发能力差,因此在钎料/TiC 金属陶瓷的界面处原子间的相互作用不明显。图 5.41 给出了氩气保护钎焊的 TiC 金属陶瓷/AgCuZn/45 钢接头和 AgCuZn/45 钢界面的背散射照片($T=850℃,t=1min$)。由图可知,氩气保护钎焊的 TiC 金属陶瓷/AgCuZn/45 钢接头形貌与真空钎焊的接头形貌相似;但在氩气保护钎焊的 AgCuZn/45 钢界面处并没有发现由 Cu、Fe 和 Ni 组成的扩散层。

为分析 Zn 的不充分挥发对接头产物和界面结构的影响,对图 5.41 中 TiC 金属陶瓷/AgCuZn/45 钢接头的各区进行了能谱分析,见表 5.6。分析结果表明,靠近 TiC 金属陶瓷侧和 45 钢侧的 A 和 C 区均为 Zn 在 Cu 中的 Cu 基固溶体及少量的 $Ni_3ZnC_{0.7}$ 金属间化合物(X 射线衍射结果);而钎缝中心的白色 B 区为 Zn 和 Cu 在 Ag 中的 Ag 基固溶体,黑色 C 区为 Zn 和 Ag 在 Cu 中的 Cu 基固溶体及 $Ni_3ZnC_{0.7}$ 金属间化合物。

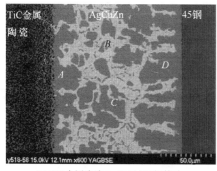
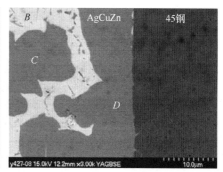

(a) TiC 金属陶瓷/AgCuZn/45 钢接头　　　　　　　(b) AgCuZn/45 钢界面

图 5.41　TiC 金属陶瓷/AgCuZn/45 钢氩气保护钎焊的背散射照片（$T=850℃,t=1\text{min}$）

通过上面的分析结果可知,钎焊过程中 Zn 原子的不充分挥发,使得 Zn 原子固溶在 Cu 和 Ag 中,因此在界面处有大量的 Cu(Zn) 和 Ag(Zn) 固溶体生成。同时, Zn 原子的不充分挥发,不利于 TiC 金属陶瓷内的 Ni 原子向钎料内的扩散,因此界面处只有少量的含 Ni 金属间化合物生成。最终,使得 AgCuZn 钎料/TiC 金属陶瓷界面处原子间的相互作用不强,且在界面处形成少量的金属间化合物,最终使得 TiC 金属陶瓷/AgCuZn/45 钢氩气保护钎焊接头的抗剪强度较真空钎焊接头的抗剪强度低,如图 5.42 所示。

表 5.6　TiC 金属陶瓷/AgCuZn/45 钢氩气保护钎焊接头的能谱分析结果

（$T=850℃,t=1\text{min}$,质量分数）　　　　　　　　　（单位:%）

区域	Ag	Cu	Fe	Ni	C	Zn	Ti
A	03.83	52.59	01.36	07.56	04.53	29.85	00.28
B	72.29	07.14	00.45	00.82	07.31	00.22	11.76
C	05.20	53.13	00.68	05.42	06.08	29.39	00.11
D	04.80	52.81	01.53	05.69	07.53	27.63	00.00

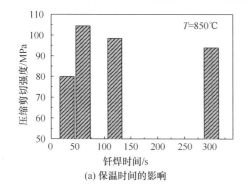
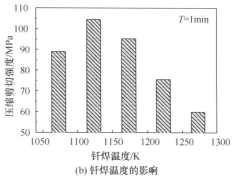

(a) 保温时间的影响　　　　　　　　　　　(b) 钎焊温度的影响

图 5.42　钎焊工艺参数对 TiC 金属陶瓷/AgCuZn/45 钢氩气保护钎焊接头抗剪强度的影响

参 考 文 献

[1] Krishnaiah M V, Seenivasan G, Srirama Murti P, et al. Thermal conductivity of selected cermet materials. Journal of Alloys and Compounds, 2003, 353(1/2): 315~321

[2] Cardinal S, Malchère A, Garnier V, et al. Microstructure and mechanical properties of TiC-TiN based cermets for tools application. International. Journal of Refractory Metals & Hard Materials, 2009, 27: 521~527

[3] Liu N, Chao S, Yang H D. Cutting performances, mechanical property and microstructure of ultra-fine grade Ti(C, N)-based cermets. International Journal of Refractory Metals & Hard Materials, 2006, 24: 445~452

[4] Yu H J, Liu Y, Jin Y Z, et al. Effect of secondary carbides addition on the microstructure and mechanical properties of (Ti, W, Mo, V)(C, N)-based cermets. International Journal of Refractory Metals & Hard Materials, 2011, 29: 586~590

[5] Chicardi E, Córdoba J M, Sayagués M J, et al. Inverse core-rim microstructure in (Ti, Ta)(C, N)-based cermets developed by a mechanically induced self-sustaining reaction. International Journal of Refractory Metals & Hard Materials, 2012, 31: 39~46

[6] Wawrzik S, Zhou P, Buchegger C, et al. Metallurgy and thermochemistry of cermet/hardmetal laminates. International Journal of Refractory Metals & Hard Materials, 2015, 50: 282~289

[7] Guo Z X, Xiong J, Yang M, et al. Preparation and characterization of Ti(C, N)-based nano-cermets. Ceramics International, 2014, 40: 5983~5988

[8] Liu N, Liu X S, Zhang X B, et al. Effect of carbon content on the microstructure and mechanical properties of superfine Ti(C, N)-based cermets. Materials Characterization, 2008, 59: 1440~1446

[9] Xu Q Z, Ai X, Zhao J, et al. Comparison of Ti(C, N)-based cermets processed by hot-pressing sintering and conventional pressureless sintering. Journal of Alloys and Compounds, 2015, 619: 538~543

[10] Cantelia J A, Canteroa J L, Marína N C, et al. Cutting performance of TiCN-HSS cermet in dry machining. Journal of Materials Processing Technology, 2010, 210: 122~128

[11] Peng Y, Miao H Z, Peng Z J. Development of TiCN-based cermets: Mechanical properties and wear mechanism. International Journal of Refractory Metals & Hard Materials, 2013, 39: 78~89

[12] Chen X, Xiong W H, Qu J, et al. Microstructure and mechanical properties of (Ti, W, Ta)C-xMo-Ni cermets. International Journal of Refractory Metals & Hard Materials, 2012, 31: 56~61

[13] Zhang Y X, Zheng Y, Zhong J, et al. Effect of carbon content and cooling mode on the microstructure and properties of Ti(C, N)-based cermets, International Journal of Refractory Metals & Hard Materials, 2009, 27: 1009~1013

[14] Dizaji V R, Rahmani M, Sani M F, et al. Microstructure and cutting performance investiga-

tion of Ti(C,N)-based cermets containing various types of secondary carbides. International Journal of Machine Tools & Manufacture,2007,47:768~722

[15] Wu P,Zheng Y,Zhao Y L,et al. Effect of TaC addition on the microstructures and mechanical properties of Ti(C,N)-based cermets. Materialsand Design,2010,31:3537~3541

[16] Chen W L,Li W,Liu N,et al. Performance of Ti(C,N)-based cermets cutter and simulation technique of cutting process. Journal of Materials Processing Technology,2008,197:36~42

[17] Deng Y,Deng L,Xiong X,et al. Physical properties and microstructure of Ti(CN)-based cermets with different WC particle size. Materials Science & Engineering A,2014,613:352~356

[18] Zou B,Zhou H J,Xu K T,et al. Study of a hot-pressed sintering preparation of $Ti(C_7N_3)$-based composite cermets materials and their performance as cutting tools. Journal of Alloys and Compounds,2014,611:363~371

[19] Bucklow I A,Potter J H,Dunkerton S B. Development of a brazed ceramic-faced steel tappet. The TWI Journal,1995,(4):260~316

[20] 吴爱萍,任家烈. 复合陶瓷挺柱钎焊连接的研究//第八次全国焊接会议论文集. 北京:机械工业出版社,1997:346~348

[21] Xu Q Z,Ai X,Zhao J,et al. Effect of heating rate on the mechanical properties and microstructure of Ti(C, N)-based cermets. Materials Science & Engineering A, 2015, 628:281~287

[22] Olubambi P A,Alaneme K K,Andrews A. Mechanical and tribological characteristics of tungsten cermet composites sintered with Co-based and zirconia mixed binders. International Journal of Refractory Metals & Hard Materials,2015,50:163~177

[23] Xu Y,Yang Z C,Han Z,et al. Fabrication of Ni/WC composite with two distinct layers through centrifugal infiltration combined with a thermite reaction. Ceramics International,2014,40:1037~1043

[24] Zhou W,Zheng Y,Zhao Y J,et al. Microstructure characterization and mechanical properties of Ti(C,N)-based cermets with AlN addition. Ceramics International,2015,41:5010~5016

[25] Hong H S,Lee S,Lee C S. Characterization of (Ni-Cu)/YSZ cermet composites fabricated using high-Energy ball-milling:Effect of Cu concentration on the composite performance. Ceramics International,2015,41:6122~6126

[26] Xu Q Z,Ai X,Zhao J,et al. Effects of metal binder on the microstructure and mechanical properties of Ti(C, N)-based cermets. Journal of Alloys and Compounds, 2015, 644:663~672

[27] Rajabi A,Ghazali M J,Daud A R. Chemical composition,microstructure and sintering temperature modifications on mechanical properties of TiC-based cermet - a review. Materials and Design,2015,67:95~106

[28] Yu H J,Liu Y,Ye J W,et al. Effect of (Ti,W,Mo,V)(C,N) powder size on microstructure and properties of (Ti,W,Mo,V)(C,N)-based cermets. International Journal of Refractory

Metals & Hard Materials,2012,34:57~60

[29] Dong G B,Xiong J,Chen J Z,et al. Effect of WC on the microstructure and mechanical properties of nano Ti(C,N)-based cermets. International Journal of Refractory Metals & Hard Materials,2012,35:159~162

[30] Kwon H J,Suh C Y,Kim W. Preparation of a highly toughened (Ti,W)C-20Ni cermet through insitu formation of solid solution and WC whiskers. Ceramics International,2015, 41:4223~4226

[31] Guo S Q. Reactive hot-pressing of platelet-like ZrB_2-ZrC-Zr cermets:Processing and microstructure. Ceramics International,2014,40:12693~12702

[32] Xu P Q. Dissimilar welding of WC-Co cemented carbide to $Ni_{42}Fe_{50.9}Co_{0.6}Mn_{3.5}Nb_3$ invar alloy by laser-tungsten inert gas hybrid welding. Materials and Design,2011,32:229~237

[33] Peng Y,Fu Z Y,Wang W M,et al. Welding of Ti-6Al-4V and TiB_2-Ni cermet using pulsed current heating. Science and Technology of Welding and Joining,2008,15:456~461

[34] Guo Z X,Lian Y,Zhong H,et al. Effect of WC on the joint of Ti(C,N)-based cermet/steel joint by autogenous pressure-assisted interlayer-free diffusion bonding. International Journal of Refractory Metals & Hard Materials,2015,51:102~109

[35] Chen H S,Feng K Q,Xiong J,et al. Characterization and stress relaxation of the functionally graded WC-Co/Ni component/stainless steel joint. Journal of Alloys and Compounds, 2013,557:18~22

[36] Lee W B,Kwon B D,Jung S B. Effects of Cr_3C_2 on the microstructure and mechanical properties of the brazed joints between WC-Co and carbon steel. International Journal of Refractory Metals & Hard Materials,2006,24:215~221

[37] Chen H S,Feng K Q,Wei S F,et al. Microstructure and properties of WC-Co/3Cr13 joints brazed using Ni electroplated interlayer. International Journal of Refractory Metals & Hard Materials,2012,33:70~74

第6章　TiC 金属陶瓷与 TiAl 合金的自蔓延反应辅助连接

TiAl 合金作为一种新型的高温结构材料,具有密度低(3.7~3.9g/cm³)、比强度高、刚度好、弹性模量高、高温性能良好、抗蠕变和抗氧化能力强等优点,在航空、航天和民用领域均具有广阔的应用前景[1]。然而目前无论从经济性还是从实用性的角度来说,即使如 TiAl 合金这种高性能的单一材料也已经很难满足现代生产技术对材料综合性能的需求,因此,国内外材料科学领域工作者正致力于研究和开发异种材料连接技术。金属陶瓷是由金属和陶瓷相所组成的非均质复合材料,其中后者占 15%~85%(体积分数),它既保持有陶瓷的高强度、高硬度、耐高温、抗氧化和化学稳定性好等特性,又具有较好的金属韧性和可塑性,是一类非常重要的工具材料和结构材料。金属陶瓷的用途极其广泛,几乎涉及国民经济的各个部门和现代技术的各个领域,尤其是 TiC 金属陶瓷在多工业领域均具有广阔的应用前景[3,4]。若能实现 TiC 金属陶瓷与 TiAl 合金的连接,必然会大力推进航空航天等领域新技术的发展。

作者针对 TiC 金属陶瓷与 TiAl 合金的自蔓延反应辅助连接开展了系统的研究[5~10]。陶瓷与金属的连接问题一直是连接领域难点问题[11,12],首先 TiC 金属陶瓷与 TiAl 的键型不同,TiC 陶瓷为共价键结构,TiAl 为金属键结构,连接时存在键型的转换和匹配问题,而且 TiC 陶瓷本身的润湿性能不好,很难选择合适的钎料以实现良好的冶金连接;其次,TiC 金属陶瓷与 TiAl 的物理性能差异很大,尤其是热膨胀系数差异很大,TiC-Ni 金属陶瓷的热膨胀系数约为(8.31~9.36)×10^{-6}/K,而 TiAl 合金的热膨胀系数可达到 14.4×10^{-6}/K,因此接头易产生很大的残余应力从而导致在接头处产生缺陷;再次,TiC 金属陶瓷与 TiAl 连接时,由于 Ti 元素的高反应活性,很容易产生由碳化物及多元金属间化合物组成的脆性反应层,这种反应层严重影响接头的质量,所以采用常规连接方法很难实现 TiC 金属陶瓷与 TiAl 的高质量连接。对于异种材料连接常用的扩散连接方法由于应力较大很难实现连接,而钎焊接头的高温应用受到了限制。基于此,作者采用自蔓延反应辅助连接方法,综合了扩散连接、瞬时液相(TLP)连接和自蔓延高温合成的优点,采用合适的中间层替代钎料,加热时发生元素扩散和放热反应,利用材料原位合成的原理,生成合适的连接界面,实现异种高熔点材料的可靠连接。由于焊接热量由中间层的自蔓延反应产生,所以能够很大程度上减少能量消耗,而且连接过程在中间层的自蔓延反应结束时完成,所需要的连接时间非常短,该方法属于一种高效节能的连接方法。

本章通过对 TiC 金属陶瓷与 TiAl 合金的自蔓延反应辅助连接工艺与机理的研究,详细地分析了自蔓延反应辅助连接的中间层选择机制,阐明了接头的界面连接机理和中间层体系的反应机理,丰富了材料合成和连接领域的信息,对于这两种高温材料的连接提供了技术储备,同时促进了陶瓷与金属连接技术的发展。

6.1　自蔓延反应辅助连接中间层优化设计

自蔓延反应辅助连接是一种充分利用自蔓延反应与扩散连接各自优点的高效节能连接方法,然而每种连接方法必然存在发挥其最佳特性的环境,进行良好的连接接头设计是实现高质量连接的关键。由于自蔓延反应的效果很大程度上决定着整个连接过程,中间层选择是连接过程首先要解决的问题。为了实现最佳的自蔓延反应辅助效果,必须要选择高放热量且与母材具有良好相容性的中间层。

中间层的选择是自蔓延反应辅助连接重要的工艺步骤,中间层的自蔓延反应是连接过程的主要热源,所以中间层的选择直接决定着整个连接体系的放热量。中间层反应产物保留在接头中,其产物性能直接影响着连接质量。在选择中间层组元时,必须考虑以下几个因素。

(1) 中间层与母材之间的物理相容性要好,中间层要具有合适的热膨胀系数,以减小或消除界面热应力。

(2) 中间层与母材之间的化学相容性要好,以保证中间层能够润湿两侧母材提高界面结合质量。

(3) 中间层自蔓延反应得到的产物本身力学性能要好,致密度高,以获得较高的连接强度。

(4) 中间层反应物应具有较好的烧结性能,以利于调整焊接温度和气氛,便于焊接过程中的反应。

(5) 中间层的成分设计应首先考虑生成的反应产物类型和能否发生稳定的自蔓延反应,发生自蔓延反应需要存在高放热反应体系。

6.1.1　粉末中间层的优选

粉末中间层由于其制备方便,成分变化灵活,成本低廉,成为自蔓延反应中最常使用的中间层形式。为了采用粉末中间层实现两侧母材的连接,要求粉末中间层与两侧母材的相容性要好,另外要求该体系的放热量要满足实现自蔓延反应的要求。

虽然体系的反应放热量可以通过试验方法测定,但是对于一个超过二元的反应体系,采用试验方法确定体系成分需要极大的工作量,因而是不可取的,为此有必要找到一种理论预测方法来实现中间层的选择。

试验中采用绝热温度来评价体系的反应程度和放热量[5,6]。自蔓延反应中，如果不考虑燃烧过程的热损失，从热平衡条件可以计算反应产物所能达到的最高温度，即绝热温度 T_{ad}。T_{ad} 是自蔓延反应一个重要的热力学参数，可作为判断体系自蔓延反应能否自我维持的准定性判据，一般认为只有当 $T_{ad} \geqslant 1800K$ 时整个体系的自蔓延反应才能自维持[13]。

对于 TiC 金属陶瓷与 TiAl 的连接，考虑到 TiC 金属陶瓷为 Ni 基陶瓷材料，最理想的反应产物就是 TiAl，TiC 与 Ni 的混合物，这样中间层体系就被确定为 Ti-Al-C-Ni 四元体系。

从体系反应性能角度考虑，Ti-Al-C-Ni 中间层是非常合理的。因为 Ti-C 系反应放热量非常大，可以增加体系的放热量，从而提高连接质量。含有 Al 会保证反应引燃温度比较低，有利于反应体系在较低的温度下实现引燃，这对于降低连接温度是很有意义的。Ni 对于其他组元的润湿性非常好，能够提高反应产物的致密度，同时作为稀释剂还可以调节反应体系的放热量，从而有利于试验中控制体系反应程度。由此，试验中确定了采用 Ti-Al-C-Ni 作为 TiC 金属陶瓷与 TiAl 连接的主要体系。

然而对于 TiC＋TiAl＋Ni 预期反应物体系，必须要考察该体系的热力学稳定性。TiC 这种产物是非常稳定的，这种产物生成后一般不参加后续反应，但是 TiAl-Ni 体系可能发生的反应有

$$TiAl + Ni \longrightarrow AlNi + Ti \tag{6-1}$$

$$TiAl + Ni \longrightarrow TiNi + Al \tag{6-2}$$

这两个反应的吉布斯自由能曲线如图 6.1 所示。通过计算可以发现，反应(6-1)的自由能从 300K 至 1500K 一直为负值，反应(6-2)的自由能从 300K 至 1500K 一直为正值，说明反应(6-1)从热力学上一直可以发生，反应(6-2)不能够发

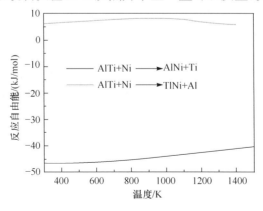

图 6.1　AlTi 和 Ni 的反应自由能

生。由此可知,TiAl-Ni 这种体系在热力学上不稳定,即使在反应产物中生成了 TiC+TiAl+Ni 这种体系,该体系中 TiAl 和 Ni 也会发生进一步地反应生成 AlNi 和 Ti,所以预期 TiC+TiAl+Ni 这种最佳的反应产物体系是不稳定的。为了尽量保持反应产物与两侧母材的相容性,同时考虑到中间层体系的反应性能,调整产物体系为 TiC+AlNi,因为 TiC 与金属陶瓷侧相容性会比较好,另外 AlNi 的性能与 TiAl 也比较接近。对于陶瓷与金属连接的一般情况,主要困难在于陶瓷侧不易实现高质量连接,所以这种 TiC+NiAl 的预期产物还是非常合理的。

对于热力学分析,不需要把分析重点集中到中间生成相上,只需要针对平衡态最终反应产物进行分析。对于 Ti-Al-C-Ni 四元体系,其中最稳定的产物是 TiC,所以最终产物中 TiC 相是必不可少的,在生成了 TiC 之后,剩下的 Al-Ni 反应生成化合物为 AlNi。在中间层反应体系组元及预期产物被确定了之后,下一步工作就是确定中间层各个组元的具体含量,以保证体系能够获得适宜的放热量。试验中采用绝热温度作为评价体系放热量的标准,通过绝热温度计算来确定体系的具体成分。体系的化学反应方程式可以用下式表示:

$$m\text{TiC}+\text{Al}+m\text{C}+\text{Ni} \longrightarrow \text{AlNi}+m\text{TiC} \tag{6-3}$$

式中,m 为反应产物中 TiC 所占的份数。

AlNi 在体系中起稀释剂的作用。计算中需要应用到的热力学参数见表 6.1。

表 6.1　计算中选用的热力学参数[14]

物质	相	温度区间 /K	转化热/(kJ/mol)	a	b	c	d
Ti	s,α	298～1155	4.14	22.158	10.284	—	—
Ti	s,β	1155～1933	18.62	19.828	7.924	—	—
Ti	l	1933～3000	—	35.564			
Al	s	298～933	10.71	31.376	−16.393	−3.607	20.753
Al	l	933～2767	290.78	31.748			
Al	g	2767～3200	—	20.799			
Ni	s	298～631		11.17	37.78	3.18	
Ni	s	631～1726		20.54	10.08	15.4	
Ni	l	1726～3187	17.47	43.095			
C	s	298～1100	—	0.109	38.940	−1.481	−17.385
TiC	s	298～3290	71.13	49.953	0.979	−14.774	1.887
TiC	l	3290～3500	—	62.760			
TiAl	s	298～1733		55.940	5.941	−7.531	
NiAl	s	298～1912		41.840	13.807		

为了保证中间层体系能够实现自蔓延反应,整个体系的绝热温度应该大于

1800K;为了保证中间层自蔓延反应能够得到比较致密的组织,中间层体系反应过程中不能够产生气相,为此要求体系的绝热温度不高于体系内沸点最低组元 Al 的汽化温度。在计算过程中同时考虑了预热对中间层反应的影响。图 6.2 为中间层反应绝热温度随中间层成分和预热温度变化的整体分布图。从图中能够看出,体系反应产物中 TiC 含量和预热温度都能够对绝热温度产生很明显的影响,整体的作用效果是一个三维曲面,对曲面采用固定 TiC 含量或者预热温度的任一个平面做截面,就能够得到 TiC 含量或者预热温度对绝热温度的影响。

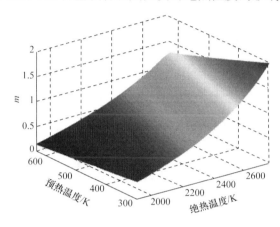

图 6.2　中间层成分和预热温度对绝热温度的影响

图 6.3 为图 6.2 的截面图,其中图 6.3(a)表示为固定 m 为 1 时,也就是说反应产物中 TiC 含量与 AlNi 的原子含量相等时,预热温度对绝热温度的影响。由图能够发现,体系的绝热温度随着预热温度的升高而增加,说明预热是提高体系反应放热性能的一种很有效的方法。图 6.3(b)表示固定体系预热温度为 298K,也

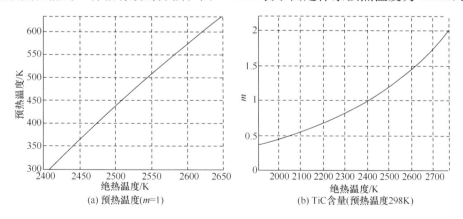

(a) 预热温度(m=1)　　　　　　　(b) TiC 含量(预热温度298K)

图 6.3　相关参数对绝热温度的影响

就是没有预热时,反应产物中 TiC 含量 m 对绝热温度分布的影响。体系的绝热温度随着 m 的增加而增加,这主要是由于 Ti+C ——→TiC 的反应为体系中放热最高的反应,所以生成 TiC 所占比例增加,体系的放热量相对增加,从而导致体系的绝热温度升高。这与试验设计思路还是非常吻合的,这样可以控制中间层的反应温度,有利于实现高质量的连接。

实际连接过程中可以通过预热来提高体系的绝热温度,以保证体系发生自蔓延反应,但是为了增加粉末中间层体系的应用广泛性,尤其是为了尝试在常温时利用粉末中间层的自蔓延反应来实现材料的连接,同时也考虑到实际连接过程中母材对中间层反应产热量的散失效果,必须要选择高放热体系的中间层,为此选择绝热温度范围时仍然考虑没有预热的情况。通过绝热温度计算,确定了 Ti-Al-C-Ni 体系中间层组元的具体成分为 $0.39<m<2.2$。根据 m 的取值就能够具体确定中间层的成分,满足绝热温度要求的中间层成分见表 6.2。表 6.2 同时给出了对应的 TiC 成分 m 的数值和对应于中间层的具体的绝热温度,中间层成分范围为:Ti(17%~47%),Al(13%~25%),C(4%~12%),Ni(28%~54%)(质量分数)。

表 6.2　选定的中间层成分及其相应参数

中间层编号	原子比				m	T_{ad}/K
	Ti	Al	C	Ni		
1	2	5	2	5	0.4	1995.5
2	3	5	3	5	0.6	2140.8
3	4	5	4	5	0.8	2287.4
4	1	1	1	1	1.0	2405.8
5	6	5	6	5	1.2	2501.0
6	7	5	7	5	1.4	2584.1
7	8	5	8	5	1.6	2652.7
8	9	5	9	5	1.8	2711.5
9	2	1	2	1	2	2762.3

为了能够使中间层在成分上和性能上实现从 TiAl 到 TiC 金属陶瓷的过渡,理想的中间层反应产物就是 TiC 与 AlNi 的混合物。图 6.4 为中间层最终反应产物组织照片。在照片中可以发现大块状的颗粒为 TiC 相,填充在 TiC 颗粒中间的白亮相为 AlNi 相。

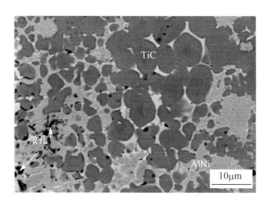

图 6.4　Ti-Al-C-Ni 体系反应产物微观组织照片

6.1.2　粉末中间层的反应机理

中间层的反应性能是决定自蔓延反应辅助连接质量的关键,对于中间层反应机制的深入理解有助于试验中选择合理的参数和阐明连接过程的本质。

球磨后的粉末体系组织照片如图 6.5 所示。通过能谱分析可以确认 A 颗粒为钛粉,B 颗粒为碳粉,C 颗粒为镍粉,各粉末之间基本上保持了原有粉末的形态,粉末虽然存在一定程度的粘连,但是之间的反应合金化并不明显。需要注意的是,粉末体系中的铝粉由于其塑性较好,所以在球磨过程中很难发生细化,基本上保持了原有的粒度,只是在球磨过程中发生了一定程度的塑性变形,形状变得不规则。

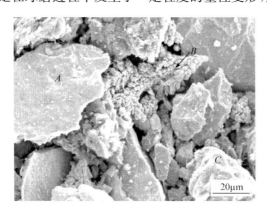

图 6.5　球磨后粉末形态

对于原始的 Ti、Al、C、Ni 粉末,粉末的混合状态对反应性能也有着很大程度的影响。如果粉末不经过球磨,由于混合不充分,无法实现体系的自蔓延燃烧;然而长时间的球磨混合后,粉末的自蔓延燃烧性能也并不理想,球磨对于粉末体系有两种作用:一种是使体系晶粒变形并储能,粉末的表面能在球磨过程中升高,这样粉末的反应性能比较好;另一方面在长时间球磨过程中体系组元之间发生机械合金化,这种效果对于机械合金化制备材料是必不可少的。但是连接过程主要利用球磨后粉末的反应热,所以原始粉末合金化会产生不利的影响。为此试验中并不能采用特别长的球磨时间,通过试验确定 2h 为合理的球磨时间。

图 6.6 为 Ti-Al-C-Ni 中间层 DTA 曲线,在加热过程中主要出现了三个明显的放热峰和一个明显的吸热峰,考虑吸热峰对应的温度,可以确定吸热峰是由 Al 粉的熔化所引起的,第一个放热峰在 Al 粉熔化之前,属于固态反应,但是该峰覆盖面积较小,不是自蔓延反应的主要产热温度区间。第二个放热峰在 Al 粉熔化吸热峰之后紧接着发生,分析认为应该是液态 Al 元素与其他组元反应对应的放热峰,体系自蔓延反应在该放热峰位置实现了引燃。第三个放热峰在 1273K 左右,对应着某种高温放热反应。

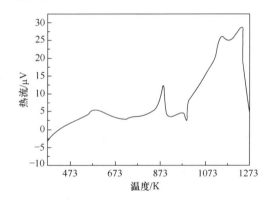

图 6.6　Ti-Al-C-Ni 体系 DTA 曲线

中间层反应的热力学分析主要通过以下几个方面展开。首先,哪种元素之间的反应最先发生;然后在后续反应中生成什么产物;最后是哪种产物能够保留到最终产物中。

通过测试确定体系的自蔓延反应是在 Al 元素熔点附近发生的,Al 粉熔化之后与哪种组元先发生反应需要通过对反应的热力学分析来确定,图 6.7 为 Al 与Ti、Ni 两种元素发生反应的吉布斯自由能曲线。首先发生反应时,液态的 Al 包裹住固态的 Ti、Ni 颗粒发生反应。对于在固/液界面发生的扩散,在液体中的扩散速度总是要大于在固体中的扩散速度,因此发生的扩散主要是固体向液态 Al 中的溶解扩散,当浓度超过极限溶解度时便会析出富 Al 的化合物。通过查找文献,确定液态 Al 与 Ti、Ni 发生反应时最先生成的化合物分别为 $TiAl_3$ 和 Al_3Ni。通过两个反应的自由能对比能够确定,在 Al 元素的熔点这两个反应均能够发生,其中$Al+Ni \longrightarrow Al_3Ni$ 的反应自由能更低,说明 Al 元素与 Ni 反应生成 Al_3Ni 为 Ti-Al-C-Ni 体系首先发生的反应,该反应对应着 DTA 曲线的第一个放热峰。

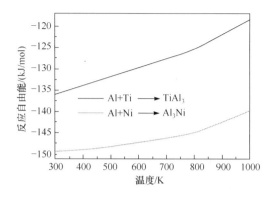

图 6.7　不同反应的吉布斯自由能曲线

在 Al-Ni 系反应发生之后,整个体系的温度迅速升高,此时发生后续反应。Al-Ni 生成 Al$_3$Ni 的反应属于固-液反应,进行速度非常快,Al 元素几乎全部参与到了生成 Al$_3$Ni 的反应中,所以后续反应中基本上不存在 Al 元素。由于体系中仍然还有一定量的 Ni,通过热力学计算可以证明 Ni 可以与 Al$_3$Ni 发生反应生成 AlNi,这个反应也属于放热反应且在不断进行。此时在体系中主要残余了大量的 Ti 和 C,还有少量的 Ni。对于这种 Ti-C-Ni 体系的热力学分析表明,在 Ti-C 比例为 1∶1 的情况下,在足够的温度下完全生成 TiC 而不会发生 Ti-Ni 或者 Ni-C 系的反应,所以对应于 DTA 曲线中第二个放热峰的反应为 Ti+C ⟶ TiC。

在反应过程中由于反应的不平衡性还可能出现一些少量的中间反应相,例如,在 Al 元素熔化之后,可能由于粉末混合不均匀而在某位置发生 Al+Ti ⟶ Ti-Al 或者 Ti+Ni ⟶ Ti-Ni 的反应,或者生成一些 Al$_4$C$_3$ 相,但是由于 Ti 元素与 C 元素的亲和力极强,所以残余的 C 会夺取 Ti-Al 或 Ti-Ni 系产物中的 Ti 来形成 TiC,这样在最终反应产物中不会出现 Ti 的其他化合物。

图 6.8 为 Ti-Al-C-Ni 中间层完全反应产物的 X 射线衍射分析结果,可以确定最终反应产物为 AlNi 和 TiC 的混合物,没有发现其他中间反应产物,说明 AlNi-

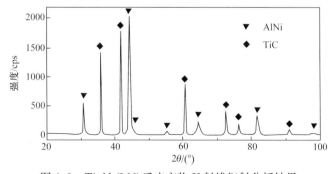

图 6.8　Ti-Al-C-Ni 反应产物 X 射线衍射分析结果

TiC 是一种稳定的反应产物体系,这也验证了中间层反应机理分析的正确性。

6.1.3　多层膜中间层的优选与反应特性

多层膜由于具有优异的物理、化学、力学等性能而在多个领域得到了广泛的应用,将多层膜材料作为中间层引入到连接领域有望在自蔓延反应辅助连接研究中取得新的突破。虽然多层膜制备比较困难,但是多层膜的高反应速度与低引燃温度仍然使其具有很广阔的应用前景。多层膜中间层与粉末中间层在反应机理上具有一定的差异,由于多层膜中间层反应速度远远大于粉末中间层,所以多层膜中间层基本上不存在自蔓延反应淬熄问题,这样多层膜中间层在连接中就可以具有更广泛的应用范围。由于 Al/Ni 多层膜具有低引燃温度、高放热量和与母材性能较接近的反应产物,试验中选择 Al/Ni 多层膜作为 TiC 金属陶瓷与 TiAl 连接的中间层,多层膜的设计主要考虑单层厚度以及整体厚度的问题。

关于粉末中间层的连接结果表明,采用粉末中间层能够实现 TiC 金属陶瓷与 TiAl 的自蔓延反应辅助连接,但是也存在一定的问题。首先,尽管在试验中得到了比较理想的压坯压制工艺,但是原始的粉末中间层内部仍然不可避免地存在着大量的孔隙,这些孔隙成为影响中间层反应产物性能的主要原因之一。其次,在粉末中间层的制备和应用过程中存在着粉末的氧化问题,尤其是对于化学性质比较活泼的 Al 粉和 Ti 粉,氧化膜作为反应阻隔层强烈地阻碍着原子的扩散和界面的反应,从而降低体系的放热量,且需要更高的引燃温度,体系放热量的降低很可能引起连接质量的下降。最后,对于某些粉末,其压制成型效果极差,即使采用较大的制坯压力也很难得到高致密度的粉末压坯。

采用多层膜作为自蔓延反应辅助连接中间层时,上述很多难题就可以迎刃而解。原始的多层膜内部基本不存在孔隙,所以最终反应产物的致密度能够得到很大程度的提高。由于多层膜具有很高的反应活性,多层膜材料的引燃温度要低于同化学成分的粉末压坯,点燃温度差可能达到 300～350K。而且多层膜中间层内部基本上不存在连续的氧化膜,多层膜材料整体的导热性能好,反应速度和放热量都能够得到很大程度的提高,从而有希望实现高质量的连接。

1. Al/Ni 多层膜的制备及选择依据

目前多层膜的制备主要有以下几种方法:物理气相沉积、化学气相沉积、电化学沉积和机械轧制方法。在这几种方法中,化学气相沉积方法广泛应用于半导体和氮化物等沉积领域,但是由于沉积过程中可能达到过高的温度进而引起多层膜的引燃,所以化学气相沉积方法不适合用于反应多层膜的制备。电化学沉积适合于薄膜材料制备,但是对于多层膜材料的制备仍具有一定的困难。机械轧制多层膜的单层厚度和整体均匀性不能满足要求,因此,试验中选择了磁控溅射方法进行多层膜的制备。

磁控溅射试验在真空环境中进行,采用固定的 Al 靶和 Ni 靶,沉积基体在真空室中旋转,从而分别沉积上 Al 和 Ni 薄膜,通过调整基体正对着每个靶的时间就能够控制单层的厚度,通过控制整体的沉积时间就能够控制整体多层膜的厚度。试验前先对沉积速度进行测试,通过沉积速度的测定就可以设计单层厚度及整体厚度。在试验采用的参数下,Al 的沉积速度为 $2.0\mu m/h$,Ni 的沉积速度为 $1.2\mu m/h$。图 6.9 为制备 Al-Ni 多层膜的扫描电镜照片。从图中可以发现,颜色较浅的为 Ni 层,颜色较深的为 Al 层,最终制备的多层膜的总厚度为 $50\mu m$ 左右,单层厚度为 500nm 左右,保证整体原子比近似为 Al︰Ni＝1︰1。图 6.9(b) 为多层膜断口形貌照片,可以发现明显的 Al/Ni 交替分布的多层膜特征。

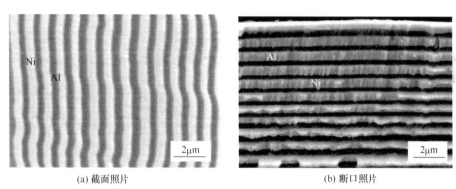

(a) 截面照片　　　　　　　　　　　　　　(b) 断口照片

图 6.9　Al/Ni 多层膜原始状态示意图

图 6.10 为制备的 Al-Ni 多层膜原始组织的 X 射线衍射结果,在结果中只发现了 Al 和 Ni 两种相,没有发现任何 Al-Ni 化合物。基于此可以确定,在沉积过程中未发生 Al-Ni 的合金化,只是形成了单纯的 Al-Ni 机械混合物,这对于后续作为中间层的应用过程中能够获得理想的放热量是非常重要的,因为如果合金化过多则会使多层膜的自蔓延反应放热量明显降低,而热量降低则会导致在多层膜中间层内部和连接界面处的反应不充分,难以获得高质量连接接头。

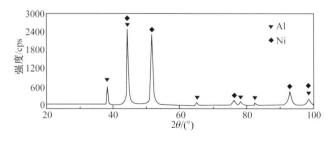

图 6.10　原始多层膜 X 射线衍射分析结果

2. Al/Ni 多层膜的反应机理

Al/Ni 多层膜燃烧过程示意图如图 6.11 所示,在燃烧过程中伴随着热量的传导,质量的迁移,元素的扩散与化学反应等多种机制,对 Al/Ni 多层膜反应机理进行深入的分析,有助于提高采用 Al/Ni 多层膜进行连接的质量和性能。

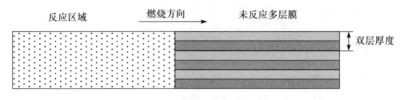

图 6.11　Al/Ni 多层膜燃烧过程示意图

为了分析 Al/Ni 多层膜的反应机理,对体系的热力学过程进行分析是非常有必要的。试验中采用 DSC 试验对 Al/Ni 多层膜加热过程进行了分析,DSC 结果如图 6.12(a)所示,采用的加热速度为 15K/min,在 Ar 气保护下进行试验。由图可以看出,图中的 DSC 曲线主要存在两个明显的放热峰,在图中分别用峰 A 和峰 B 标示出。当 Al/Ni 多层膜被加热到 530K 左右时出现第一个放热峰 A,该放热峰比较小而且宽度比较窄,说明此时的产热量并不是非常大;继续对多层膜进行加热,出现第二个放热峰 B,放热峰很宽而且高度很大,说明该温度下放热强度比较大。继续对体系进行加热并没有出现明显的放热峰。需要注意的是,这两个放热峰都在 700K 以下,也就是说在 Al 元素的熔点以下,说明该体系最初的放热反应主要是由固-固反应实现的,可以认为体系的自蔓延反应在低于 Al 元素的熔点就可以实现引燃。

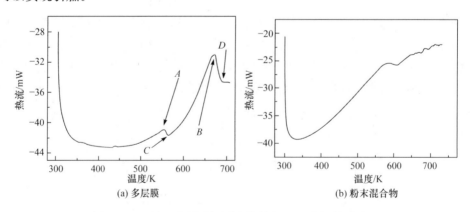

图 6.12　Al/Ni 多层膜与同成分粉末 DSC 分析结果对比

通过上述分析可以发现,Al/Ni 多层膜的引燃温度很低而且放热量比较大,说明该多层膜适合作为连接中间层。为了与 Al/Ni 多层膜的放热量进行对比,采用成分相同的 Al 粉和 Ni 粉的混合物在相同的参数下进行 DSC 试验,试验结果如图 6.12(b)所示。对于 Al-Ni 粉末混合物的 DSC 曲线,虽然在 550K 和 650K 左右也出现了放热峰,但是放热峰无论是在宽度还是高度上都非常小,说明粉末体系的固-固反应放热非常不明显,放热量不足以引发体系的自蔓延反应。这一方面是由于粉末体系的粒度比较大,实际接触面积较小,很难通过固相反应放出较大的热量;另一方面由于粉末不可避免地存在一定的氧化问题,这种表面的氧化膜限制了固相反应的进行,从而导致粉末体系的产热量远低于多层膜,实际采用 Al-Ni 粉末体系最低也要将粉末加热到 Al 元素的熔点附近才能够引发体系的强放热反应,为此 Al/Ni 粉末压坯不适合用作自蔓延反应辅助连接中间层。

通过多层膜的 DSC 分析可知,该 Al/Ni 多层膜在加热过程中出现了两个放热峰,也就是说在加热过程中发生了两个放热反应,然而具体的放热反应一般很难通过 DSC 曲线的处理而确定。常用的方法是通过淬熄试验来确定不同温度对应的反应产物,从而确定体系的反应机制。针对 DSC 曲线的特点,分别选取了峰 A 和峰 B 的下降沿温度范围,如图 6.12(a)中标出的 C 和 D 的位置。将多层膜缓慢加热至 C 和 D 的位置然后淬火,对此时得到的反应产物进行射线衍射分析。

图 6.13 为 Al-Ni 多层膜在 C 位置反应产物的 X 射线衍射结果,为了确定前期反应产物,在反应发生后就对其进行淬熄处理。在反应产物中出现了较多量的 Al_3Ni 相。此时的反应在瞬间停止,所以反应不是非常充分,这样就有一定的 Al_3Ni 相残余在反应产物中,如果反应足够充分,Al_3Ni 可以与 Ni 反应进一步生成 AlNi 相。由于试验中采用的多层膜局部可能 Ni 含量比较高,所以在反应最后有一定量 Ni 相残余,反应层中生成的这种高 Ni 含量反应相与 TiC-Ni 金属陶瓷母材相容性较好。

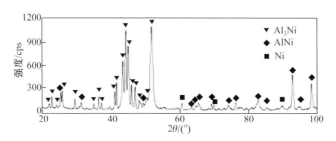

图 6.13   多层膜反应产物 X 射线衍射分析结果(淬熄)

图 6.14 为 Al/Ni 多层膜对应于 D 温度位置处反应产物的 X 射线衍射结果,此时的反应产物主要是 AlNi 和少量的 Ni,没有发现 Al_3Ni 相的存在,从而说明放热峰 B 对应着生成 AlNi 的反应。

对比 C 温度位置处和 D 温度位置处的反应产物分析结果可以发现,C 位置处主

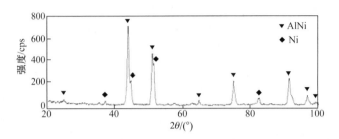

图 6.14　多层膜反应产物 X 射线衍射分析结果(淬熄)

要存在着大量的 Al_3Ni 相,而这些 Al_3Ni 相在 D 位置就已经消失了。说明放热峰 A 对应着生成 Al_3Ni 的反应,这样在 C 位置处理想的反应产物就应该是 Al_3Ni+Ni,然而在试验中发现还出现了少量的 AlNi 相,结合 DSC 曲线的分析结果,认为这主要是由于生成 Al_3Ni 的反应在一个很短的温度范围内完成,该温度范围比较难于控制,另外生成 Al_3Ni 的反应放热会引起体系的温度升高,所以体系内局部区域温度可能达到 AlNi 的生成温度从而出现了一小部分 AlNi,最终形成了 $Al_3Ni+AlNi+Ni$ 的结构。

通过上述分析,确定体系的反应机制如下:$Al+Ni \longrightarrow Al_3Ni+Ni$ 对应于放热峰 A,$Al_3Ni+Ni \longrightarrow AlNi+Ni$ 对应于放热峰 B。确定 Al_3Ni 相为该种 Al/Ni 多层膜的反应最先生成相,这与 Al-Ni 系扩散反应和燃烧合成的研究结果也是一致的,其根本原因在于 Ni 在 Al 中的扩散速度要远远大于 Al 在 Ni 中的扩散速度,而且 Ni 在 Al 中的饱和溶解度相对较小,且 Al-Ni 体系中 Al_3Ni 生成自由能最低,所以在界面处首先形成富 Al 的化合物。

最近对于 Al-Ni 体系的研究发现了 Al_9Ni_2 这种 Al 含量更高的化合物。然而上述微米多层膜中未发现该生成相,分析认为这是由于微米多层膜接触面积少,界面固相反应放热量相对较少,所以界面生成相的产生之后长大相对比较困难,这种情况下由于 Al_9Ni_2 相析出所需的临界半径 1.2nm 大于 Al_3Ni 相所需的 1.1nm,所以 Al_3Ni 相相对更容易长大析出,这样在微米多层膜中出现了大量的 Al_3Ni 相,没有发现 Al_9Ni_2 相。可以设想如果多层膜的单层厚度变得更薄,这时 Al_9Ni_2 相可能通过固相反应大量生成于 Al_3Ni 相之前。

反应速度是衡量体系反应性能的一个重要参数,也是决定多层膜中间层在连接中适用性的重要指标。如果反应速度太慢,多层膜反应过程中向母材传递的热量太多,在多层膜内的反应可能发生淬熄;如果反应速度太快,虽然体系产热量比较高,但是对于连接界面的加热效果不明显,也不能够实现高质量的连接。

目前对于多层膜反应速度的测量主要采取的是光学方法,后续试验主要利用高速摄影装置测量多层膜的反应速度。Al/Ni 多层膜自蔓延燃烧过程如图 6.15 所示。其中图 6.15(a)为未引燃时的状态,多层膜的反应在图 6.15(b)的时间引燃,引燃位置在图 6.15(a)所示多层膜的右端部,引燃之后燃烧波以很快的速度向左传播,燃烧过程在图 6.15(f)时间结束。燃烧过程中由于反应放热发出亮光。另外,燃烧过程中多层膜产物软化,此时由于重力作用发生向下的弯曲。通过对多层膜的长度和燃烧需要的时间进行计算就能够得到多层膜的自蔓延燃烧速度,通过计算发现此种工艺条件下制备的 Al/Ni 多层膜反应速度约为 6.4cm/s,该速度高于采用 Ti-Al-C-Ni 粉末中间层时的速度,这是由于多层膜中间层的导热快,引燃温度低,界面面积大且无氧化层,所以自蔓延反应速度相对较高。

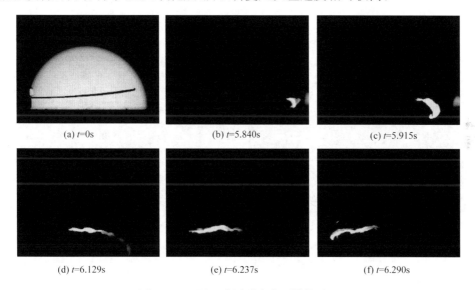

(a) t=0s　　　　　　(b) t=5.840s　　　　　　(c) t=5.915s

(d) t=6.129s　　　　　(e) t=6.237s　　　　　(f) t=6.290s

图 6.15　Al/Ni 多层膜自蔓延燃烧过程

6.2　采用粉末中间层连接 TiC 金属陶瓷与 TiAl 合金

粉末中间层由于其制备工艺简单且成分易调节,因而非常适合在材料连接领域应用。采用粉末中间层进行 TiC 金属陶瓷与 TiAl 的连接时,界面结构是连接的核心问题。在连接界面处生成产物的性质及其分布直接决定连接质量,只有研究清楚界面反应规律及其机理才能合理地调整连接工艺,找到提高连接质量的途径。因此,有必要采用多种分析手段,研究 TiC 金属陶瓷与 TiAl 自蔓延反应辅助连接中形成的反应产物和界面结构,同时分析各参数对于连接过程和连接质量的影响。

6.2.1　界面组织分析

图 6.16 为采用 Ti-Al-C-Ni 中间层时,TiC 金属陶瓷与 TiAl 的自蔓延反应辅

助连接接头组织照片,可以明显地发现,中间层反应比较充分而且中间层反应产物较致密,焊后中间层反应产物的总体厚度有所下降,这说明中间层产物的致密化效果明显。图 6.16(a)为采用 Ti2Al5C2Ni5 中间层时 TiC 金属陶瓷与 TiAl 连接接头组织形貌照片,中间层反应产物中仍然存在一定量的孔隙,但是此时孔隙的尺寸相对比较小。该工艺下没有发现 Ni 残余,中间层内生成了均匀反应产物,但是在 TiC 金属陶瓷侧界面处出现了厚度比较大的白亮反应层。图 6.16(b)为采用 Ti8Al5C8Ni5 中间层时 TiC 金属陶瓷与 TiAl 连接接头组织照片,此时中间层反应产物中的孔隙比较少,在 TiC 金属陶瓷侧界面附近仍然出现了浅色的反应层,在 TiAl 侧界面处也生成了一定量的反应产物。

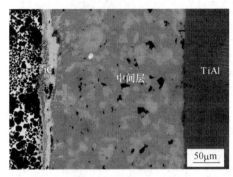

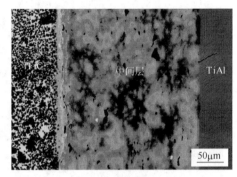

(a) Ti2Al5C2Ni5　　　　　　　　　　(b) Ti8Al5C8Ni5

图 6.16　TiC 金属陶瓷/TiAl 自蔓延反应辅助连接接头界面结构

图 6.17 为采用 Ti2Al1C2Ni1 中间层时自蔓延反应辅助连接接头界面组织放大照片。其中图 6.17(a)为 TiC 金属陶瓷与中间层界面处接头微观组织照片。由图可以发现,在连接界面处出现了一定量的白色反应产物,通过能谱分析发现这种白亮的反应物主要由富 Ni 相组成。图 6.17(b)为 TiAl 与中间层连接界面处接头

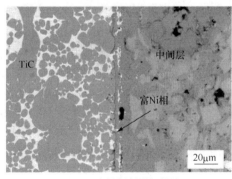

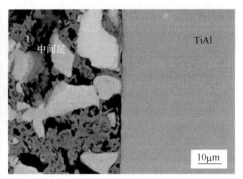

(a) TiC金属陶瓷侧界面组织　　　　　　　　(b) TiAl侧界面组织

图 6.17　TiC 金属陶瓷/TiAl 电场辅助连接接头界面结构

微观组织照片,虽然中间层与母材界面处的连接效果不错,但由于中间层体系中Ti-C 的相对含量较高,反应放热量大,中间层自蔓延反应过程仍比较剧烈,故中间层反应产物内部还存在一些孔隙。在中间层反应产物中能够观察到很多浅色的Al-Ni 系环状反应产物,这种组织结构主要是由液态的 Al 包裹住固态的 Ni 发生反应,两侧母材的冷却作用导致反应进行不完全而形成的。

当中间层的反应放热量比较大时,母材可能会发生局部的微溶,母材中的 Ni会由于浓度梯度而大量向中间层迁移。整个自蔓延反应辅助连接过程进行得非常快,接头的整体温度下降非常快,所以这些扩散到中间层中的 Ni 不可能均匀地分散到中间层反应产物内部,只能集中在界面附近一个很小的区域内,这样在连接界面位置处就形成了一个明显的富 Ni 层,如图 6.18 所示。在背散射像中富 Ni 层与TiC 母材的填充相颜色基本类似,说明二者的成分比较相近,对该层的能谱分析结果也可以确认该层主要含有 Ni(97.2%,原子分数)。当该层的厚度比较小时对性能没有明显的削弱作用,但是如果在界面处形成了厚大的富 Ni 层,该层的性能与两侧性能差异很大,在该层内易发生应力集中而成为裂纹源,导致微裂纹的出现,极大程度上削弱了连接性能。为解决微裂纹产生的问题,提高产物均匀度和致密度,在连接试验中减慢降温速度使应力集中得到一定程度的缓解,同时采用放热量适当的中间层粉末,并控制其他相关连接工艺参数。

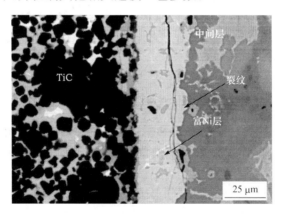

图 6.18　TiC 金属陶瓷/TiAl 连接接头裂纹形貌

图 6.19 为 TiC 金属陶瓷与 TiAl 自蔓延反应辅助连接接头组织照片,采用等摩尔比的 Ti-Al-C-Ni 中间层。

从图中能够发现,此时中间层反应产物致密度较高,且反应产物很均匀,图 6.19(b)为 TiC 金属陶瓷侧界面组织照片,此时在界面处仍然出现了一层比较厚大的反应层,结合表 6.3 中的能谱分析结果,确定 A 层仍然为富 Ni 层,但是在该层内没有出现微裂纹,所以不会对整体的连接性能产生明显的负面影响。界面

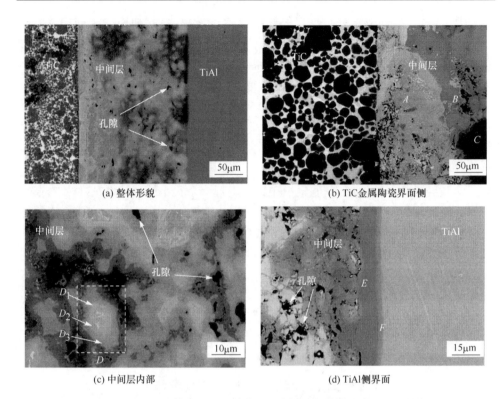

(a) 整体形貌

(b) TiC金属陶瓷界面侧

(c) 中间层内部

(d) TiAl侧界面

图 6.19　TiC 金属陶瓷/TiAl 自蔓延反应辅助连接接头典型界面结构

处的 C 区域主要由 AlNi 和 TiC 相组成,由于时间短,TiC 仍然没有长成颗粒状。图 6.19(c)为中间层内反应产物组织放大照片,中间层产物中孔隙较少,中间层内出现了区域 D 所示的环状结构,通过能谱分析确定该环状结构中间为 Ni 核,外层为 AlNi,最外层为 Al_3Ni,这种结构是由体系的反应机制决定的。图 6.19(d)为 TiAl 侧界面组织照片,可以发现此时界面处出现了两层连续的反应层,通过分析确认这两层反应层分别为 $TiAl_2$ 和 $TiAl_3$。图中的白色区域内含有一定量的 Ni,TiC 相弥散分布在深色区域内。由图可以看到,中间层反应产物组织更加致密,孔隙数量少且尺寸很小,微裂纹基本被消除,中间层与母材界面处的连接效果比较理想。

表 6.3　TiC 金属陶瓷/TiAl 接头的能谱分析结果

区域	颜色	成分（原子分数）/％				生成相
		Ti	Ni	C	Al	
A	白	4.1	92.1	3.8	—	Ni+TiC
B	灰	—	56.0	0.7	43.3	AlNi

续表

区域	颜色	成分（原子分数）/%				生成相
		Ti	Ni	C	Al	
C	黑	11.9	38.6	9.2	40.3	AlNi+TiC
D_1	白	—	99.5	—	0.5	Ni
D_2	灰	—	51.2	—	48.8	AlNi
D_3	黑	—	23.7	—	76.3	Al_3Ni
E	灰	26.4	—	—	73.6	$TiAl_3$
F	白	36.8	—	—	63.2	$TiAl_2$

6.2.2　工艺参数对接头界面组织的影响

影响自蔓延反应辅助连接效果的因素很多,主要包括反应原料的粒度、压坯相对密度,反应的点燃温度和燃烧温度,燃烧波的传播模式,中间层的厚度,连接压力的大小,母材的温度和表面处理状态,反应气氛、反应产物的均匀化过程以及接头的冷却速度和冷却环境等。因此,此处研究了工艺参数对自蔓延反应辅助连接的影响,重点分析了连接压力、连接温度和保温时间以及粉末粒度的影响。

分析工艺参数的影响需要涉及以下几个问题。

（1）相容性:这是任何焊接过程中都必须要解决的首要问题。自蔓延反应辅助连接工艺可通过界面互扩散或固相界面反应而形成中间过渡层,从而改善中间层反应产物与受焊母材之间的相容性,同时也可通过形成液相润湿母材表面。这主要受焊接时母材的温度、母材表面状态、反应模式以及焊接温度等因素的影响。

（2）接头的致密性:这将直接影响接头的强度。反应原料吸附的气体和水分、反应过程中产生的气相产物以及反应物压坯密度、原料平均粒度,中间层的厚度,燃烧波的传播模式和连接过程中压力的大小和加压时间都影响反应产物的相对密度。

（3）接头残余应力所导致的裂纹:这对于连接异种材料尤为重要。连接过程中的加热速度、冷却速度和反应原料的组成都影响接头内裂纹萌生和扩展。

1. 连接压力的影响

在中间层与母材的连接界面处,虽然采用了合理的制坯压力来保证中间层压坯能够获得比较理想的致密度,从而确保了中间层压坯的表面质量,但是从微观角度来看,压坯表面仍然是粗糙不平的,当中间层压坯与母材相互接触时,实际的接触仅发生在粗糙峰尖处,实际接触面积只占名义整体接触面积的一部分,热流通过接触界面在粗糙峰处发生收束集中,凹处热流密度小,形成接触热阻。

　　通过对于 Ti-Al-C-Ni 中间层反应机制的分析可以确认,在中间层的反应过程中出现部分液相,也就是说,中间层反应过程属于一种固液混合状态。这样在中间层反应过程中,中间层与母材的实际传热过程由两部分组成,一部分是中间层中固体与固体母材界面的传热,另一部分是中间层中的液体与固体母材界面的传热。

　　而考虑到连接过程中实际的温度场分布,在靠近母材的连接界面位置处温度远远低于中间层内部反应产物的温度,因此在界面处产生的液相数量明显少于中间层内部,中间层反应出现的固体部分与母材的传热是界面传热的主导部分。

　　在接触热阻的研究中,载荷对接触热阻的影响是研究最为广泛的,几乎所有的研究都表明压力是接触热阻所有影响参数中最敏感的参数,一般认为压力通过改变接触物之间实际接触面积的大小来影响接触热阻,热阻随载荷增加而减小。随着连接压力的增加,界面的接触导热率也相应增大;界面热阻下降,这对于减小连接界面位置的温度梯度,促进整体的均匀性是非常有利的。

　　在不影响接头其他性能的前提下,要求焊接压力越高越好。然而连接压力对自蔓延反应进行的程度也有着很大的影响。如果连接压力比较小,反应压坯与母材接触不充分,这是一定不能实现高质量连接的;但是如果连接压力过大,会抑制体系的自蔓延反应,稀释剂填充作用不充分,甚至使中间层自蔓延反应熄灭,无法实现连接。因此对于一种特定的中间层粉末,是可以找到一个最佳的连接压力与之对应的。另外考虑到 TiAl 母材属于脆性金属材料,所以焊接压力必须慎重选择,否则可能会在焊接过程中由于压力过大,使母材变形过大而无法实现连接。

　　为确定这个最佳连接压力,在试验中选取中间层成分为 Ti6Al5C6Ni5,将试验中所采用的连接压力在一定的范围内进行变化,通过观察采用不同连接压力所发生的试验现象和连接情况就可以确定最佳的连接压力范围。连接压力的变化情况和试验结果见表 6.4。当连接压力比较低时,中间层的反应非常剧烈,达到近似于热爆反应的程度,此时中间层反应产物比较疏松,另外此时由于在界面处接触不好,界面处的扩散和反应都非常不充分,无法实现连接。随着连接压力的升高,界面处的接触热阻减小,中间层向母材的传热量增加,中间层反应情况稍微得到抑制,反应产物致密度有所增加,界面处连接质量也有所提高。连接压力在 40MPa 左右时,中间层能发生比较理想的自蔓延反应,并且能形成高密度的反应物,这也为形成良好的连接接头提供了有力的保证。当连接压力过大时,界面处接触热阻过小,中间层产热大量传给母材,中间层反应达到的最高温度降低,另外母材可能发生一定程度的变形,也无法实现连接。针对不同的中间层需要不同的连接压力,这主要是由于不同中间层的产热量不同,但是试验发现,不同的中间层最佳连接压力都在 35~40MPa 范围内。为了尽量提高反应产物致密度,试验中选择连接压力为 40MPa。

表 6.4　连接压力对自蔓延反应辅助连接的影响

连接压力/MPa	反应程度	产物孔隙率/%
15	热爆	未连接
20	剧烈燃烧	19.1
25	剧烈燃烧	12.4
30	蔓延燃烧	9.7
35	蔓延燃烧	8.2
40	蔓延燃烧	6.8
45	微弱燃烧	8.5
50	微弱燃烧	9.2
55	微弱燃烧	10.1
60	微弱燃烧	未连接

选取 Ti3Al5C3Ni5 中间层粉末变化连接压力进行自蔓延反应辅助连接,得到接头的组织照片如图 6.20 所示。不同的连接压力下中间层反应产物的致密度存在极大的差异,若连接压力过小则生成高孔隙率的反应产物,此时连接质量非常差;随着连接压力的增大,反应产物的致密度相对提高,连接质量也明显提高,但是连接压力过大则中间层反应不充分,连接质量下降,甚至可能无法实现连接。

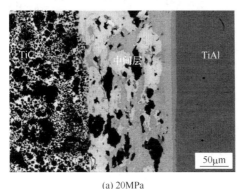
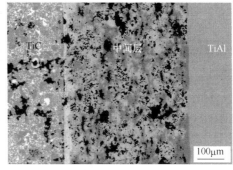

(a) 20MPa　　　　　　　　　　　　　　(b) 40MPa

图 6.20　连接压力对界面组织的影响

2. 连接温度的影响

对于 TiC 金属陶瓷与 TiAl 的自蔓延反应辅助连接,实现连接所需要的主要能量是由中间层发生自蔓延反应所产生的。因此,理论上只要加热温度达到自蔓延反应的引燃温度,就能实现连接,前面所述的试验也都是采用该温度作为连接温度,也就是整体加热到中间层自蔓延反应完成之后就完成连接过程。但是为获得良好的中间层产物组织,进一步提高连接质量,可以继续升高温度并适当保温实现对接头的焊后热处理,这个过程起到了扩散均匀化的作用。它能促进连接界面处的元素扩散,同时使中间层反应得更加充分,从而获得均匀的中间层组织。由于这个过程也是在一次试验中完成,因此虽然实现了接头后热处理的作用,但仍然将这个温度称为连接温度。后续提到的连接温度和保温时间均是相对于后热处理的作用而提出的。

对于 TiC 金属陶瓷与 TiAl 的连接,通过对界面组织的分析可以发现,在 TiC 侧连接界面处主要生成了富 Ni 层,这种界面产物是在中间层瞬间反应界面附近区域达到非常高的温度时形成的,然而后续热处理过程不可能达到那么高的温度,所以连接温度对于 TiC 侧的界面组织并没有明显的影响,只需要对 TiAl 侧界面组织进行分析就能够得到后热处理对 TiAl 侧界面产物和中间层性能的影响。

连接温度是一个很重要的工艺参数。图 6.21 为采用 $Ti_2Al_5C_2Ni_5$ 中间层压坯时,变化连接温度的 TiAl 侧界面组织照片。从图中可以看出,随着连接温度的升高,界面反应进行得更加充分,得到的中间层组织也更为均匀;如果连接温度过高,中间层与母材界面处出现了厚大的反应层,这对连接性能提高是不利的,最佳连接温度为 1323K。

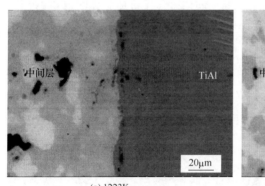

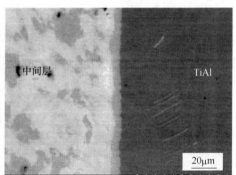

(a) 1223K　　　　　　　　　　　　(b) 1323K

图 6.21　连接温度对界面结构的影响(Ti2Al5C2Ni5/30min)

3. 保温时间的影响

高温保温时间对连接质量也有着一定的影响,它主要决定原子的扩散和界面反应的进程。一般情况下,延长保温时间,能促使原子扩散的距离增大并且使其扩散得更加充分,从而能使反应层增厚并使元素分布更加均匀。但是延长保温时间同时也对晶粒的长大有着促进作用,保温时间太长会导致反应层晶粒粗大、物理性能下降,长时间的后热处理还有可能使界面出现厚度过大的反应层,对连接性能也起着极大的削弱作用。选取 Ti8Al5C8Ni5 中间层压坯变化保温时间得到的 TiAl

侧接头的组织照片如图 6.22 中所示。

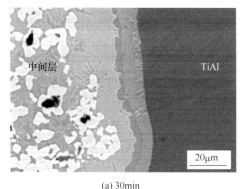 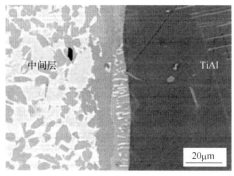

(a) 30min　　　　　　　　　　　　　　　　(b) 60min

图 6.22　高温保温时间对界面结构的影响(Ti8Al5C8Ni5/1323K)

由图可见,当温度不变而保温时间延长时,中间层孔隙有所减少,反应层的颜色变浅,这是因为延长保温时间而使得反应更充分,这样使得反应层在组织和性能上更接近于母材,但是界面处反应层的厚度明显增加,通过后期的强度测试发现断裂主要发生在中间层内部,所以 TiAl 侧反应层的增厚不会对连接强度产生过度的影响。试验得到的比较理想的高温保温时间为 60min。

4. 粉末粒度的影响

1) 碳粉粒度对体系反应性能的影响

在中间层体系中发生的最重要反应为生成 Al_3Ni 和 TiC 的反应,这两个反应一个决定着体系的引燃,另一个决定着体系的主要放热。其中生成 Al_3Ni 的反应发生于液态的 Al 与固态的 Ni 之间,由于反应属于固-液反应且只需要生成 Al_3Ni 并不需要 Ni 反应完全,所以该反应非常容易实现。因此 Ni 粉的粒度对于整体反应性能虽然存在一定影响,但是不能成为绝对的控制因素。然而生成 TiC 的反应属于固-固反应,且反应在生成了 TiC 之后,后续扩散需要穿过 TiC 球壳,反应速度比较慢,而且为了提高体系的放热量,要求该反应进行完全,因此该反应为中间层体系的主要控制反应。Ti-C 系反应的速度主要受碳粉粒度控制,可以确定碳粉的粒度对体系的反应性能有着决定性的影响。

为了提高中间层的反应性能,试验中采用纳米碳粉代替普通大颗粒碳粉混合到中间层体系中。添加的纳米碳粉形貌照片如图 6.23 所示。纳米碳粉的宏观形貌如图 6.23(a)所示,由于纳米碳粉之间的吸附力非常强,所以在宏观尺度上粉末团聚现象比较严重,部分粉末甚至呈现出大颗粒的形貌。但是从图 6.23(b)所示的微观照片可以看出,这种大颗粒结构是由许多纳米碳管缠绕在一起形成的,单独的碳管直径在 100nm 以下。

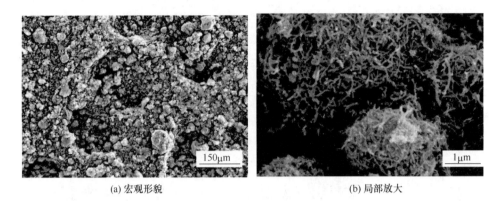

(a) 宏观形貌　　　　　　　　　　　　　　　　(b) 局部放大

图 6.23　纳米碳粉形貌

在粉末体系中使用纳米碳粉来代替普通碳粉对于粉末的混合状态会产生很明显的影响，如图 6.24 所示。采用纳米碳粉之后碳粉的粒度非常小，而且纳米级的碳粉吸附力强，在球磨过程中碳粉填充到了其他粉末的间隙之中，使得球磨后粉末比较致密，粉末之间的接触也比使用普通碳粉时更加充分，这样有利于后续自蔓延反应充分进行。

(a) 普通碳粉　　　　　　　　　　　　　　　　(b) 纳米碳粉

图 6.24　碳粉粒度对粉末混合状态的影响

图 6.25 为采用纳米碳粉的 Ti8Al5C8Ni5 中间层进行 TiC 金属陶瓷与 TiAl 连接时接头的界面组织照片。通过与采用普通粒径碳粉的接头照片对比可以发现，采用纳米碳粉能够很大程度地提高中间层反应产物的致密度，此时在反应产物中孔隙大幅度减少。与 TiC 金属陶瓷界面处也实现了良好的连接，可以发现 TiC 颗粒发生了整体向中间层的少量溶解，这说明此时中间层反应放热非常高，而且中间层对 TiC 的润湿性能良好。中间层与 TiAl 的连接界面变得不规则，在界面处出现的反应层仍然认为是 $TiAl_3$ 反应层，反应层与中间层结合得非常好，彼此之间的界面难以分辨。

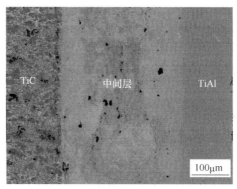

(a) 整体形貌

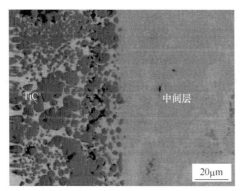

(b) TiC 金属陶瓷侧

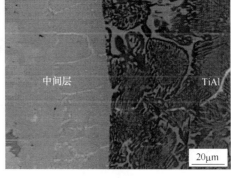

(c) TiAl 侧

图 6.25　采用纳米碳粉的 TiC 金属陶瓷/TiAl 接头界面组织

通过对体系引燃温度的分析发现,当碳粉粒度减小时,反应引燃温度在试验范围内并没有发生明显变化,这是由于 Ti-Al-C-Ni 体系自蔓延反应引燃主要由 Al-Ni 体系的反应控制。

2) 钛粉粒度对体系反应性能的影响

钛粉粒度对于反应过程的影响主要体现在对 Ti-C 系反应的影响上,试验中分别采用了 200 目、325 目两种粒度的钛粉,通过测试发现钛粉的粒度对体系的引燃性能和反应速度均没有明显的影响。为了避免钛粉的氧化,采用 TiH_2 粉末(200 目)代替 Ti 粉进行了试验,希望通过高温时 $TiH_2 \longrightarrow Ti + H_2$ 来获得未氧化的钛粉,结果发现体系的反应性能也没有明显的改变,从而进一步说明了 Ti-C 系反应主要是由碳粉的粒度来控制的。

3) 铝粉粒度对体系反应性能的影响

Al 在中间层反应体系中主要决定着体系的引燃性能,试验中采用粒度为 200 目和 325 目的铝粉,结果试验测得的自蔓延反应点燃温度和反应速度并没有明显的变化。这是因为随着铝粉粒度的增大,表面积减小,活性降低,从而降低了铝粉的熔化速度,延迟了铝液浸润钛粉颗粒的时间,而此时体系的温度却因为铝粉的熔化吸热而仍然保持在铝的熔点附近,不会引起点燃温度的升高。另外反应速度主要由反应热决定,体系的反应特性在 Al 熔化之后就不会有明显的变化,所以反应速度也对铝粉粒度变化不敏感。

4) 镍粉粒度对体系反应性能的影响

通过对中间层 Ti-Al-C-Ni 体系的反应机制分析可知,Ni 和 Al 之间生成 Al$_3$Ni 的反应决定着整个反应体系的引燃性能。该反应主要取决于 Al 熔体中 Ni 的浓度,当 Al 熔体中的 Ni 达到极限溶解度时,反应便会自发进行。

镍粉在 Al 熔体中的溶解速度分析表明总的溶解速度与粉末半径呈反比例关系。也就是说,当镍粉粒度增加时,镍粉在 Al 熔体中的溶解速度降低,Al 熔体中 Ni 的浓度达到极限溶解度所需时间延长,中间层整体的自蔓延反应要在更高的温度才能发生。另外,从绝热温度的计算结果可知,自蔓延反应点燃温度的升高相当于提高了整体的预热温度,将有效提高体系的反应温度。因此,随着镍粉粒度的增大,由于自蔓延反应点燃温度的升高而使自蔓延反应的绝热燃烧温度也随之升高。但是采用粉末粒度从 325 目变为 200 目时,虽然存在反应情况变化,但是变化不明显。

6.2.3　连接接头力学性能分析

采用不同成分中间层连接接头抗拉强度见表 6.5,从表中能够发现,采用电场辅助连接能够明显提高接头的连接质量,这主要是由于中间层产物致密度的增加和界面处反应情况的改善。采用等摩尔比 TiAlCNi 中间层无论在电磁场辅助还是电场辅助均能够获得相对最高的连接质量,这与组织观察的结果也是一致的。后热处理有助于提高接头的质量,但是由于后热处理对 TiC 金属陶瓷侧的界面组织影响不大,而断裂主要发生在 TiC 金属陶瓷界面附近,所以后热处理对于强度的提高幅度相对有限。

表6.5　不同成分中间层连接接头抗拉强度

中间层成分	接头强度/MPa		
	电磁场辅助	电场辅助	电场辅助+后热处理
Ti2Al5C2Ni5	34.2	74.8	84.5
Ti3Al5C3Ni5	50.8	84.4	89.7
Ti4Al5C4Ni5	74.6	100.9	105.0
Ti1Al1C1Ni1	89.2	120.8	128.1
Ti6Al5C6Ni5	69.2	104.4	104.7

续表

中间层成分	接头强度/MPa		
	电磁场辅助	电场辅助	电场辅助+后热处理
Ti7Al5C7Ni5	51.0	85.7	95.3
Ti8Al5C8Ni5	41.9	65.4	85.2
Ti9Al5C9Ni5	45.8	59.0	67.8
Ti2Al1C2Ni1	50.1	56.8	69.5

　　选取几种典型强度值的粉末中间层连接接头的拉伸件进行断口分析。图 6.26 为四种粉末强度件的断口扫描照片。图 6.26(a)、(c)、(d)断裂层都在同一个层面,整个断口呈现出比较明显的脆性断口特征,结合能谱分析确认其断裂面实际上都处于中间层内,这主要是由于中间层主要由 Ti、Al、C、Ni 组成,整个反应是在高温瞬时完成的,所以反应完成后中间层反应产物孔隙较多且致密度不够,导致中间层本身强度不高而在中间层内部断裂。观察图 6.26(b)并结合能谱分析结果(Ti23%-Al57%-C9%-Ni11%,原子分数)可以发现,该参数下的断裂面应该是处于中间层和反应层之间的界面处,这主要是由于该接头中间层致密度较高,中间层产物相对比较细小,而且孔隙较少。

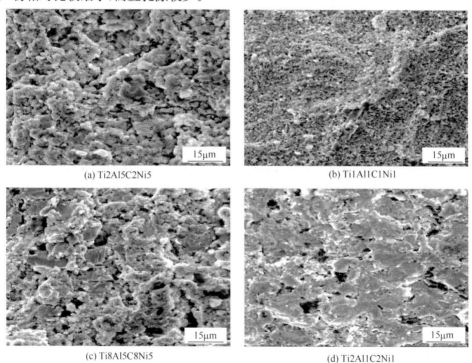

(a) Ti2Al5C2Ni5

(b) Ti1Al1C1Ni1

(c) Ti8Al5C8Ni5

(d) Ti2Al1C2Ni1

图 6.26　TiC 金属陶瓷/TiAl 连接接头断口形貌

　　中间层的致密度提高直接引起了中间层强度的提高,而且通过界面组织观察发现此时在界面处不存在非常厚大的金属间化合物反应层,所以此时连接强度相对比较高。另外反应连接质量与中间层反应放热量也是密切相关的,中间层反应放热量过低无法实现界面连接,中间层反应放热量过高会导致反应过于剧烈从而生成较多孔隙,接头致密度低,为此只有放热量适中才能获得高质量连接。最终确定本试验条件下,合适的连接工艺参数为:500MPa 的预制坯压力、40MPa 的连接压力、1323K 的连接温度、60min 的保温时间,电场辅助连接,此时采用等摩尔比的TiAlCNi 中间层能获得抗拉强度为 128.1MPa 的连接接头。

6.3　采用 Al/Ni 多层膜连接 TiC 金属陶瓷与 TiAl 合金

　　本节主要针对采用 Al/Ni 多层膜中间层时 TiC 金属陶瓷与 TiAl 的连接问题进行研究,深入分析采用多层膜中间层时特殊的界面结构以及多层膜的影响机理。

6.3.1　界面组织分析

　　采用 Al/Ni 多层膜连接 TiC 金属陶瓷与 TiAl 接头的界面组织如图 6.27 所示。通过图 6.27(a)的宏观组织分析可以确定在该工艺参数下,采用 Al/Ni 多层膜实现了 TiC 金属陶瓷与 TiAl 的连接,而且连接接头中间层反应组织致密度非常高,在中间层反应产物内没有观察到孔洞,在 TiC 金属陶瓷侧连接界面位置处没有发现裂纹,这种裂纹在采用粉末中间层时是经常出现的。通过图 6.27(b)所示的进一步的放大组织观察可以确定此时在界面处的结合良好,在 TiAl 侧界面处出现了多层反应层结构,在 TiC 陶瓷侧界面出现了颜色较浅的反应层,这都说明采用 Al/Ni 多层膜为中间层时界面反应是非常充分的。在宏观照片中发现中间层反应产物内存在一定量的黑色块状相,为了确定相组成对中间层反应产物组织,进行了高倍放大观察。通过对黑色块状相的放大可以发现这种黑色相呈现出明显的粒状特性,说明这种结构不可能是微小的孔洞结构。观察这种黑色相与其周围反应产物的结合,可以确定中间层内部的黑色小块相弥散分布在反应产物中,不会对连接质量产生明显的削弱作用。分析多层膜制备过程,认为这种微小的块状相有可能是由于多层膜制备过程中表面微弱氧化所形成的氧化物。

　　对 TiC 金属陶瓷与 TiAl 连接接头进行元素线扫描分析,其结果如图 6.28 所示。对各位置进行逐一的分析,首先是 TiC 金属陶瓷侧的元素分布情况。在该界面位置 Ti 元素和 C 元素只是在 TiC 金属陶瓷中,在中间层内部基本上没有出现,说明在连接过程中 TiC 金属陶瓷处于稳定状态,没有发生分解和整体向中间层中的大量溶解。在中间层内部与 TiC 金属陶瓷接近的位置出现了白色的反应层,该层内 Ni 元素含量稍有升高,Al 元素含量下降,这主要是由 TiC 金属陶瓷中的 Ni

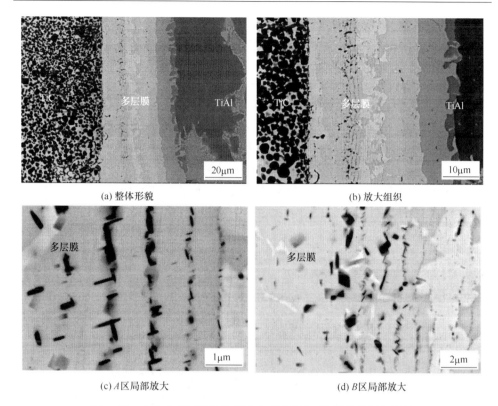

图 6.27　Al/Ni 多层膜连接 TiC 金属陶瓷与 TiAl 接头组织照片

元素向中间层内扩散所引起的。在中间层内部元素含量比较稳定,只是存在 Al 和 Ni 元素。在 TiAl 侧界面附近元素分布情况比较复杂,在界面处出现了多个反应层,可以注意到在各反应层内部元素分布曲线基本都出现了平台,说明在界面处主要生成了稳定的化合物。

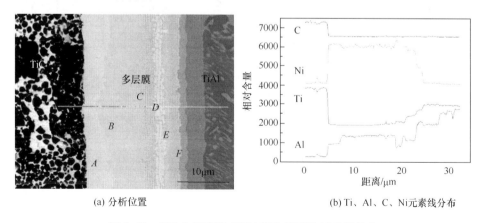

图 6.28　TiC 金属陶瓷/TiAl 接头界面处元素线分布

　　TiC 金属陶瓷与 TiAl 自蔓延反应辅助连接接头中,在 TiAl 侧界面位置出现了多个反应层,为了对连接接头各界面反应层的元素含量进一步确认分析,图 6.29 给出了 TiAl 侧的 Ti、Al、Ni 三种元素含量的面分布照片。对应于图 6.29(a)所示的分析位置,Ti 元素含量从 TiAl 母材到中间层的反应层中梯度下降,且在每个反应层内含量比较稳定,但是在对应于反应层 C 的位置处 Ti 元素含量稍有跃变升高。Ni 元素的含量整体也呈现梯度分布的特性,只是在对应于白亮反应层位置 Ni 元素含量比较高,说明该层为某种富 Ni 相。Ni 元素在 F 层内的含量已经很少,而且其含量也呈现出一定的逐渐减少的特征,分析认为反应层 F 可能是由于 Ni 相 TiAl 母材中扩散所形成的。由于 TiAl 母材与多层膜内均含有 Al 元素,所以 Al 元素的分布规律不如其他两种元素明显,通过其颜色变化仍可以清晰地看出在白亮反应层内和最靠近界面的灰色反应层内 Al 元素含量较少,而且仍然可以发现在各个反应层内 Al 元素的分布非常稳定。通过分析可以确认在界面处主要生成了 Ti-Al-Ni 三元的金属间化合物,其具体成分和结构可以通过能谱分析和 X 射线衍射来确定。

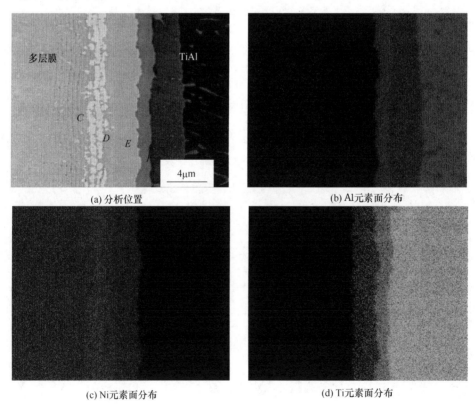

(a) 分析位置　　　　　　　　　　　　　　(b) Al元素面分布

(c) Ni元素面分布　　　　　　　　　　　　(d) Ti元素面分布

图 6.29　TiC 金属陶瓷/TiAl 接头 TiAl 侧元素面分布

　　表 6.6 为 TiC 金属陶瓷/TiAl 接头各位置的能谱分析结果,能谱分析所标出的区域在图 6.28 和图 6.29 中均有所标记。通过能谱分析能够定量地确定各区域的元素含量,结合对各区域元素含量进行线分析和面分析的结果,最终可以确定界面结构。对中间层的 X 射线衍射分析结果对比,最终可以确定中间层中的反应产物主要为 AlNi。通过观察确定中间层反应产物中的浅色区域为 Ti-Al-Ni 三元化合物,通过分析确认该层为 $Ni_3(AlTi)$ 反应层。中间层中整体的黑色区域为 Ni-Al 系产物的混合物,在 TiC 金属陶瓷界面出生成了富 Ni 层。这主要是由于 TiC 金属陶瓷母材是采用 Ni 作为基体,由于中间层反应放热会使界面处母材区域温度非常高,此时 Ni 的活性很强,而且由于在界面处存在很大的浓度梯度,这样就会有一定量的 Ni 扩散到中间层内从而形成了富 Ni 层,通过具体的分析确认该层内形成了富 Ni 的 $AlNi_3$ 相。在 TiAl 侧的反应层非常复杂,参考了扩散连接时接头元素梯度扩散的产物结果,认为在最靠近 TiAl 侧的反应层为 Ni 在 TiAl 中的固溶体,界面处元素发生梯度过渡,从 TiAl 侧开始 Ti 元素含量降低,Ni 元素含量升高,在界面处形成了 $NiAl_2Ti$ 和 Ni_2AlTi 反应层。接头从 TiAl 侧开始界面结构为 $TiAl/TiAl + Ti_3Al + NiAl_2Ti/NiAl_2Ti/Ni_2AlTi/Ni_3(AlTi)/AlNi/AlNi_3/TiC-Ni$。

表 6.6　接头不同区域能谱分析结果

| 区域 | 颜色 | 成分(原子分数)/% | | | 物相 |
		Ti	Al	Ni	
A	灰白色	—	28.1	71.9	$AlNi_3$
B	灰色	—	48.5	51.5	$AlNi$
C	黑色	10.6	16.6	72.8	$Ni_3(AlTi)$
D	白色	21.7	25.8	52.5	Ni_2AlTi
E	浅色	23.3	52.5	24.2	$NiAl_2Ti$
F	黑色	56.8	40.3	2.9	$TiAl+Ti_3Al+NiAl_2Ti$

6.3.2　纳米级 Al/Ni 多层膜的制备

　　通过前面的分析能够发现,连接过程中多层膜的反应并不是非常充分,反应过程中很多中间相残余到了最终反应产物中,为此试验制备了单层厚度为纳米级的 Al/Ni 多层膜进行试验。单层厚度的减少有助于反应速度的提高,为此希望能够获得更高的放热速度以得到更高的连接质量。

　　制备出的纳米多层膜的组织照片如图 6.30 所示,其中图 6.30(a)为多层膜的截面组织照片。图中白亮色层为 Al 层,深灰色的层为 Ni 层,Al 层和 Ni 层交替排列从而构成了整个多层膜,单层的厚度在 100nm 以下,这与最初的试验设计是一致的(试验设计 Al 层厚度为 30nm,Ni 层厚度为 20nm)。整体多层膜的厚度在 30~50μm。图 6.30(b)为多层膜的表面照片,这种表面形貌与较快的沉积速度有关。

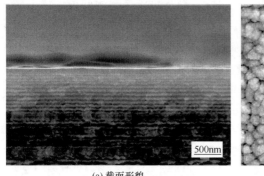

(a) 截面形貌　　　　　　　　　　　　　　　(b) 表面形貌

图 6.30　纳米 Al/Ni 多层膜组织照片

　　在微米多层膜中的反应进行并不完全,为了研究纳米多层膜反应产物的性能,对多层膜的反应产物进行了组织观察。由于纳米多层膜的反应产物晶粒非常细小,采用扫描电镜分析具有一定的困难,为此在试验中采用透射电镜对多层膜反应产物的组织进行分析。图 6.31 为纳米 Al/Ni 多层膜反应产物的 TEM 组织照片和电子衍射图样。从图中能够看出,纳米多层膜的反应产物晶粒也属于纳米级,大部分晶粒尺寸都小于 100nm。这种反应产物的纳米级特性很大程度上是由多层膜的高反应速度所引起的,也就是说由于反应速度非常快,反应产物生成以后来不及长大整体的温度就已经冷却下来,从而形成了这种细密的纳米级反应产物。该

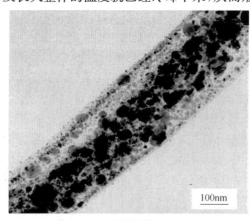
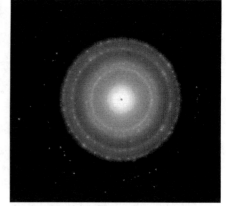

(a) 微观组织　　　　　　　　　　　　　　　(b) 衍射环

图 6.31　纳米 Al/Ni 多层膜反应产物微观组织

产物的电子衍射图样出现了多晶衍射环,这主要是由于反应产物是很多纳米级的晶粒共同组成的,不同晶粒具有不同的取向,所以衍射斑点叠加起来形成了衍射环。通过对衍射环的标定,可以确定该反应产物完全为 AlNi,说明在纳米多层膜中的反应是非常充分的。

图 6.32 所示为纳米多层膜燃烧过程。在纳米多层膜的底部实现了反应引燃,图 6.32(a)所示为刚刚引燃的多层膜,引燃之后由于多层膜反应放热燃烧波向上传播,传播的中间过程如图 6.32(b)～(e)所示,在图 6.32(f)的位置燃烧过程结束。将纳米多层膜与微米多层膜及粉末中间层的燃烧情况对比可以发现,纳米多层膜的燃烧速度要远远高于其他两种类型中间层,达到 4.7m/s,整个反应过程在 0.006s 之内完成,而且纳米多层膜的引燃温度也明显低于其他两种类型中间层。

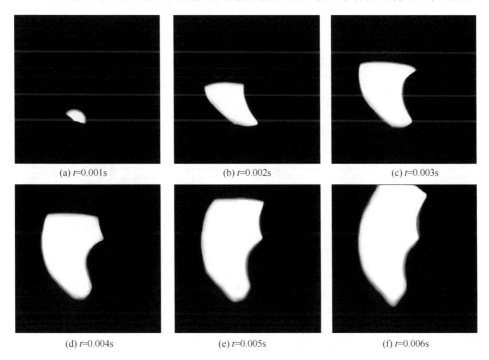

（a）t=0.001s　　　　　　　（b）t=0.002s　　　　　　　（c）t=0.003s

（d）t=0.004s　　　　　　　（e）t=0.005s　　　　　　　（f）t=0.006s

图 6.32　纳米 Al/Ni 多层膜自蔓延燃烧过程

多层膜反应产物如图 6.33 所示,这种最终的反应形貌是由实际燃烧过程中燃烧波蔓延情况决定的。其中图 6.33(a)为微米多层膜反应产物,可以发现反应产物呈现出明显的波浪形,说明燃烧过程中燃烧波也处于波浪蔓延状态,这也从另一个侧面说明了微米多层膜的反应速度相对较慢。图 6.33(b)为纳米多层膜的反应产物,反应产物外形比较平整,沿着燃烧波传播反应基本上看不到明显的规律变形,说明燃烧波传播非常平稳,多层膜反应速度很快。

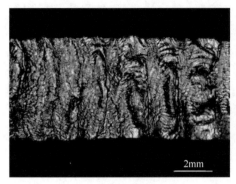 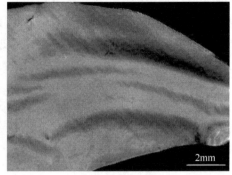

(a) 微米多层膜　　　　　　　　　　　　　　　(b) 纳米多层膜

图 6.33　多层膜反应产物形貌

　　将多层膜加热到 500K 左右时进行淬火,然后对反应产物进行 XRD 分析,分析结果如图 6.34 所示。从图中发现此时多层膜反应产物主要由 Al_9Ni_2 和 Ni 相组成,说明此时的放热反应生成了 Al_9Ni_2 相,该相在单层厚度较大的微米多层膜反应时没有出现。对于纳米多层膜的反应机制确定如下:$Al+Ni\rightarrow Al_9Ni_2+Ni\rightarrow Al_3Ni+Ni\rightarrow AlNi+Ni$。

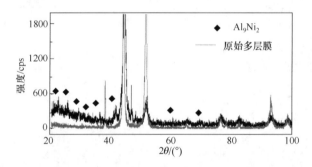

图 6.34　纳米多层膜反应产物 X 射线衍射分析结果(淬熄)

6.3.3　工艺参数对接头界面组织的影响

1. 单层厚度对界面组织的影响

　　为了分析单层厚度对界面组织的影响,在试验中同时采用纳米级和微米级的 Al/Ni 多层膜进行连接试验,从而能够保证试验参数完全一致。采用不同的多层膜进行 TiAl 与 TiC 连接得到的接头界面组织照片如图 6.35 所示。从图中能够发现,采用这两种多层膜都能够实现 TiC 金属陶瓷与 TiAl 的连接。但是连接接头的组织结构存在比较明显的差异。一个很突出的差别就在于纳米多层膜内部反应非常充分,中间层反应产物非常均匀,然而在微米多层膜中仍然观察到了富 Ni

层的存在。在中间层与 TiC 金属陶瓷的连接界面处,采用微米多层膜时出现了厚度很大的富 Ni 层,而采用纳米多层膜连接界面不是非常明显且没有出现反应层。在中间层与 TiAl 的连接界面处界面结构类似,这主要是由于 TiAl 比较容易变形,界面处的接触比较好,而且 TiAl 界面的反应层比较容易形成,所以采用两种多层膜引起的差异不大。另外一点就是采用的纳米多层膜厚度比较薄,从而实现了同样的连接效果,再次证明了纳米多层膜的高放热量和高反应速度。

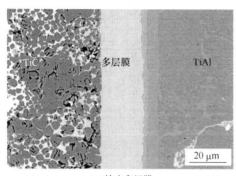

(a) 纳米多层膜

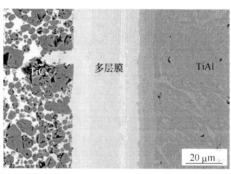

(b) 微米多层膜

图 6.35　单层厚度对界面组织的影响

图 6.36 为采用纳米多层膜进行 TiC 金属陶瓷与 TiAl 连接,连接接头 TiAl 侧元素线分布。Ti 元素和 Ni 元素的分布都呈现明显的梯度特性,Al 元素含量在靠近中间层的反应层 D 中出现了一定的下降。在对应于反应层的位置处各元素含量曲线都出现了明显的平台,说明在界面处生成了稳定的化合物。此时生成的化合物与采用微米多层膜时区别只是没有发现 Ni_3(AlTi)反应层,分析认为 Ni_3(AlTi)反应层的出现主要是由中间层内的成分不均匀所引起的,其他几层反应层完全一致,这也说明界面产物是由反应体系的热力学过程决定的,其他外界因素对

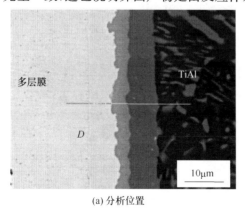

(a) 分析位置

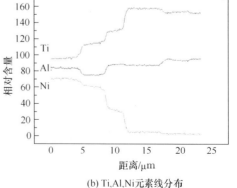

(b) Ti,Al,Ni 元素线分布

图 6.36　TiC 金属陶瓷/TiAl 接头界面处元素线分布

反应产物影响不明显。对于一个多层膜体系,如果想要维持体系的自蔓延反应,需要该体系具有很高的放热速度,如果体系的放热速度低于热传导等散热速度,整个体系的自蔓延反应将停止。当一个体系成分被选定之后,体系的反应化学和扩散动力学等参数随之确定,这时体系的放热速度很大程度上决定于多层膜的单层厚度。随着多层膜单层厚度的增加,界面面积对体系比率减少。而由于放热反应首先在界面位置开始,这样如果相对的界面面积减少,就会导致体系放热速度的下降,从而导致体系的自蔓延过程不稳定,并引起体系反应不充分。

2. 整体厚度对界面组织的影响

在选定了多层膜单层厚度之后,多层膜的反应和放热等特性就相应地确定下来。然而实际连接中为了获得更高的整体中间层产热量,可以选用多层 Al/Ni 多层膜叠加作为连接中间层。图 6.37 所示为选用三层中间层叠加在一起作为中间层进行 TiC 金属陶瓷与 TiAl 连接所得到的接头界面组织。此时整体的中间层厚度有所增加,相应的中间层自蔓延反应总的放热量增加,但是通过观察发现此时中间层内部的结合并不是非常理想,在几层中间层接触的界面处局部存在一定的缺陷,说明过多的引入连接界面不利于得到均匀稳定的高质量接头,因为很难同时保证所有的连接界面都能实现良好的接触。在与母材界面处的连接也并不是随着中间层总体厚度的增加而提高,这是由于中间层内自蔓延反应速度非常快,位于中间的单层多层膜的反应热来不及传递到母材中;另外,中间层之间界面处存在的界面热阻也抑制了几层多层膜之间的能量传递,所以利用叠加多层膜来增加总体产热量最终提高连接质量是不可行的。通过对 TiAl 侧界面组织的观察也可以发现,此时界面处的反应层厚度还不如采用单层多层膜时的反应厚度。

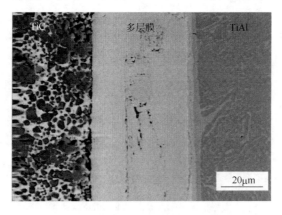

图 6.37　整体厚度对界面组织的影响

6.3.4　连接接头力学性能分析

对采用 Al/Ni 多层膜自蔓延反应辅助连接的试件进行室温抗剪强度测试。测试发现采用纳米 Al/Ni 多层膜进行 TiC 金属陶瓷与 TiAl 连接时,连接接头最高抗剪强度为 141.3MPa。与采用粉末中间层进行自蔓延反应辅助连接时的接头强度对比,此时的连接强度有了明显提高,这主要是由于中间层反应产物的质量有了明显的提高。

为了具体分析界面生成相对连接性能的影响,用纳米压痕的方法测定采用 Al/Ni 多层膜连接 TiC 金属陶瓷与 TiAl 接头各反应层的力学性能。纳米压痕测试接头为图 6.38 所示的纳米多层膜与微米多层膜对比试验得到的。首先对采用微米 Al/Ni 多层膜进行 TiC 金属陶瓷与 TiAl 连接得到的接头进行纳米压痕测试。图 6.38 为采用微米 Al/Ni 多层膜连接接头的 AFM 图像。发现此时接头中间部位的高度最低,界面处反应层高度居中,两侧母材高度最高,说明连接后接头中间层部位耐磨性能最差,两侧母材最耐磨,微米多层膜反应后的软化比较严重。中间层反应产物在性能上不均匀,这种情况下在中间层反应产物内部很可能产生比较大的应力集中,导致最终连接接头的使用性能下降。

图 6.39 为采用纳米 Al/Ni 多层膜连接 TiC 金属陶瓷与 TiAl 接头的 AFM 图像。由图可见,此时中间层的高度仍然比母材低。说明与母材相比中间层硬度仍然较低。虽然极限最高点大于采用微米多层膜的接头,但是这只是极少点的特殊情况;中间层整体区域的高度非常均匀,说明中间层反应产物与界面反应产物的性能比较类似,而且在中间层与 TiC 金属陶瓷界面侧没有出现高硬度的反应层,这与连接界面组织观察的结果是吻合的,此时接头的性能有了比较明显的提高。

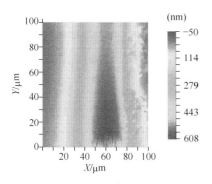 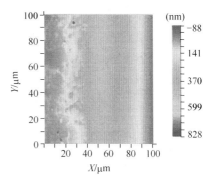

图 6.38　采用微米 Al/Ni 多层膜连接　　　　图 6.39　采用纳米 Al/Ni 多层膜连接
TiC 金属陶瓷/TiAl 接头 AFM 图像　　　　TiC 金属陶瓷/TiAl 接头 AFM 图像

6.3.5　连接过程温度场分析

通过上述试验发现,采用 Al/Ni 多层膜能够实现 TiC 金属陶瓷与 TiAl 的连接,这种连接方法的一个突出优点就是对母材的热影响比较小,同时能够控制中间层的反应产物。为了定量地评价中间层对母材的热作用,有必要对连接过程的温度分布进行具体研究。

采用多层膜与粉末中间层时具体的传热作用并没有本质差别,主要热量均由中间层反应产生,中间层产热后热量一部分向未反应的中间层区域传递,另一部分传递给母材。通过对燃烧情况的分析得知,如果中间层向母材的传递能量过多,可能会导致中间层自蔓延反应的熄灭。试验中采用微米多层膜进行连接时发现了这种淬熄现象,然而采用纳米多层膜进行连接时,即使采用的母材厚度比较大也没有出现多层膜反应的淬熄。这是由于纳米多层膜放热量比较大,引燃温度低,燃烧速度快,所以导致多层膜向母材传递的热量不足以使自蔓延反应熄灭。

基于此,温度分布模拟过程中不需要考虑多层膜的淬熄效果,模型中两侧母材尺寸为 10mm×10mm×1mm,多层膜厚度为 40μm,多层膜产热为 59kJ/mol,自蔓延燃烧速度为 4.7m/s。其他热物性参数主要由文献和手册中查得。界面处热导率为 $h=2×10^3$ W/(m^2·K),界面热阻随温度升高而呈指数规律下降,工件与环境存在对流边界条件,对流系数取值为 35W/(m^2·K)。

Al/Ni 多层膜反应过程中的温度分布如图 6.40 所示。模拟过程中多层膜从左侧开始引燃,之后燃烧波向右侧传播,开始引燃点记为时间零点。图 6.40(a)为 0.8ms 时的温度分布,此时多层膜内的自蔓延反应还没有结束,多层膜的反应对两侧母材温度分布并没有明显的影响,这与多层膜的高燃烧速度是密切相关的。在时间为 2ms 时多层膜内的反应已经完成,如图 6.40(b)所示,此时 TiAl 母材侧界面的温度稍有升高,TiC 金属陶瓷界面温度升高不明显,这是由于 TiAl 的导热性能要优于 TiC 金属陶瓷。图 6.40(c)为 1s 时的温度分布,此时 TiAl 侧整体已经有了一定的温度升高,但是 TiC 金属陶瓷只是在界面附近一个较大的区域内发生了升温。图 6.40(d)为 50s 时的温度分布,此时多层膜已经反应完毕后冷却下来,最外侧边界处的温度只升高了 80K 左右,说明多层膜反应对于整体母材的热影响并不大。

图 6.41 为试样 x 轴中心部位,分布在一个垂线上的七个点的温度分布情况。其中 A 点分布在多层膜中心,B 点和 C 点分别分布在多层膜与 TiAl 和 TiC 金属陶瓷的界面上,D 点和 E 点分别为 TiAl 和 TiC 金属陶瓷内部中心点,F 点和 G 点分别位于 TiAl 和 TiC 金属陶瓷母材中距离界面 50μm 位置处。为了与实际连接

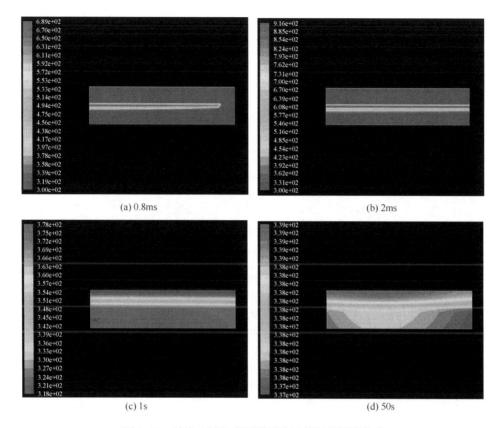

图 6.40　纳米 Al/Ni 多层膜反应连接过程温度分布

情况吻合,计算中考虑了预热的作用效果,预热温度为 450K。通过计算发现相比于不预热的情况,预热 450K 可以使中间层最高反应温度提高 120K 左右,这对于提高连接质量是具有一定效果的。可以发现 A、B、C 点的温度分布基本一致,说明在整个多层膜内部的温度分布还是比较均匀的,这与多层膜的高反应速度是密切相关的。几乎在 2ms 左右达到峰值温度,通过速度测试结果可知,此时多层膜整体的燃烧波刚好通过该位置。在 10ms 之后 TiAl 侧已经开始有了一定的升温,但是 TiC 金属陶瓷侧升温不明显。通过对分布于母材中的 F 点和 G 点的温度变化观察可以发现,它们的温度虽然低于连接界面位置处的温度,但是随着多层膜的反应发生了明显的升温,而且 TiAl 母材侧的升温仍然要比 TiC 金属陶瓷侧明显,最终连接界面处能够升高至很高的温度,说明中间层在一个很小的范围内具有非常明显的热作用,这对于保证连接质量也是必不可少的。但是两侧母材内部整体温度不高,从而减少了对母材的热影响,说明这种连接中间层适合于热敏感材料的连接。

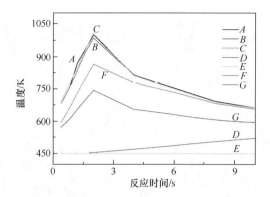

图 6.41　反应连接过程中接头各点温度分布

参 考 文 献

[1] Draper S L,Krause D,Lerch B,et al. Development and evaluation of TiAl sheet structures for hypersonic applications. Materials Science and Engineering A,2007,464(1/2):330～342

[2] 徐润泽. 粉末冶金结构材料学. 长沙:中南大学出版社,1998

[3] Han J C,Zhang X H,Wood J V. In-situ combustion synthesis and densification of TiC-xNi cermets. Materials Science and Engineering A,2000,280(2):328～333

[4] Xiao G Q,Fan Q C,Gu M Z,at al. Dissolution-precipitation mechanism of self-propagating high-temperature synthesis of TiC-Ni cermet. Materials Science and Engineering A,2004,382(1/2):132～140

[5] 曹健. TiAl 与 TiC 金属陶瓷自蔓延反应辅助扩散连接机理研究[博士学位论文].哈尔滨:哈尔滨工业大学,2007

[6] Cao J,Feng J C,Li Z R. Effect of reaction heat on reactive joining of TiAl intermetallics using Ti-Al-C interlayers. Scripta Materialia,2007,57(5):421～424

[7] Feng J C,Cao J,Li Z R. Microstructure evolution and reaction mechanism during reactive joining of TiAl intermetallic to TiC cermet using Ti-Al-C-Ni interlayer. Journal of Alloys and Compounds,2007,436(1/2):298～302

[8] Cao J,Feng J C,Li Z R. Joining of TiAl intermetallic by self-propagating high-temperature synthesis. Journal of Materials Science,2006,41(15):4720～4724

[9] Cao J,Feng J C,Li Z R. Microstructure of TiAl/TiC cermet joint bonded by combustion synthesis. Transactions of Nonferrous Metals Society of China,2005,15(S3):323～326.

[10] Cao J,Song X G,Wu L Z,et al. Characterization of Al/Ni multilayers and their application in diffusion bonding of TiAl to TiC cermet. Thin Solid Films,2012,520(9):3528～3531.

[11] 周玉. 陶瓷材料学. 哈尔滨:哈尔滨工业大学出版社,1995

[12] 任家烈,吴爱萍. 先进材料的连接. 北京:机械工业出版社,2000

[13] Munir Z A. Synthesis of high temperature materials by Self-propagating combustion methods. American Ceramic Society Bulletin,1988,67(2):342～349

[14] 梁英教,车荫昌. 无机物热力学数据手册. 沈阳:东北大学出版社,1993:382～383.

第7章 Si₃N₄陶瓷与TiAl合金的钎焊

Si₃N₄陶瓷具有优异的高温力学性能、低介电损耗、良好的热稳定及耐冲蚀性能,已成为下一代天线罩的首选材料[1~3]。天线罩在装配和使用过程中其端部需与金属材料进行连接。目前常采用的金属材料为Invar合金,然而随着飞行器速度的提高,Invar合金已经不适用于更高马赫数的飞行器[4,5]。TiAl基合金以其高的比强度、比刚度,良好的抗氧化性及优异的高温力学性能可以替代Invar合金在高超声速飞行器上获得应用。因此,实现Si₃N₄陶瓷与TiAl合金的可靠连接对高超声速飞行器的发展有着重要的实用意义。

钎焊作为一种连接陶瓷和金属材料的可靠方法,受到了广泛的关注。对于Si₃N₄陶瓷与TiAl的钎焊,TiAl中含有活性元素Ti,钎焊过程中通过母材向钎料中溶解,可以保证绝大多数钎料可以良好地润湿Si₃N₄陶瓷母材,因此Si₃N₄陶瓷与TiAl钎焊的主要难题在于接头从高温冷却至室温时,由于陶瓷和金属之间的物理性能(如热膨胀系数和弹性模量等)存在较大差异,在接头区域会产生大的残余应力,降低连接质量。

作者围绕Si₃N₄陶瓷与TiAl合金的钎焊连接展开了研究工作[6~10],选择塑形较好的Ag-Cu基钎料对Si₃N₄陶瓷和TiAl进行钎焊,并进一步研制开发了颗粒增强复合钎料,获得钎焊工艺参数、界面微观结构及接头力学性能间的相互关系。通过接头界面微观组织结构的表征,对钎焊过程中钎料与母材之间的反应进行分析,阐明钎焊连接机理,最终为实际构件的连接提供了指导。

7.1 Si₃N₄/AgCu/TiAl钎料接头界面组织与性能

在Si₃N₄陶瓷与TiAl合金的钎焊连接过程中,钎焊接头残余应力的缓解至关重要。为此选择了具有较好塑性变形能力的AgCu钎料对Si₃N₄陶瓷和TiAl合金进行了钎焊试验,研究了钎焊工艺参数对接头界面组织与性能的影响规律。

试验所采用的陶瓷为上海泛联科技有限公司生产的热压烧结Si₃N₄陶瓷,添加3%~5%(质量分数)的Al₂O₃等作为烧结助剂,室温抗弯强度为800~960MPa,图7.1所示为Si₃N₄陶瓷母材的显微组织照片及X射线衍射分析结果,可以发现陶瓷材料比较致密,XRD结果表明母材主要成分为Si₃N₄。

图7.2为三种TiAl合金的原始组织照片。图7.2(a)为Ti-42.5Al-9V-0.3Y合金的显微组织照片。由图可见,高钒TiAl合金具有典型的双态组织,在α₂+γ

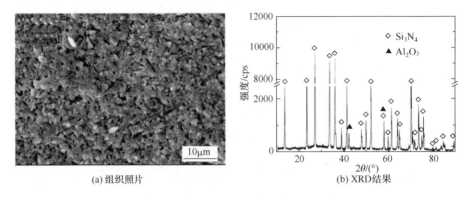

(a) 组织照片　　　　　　　　　　　(b) XRD结果

图 7.1　Si₃N₄陶瓷组织及 X 射线衍射结果

层片团之间分布着大量的 B2 相；另外，合金元素 Y 在冶炼的过程中与 Al 反应形成了亮白色的 YAl₂颗粒弥散分布于合金基体中。图 7.2（b）和（c）分别为铸态的 Ti-45Al-5Nb-(W, B, Y) 和 Ti-46Al-2Cr-2Nb 合金的显微组织照片。由图可以看出，这两种 TiAl 合金均为全层片(α_2＋γ)组织，且层片团尺寸较大。

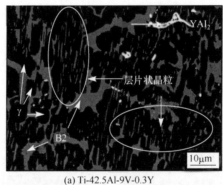

(a) Ti-42.5Al-9V-0.3Y

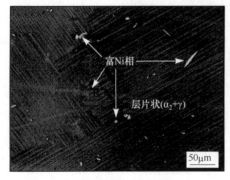

(b) Ti-45Al-5Nb-(W, B, Y)

(c) Ti-46Al-2Cr-2Nb

图 7.2　TiAl 合金显微组织照片

7.1.1　Si₃N₄/AgCu/TiAl 钎焊接头界面组织分析

图 7.3 所示为钎焊温度 1193K,保温时间 10min 的工艺条件下获得的 Si₃N₄/AgCu/TiAl钎焊接头界面组织照片。从图中可以看出,采用 AgCu 钎料可以较好地实现 Si₃N₄陶瓷和 TiAl 合金的钎焊连接;钎焊过程中,熔融钎料与两侧母材均发生反应,生成了多种反应产物(层),并按一定顺序分布在接头界面上。为方便叙述,将接头界面组织分为Ⅰ、Ⅱ、Ⅲ三个反应区;反应区Ⅰ为靠近 TiAl 合金侧的化合物层,反应区Ⅱ为钎缝中间区域,主要由白色基体和分布于其中的灰色化合物相组成,而反应区Ⅲ则为靠近 Si₃N₄陶瓷母材侧的连续反应层。为了进一步分析钎焊接头中各区域的反应产物,采用能谱仪对图中所示 $A \sim I$ 各点进行 EDS成分分析,表 7.1 列出了各点的成分分析结果,并根据所含元素的相对含量初步确定了各点对应的反应产物。

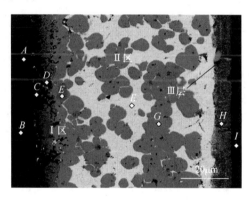

图 7.3　Si₃N₄/AgCu/TiAl 接头界面组织背散射照片(T＝1193K,t＝10min)

表 7.1　图 7.3 中 $A \sim I$ 各点的能谱(EDS)分析结果(原子分数)(单位:%)

位置	Ag	Cu	Ti	Al	Si	V	N	Y	可能相
A	0.56	—	43.13	49.93	0.66	5.23	—	—	TiAl
B	0.74	—	47.42	35.02	0.60	15.72	—	—	B2
C	1.85	5.36	50.34	33.11	0.83	8.51	—	—	B2
D	1.81	30.92	29.96	30.98	0.31	3.99	—	—	AlCuTi
E	2.93	50.33	24.36	20.19	1.21	0.98	—	—	AlCu₂Ti
F	81.43	11.95	1.45	2.33	1.47	1.35	—	—	Ag(s,s)
G	1.85	47.31	23.09	23.87	2.20	0.82	—	0.87	AlCu₂Ti
H	2.45	23.78	36.58	9.83	6.56	2.57	13.6	0.94	TiN+Ti₅Si₃+AlCu₂Ti
I	0.33	—	0.91	4.61	75.83	0.25	17.0	1.07	Si₃N₄

　　为了进一步分析 $Si_3N_4/AgCu/TiAl$ 钎焊接头微观界面组织,对界面各反应区进行高倍观察,如图 7.4 所示。图 7.4(a)为Ⅰ区的高倍照片,从衬度差别上可以看出该区主要包含三个反应层。结合 EDS 微区分析结果可知,该区主要由靠近 TiAl 合金侧的 B2 相层、AlCuTi 化合物层以及 $AlCu_2Ti$ 化合物层三个反应层组成。反应区Ⅱ为占据了焊缝大部分的中间区域,EDS 结果显示白色区域为 Ag 基固溶体,并溶解有一定量的 Cu、Ti、Al 等合金元素。另外,Ag 基固溶体内分布着的灰黑色颗粒状相为 $AlCu_2Ti$ 金属间化合物,如图 7.4(b)所示。一般认为当采用Cu、Ni 钎料钎焊 TiAl 合金时,钎料中的 Cu、Ni 等合金元素将与 TiAl 合金中的Al、Ti 元素反应形成 AlMTi 及 AlM_2Ti 型的金属间化合物相,这一观点在本书中得到了证实。图 7.4(c)所示为反应区Ⅲ的高倍照片。由图可见,该反应层主要由靠近 Si_3N_4 陶瓷的 TiN 层及细小的颗粒状 Ti_5Si_3、$AlCu_2Ti$ 等化合物组成。

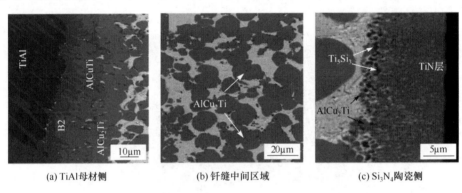

(a) TiAl母材侧　　　　　　(b) 钎缝中间区域　　　　　　(c) Si_3N_4陶瓷侧

图 7.4　$TiAl/Si_3N_4$ 陶瓷钎焊接头界面高倍背散射电子照片($T=1193K, t=10min$)

　　为了准确确定接头界面反应物种类,采用 X 射线衍射对 $Si_3N_4/AgCu/TiAl$钎焊接头压剪断口表面及 AlCuTi 层进行分析,其结果如图 7.5 所示。从图中可以看出,接头中除了上述分析的 Ag 基固溶体、AlCuTi、$AlCu_2Ti$、Ti_5Si_3 及 TiN,还

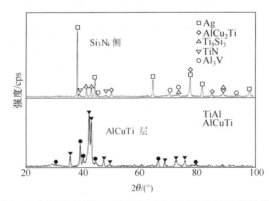

图 7.5　钎焊接头断口表面及 AlCuTi 层 X 射线衍射结果

有另一种 Al₃V 化合物形成,由于该化合物尺寸较小,采用能谱很难准确测量它的化学成分。关于 Al₃V 化合物在钎焊过程中的作用在后面将重点分析。

通过上述分析可知,采用 AgCu 共晶钎料钎焊 Si₃N₄ 陶瓷和 TiAl 合金获得的接头界面组织为 TiAl 合金/B2 相/AlCuTi 层/AlCu₂Ti 层/Ag(s. s.)＋AlCu₂Ti 颗粒/TiN 层＋Ti₅Si₃ 颗粒＋AlCu₂Ti 颗粒/Si₃N₄ 陶瓷。

为了分析钎焊过程中熔融钎料与母材间的相互作用,采用面扫描对钎焊接头区域内几种主要的合金元素进行分析,结果如图 7.6 所示。从图 7.6 (b)可以看出,合金元素 Ag 主要分布于反应区Ⅱ内,钎焊过程中没有发现 Ag 向两侧母材中发生扩散。图 7.6(c)显示了 Cu 元素在钎焊接头中的分布,可以看出 Cu 主要分布于Ⅰ区和Ⅱ区中,在Ⅲ区中也可以观察到少量的 Cu,表明在整个钎缝中均分布有含 Cu 的化合物相,与上述分析吻合。合金元素 Ti 和 Al 在接头中的分布分别如 7.6(d)和(e)所示,TiAl 母材在钎焊过程中向熔融钎料中发生了溶解,溶入液相钎料的 Ti、Al 元素向远离固/液界面的区域发生扩散,且在扩散的过程中与钎料中的 Cu 发生反应形成了 Al-Cu-Ti 三元金属间化合物。另外,值得注意的是在靠近 Si₃N₄ 陶瓷母材一侧的反应区Ⅲ中可以观察到 Ti 元素的富集,这一现象与其他学者得到的结果一致。实际上,从 TiAl 母材溶入液相钎料中的 Ti 元素在钎焊Si₃N₄陶瓷和 TiAl 合金的过程中发挥着至关重要的作用。目前关于 Si₃N₄ 陶瓷钎焊的研究显示,在一些常规钎料中添加 Ti、Zr 等活性元素对于实现 Si₃N₄ 陶瓷的连接起着决定

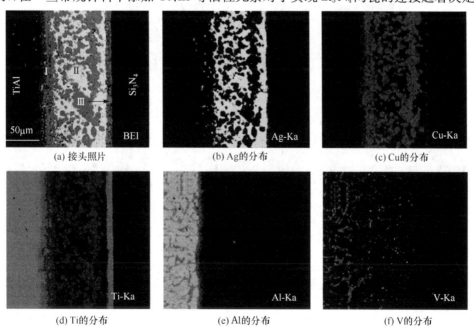

(a) 接头照片　　　　　　(b) Ag的分布　　　　　　(c) Cu的分布

(d) Ti的分布　　　　　　(e) Al的分布　　　　　　(f) V的分布

图 7.6　Si₃N₄/AgCu/TiAl 接头界面组织及主要合金元素面扫面结果(T＝1193K,t＝10min)

性的作用。在本试验中，正是由于溶入钎料中的 Ti 元素富集于 Si_3N_4 陶瓷表面并与之反应形成 TiN 才实现了 TiAl 合金与 Si_3N_4 的冶金结合。图 7.6(f)为元素 V 在钎焊接头中的分布图。由图可见，从 TiAl 合金母材中溶入钎料中的 V 元素通过扩散最终较为弥散的分布于钎缝中（主要为Ⅱ区）。

7.1.2　工艺参数对 Si_3N_4/AgCu/TiAl 接头界面组织结构的影响

1. 钎焊温度对 Si_3N_4/AgCu/TiAl 接头界面组织结构的影响

图 7.7 所示为采用 AgCu 钎料在固定保温时间为 10min,不同钎焊温度条件下钎焊 Si_3N_4 陶瓷和 TiAl 合金获得的接头界面形貌背散射电子照片。从图中可以看出，不同钎焊温度下的接头均包含上述三个反应区，EDS 分析表明钎焊温度的变化对界面反应产物的类型没有影响。同上述分析一致，靠近 TiAl 一侧的反应区（Ⅰ区）包含 B2 相层、AlCuTi 化合物层以及 $AlCi_2Ti$ 化合物层；钎缝中间区（Ⅱ区）为溶有 Cu、Ti、Al 等合金元素的 Ag 基固溶体，弥散分布于 Ag 基固溶体中的球形颗粒相为 $AlCu_2Ti$ 金属间化合物；靠近 Si_3N_4 陶瓷侧的反应区（Ⅲ区）主要为 TiN 和 Ti_5Si_3 化合物。

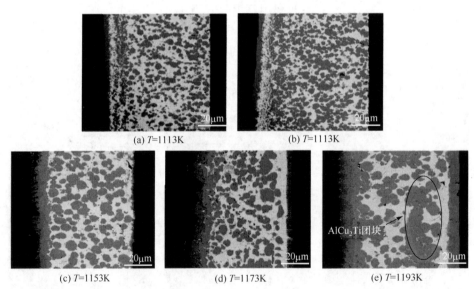

(a) T=1113K　　(b) T=1113K　(c) T=1153K　(d) T=1173K　(e) T=1193K

图 7.7　钎焊温度对 Si_3N_4/AgCu/TiAl 接头界面组织的影响($t=10$min)

然而，钎焊温度的升高导致接头界面组织也呈现出一定规律的变化，即反应层厚度逐渐增加，化合物相尺寸不断增大。对比各图中Ⅰ区形貌不难发现，随着钎焊温度的升高，Ⅰ区厚度增加，且由于钎焊温度的升高，液相钎料与 TiAl 基体反应加剧，导致界面形态由平直状转变为锯齿状。而Ⅱ区中分布于 Ag 基固溶体上的球形弥散化合物 AlCu₂Ti 相的数量逐渐减小,尺寸逐渐增加,这是由于在较高的钎焊温度下液相中形成的 AlCu₂Ti 颗粒相数目较少,保温后冷却到钎缝完全凝固时所经历的时间较长,为颗粒相的长大提供了条件,导致在较高温度钎焊后界面中间层获得 AlCu₂Ti 化合物数量少而尺寸相对较大,所以当钎焊温度为 1193K 时,由于钎焊温度高以及从液相到焊缝完全凝固所需时间长,使得原本弥散分布的 AlCu₂Ti 相长大成为大块团状,如图 7.7 (e) 所示。对比图 7.7 中不同钎焊温度下获得的界面中Ⅲ区形貌可以看出,随着钎焊温度的升高,TiN 反应层厚度逐渐增加,当钎焊温度较低时(1113K 和 1133K),由图 7.7(a)和(b)可以看出该区域界面平直,反应层较薄,当钎焊温度为 1153K 时,由于钎料与 Si₃N₄ 陶瓷反应速度增加,反应层厚度增加至 $2\sim3\mu m$,如图 7.7 (c)所示。当钎焊温度进一步升高到 1173K 和 1193K 时,钎料与 Si₃N₄ 陶瓷反应更加剧烈,反应层厚度分别为 $6\mu m$ 和 $12\mu m$ 左右,如图 7.7(d)和(e)所示。

2. 保温时间对 Si₃N₄/AgCu/TiAl 接头界面组织的影响

图 7.8 为采用 AgCu 钎料在钎焊温度固定为 1133K,经不同保温时间获得的 Si₃N₄ 陶瓷和 TiAl 合金接头界面组织背散射电子照片。从图中可以看出不同保温时间获得的钎缝宽度均为 $100\mu m$ 左右,但保温时间对界面形貌影响较大,当在钎焊温度不保温时,由于 TiAl 基合金中 Ti、Al、V 元素在熔融钎料的溶解量较小且扩散时间较短,溶入液态钎料中的 Ti、Al 等合金元素大部分集中在固/液界面附近,从而导致界面处形成的颗粒状 AlCu₂Ti 化合物相主要集中分布在靠近 TiAl 母材一侧,而靠近 Si₃N₄ 陶瓷侧由于 Ti、Al、V 的浓度较低,主要为 Ag 基固溶体及少量的残余 Ag-Cu 共晶组织,如图 7.8(a)所示。当保温时间为 5min 时,TiAl 合金中 Ti、Al、V 等向液态钎料中溶解量逐渐增大,且由于扩散时间有所增加从而使形成的小颗粒状 AlCu₂Ti 化合物相弥散分布于 Ag 基固溶体中,在钎缝中不再有残余的 Ag-Cu 共晶组织出现,如图 7.8 (b)所示。然而由于保温时间较短,在 Si₃N₄ 陶瓷侧富集的 Ti 含量较少,导致图 7.8 (a)和(b)中紧靠 Si₃N₄ 陶瓷侧的 TiN 化合物层不明显。

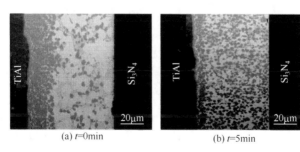

(a) $t=0$min　　　　　　　　　　(b) $t=5$min

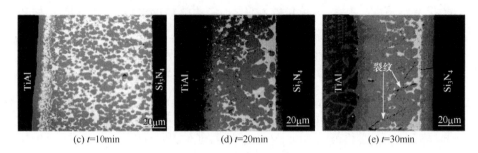

(c) t=10min　　　　　　(d) t=20min　　　　　　(e) t=30min

图 7.8　保温时间对 Si_3N_4/AgCu/TiAl 接头界面组织的影响(T=1133K)

当保温时间增加到 10min 时,随着保温时间的延长,Ag 基固溶体中弥散分布的 $AlCu_2Ti$ 化合物不断长大,且出现颗粒与颗粒的聚集,如图 7.8(c)所示。当保温时间增加到 20min 时,这种长大聚集的现象变得更为明显,在钎缝中间区域出现了大块状的 $AlCu_2Ti$ 相,而脆性金属间化合物的长大对接头性能不利,可以观察到在大块的 $AlCu_2Ti$ 相内部出现了显微裂纹,如图 7.8(d)所示。当保温时间增至 30min 时,$AlCu_2Ti$ 化合物相进一步长大,且显微裂纹数量明显增加,如图 7.8(e)所示。对比图 7.8(c)、(d)、(e)中钎缝与 Si_3N_4 陶瓷之间的 TiN 化合物层可以看出,随着保温时间的增加,该层厚度明显增加,保温时间为 20min、30min 时对应的厚度分别为 $9\mu m$、$11\mu m$ 左右。

另外,对比图中钎缝中间的 Ag 基固溶体可以发现,随着保温时间的延长,其数量不断减少,这主要是由于长时间的钎焊保温使得 $AlCu_2Ti$ 化合物相聚集长大,大量的 Ag 被排出到焊缝外而形成钎角,如图 7.9 所示。

图 7.9　Si_3N_4/AgCu/TiAl 接头钎角形貌(T=1133K,t=10min)

7.1.3　Si₃N₄/AgCu/TiAl 钎焊接头组织演化及连接机理

1. TiAl 侧反应层组织演变

通过对 Si₃N₄/AgCu/TiAl 钎焊接头界面组织分析可以看出,在靠近 TiAl 侧主要形成了 AlCuTi 及 AlCu₂Ti 两种 Al-Cu-Ti 的三元金属间化合物,而在钎缝中间区域的 Ag 基固溶体中也分布有大量颗粒状 AlCu₂Ti 相,且随着钎焊工艺参数的变化,化合物类型不变。因此有必要对它们的形成过程与反应路径进行深入研究。

在钎焊过程中,界面化合物的形成往往是在非平衡态条件下进行的,特别是对于加热和冷却速度都较快的感应钎焊、激光钎焊等。这种非平衡态的过程使界面产物的形成机理变得复杂,同时也给界面产物反应路径的分析带来了困难。然而,在本研究中,Si₃N₄ 陶瓷与 TiAl 合金的连接采用的是真空炉中钎焊,加热及冷却速度均相对较慢;在所有的钎焊工艺条件下,均有 AlCuTi 及 AlCu₂Ti 化合物形成,且当升高钎焊温度或延长保温时间时,这两种化合物均能稳定存在。所以,可以认为在本节的试验条件下 AlCuTi 及 AlCu₂Ti 化合物在热力学条件上是稳定的,且以一个近似平衡的转变形成。这样,可以借助 Al-Cu-Ti 三元合金相图以及钎焊热循环过程来分析钎缝中 Al-Cu-Ti 三元化合物的形成过程。

参考 Al-Cu-Ti 三元合金相图液相反应产物投影图以及对应的各种液相反应式及反应产物[11],形成 AlCuTi 可能的反应方程有 e₁、P₂、U₃、U₅、U₈,而形成 AlCu₂Ti 可能的反应方程有 e₁、e₂、E、U₁、U₂、U₆、U₇、U₉、U₁₀。然而,由于这些反应发生的条件与实际的钎焊条件存在差异(反应温度和液相成分),所以并非上述反应在钎焊过程中均能发生。当钎焊温度达到 AgCu 钎料的熔化温度(约 1053K)时,钎料开始熔化,由于 AgCu 钎料为共晶组织,所以在很短的时间内便全部熔化成液相并润湿 TiAl 合金;此时,一个固/液界面便随之形成。在继续加热或者钎焊保温的过程中,TiAl 母材便会不断地向液相 AgCu 钎料中进行溶解,同时,钎料中的 Ag、Cu 元素也会向 TiAl 合金中扩散,而溶入钎料中的 Ti、Al、V 等合金元素由于扩散和对流的作用会向远离固/液界面的液相钎料中移动。

当固/液界面形成后,由于 TiAl 向钎料的溶解,在紧靠固/液界面的区域内 Ti 原子和 Al 原子的含量接近 1:1,且二者的含量远高于 Cu 元素。因此,该区域内液相钎料中合金元素的原子比最先满足反应 P₂ 对应的化学成分要求,如式(7-1)所示,所以该反应在固/液界面区域首先发生,导致 AlCuTi 化合物相的形成。这一反应为包晶反应,因此 AlCuTi 相依附于 TiAl 母材基体形核并长大,如图 7.4 (a)所示。

$$P_2 : L + AlTi + AlTi_3 \longleftrightarrow AlCuTi \quad 1423K \quad L = 45\%Ti, 40\%Al, 15\%Cu(原子分数)$$

$$(7-1)$$

在离固/液界面稍远的区域,液相钎料中 Ti 元素和 Al 元素的含量降低,Cu 元素的含量增加,使得在该区域内合金元素的原子比满足反应 e_1 对应的化学成分要求,如式(7-2)所示,因此该反应也随之发生,导致另一种三元化合物 $AlCu_2Ti$ 形成。这一反应为共晶反应,随钎焊过程的进行,形成的共晶产物 AlCuTi 和 $AlCu_2Ti$ 与式(7-1)中形成的 AlCuTi 相连在一起,形成了如图 7.4(a)所示的典型界面组织。

$$e_1: L \longleftrightarrow AlCuTi + AlCu_2Ti \quad 1373K \quad L = 26\%Ti, 28\%Al, 46\%Cu(原子分数)$$

$$(7-2)$$

实际上,当 Al-Cu-Ti 三元化合物出现并长大成层后,一个新的固/液界面便取代了原有的固/液界面,新界面的形成在一定程度上降低了溶入液相钎料中合金元素 Ti 和 Al 含量,而形成的 Al-Cu-Ti 化合物相与 TiAl 母材之间的互扩散导致 TiAl 侧反应层厚度的不断增加。

在远离固/液界面的液相钎料中,由于扩散距离增加,该区域 Ti 元素和 Al 元素的含量较低,而 Cu 元素的含量则相对较高,使得该区域内合金元素的原子比满足反应 e_2 对应的化学成分要求,如式(7-3)所示。该反应也属于共晶反应,反应过程中形成了 $AlCu_2Ti$ 相及高温亚稳态 Cu 相,随后,这种亚稳态的 Cu 继续和液相按照式(7-4)反应形成 $AlCu_2Ti$ 及另一种高温相 $AlCu_4$,形成的 $AlCu_4$ 也属于亚稳相,它按照式(7-5)与液相反应形成 $AlCu_2Ti$ 和 Al_4Cu_9 相,在钎焊缓慢冷却的过程中,Al_4Cu_9 相可以通过扩散作用转变为 $AlCu_2Ti$,而当冷却速度较快时,在钎缝组织中可以观察到未完全转变的残余 $AlCu_4$,如图 7.10 所示。由图可见,残余的 $AlCu_4$ 相主要分布于 $AlCu_2Ti$ 颗粒之间,这种分布一定程度上证实了上述反应路径的合理性。

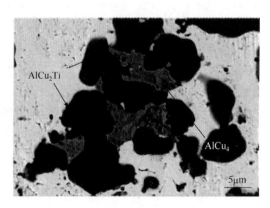

图 7.10　$AlCu_2Ti$ 相间的残余 $AlCu_4$ 化合物

$$e_2 : L \longleftrightarrow AlCuTi + (Cu) \quad 1293K \quad L = 18\%Ti, 6\%Al, 76\%Cu(原子分数)$$
$$(7\text{-}3)$$

$$U_1 : L + (Cu) \longleftrightarrow AlCu_2Ti + AlCu_4(HT) \quad 1283K \quad L = 7\%Ti, 25\%Al, 68\%Cu(原子分数)$$
$$(7\text{-}4)$$

$$U_2 : L + AlCu_4 \longleftrightarrow AlCu_2Ti + Al_4Cu_9 \quad 1273K \quad L = 7\%Ti, 38\%Al, 55\%Cu(原子分数)$$
$$(7\text{-}5)$$

由上述分析可知,Si₃N₄/AgCu/TiAl 钎焊接头中 Al-Cu-Ti 化合物的反应路径主要取决于液相钎料中合金元素的相对含量,靠近 TiAl 附近的液相中由于 Ti 元素和 Al 元素含量较高,Cu 元素含量较低,Al-Cu-Ti 化合物相主要以包晶反应(7-1)和共晶反应(7-2)形成。而远离 TiAl 的液相钎料中 Cu 元素含量较高而 Ti 元素和 Al 元素含量较低,Al-Cu-Ti 化合物相主要以反应(7-3)、反应(7-4)和反应(7-5)形成。

2. Si₃N₄ 陶瓷侧反应层组织演变

根据接头界面组织分析可知,Si₃N₄ 陶瓷在钎焊过程中与钎料反应在其表面形成了一层连续的 TiN+Ti₅Si₃ 反应层。非活性的 AgCu 钎料并不能用于 Si₃N₄ 陶瓷的钎焊连接,而在本试验中采用 AgCu 钎料实现了 Si₃N₄ 陶瓷和 TiAl 合金的钎焊,最主要的原因是钎焊过程中 TiAl 合金中的 Ti 元素通过溶解扩散至 Si₃N₄ 陶瓷表面并与之反应形成了新的反应层。

为了更清楚观察和分析 Si₃N₄ 与钎料的反应产物,采用含活性 Ti 元素的 AgCuTi 钎料对 TiAl 合金与 Si₃N₄f/Si₃N₄ 复合材料进行了钎焊试验。图 7.11 为 Si₃N₄f/Si₃N₄ 复合材料侧的界面组织形貌。从图中可以看出,与采用 AgCu 钎料钎焊 Si₃N₄ 陶瓷和 TiAl 合金相似,在 Si₃N₄ 基体上以及 Si₃N₄ 纤维外侧均形成了一侧连续的 TiN 层,分别如图 7.11 (a)和(b)所示。

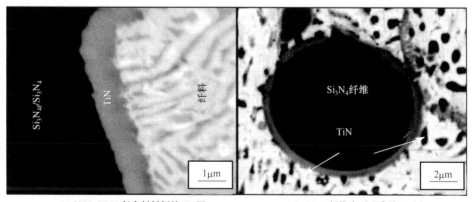

(a) Si₃N₄f/Si₃N₄复合材料侧的TiN层　　　　(b) Si₃N₄纤维表面形成的TiN层

图 7.11　TiAl/AgCuTi/Si₃N₄f/Si₃N₄复合材料钎焊接头界面组织($T = 1133K, t = 5min$)

关于 Si_3N_4 陶瓷与 Ti 反应的研究较多,普遍认为主要按照反应(7-6)和反应(7-7)进行。首先,Si_3N_4 与 Ti 发生置换反应形成 TiN 和原子 Si,然后被置换的原子 Si 继续与 Ti 反应形成 Ti_5Si_3。在实际的钎焊过程中,TiN 的确是以 Si_3N_4 为基体形成的,所以接头中观察到的 TiN 为一紧靠 Si_3N_4 的连续反应层。而 Ti_5Si_3 的形成则是置换出来的原子 Si 在向液相钎料溶解扩散的过程中与 Ti 原子结合后形成的,因此该化合物主要以颗粒状分布于 TiN 反应层的外侧。

$$Si_3N_{4(s)}+4Ti_{(l)} =\!=\!= 4TiN_{(s)}+3Si_{(s)} \quad \Delta G^{\ominus}(kJ/mol)=-1356+0.199T \quad (7\text{-}6)$$

$$5Ti_{(s)}+3Si_{(s)} =\!=\!= Ti_5Si_{3(s)} \quad \Delta G^{\ominus}(kJ/mol)=-194.1+0.0167T \quad (7\text{-}7)$$

由上述分析可知,钎焊过程中,TiN 反应层的形成及成长过程主要受到 Ti 元素的扩散控制。为了获得 TiN 层的成长方程,需将实验结果与模型分析相结合,通过实验结果来计算模型中的一些参数。对于钎焊接头界面反应层的动力学分析已有较多的研究。Torvund 等[12,13]对反应层的成长行为进行了深入研究,分别考虑了加热、保温以及冷却阶段对反应层成长的贡献,将常见的反应层成长抛物线方程修正为式(7-8):

$$x=x_h+x_c+x_i=(x_h^2+x_c^2+kt_i)^{1/2} \quad (7\text{-}8)$$

式中,x 为反应层的厚度;x_h、x_c 和 x_i 分别为加热、冷却以及保温阶段反应层增长的厚度。从式中可以看出,只有当 $x_i \gg x_h+x_c$ 时,反应层成长的抛物线规律才能成立。当采用较小的加热和冷却速度钎焊时,反应层的成长将和抛物线规律产生偏离,特别是在较高的钎焊温度时偏离更大。因此当进行反应层动力学计算时需要加以考虑。

然而根据上述试验结果可以看出,当钎焊温度较低或保温时间较短时,TiN 层的厚度均很小,这主要是由于在本试验中 TiN 层的形成过程较为特殊。在钎焊加热至钎料熔化之前,Ti 元素并未与 Si_3N_4 陶瓷接触,因此不会有 TiN 形成,故 x_h 一项可以忽略;而在钎焊结束冷却的过程中,从 TiAl 母材溶解扩散至 Si_3N_4 侧的 Ti 源被切断,对 TiN 层增长的贡献极小,所以 x_c 一项也可忽略,这样式(7-8)可以改写为式(7-9)。

$$x=k_p\sqrt{t} \quad (7\text{-}9)$$

式中,x 为 TiN 层的厚度;t 为保温时间;k_p 为 TiN 反应层的成长常数。针对钎焊温度 1133K 时得到的 TiN 反应层厚度与保温时间的关系进行拟合,可以得到即 TiN 层的成长常数为 $2.7 \times 10^{-7} m^2/s$。

除了保温时间对 TiN 层的厚度由影响,钎焊温度对其影响也是十分显著的。根据阿伦尼乌斯经验方程可以推知反应的激活能等参数,见式(7-10)。

$$K_p=k_0 \exp\left(\frac{-Q}{RT}\right) \quad (7\text{-}10)$$

将式(7-10)代入式(7-9)中可得式(7-11):

$$x = k_0 \sqrt{t} \exp\left(\frac{-Q}{RT}\right) \tag{7-11}$$

式中，x 为 TiN 层厚度；k_p 为成长常数；k_0 为与材料相关的参数；Q 为反应层生长激活能；R 为摩尔气体常数；T 为钎焊温度；t 为保温时间。采用最小二乘法拟合曲线如图 7.12 所示，经计算可得到 TiN 层的反应激活能 Q 及 k_0 分别为 528.7kJ/mol 和 $3.5 \times 10^6 \, \text{m/s}^{1/2}$。

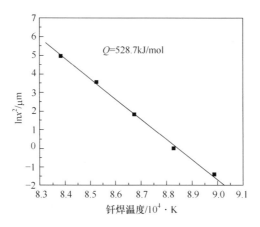

图 7.12　TiN 层的反应激活能

整合上述计算结果，可以获得 TiN 层成长的动力学方程为

$$x = 3.5 \times 10^{-6} \times \exp\left(\frac{-528.7}{RT}\right) \sqrt{t} \, (m) \tag{7-12}$$

3. 合金元素 V 在钎焊过程中的作用

从钎焊接头的界面组织分析中可以看出，TiAl 合金中的 V 元素在钎焊过程中向液相钎料中发生了部分溶解，溶入钎料中的 V 元素从 TiAl 合金侧向 Si₃N₄陶瓷侧进行了扩散，如图 7.6(f) 所示，钎焊结束后，溶入钎料中的 V 元素较均匀地分布在钎缝中。根据图 7.5 中的断口 XRD 分析结果可知，钎焊过程中，从 TiAl 母材溶入液相钎料中的 V 元素与 Al 元素相互反应形成了 Al₃V 金属间化合物。

图 7.13 显示了钎缝中 Al₃V 化合物的形态及其分布。从图中可以看出，形成的 Al₃V 化合物基本为亚微米尺寸的颗粒，主要分布在灰色的 AlCu₂Ti 颗粒相内部。这种分布说明了钎焊过程中颗粒状的 AlCu₂Ti 相的形成是基于小颗粒的 Al₃V 相析出的，也就是说，这种小颗粒的 Al₃V 相在 AlCu₂Ti 的形成过程中起到了形核剂的作用。正是由于这种变质作用导致钎缝中 AlCu₂Ti 相的弥散分布，如图 7.7 及图 7.13 所示。

为了验证 V 元素在钎焊过程中的作用，采用 AgCu 钎料对不含 V 的 TiAl 合

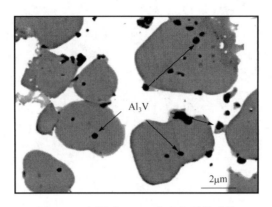

图 7.13　钎缝中 Al₃V 化合物颗粒形貌

金(Ti-46Al-2Cr-2Nb)与 Si₃N₄ 陶瓷进行钎焊试验。图 7.14 为接头典型界面组织，当 TiAl 母材中没有 V 元素时，钎缝中不再出现弥散分布的颗粒状 AlCu₂Ti 化合物，而在靠近 TiAl 侧形成了较厚的 AlCu₂Ti 反应层，分析其原因主要是由于液相钎料中不再有作为 AlCu₂Ti 相形核质点的 Al₃V 化合物形成。从组织角度来看，这种连续的且厚度较大的金属间化合物层在钎缝中的出现对钎焊接头性能不利。

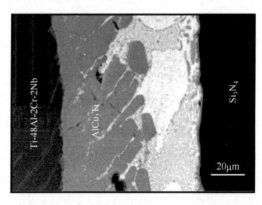

图 7.14　Si₃N₄/AgCu/Ti46Al2Cr2Nb 钎焊接头界面组织(T=1133K,t=10min)

4. Si₃N₄/AgCu/TiAl 钎焊接头形成过程

根据以上分析，采用 AgCu 钎料钎焊 Si₃N₄ 陶瓷和 TiAl 合金接头组织结构形成过程可以归纳为如图 7.15 所示的几个阶段。

(1) 钎焊过程中，当钎焊温度到达钎料的熔点时，钎料熔化形成液相；熔融的钎料在 TiAl 母材表面润湿并铺展，同时 TiAl 基体向钎料中发生溶解，溶入钎料中的 Ti、Al、V 合金元素在浓度梯度的作用下向 Si₃N₄ 陶瓷侧发生扩散，而钎料中的 Cu 元素则向 TiAl 侧扩散，如图 7.15 (a)所示。

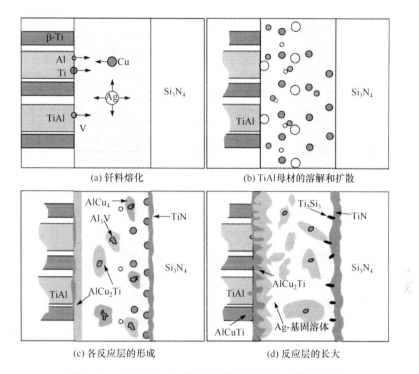

图 7.15　Si₃N₄/AgCu/TiAl 钎焊接头形成过程示意图

（2）当溶入钎料中的 Ti、Al 含量达到一定值时，在 TiAl 母材与液相钎料界面处发生包晶反应 P₂ 及共晶反应 e₁ 形成 AlCuTi 及 AlCu₂Ti 反应层。溶入液相钎料的 V 原子在扩散过程中与 Al 反应形成细小的 Al₃V 颗粒，随后，以 Al₃V 为形核质点，通过反应 e₂ 和 U₁ 形成了颗粒状的 AlCu₂Ti 化合物以及 AlCu₄ 化合物。扩散至陶瓷表面的 Ti 原子与 Si₃N₄ 反应形成了 TiN 化合物层，如图 7.15（b）所示。

（3）随着保温时间的延长，TiAl 侧形成的 AlCuTi 及 AlCu₂Ti 反应层变厚，液态钎料中形成的 AlCu₂Ti 化合物长大，而 AlCu₄ 相则通过反应 U₂ 继续转变为AlCu₂Ti化合物，同时，Si₃N₄ 侧的反应层也逐渐长大，如图 7.15（c）所示。

（4）在钎焊冷却过程中，钎料凝固，在钎缝中形成了化合物颗粒弥散分布的Ag 基固溶体组织，如图 7.15(d)所示。

7.1.4　工艺参数对 Si₃N₄/AgCu/TiAl 接头抗剪强度的影响

图 7.16 为采用 AgCu 钎料在不同钎焊温度下获得的 Si₃N₄/AgCu/TiAl 钎焊接头的室温抗剪强度。从图中可以看出，随钎焊温度升高，接头抗剪强度先升高后降低，当钎焊温度为 1133K 时所获得的接头抗剪强度最大，达到 56.6MPa。

钎焊保温时间对接头抗剪强度的影响如图 7.17 所示，与钎焊温度对接头抗剪

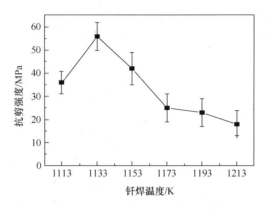

图 7.16　钎焊温度对 Si_3N_4/AgCu/TiAl 接头室温抗剪强度的影响($t=10min$)

强度的影响相似,随着保温时间的延长,接头抗剪强度先增后减,当钎焊温度为 1133K、保温时间为 5min 时,接头的抗剪强度可达 124.6MPa。

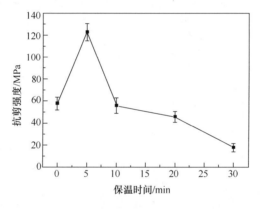

图 7.17　保温时间对 Si_3N_4/AgCu/TiAl 接头室温抗剪强度的影响($T=1133K$)

　　当连接温度较低,保温时间较短时,液相钎料与母材反应较慢,特别是与 Si_3N_4 陶瓷的反应较难,在钎料与 Si_3N_4 陶瓷界面处生成的反应产物较少,较难实现可靠连接。另外,由于低温短时钎焊过程中,TiAl 基体中合金元素(Ti、Al、V)向液相钎料中的溶解量较少,且溶入钎料中的元素扩散速度慢,扩散距离短,当钎料凝固后在界面处形成的弥散相分布不均匀,导致接头抗剪强度较低。当连接温度较高时,钎料与母材反应加剧,TiAl 基体中合金元素(Ti、Al、V)向液相钎料中溶解速度增加,随着保温时间的延长,液相钎料中反应形成的颗粒状 $AlCu_2Ti$ 化合物不断聚集长大,连成大块状脆性化合物,降低了接头的强度。当钎焊温度和保温时间合适时,在界面处形成了颗粒状 $AlCu_2Ti$ 化合物弥散分布于 Ag 基固溶体的理想接头,这种弥散分布的 $AlCu_2Ti$ 化合物相在强化基体的同时,缓解了冷却过程中由于 TiAl 基合金和 Si₃N₄ 陶瓷热膨胀系数不同产生的残余应力,获得了高性能的钎焊接头。

7.2　复合钎料开发及钎焊接头组织和性能

采用具有一定塑性变形能力的 AgCu 钎料可以成功实现 Si₃N₄ 陶瓷和 TiAl 合金的钎焊连接。当钎焊工艺条件合适时,在钎缝中形成了弥散分布的颗粒状 AlCu₂Ti 相增强的 Ag 基固溶体。这种类似于颗粒增强的金属基复合材料组织有利于 Si₃N₄/AgCu/TiAl 钎焊接头性能的提高。基体 Ag 相具有较好的塑性变形能力,可以通过弹塑性变形来缓解接头的残余应力;而颗粒状的 AlCu₂Ti 化合物作为强化相在一定程度上提高了钎缝的强度。因此,具有增强相强化的钎缝组织对 Si₃N₄ 陶瓷与 TiAl 合金的钎焊来说是较为理想的。然而,AlCu₂Ti 颗粒属于金属间化合物,与陶瓷相比,其热膨胀系数相对较大,故以 AlCu₂Ti 颗粒作为增强相的钎缝对接头残余应力的缓解程度有限。另外,根据复合材料理论,若增强相尺寸减小为纳米级别,所形成的复合材料性能将显著提高。为进一步缓解接头残余应力及提高接头性能,可以采用纳米尺寸的陶瓷相颗粒作为增强相以获得纳米颗粒增强复合材料组织的钎缝。

本节采用机械球磨的方法将纳米 Si₃N₄ 颗粒与 AgCuTi 钎料粉末混合制备了几种不同强化相含量的复合钎料。随后采用自制的复合钎料进行了 Si₃N₄ 陶瓷与 TiAl 合金的钎焊连接试验,研究了纳米 Si₃N₄ 颗粒在钎焊过程中的作用以及其对钎焊接头残余应力分布和力学性能的影响。

7.2.1　复合钎料的成分及性能

图 7.18(a)所示为 AgCuTi 粉末钎料的二次电子扫描照片。从图中可以看出,该钎料由尺寸小于 $50\mu m$ 的钎料球组成,且球表面较为光滑。图 7.18(b)为含 3%(质量分数)纳米 Si₃N₄ 颗粒的 AgCuTi 复合钎料形貌照片。由图可见,经球磨后纳米 Si₃N₄ 颗粒将 AgCuTi 钎料球包裹起来,使钎料球表面变得粗糙,但钎料球尺寸及形状在球磨的过程中变化不大。为了研究复合钎料中纳米 Si₃N₄ 颗粒含量对 Si₃N₄ 陶瓷与 TiAl 合金钎焊接头界面组织及性能的影响规律,分别制备了纳米 Si₃N₄ 颗粒含量为 1.5%、3%、4.5%和 6%(质量分数)的四种复合钎料。为了叙述方便,在下文中纳米 Si₃N₄ 增强的 AgCuTi 复合钎料均采用 AgCuTic 表示。

图 7.19(a)和(b)分别为 AgCuTi 钎料粉末及 AgCuTic 复合钎料的 X 射线衍射分析结果。从图中可以看出,两种钎料具有非常相似的 XRD 结果,由于复合钎料中 Si₃N₄ 颗粒尺寸为纳米级别,增强相含量较低,且经球磨后均匀地包覆在 AgCuTi 钎料球表面,导致 X 射线难以检测到,故在 XRD 图谱中观察不到明显的

Si_3N_4衍射峰。

(a) AgCuTi钎料　　　　　　　　　　(b) AgCuTic复合钎料

图 7.18　AgCuTi 钎料及 AgCuTic 复合钎料形貌照片

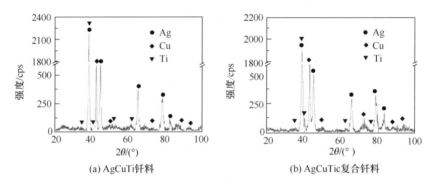

(a) AgCuTi钎料　　　　　　　　　　(b) AgCuTic复合钎料

图 7.19　AgCuTi 钎料粉末及 AgCuTic 复合钎料 X 射线衍射结果

图 7.20(a)和(b)所示分别为 AgCuTi 钎料粉末及 AgCuTic 复合钎料的 DTA 分析曲线。从图中可以看出,两种钎料具有相同的熔化温度,约为 1049K。也就是说,复合钎料中纳米 Si_3N_4 颗粒的添加对 AgCuTi 钎料的熔点没有明显影响。

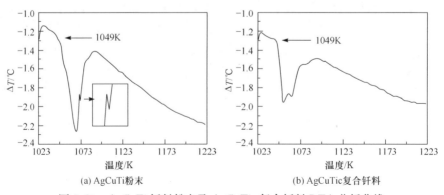

(a) AgCuTi粉末　　　　　　　　　　(b) AgCuTic复合钎料

图 7.20　AgCuTi 钎料粉末及 AgCuTic 复合钎料 DTA 分析曲线

由图 7.20(a)可以看出,在钎料熔化吸热的过程中存在一个微小的放热峰,该峰的出现可能是液态钎料中的 Ti 元素与 Cu 反应放热所致。而从图 7.20(b)的 DTA 曲线可以看出,当钎料熔化吸热时,存在一个明显的放热过程导致曲线形状发生变化,这主要是由液相钎料中纳米 Si₃N₄ 颗粒与 Ti 元素反应放热造成的,同时由于该反应过程中 Ti 元素的消耗,导致在复合钎料的 DTA 曲线中观察不到 Ti 与 Cu 反应的放热峰。

7.2.2　Si₃N₄/AgCuTic/TiAl 钎焊接头界面组织分析

图 7.21 为钎焊温度 1153K,保温时间 5min 条件下,采用纳米 Si₃N₄ 含量为 3%(质量分数)的 AgCuTic 复合钎料钎焊 Si₃N₄ 陶瓷与 TiAl 合金获得的接头界面组织。对比图 7.3 所示的 Si₃N₄/AgCu/TiAl 钎焊接头界面组织可以看出,当采用添加纳米颗粒的复合钎料钎焊时,接头界面组织发生了显著变化。整个接头钎缝宽度约为 200μm,靠近 TiAl 侧的反应层变薄;钎缝中连续的白色 Ag 基固溶体带消失,大量的小尺寸颗粒分布于 Ag 基体中形成了类似颗粒增强金属基复合材料的组织。这样,通过向钎料中添加纳米级别的陶瓷颗粒,实现了对接头界面微观组织结构的控制。

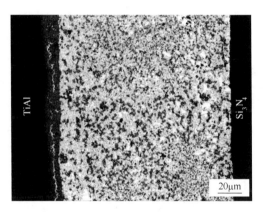

图7.21　TiAl/AgCuTic/Si₃N₄ 钎焊接头典型界面组织(T=1153K,t=5min)

图 7.22(a)、(b)和(c)分别为图 7.21 中 TiAl 母材侧、钎缝区域以及 Si₃N₄ 侧的高倍背散射电子照片。采用能谱分析对图中各微区进行检测,并根据化学成分推断相应的物相,其结果见表 7.2。

由图 7.22(a)可以看出,钎焊过程中在 TiAl 合金表面形成了一层连续的 AlCu₂Ti 化合物,厚度约为 15μm,该反应层与采用 AgCu 钎料钎焊 Si₃N₄ 陶瓷和 TiAl 合金时在 TiAl 侧形成的反应层相同,不同的是 AlCu₂Ti 层在整个钎缝中所占的比例明显下降。钎缝中间区域的高倍照片显示,在 Ag 基固溶体中出现了大量的颗粒相,如图 7.22(b)所示,这些颗粒相从尺寸上可以分为两类,一类是微米

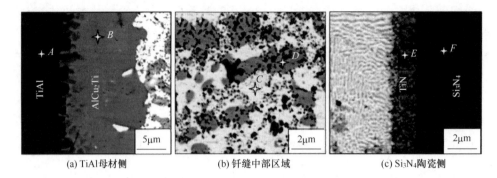

(a) TiAl母材侧　　　　　　　　(b) 钎缝中部区域　　　　　　　　(c) Si₃N₄陶瓷侧

图 7.22　TiAl/AgCuTic/Si₃N₄接头界面高倍背散射电子照片($T=1153K$, $t=5min$)

级别的大颗粒相(D),数量相对较少;另一类纳米级别的细颗粒,数量相对较多。根据 EDS 成分分析可知 D 相为 Al_4Cu_9 二元金属间化合物,且在 Al_4Cu_9 相内也存在有大量纳米颗粒,这些颗粒为 Al_4Cu_9 相的形成提供了形核位置,而由于其尺寸较小,采用能谱不能准确测定其化学成分。由图 7.22(c) 中 Si₃N₄ 侧形貌照片可知,钎焊过程中在 Si₃N₄ 陶瓷表面形成了一层厚度为 $2\mu m$ 左右的反应层,根据能谱分析可知,该层中主要含有 TiN 和 Ti_5Si_3 两相。

表 7.2　图 7.22 中各点的能谱(EDS)分析结果(原子分数)　　(单位:%)

区域	Ag	Cu	Ti	Al	Si	Cr	N	Nb	可能相
A	0.56	0.32	48.43	45.75	0.68	1.95	—	2.31	TiAl
B	4.36	45.80	25.36	22.46	0.85	0.54	—	0.63	$AlCu_2Ti$
C	88.85	5.62	2.01	2.30	0.78	0.21	—	0.23	Ag(s. s.)
D	7.23	57.25	6.78	22.36	5.02	0.62	—	0.74	Al_4Cu_9
E	6.12	8.12	32.33	6.78	22.13	—	24.52	—	$TiN+Ti_5Si_3$
F	1.89	1.56	6.23	4.61	63.39	0.25	22.07		Si_3N_4

　　为了鉴定钎缝中 Ag 基固溶体中的细颗粒相,采用透射电镜和选区电子衍射对其形貌及物相结构进行表征,结果如图 7.23 所示。从图 7.23(a)中可以看出,分布于 Ag 基固溶体内的细颗粒相尺寸范围为 $50\sim100nm$。图 7.23(b)和(c)分别为图 7.23(a)中 A 颗粒和 B 颗粒的选区电子衍射斑点,经分析可知这两种相分别为 TiN 和 Ti_5Si_3 化合物。不难想象,TiN 和 Ti_5Si_3 化合物主要是由于复合钎料中纳米 Si₃N₄ 颗粒在钎焊过程中与液相钎料中的 Ti 元素反应后形成的,该反应的热效应在图 7.20 中 DTA 曲线中得到了体现。

　　综上,当采用 AgCuTic 复合钎料钎焊 Si₃N₄ 陶瓷与 TiAl 合金时,TiAl 侧以及 Si₃N₄ 侧界面微观结构与采用 AgCu 钎料时相同;而钎缝区域变化较大,由于钎焊过程中纳米 Si₃N₄ 与 Ti 元素反应导致在 Ag 基固溶体中形成了大量弥散分布的 TiN 和 Ti_5Si_3 化合物,另外,Cu 元素与溶入钎料的 Al 反应形成的微米尺寸的颗粒状 Al_4Cu_9 化合物也弥散分布于 Ag 基固溶体中。因此,Si_3N_4/AgCuTic/TiAl 钎焊接头的界面组织为 TiAl 合金/AlCu₂Ti 反应层/Al₄Cu₉ 颗粒＋TiN 颗粒＋Ti₅Si₃ 颗粒＋Ag(s. s.)/TiN＋Ti₅Si₃ 反应层/Si₃N₄ 陶瓷。

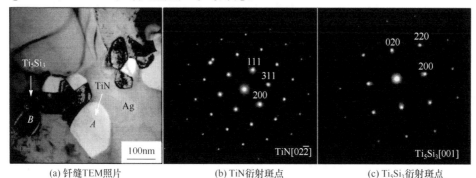

(a) 钎缝TEM照片　　　　　(b) TiN衍射斑点　　　　　(c) Ti₅Si₃衍射斑点

图 7.23　钎缝透射照片及选区电子衍射分析

7.2.3　工艺参数对 Si₃N₄/AgCuTic/TiAl 接头界面组织的影响

1. 增强相含量对 Si₃N₄/AgCuTic/TiAl 接头界面组织的影响

为了研究复合钎料中增强相的含量对钎焊接头界面组织的影响,分别采用纳米 Si₃N₄ 颗粒含量不同的 AgCuTic 复合钎料在 1153K/5min 条件下对 Si₃N₄ 陶瓷和 TiAl 合金进行钎焊试验。图 7.24 为其界面组织结构。从图中可以看出,当复合钎料中增强相含量(质量分数)从 0% 增加到 6% 时,接头界面组织发生明显变化。图 7.24(a)中所示的界面组织与其他参数下接头的组织差别更为明显。

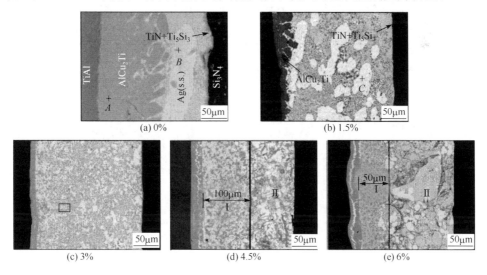

(a) 0%　　　　　　　　　　(b) 1.5%

(c) 3%　　　　　　(d) 4.5%　　　　　(e) 6%

图 7.24　纳米 Si₃N₄ 含量(质量分数)对 TiAl/AgCuTic/Si₃N₄ 接头
界面组织的影响(T＝1153K,t＝5min)

图 7.24(a)为采用不含增强相的 AgCuTi 钎料粉末获得的接头界面组织。由图可见，在 TiAl 合金侧形成了厚度约为 $100\mu m$ 的 $AlCu_2Ti$ 反应层，且在该化合物层中可以观察到显微裂纹；另外，在靠近 Si_3N_4 侧的钎缝中形成了一条富 Ag 相带。结合图 7.3 可知，采用 AgCu 钎料箔或 AgCuTi 钎料粉，获得的接头界面组织相同。

图 7.24(b)为采用增强相含量为 1.5%（质量分数）的 AgCuTic 复合钎料获得的界面组织，纳米 Si_3N_4 颗粒的加入显著改变了钎缝组织，$AlCu_2Ti$ 反应层厚度减小至 $20\mu m$ 左右，钎缝中出现了颗粒增强的 Ag 基固溶体区，然而由于增强相含量较低，仍有较多的不连续白色块状 Ag 基固溶体区存在。当增强相含量增至 3%（质量分数）时，获得了理想的钎缝组织，如图 7.24(c)所示。图 7.25(a)为钎缝的高倍背散射电子照片，从图中可以看出整个钎缝均由弥散分布的细颗粒相（TiN、Ti_5Si_3 和 Al_4Cu_9）增强的 Ag 基固溶体组成。

当增强相含量进一步增大至 4.5%（质量分数）时，接头界面组织如图 7.24(d)所示。由图可见，整个钎缝由两个形貌明显不同的区域组成，分别为靠近 TiAl 侧的 I 区和靠近 Si_3N_4 侧的 II 区。其中 I 区组织与图 7.24(c)所示相似，其厚度约为 $100\mu m$，为理想的颗粒增强 Ag 基固溶体，所不同的是由于钎料自身 Si_3N_4 含量较多，导致在 I 区 Ag 基固溶体内颗粒化合物数量增加。而 II 区中组织相对不均匀，黑色块状相在 Ag 基固溶体中弥散程度较差。图 7.25(b)为该区域高倍背散射电子照片。从图中可以看出，黑色块状相是由未参与反应的纳米 Si_3N_4 团聚后形成的。

当增强相含量继续增大至 6%（质量分数）时，获得了如图 7.24(e)所示的界面组织。该接头钎缝也由两个形貌不同的区域（I 区和 II 区）组成，且由于钎料中纳米 Si_3N_4 含量的进一步增加，导致 I 区厚度减少为 $50\mu m$；而 II 区中未反应 Si_3N_4 颗粒的团聚现象更为严重，另外在靠近 Si_3N_4 陶瓷侧还观察到较多的 Ag-Cu 共晶组织，如图 7.25(c)所示。

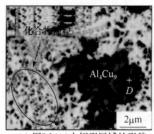
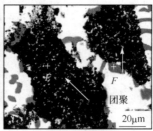
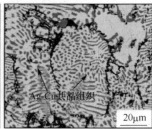

(a) 图7.24(c)中矩形区域的形貌　　　(b) Si_3N_4颗粒团聚　　　(c) AgCu共晶

图 7.25　图 7.24 中选区高倍背散射电子照片

综上所述,复合钎料中纳米 Si₃N₄ 含量对接头界面组织影响较大,当纳米 Si₃N₄ 含量为 3%(质量分数)时,在钎焊温度 1153K、保温时间 5min 条件下获得了理想的钎缝组织,即钎缝形成了细小颗粒化合物增强的 Ag 基复合组织。而当 Si₃N₄ 颗粒含量过少或过多时,钎缝内化合物的弥散程度相对较差。

2. 钎焊温度对 Si₃N₄/AgCuTic/TiAl 接头界面组织的影响

图 7.26 所示为保温时间为 5min 时,采用 Si₃N₄ 含量为 3%(质量分数)的 AgCuTic 复合钎料在不同钎焊温度下钎焊 Si₃N₄ 陶瓷和 TiAl 合金获得的界面组织结构。由图可见,钎焊温度对靠近 TiAl 侧的灰色 AlCu₂Ti 反应层及靠近 Si₃N₄ 陶瓷侧的 TiN 反应层影响不大。但钎焊温度对钎缝形貌影响较大,特别是对钎缝中颗粒状化合物的分布影响更为明显。当钎焊温度低于 1153K 时,如前所述,根据钎缝内组织形貌可将其划分为组织较好的 I 区以及相对较差的 II 区;且随着钎焊温度的升高,I 区宽度不断增加,II 区宽度减小。当钎焊温度为 1153K 和 1173K 时,II 区消失,钎缝中形成了细颗粒化合物弥散分布的 Ag 基复合材料组织。当钎焊温度较低时,TiAl 合金向液相钎料中的溶解量较少,且溶入钎料内的 Ti 元素扩散速度较低,导致远离 TiAl 界面区域的 Ti 浓度较低。这样,在靠近 Si₃N₄ 陶瓷侧的钎料中纳米 Si₃N₄ 颗粒不能全部与 Ti 反应,在冷却过程中形成了如 II 区所示的组织。而 I 区内由于充足的 Ti 元素使得 Si₃N₄ 颗粒全部反应形成了理想的组织。随钎焊温度升高,TiAl 溶解量增加且 Ti 元素在液态钎料中的扩散速度相应增大,参与反应的 Si₃N₄ 颗粒数量增加,从而导致如图 7.26 所示的 I 区宽度随钎焊温度的增加而逐渐增大。

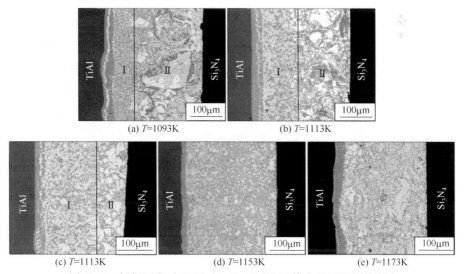

(a) T=1093K　　　　　　(b) T=1113K

(c) T=1113K　　　　(d) T=1153K　　　　(e) T=1173K

图 7.26　钎焊温度对 Si₃N₄/AgCuTic/TiAl 接头界面组织的影响

(Si₃N₄ 颗粒含量为 3%(质量分数),t=5min)

3. 保温时间对 $Si_3N_4/AgCuTic/TiAl$ 接头界面组织的影响

图 7.27 所示为在钎焊温度 1153K 时,采用 Si_3N_4 含量为 3%(质量分数)的 AgCuTic 复合钎料在不同保温时间获得的 $Si_3N_4/AgCuTic/TiAl$ 接头界面组织照片。从图 7.27(a)可以可以看出,当保温时间为 0min 时,钎缝内组织均匀性较差,在靠近 TiAl 合金侧约 $50\mu m$ 范围内形成了颗粒弥散程度较好的钎缝组织(Ⅰ区),而在靠近 Si_3N_4 陶瓷的钎缝中可以观察到熔化钎料球的痕迹以及团聚的黑色纳米 Si_3N_4 颗粒。分析其原因,主要是由于保温时间较短,TiAl 母材向液相钎料中的溶解量较小,扩散至Ⅱ区的 Ti 元素含量相对较少,导致该区域中大量的Si_3N_4 颗粒未能与 Ti 发生反应。而当保温时间延长至 2min 时,Ⅰ区厚度增加,而Ⅱ区厚度减小,如图 7.27(b)所示。由图可见,当保温时间增加时,TiAl 的溶解量增加,且扩散距离增大,导致液相钎料中更多的纳米 Si_3N_4 颗粒与之反应,有利于钎缝中颗粒状化合物的弥散分布。

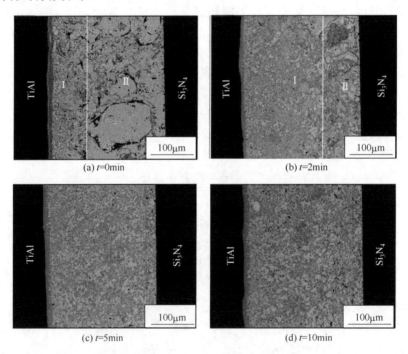

(a) t=0min　　　　　　　　　　　　　(b) t=2min

(c) t=5min　　　　　　　　　　　　　(d) t=10min

图 7.27　保温时间对 TiAl/AgCuTic/Si_3N_4 接头界面组织的影响

(Si_3N_4颗粒含量为 3%(质量分数),T=1153K)

当保温时间增至 5min 时,Ⅱ区消失,在整个钎缝中形成了均匀的颗粒相增强的 Ag 基复合材料组织,如图 7.27(c)所示。由此可见,在 1153K 条件下,5min 的保温时间可以获得理想的钎缝组织。当保温时间继续增加至 10min 时,界面组织形貌基本不变,如图 7.27(d)所示。分析其原因可能是由于在该钎焊温度条件下,经 5min 保温后,液相钎料中的 Cu 元素与 Ti 完全反应,由于 Cu 元素的消耗导致液相钎料成分发生变化,熔点升高,从而使得钎料发生等温凝固。也就是说,经 5min 钎焊后,液态钎料已基本凝固,当继续延长保温时间至 10min 时,钎缝内组织保持不变。

7.2.4　Si₃N₄/AgCuTic/TiAl 钎焊接头组织演化及连接机理

由上述钎焊接头界面组织结构分析可知,采用 AgCuTic 复合钎料钎焊 Si₃N₄ 陶瓷与 TiAl 合金时,在 TiAl 侧以及 Si₃N₄ 侧形成的反应层与采用 AgCu 钎料时相同,因此其反应机理及形成过程与不使用复合钎料时分析相同。此处主要针对细颗粒增强 Ag 基固溶体钎缝的形成过程进行分析,重点研究了颗粒相在基体中的弥散机理。

从图 7.24 中可以看出,当复合钎料中纳米 Si₃N₄ 含量合适时,钎焊过程中溶解在液相钎料中的 Ti 元素会与之反应形成纳米尺寸的 TiN 及 Ti₅Si₃ 化合物。而当纳米 Si₃N₄ 含量过多时,未反应的 Si₃N₄ 颗粒发生团聚导致钎缝组织变差。也就是说钎焊过程中液相钎料中 Ti 元素的含量决定着残余纳米 Si₃N₄ 颗粒的数量,从而影响钎缝中化合物的分布情况。而液相钎料中的 Ti 元素包含两部分,一部分是复合钎料自身含有的 Ti,其含量为固定值;另一部分是钎焊过程中 TiAl 合金溶解进入钎料中的 Ti,这部分 Ti 的量受 TiAl 母材溶解行为的变化而发生变化。

为了研究复合钎料中原始的 Ti 元素对钎缝中化合物颗粒弥散分布的影响,分别采用纳米 Si₃N₄ 含量为 1.5% 和 4.5% 的 AgCuTic 复合钎料在 1153K/5min 条件下进行 Si₃N₄ 陶瓷的钎焊试验,并对其界面组织进行观察,分别如图 7.28(a)和(b)所示。从图中可以看出,钎焊过程中在 Si₃N₄ 陶瓷基体上形成了一层连续的反

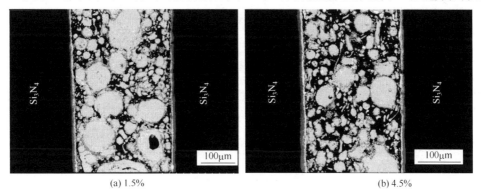

(a) 1.5%　　　　　　　　　　　　　　　　(b) 4.5%

图 7.28　不同纳米 Si₃N₄ 含量(质量分数)的复合钎料钎焊 Si₃N₄ 陶瓷接头
界面组织($T=1153K, t=5min$)

应层。由前面分析可知,该反应层为钎料中 Ti 元素与 Si_3N_4 陶瓷基体反应形成的 $TiN+Ti_5Si_3$ 化合物层。而在钎缝中则由大小不等的球形 AgCu 共晶及分布于球间的团聚的 Si_3N_4 颗粒组成。当 AgCuTic 复合钎料中纳米 Si_3N_4 颗粒含量增加时,钎缝中团聚的 Si_3N_4 颗粒所占的比例相应增大,如图 7.28(b)所示。

　　图 7.29 为图 7.28(b)中钎缝区域的高倍背散射电子照片。由图 7.29(a)可以看出,钎焊过程中,复合钎料中球形 AgCuTi 钎料熔化后未发生明显流动和相互混合,因此当钎焊结束后在钎缝中形成的 AgCu 共晶组织仍保持为球形。分析其原因,主要是由复合钎料中 Ti 元素含量过低造成的。当钎料熔化后,包覆在钎料球表面的纳米 Si_3N_4 仅有很少的一部分与 Ti 发生反应,而当 Ti 元素被消耗后,被纳米 Si_3N_4 包裹的 AgCu 液相钎料不能继续与 Si_3N_4 颗粒反应;另外,由于 AgCu 钎料对 Si_3N_4 的润湿性很差,所以被残余 Si_3N_4 颗粒包围的液相钎料并不能越过 Si_3N_4 包覆层与相邻的液相钎料发生作用。也就是说,在钎焊过程中,由于相对较低的 Ti 含量,大量未参与反应的 Si_3N_4 颗粒包覆在液相钎料表面,将每一个钎料球分割成一个独立的体系,从而导致如图 7.28 所示的典型界面组织。

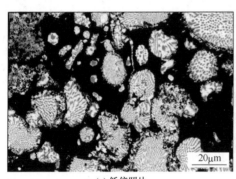 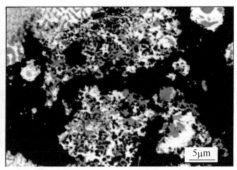

(a) 低倍照片　　　　　　　　　　　　　　　(b) 高倍照片

图 7.29　图 7.28(b)中钎缝区域形貌

　　实际上,在复合钎料中钎料球表面纳米 Si_3N_4 包覆层的厚度并非一致,在其厚度较薄的区域,Si_3N_4 颗粒与 Ti 反应后在该处形成了一个通道,使相邻钎料球内的液相贯通,但这种流动依然是局部的,所以在钎缝中可以观察到几个相邻钎料球贯通但球形结构不变,如图 7.29(a)所示,从图 7.29(b)中可以看出,在黑色 Si_3N_4 包围的区域内出现了大量的细颗粒相,分析其原因可能是该微区内富含 Ti 元素,导致在钎焊过程中一定数量的 Si_3N_4 颗粒与之反应形成了颗粒状 TiN 和 Ti_5Si_3 化合物。

　　图 7.30 所示为采用不同纳米 Si_3N_4 含量的 AgCuTic 复合钎料在 1153K/5min 条件下钎焊 TiAl 合金获得的接头界面组织。由图可见,当母材由 Si_3N_4 陶瓷替换为 TiAl 时,钎缝组织发生了显著变化,包覆在钎料球表面的纳米 Si_3N_4 与 Ti 元素

反应后较为弥散的分布于 Ag 基固溶体中。这种变化说明了钎焊过程中 TiAl 母材向液态钎料中的溶解对钎缝的组织形态有着重要影响。图 7.30(b)为采用 Si₃N₄ 颗粒含量为 1.5%(质量分数)的复合钎料钎焊 TiAl 合金的界面组织。对比图 7.30(a)中所示的 TiAl/AgCuTi/TiAl 接头界面可知,在钎缝中的 Ag 基固溶体中出现了颗粒相增强的区域,但由于复合钎料中增强相含量较少,仍有一些不连续的块状 Ag 基固溶体存在。

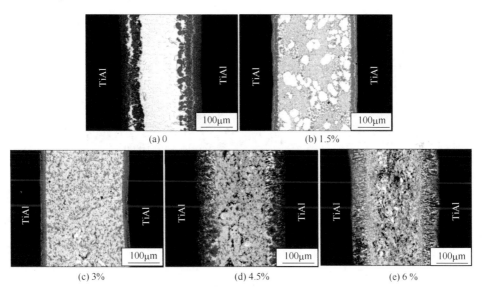

图 7.30　复合钎料中 Si₃N₄ 颗粒含量(质量分数)不同时 TiAl/AgCuTic/TiAl
接头界面组织($T=1153\mathrm{K}, t=5\mathrm{min}$)

当增强相含量增至 3%(质量分数)时,获得了理想的钎缝组织,如图 7.30(c)所示,在整个钎缝中形成了化合物颗粒弥散程度较好的复合材料组织。图 7.31(a)为其钎缝高倍组织。由图可以看出,钎缝中获得的组织与图 7.24(a)中相同。然而当复合钎料中增强相含量继续增加至 4.5% 和 6%(质量分数)时,由于 Si₃N₄ 颗粒相对较多,导致钎缝中出现残余的纳米 Si₃N₄ 团聚,如图 7.30(d)和(e)所示,另外可以观察到靠近 TiAl 侧的 AlCu₂Ti 反应层厚度明显增加,这可能是由于钎焊过程中,随着液态钎料中反应的进行,钎料成分发生变化并在钎焊温度下等温凝固,而一旦钎料凝固便会大幅降低 Ti 元素向钎料中的扩散速度,从而导致 AlCu₂Ti 层厚度的增加。图 7.31(b)为图 7.30(e)中靠近 TiAl 侧区域的高倍照片,从图中可以看出该区域组织与图 7.31(a)中所示相似,但由于所用复合钎料中纳米 Si₃N₄ 颗粒含量较多,使得在该区域 Ag 基体上分布的细颗粒化合物数量较多且分布较密。同时由于纳米尺寸 TiN 和 Ti₅Si₃ 数量的增加,在一定程度上为大颗粒 Al₄Cu₉ 化合物的形成提供了更多的形核位置,导致在图 7.31(b)中形成了更为

细小和分散的 Al_4Cu_9 化合物。图 7.31(c) 为图 7.30(e) 中钎缝中部区域的高倍照片。由图可见,在 Al_4Cu_9 化合物外层包覆着团聚的残余纳米 Si_3N_4 颗粒,且在 Al_4Cu_9 化合物内观察不到细颗粒的 TiN 及 Ti_5Si_3 化合物。分析其原因主要是由于该区域离 TiAl 母材较远,扩散至该处的 Ti 元素数量较少,导致只有一部分 Si_3N_4 颗粒与之反应,而未反应的 Si_3N_4 颗粒团聚。另外,由于反应形成的 TiN 及 Ti_5Si_3 颗粒较少,不能为 Al_4Cu_9 化合物的析出提供充足的形核位置,导致在该区域形成了连续的尺寸相对较大的 Al_4Cu_9 化合物。

(a) 图7.30(c)钎缝形貌　　　　(b) 图7.30(e)中TiAl侧形貌　　　　(c) 图7.30(e)中钎缝形貌

图 7.31　图 7.30(c) 和 (e) 中选区高倍形貌照片

图 7.32 所示为采用 Si_3N_4 颗粒含量为 1.5%(质量分数)的 AgCuTic 复合钎料在 1093K/0min 条件下钎焊 TiAl 合金界面组织结构背散射电子照片。由于低温短时钎焊,可以通过纳米 Si_3N_4 颗粒的形貌来推断反应过程中形成的颗粒化合物弥散分布过程。从图中可以看出,钎焊过程中,团聚的黑色 Si_3N_4 颗粒明显在向 Ag 基固溶体运动,导致在黑色 Si_3N_4 团与白色 Ag 基固溶体之间形成了灰色絮状界面,且在离该界面稍远处的 Ag 基体中形成了大量的细颗粒化合物,如图 7.32(b) 所示。

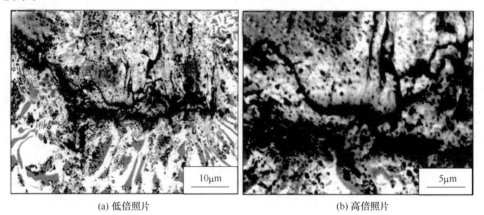

(a) 低倍照片　　　　　　　　　　　　(b) 高倍照片

图 7.32　TiAl/AgCuTic/TiAl 钎焊接头钎缝组织照片($T=1903K, t=0min$)

由上述分析可知,当液相钎料中不含 Ti 元素时,团聚的 Si₃N₄ 颗粒并不能在液相钎料中弥散。因此可以推知,在图 7.32 中观察到的实际上是 Si₃N₄ 颗粒与 Ti 反应某一时刻的组织形貌。当溶入钎料中的 Ti 原子与团聚的 Si₃N₄ 颗粒相遇时,二者发生反应形成细颗粒 TiN 和 Ti₅Si₃ 化合物,形成的 TiN 和 Ti₅Si₃ 颗粒向液相钎料中移动。同时,在浓度梯度的作用下,Ti 元素不断地扩散至 Si₃N₄ 处与之反应,不断重复上述过程,直至将所有的 Si₃N₄ 颗粒完全消耗后实现了 TiN 和 Ti₅Si₃ 相的弥散分布,而这些弥散分布的细颗粒相又可以作为 Al₄Cu₉ 化合物的形核质点,从而导致析出的 Al₄Cu₉ 相尺寸小且弥散分布于 Ag 基固溶体中。

根据以上分析,采用 AgCuTic 复合钎料钎焊 Si₃N₄ 陶瓷和 TiAl 合金接头界面形成过程主要包含如图 7.33 所示的几个阶段。

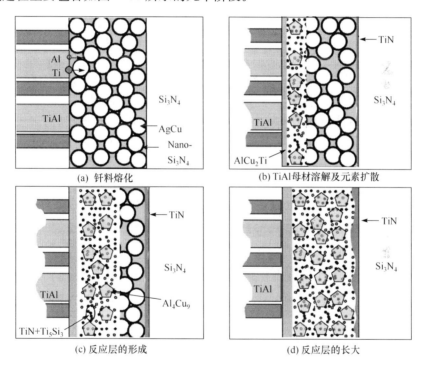

图 7.33　TiAl/AgCuTic/Si₃N₄ 钎焊接头形成过程示意图

(1) 当钎焊温度升至钎料熔化温度时,AgCu 钎料熔化成液态,熔融的钎料在 TiAl 合金表面润湿并铺展,TiAl 母材向钎料中发生溶解,同时钎料中的 Ti 原子向 Si₃N₄ 陶瓷侧扩散,如图 7.33(a)所示。

(2) 当钎料中溶解的 Ti、Al 元素浓度达到一定值后,在 TiAl 母材表面形成了 AlCu₂Ti 化合物层;同时,溶解在液相钎料中的 Ti 原子在向 Si₃N₄ 陶瓷侧扩散的过程中与纳米 Si₃N₄ 颗粒相遇并反应形成 TiN 及 Ti₅Si₃ 化合物,且形成的 TiN 及

Ti$_5$Si$_3$颗粒在钎料中弥散分布;陶瓷侧由于 Ti 元素与 Si$_3$N$_4$ 母材反应形成了连续的 TiN 化合物层,如图 7.33 (b)所示。

(3) 进入液相钎料中的 Al 元素与 Cu 反应形成 Al$_4$Cu$_9$ 化合物,且该化合物以弥散分布的纳米 TiN 和 Ti$_5$Si$_3$ 颗粒为形核质点析出,使得 Al$_4$Cu$_9$ 化合物呈颗粒状弥散分布于钎料中,如图 7.33 (c)所示。

(4) 随保温时间的延长,溶入钎料中的 Ti 元素不断增加,使得钎料中纳米 Si$_3$N$_4$ 颗粒不断消耗,当钎焊冷却时,钎料凝固,在钎缝中形成了微纳米化合物颗粒弥散分布于 Ag 基固溶体的接头组织,如图 7.33(d)所示。

7.2.5 工艺参数对 TiAl/AgCuTic/Si$_3$N$_4$接头性能的影响

图 7.34 所示为采用不同纳米 Si$_3$N$_4$ 含量的 AgCuTic 复合钎料在 1153K/5min 条件下获得的接头室温抗剪强度。从图中可以看出,采用复合钎料钎焊时,接头强度均有所提高,当复合钎料中纳米 Si$_3$N$_4$ 含量为 3%(质量分数)时,接头抗剪强度最大为 115MPa,比采用 AgCuTi 钎料获得的接头强度高 52MPa。结合图 7.34 中所示界面组织结构可以看出,当复合钎料中增强相的含量低于 3%(质量分数)时,块状的 Ag 基固溶体存在于钎缝中,特别是当直接采用 AgCuTi 钎料钎焊时,在钎缝中除了形成连续的 Ag 基固溶体带,还形成了厚度较大 AlCu$_2$Ti 脆性反应层。因此,这种相对较差的钎缝组织所对应的接头强度不高。而当增强相含量为 3%(质量分数)时,在钎缝中形成了颗粒细小且弥散分布的 Ag 基复合材料组织,钎缝中纳米 TiN 和 Ti$_5$Si$_3$ 化合物颗粒在强化基体相的同时,作为形核质点也细化了 Al$_4$Cu$_9$ 化合物;另外,在靠近 TiAl 侧,AlCu$_2$Ti 反应层厚度减小,得到了较好的界面组织,从而获得了最高的接头抗剪强度。当增强相含量超过 3%(质量分数)时,由于钎焊过程中从母材溶入液相钎料中的 Ti 元素含量不足,导致远离 TiAl 母材侧的一部分 Si$_3$N$_4$ 颗粒残余并团聚,在一定程度上降低了接头强度。由此可见,良好的钎缝组织是高强度接头的前提和保证。

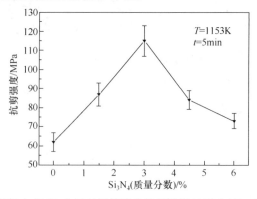

图 7.34 复合钎料中 Si$_3$N$_4$ 含量对钎焊接头抗剪强度的影响(T=1153K,t=5min)

　　图 7.35 所示为采用增强相含量为 3%(质量分数)的 AgCuTic 复合钎料在不同钎焊温度和时间条件下获得的接头性能。从图中可以看出,钎焊温度及保温时间对接头抗剪强度有着相似的影响规律,当钎焊温度较低或保温时间较短时,接头抗剪强度不高。结合图 7.26 及图 7.27 可知,当钎焊温度较低、保温时间较短时,由于钎料中溶解的 Ti 元素不足,导致钎缝中大量未反应的纳米 Si₃N₄ 颗粒团聚,钎缝组织较差,因而接头强度不高。而当钎焊温度过高或保温时间过长时,钎缝内化合物长大,特别是靠近 TiAl 侧的反应层厚度增加,在一定程度上降低了接头强度。只有当钎焊温度和保温时间合适时,获得的界面组织结构良好,从而使得接头抗剪强度相对较高。

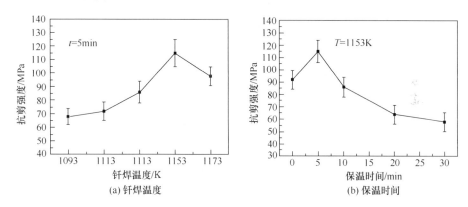

图 7.35　钎焊温度和保温时间对接头室温抗剪强度的影响(Si₃N₄ 质量分数为 3%)

　　图 7.36 为钎焊接头经室温压剪后的典型断口形貌。从图中可以看出,当采用不添加纳米 Si₃N₄ 颗粒的 AgCuTi 钎料时,TiAl/AgCuTi/Si₃N₄ 钎焊接头在压剪过程中,裂纹在 Si₃N₄ 陶瓷一侧萌生并向着陶瓷内部进行扩展,最终断裂于陶瓷一侧,裂纹扩展路径呈弓形,如图 7.36(a)所示。这表明从高温冷却至室温的过程中在接头区域形成了较大的残余应力,在残余应力的作用下导致钎焊接头具有特有的弓形断裂路径。而当采用复合钎料时,接头断裂位置明显发生变化,如图 7.36(b)所示。压剪过程中,裂纹起裂于钎缝,先沿钎缝扩展后转移至 Si₃N₄ 母材,并断裂于 Si₃N₄ 陶瓷内。整个裂纹扩展路径较为平直,说明采用复合钎料在一定程度上可以缓解接头残余应力,改变接头破坏路径,从而提高接头强度。

　　图 7.37 所示为采用不同纳米 Si₃N₄ 含量的 AgCuTic 复合钎料在 1153K/5min 条件下获得的接头高温(673K)抗剪强度。由图可见,当采用复合钎料时,接头高温抗剪强度均高于直接采用 AgCuTi 钎料获得的接头强度。当复合钎料中纳米 Si₃N₄ 颗粒含量为 3%(质量分数)时,接头抗剪强度最高达到 156MPa,为采用 AgCuTi 钎料获得的钎焊接头高温抗剪强度的 2 倍。

　　对比图 7.35 中接头的室温抗剪强度可以看出,当测试温度升高后,接头抗剪

(a) AgCuTi钎料　　　　　　(b) 增强相含量为3%(质量分数)的
　　　　　　　　　　　　　　　AgCuTic复合钎料

图 7.36　钎焊接头室温压剪断口形貌

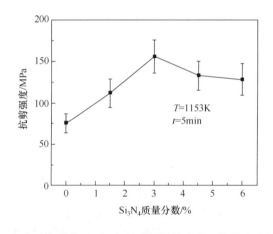

图 7.37　复合钎料中 Si₃N₄ 含量对钎焊接头高温抗剪强度的影响

强度有所升高,其原因可能是由于测试温度升高后,一定程度上降低了接头的残余应力,从而使得接头的性能得到了改善。

　　为了研究钎焊接头的高温压剪断裂行为,采用光学显微镜对接头断口形貌进行了观察(图 7.38)。图 7.38(a)和(b)为采用 AgCuTi 钎料获得的接头典型断口照片。由图可见,压剪过程中,裂纹起裂于陶瓷母材处,并向 Si₃N₄ 陶瓷母材内部扩展,最终断裂在陶瓷侧,属于脆性断裂。由图 7.38(b)可以看出,主裂纹的扩展路径为弓形,这一特征说明了在接头内部依然存在较大的残余应力。图 7.38(c)和(d)为采用纳米 Si₃N₄ 含量为 3%(质量分数)的 AgCuTic 复合钎料获得的接头断口照片。从图中可以看出,采用复合钎料后,接头断裂位置发生明显变化,压剪过程中,裂纹起裂于钎角处,并沿着钎缝扩展,最终断裂于靠近 Si₃N₄陶瓷侧的反应层中。图 7.38(d)中所示的主裂纹扩展路径呈一直线,说明复合钎料的使用可以较大程度地缓解接头应力,从而提高接头强度。

(a) 低倍照片(AgCuTi)

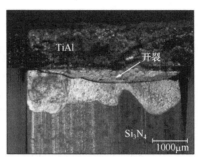

(b) 主裂纹(AgCuTi)

(c) 低倍照片(AgCuTic)

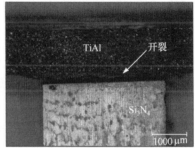

(d) 裂纹路径(AgCuTic)

图 7.38　钎焊接头高温压剪断口照片

7.3　Si₃N₄/AgCuTic/TiAl 接头残余应力

对钎焊接头的力学性能而言,接头的残余应力分布对其有着重要的影响,特别是当异种材料的钎焊时,被焊材料性能之间的差异将导致在接头内部形成大的残余应力集中,使得这种影响更为显著。为了研究纳米颗粒增强复合钎料的使用对钎焊接头残余应力的缓解作用,本小节采用有限元模拟的方法对 Si₃N₄/TiAl 钎焊接头的残余应力分布进行了模拟计算,获得了不同增强相含量条件下钎焊接头残余应力分布。

7.3.1　钎焊接头有限元模型网格划分与边界条件

由于 Si₃N₄陶瓷与 TiAl 合金的实际钎焊过程较为复杂,导致采用数值模拟无法完成每个细节过程的真实模拟,因此需做如下假设。

(1) 假设连接材料的物理及力学性能参数均随钎焊温度的变化而变化;且与

温度相关的性能参数及应力应变在微小时间内呈线性变化。

（2）Si_3N_4陶瓷及TiAl合金均属于难变形材料，其屈服强度与弹性极限相差较小，因此在计算过程中假设二者相同。

（3）由于试验件尺寸不大，且冷却速度相对较慢，假设在钎焊过程中试样的温度变化是均匀的。

（4）假设被焊材料的物理及力学性能具有各向同性，且材料屈服服从Mises屈服准则，在塑性变形区内，服从流动法则。

（5）采用理想的弹塑性力学模型进行数值模拟，忽略体积力和表面力，将引起应力的原因简化为温度分布的不均匀性引起的各单元体积变化量不同，属于热弹塑性问题。

为了方便模型建立及后续对钎焊接头残余应力的测量，钎焊试验采用对接接头，如图7.39(a)所示。Si_3N_4陶瓷和TiAl合金的试样尺寸均为17mm×17mm×5mm，钎焊面积为17mm×5mm，钎缝宽度为200μm。假设钎焊接头在高温条件下连接状况良好，所得焊缝无任何缺陷。根据上述试验结果，选择钎焊温度为1153K，保温时间为5min。图7.39(b)所示为连接件所对应的模型网格划分，由于TiAl合金及Si_3N_4陶瓷母材尺寸数量级为厘米，而钎料层的尺寸数量级为微米，较大的数量级差别给网格的划分带来困难。离钎缝较远的区域对钎缝区域残余应力的影响较小，因此对模型进行分段处理，稀疏远离焊缝的区域，减少单元格数量。模拟中，有限元网格划分采用八节点等参三维固体类型单元，钎缝单元尺寸为20μm，钎缝两侧母材5mm内采用阶梯状划分。

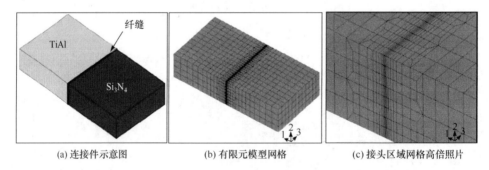

(a) 连接件示意图　　　　　　(b) 有限元模型网格　　　　　(c) 接头区域网格高倍照片

图7.39　Si_3N_4/TiAl钎焊接头装配图及有限元网格划分示意图

连接材料的物理性能参数作为数值模拟过程中非常重要的物理量，其选择的准确程度在很大程度上决定着模拟结果的准确性，因此，在模拟过程中材料性能参数的确定至关重要。所以在本节计算中考虑了钎焊过程中所用钎料以及Si_3N_4陶瓷和TiAl合金的热力学性能随温度的变化，具体参数见表7.3。

表 7.3　连接材料的性能参数

材料	温度/K	导热系数 /(W/(m·K))	比热容 /(J/(kg·K))	膨胀系数 /(×10⁻⁶/K)	弹性模量 /GPa	屈服强度 /MPa	泊松比
TiAl	293	52	405	9.8	150	550	0.3
	573	48		10.2	140	520	
	773	45		10.6	135	490	
	1053	40		11.8	115	400	
Si₃N₄	293	25	550	2.2	350	960	0.25
	573	24		2.3	340	920	
	773	23		2.3	320	880	
	1053	20		2.5	280	820	
AgCu	293	90	290	15.1	100	142	0.35
	573			16.2	90	138	
	773			18.8	80	70	
	1053			20.5	67	30	

　　根据钎焊试验分析结果可知,当连接件在 1153K 钎焊时,钎料以液态形式存在,其弹性模量与室温下相比可以忽略不计,因此从钎焊温度冷却至钎料凝固的过程中几乎不会产生热应力。实际上,在钎焊过程中,复合钎料的熔化及凝固温度可以认为与 Ag-Cu 共晶温度相同,因此可选用 AgCu 共晶钎料的熔点 1053K 作为降温初始温度,用以进行试验件接头残余应力大小分布的模拟研究。

7.3.2　钎焊接头残余应力有限元分析

　　在接头由高温冷却至室温的过程中,由于 TiAl 合金具有较大的热膨胀系数,相对 Si₃N₄陶瓷而言会产生较多的收缩量,这样在 Si₃N₄陶瓷的连接面便会形成一个向心的作用力。该作用力可以通过钎缝附近母材以及钎缝自身的塑性变形抵消或缓解一部分,而未抵消的作用力在靠近钎缝的陶瓷母材内部引起径向压应力、剪应力以及轴向拉应力。其中,陶瓷母材外表面的轴向拉应力是最大的,同时对接头破坏而言也是最危险的。显然,轴向拉应力主要是由 Si₃N₄陶瓷基体对端面变形的拘束而产生的,其大小决定于端面尺寸及其位移量。因此,在后续的分析过程中针对 Si₃N₄陶瓷一侧的应力分布进行了重点分析。图 7.40(a)和(c)分别为采用 AgCuTi 钎料以及 Si₃N₄颗粒含量为 3% 的 AgCuTic 复合钎料获得的钎焊接头 Z 方向上应力的三维分布图(单位为 MPa)。图 7.40(b)和(d)分别为图 7.40(a)和(c)中钎缝外侧区域应力分布的放大照片。接头区域 Z 方向上应力呈现明显的拉压对称分布,Si₃N₄陶瓷一侧承受轴向拉应力,且应力峰值出现在陶瓷外侧边缘靠近钎缝的微小区域内,呈现了典型的高拉伸应力状态。而 TiAl 合金一侧则出现了与之相平衡的压应力分布,其应力峰值与陶瓷侧相似,同样出现在 TiAl 合金外侧;从压应力到拉应力出现了很大的应力梯度。对比图 7.40 (a)和(c)可知,当采用复合钎料钎焊时,接头区域 Z 方向残余应力分布状态与直接采用 AgCuTi 钎料钎焊相比较为相似,靠近钎缝的陶瓷母材受拉而 TiAl 侧受压;然而,应力峰值有所下降,且应力分布区域减小。可见,复合钎料的使用在一定程度上可以缓解接头轴向应力。

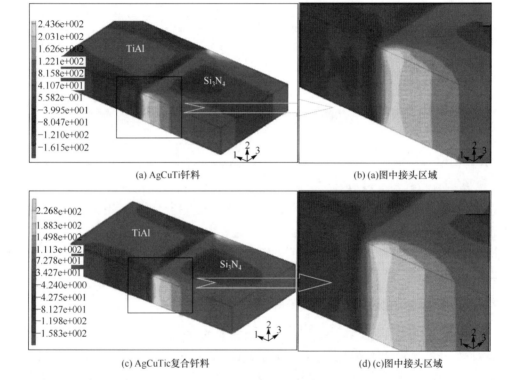

(a) AgCuTi钎料　　　　　　　　　　(b) (a)图中接头区域

(c) AgCuTic复合钎料　　　　　　　　(d) (c)图中接头区域

图 7.40　TiAl/Si₃N₄ 钎焊接头 Z 方向应力分布图

图 7.41 所示为图 7.40 中接头外侧表面轴向应力在 Z 轴方向上的分布。从图中可以看出,轴向拉应力峰值出现在距钎缝 1.2cm 左右的陶瓷侧,而轴向压应力峰值则出现在距钎缝 1cm 左右的 TiAl 侧。与直接采用 AgCuTi 钎料钎焊相比,当采用复合钎料时,轴向应力峰值降低 35MPa 左右,且整体应力水平也有一定程度下降。

图 7.42 所示为采用 X 射线应力仪测定的 Si₃N₄ 陶瓷表面的残余应力结果,测量位置为平行于钎缝且距钎缝 1mm 处。由图可见,采用 XRD 获得残余应力分布结果与计算结果吻合较好,Si₃N₄ 陶瓷表面承受压应力,应力峰值处于中间位置,且

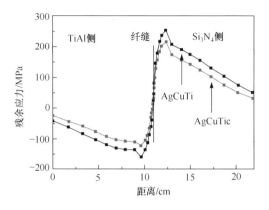

图 7.41　图 7.40 中 Z 向应力沿 Z 轴的变化

从中间位置向陶瓷两侧应力逐渐降低。无论从模拟结果看,还是从试验结果看,复合钎料的使用的确起到了缓解接头应力的作用。X 射线应力分析显示,采用 Si_3N_4 颗粒含量为 3%(质量分数)的 AgCuTic 复合钎料时,钎焊接头内压应力峰值降低 70MPa 左右,与模拟结果吻合较好。

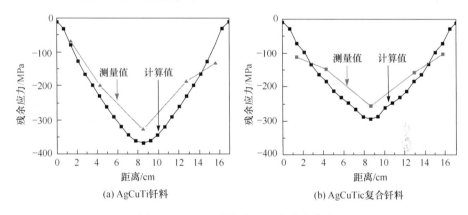

(a) AgCuTi 钎料	(b) AgCuTic 复合钎料

图 7.42　Si_3N_4 陶瓷表面 Y 向应力分布

复合钎料中增强相含量对 Si_3N_4/AgCuTic/TiAl 钎焊接头等效应力峰值的影响如图 7.43 所示。从图中可以看出,复合钎料的使用对等效应力的峰值大小有一定的影响,随着复合钎料中增强相含量的增加,接头内部等效应力峰值呈下降趋势。由此可见,陶瓷颗粒增强复合钎料的使用对于陶瓷接头的应力集中有缓解作用。

综上分析可知,在实现 Si_3N_4 陶瓷和 TiAl 合金的钎焊过程中,采用复合钎料在钎缝中形成了类似颗粒增强的金属基复合材料组织,通过改变钎缝的热膨胀系数、弹性模量、屈服强度等性能参数,降低主应力峰值,在一定程度上改善了接头的

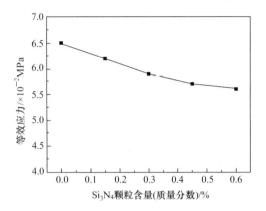

图 7.43 增强相含量对钎焊接头等效残余应力峰值的影响

残余应力分布。特别地,随着复合钎料中增强相含量的增加,接头内残余应力分布区域逐渐减小且应力峰值降低。然而,钎焊接头的性能除了受残余应力影响,界面组织结构对其也有着重要的影响。也就是说,接头界面的组织结构和钎缝区域的残余应力分布是决定接头性能的两个主要因素,因此,需综合考虑界面组织与残余应力来优化接头性能。

参 考 文 献

[1] 沈强,陈裴,闫法强,等. 新型高温陶瓷天线罩材料的研究进展. 材料导报,2006,20(9):1~4

[2] Barta J,Manela M,Fischer R. Si_3N_4 and Si_2N_2O for high performance radomes. Materials Science and Engineering,1985,71:265~272

[3] Beall G H. Refractory glass-ceramics based on alkaline earth aluminosilicates. Journal of the European Ceramic Society,2009,29(7):1211~1219

[4] Ding S Q,Zeng Y P,Jiang D L. Oxidation bonding of porous silicon nitride ceramics with high strength and low dielectric constant. Materials Letters,2007,61(11/12):2277~2280

[5] 赵磊. SiO_{2f}/SiO_2复合材料与 Invar 合金的钎焊接头界面组织及形成机理[博士学位论文]. 哈尔滨:哈尔滨工业大学,2010

[6] 宋晓国. Si_3N_4陶瓷与 TiAl 合金钎焊工艺及机理研究[博士学位论文]. 哈尔滨:哈尔滨工业大学,2012

[7] Song X G,Cao J,Wang Y F,et al. Effect of Si_3N_4-particles addition in Ag-Cu-Ti filler alloy on Si_3N_4/TiAl brazed joint. Materials Science and Engineering A,2011,528(15):5135~5140

[8] Song X G,Cao J,Li C,et al. Interfacial microstructure and joining properties of TiAl/Si_3N_4 brazed joints. Materials Science and Engineering A,2011,528(22~23):7030~7035

[9] 宋晓国,曹健,蔺晓超,等. Si_3N_4/AgCu/TiAl 钎焊接头界面组织及性能研究. 稀有金属材料与工程,2011,40(1):48~51.

[10] 曹健,宋晓国,王义峰,等. Si_3N_4/Ni/TiAl 扩散连接接头界面组织及性能. 焊接学报,2011,

32(6):1~4

[11] Villars P, Prince A, Okamoto H. Handbook of Ternary Alloy Phase Diagrams. Materials Park, OH: ASM International, 1995

[12] Torvund T, Grong O. A process model for active brazing of ceramics: Part I growth of reaction layer. Journal of Materials Science, 1996, 31: 6215~6222

[13] Torvund T, Grong O. A process model for active brazing of ceramics: Part II Optimization of brazing condition and joint properties. Journal of Materials Science, 1997, 32: 4437~4442

第8章 Ti₃AlC₂陶瓷与TiAl合金的扩散连接

Ti₃AlC₂陶瓷是一种新型的三元层状材料,该材料综合具有金属和陶瓷的优异性能,它们既像金属一样,拥有出色的电学性能和热学性能、相对高的体积弹性模量、良好的断裂韧性、较低的硬度,能进行机械加工,并且在高温下会发生脆性塑性转变;也像陶瓷一样,拥有较高的熔点、良好的高温性能、出色的抗氧化和抗热震性能及高热稳定性。并且其特有的层状结构使其具有良好的自润滑性和较低的摩擦系数。该材料既能用作合金的抗氧化涂层材料和新型的电极材料,也能应用于飞机及汽车发动机等高温结构件制造领域[1~3]。TiAl合金是一种新型的高温结构材料,相对于Ti合金,拥有良好的高温性能;而与Ni基高温合金相比,因其具备较低的密度,使其拥有更高的比刚度和比强度。因此,TiAl合金有望取代Ti合金和Ni基高温合金,在航空航天领域有着广阔的应用前景[4,5]。因此,将Ti₃AlC₂陶瓷与TiAl合金连接起来,有望充分发挥这两种材料的优异性能,实现复杂结构件的制造。

尽管TiAl合金为金属材料且Ti₃AlC₂陶瓷也具有一定的金属性能,但由于这两种母材的固有脆性,二者的连接仍然具有较大的难度。一般采用钎焊或者扩散连接的方法进行陶瓷与金属的连接。而钎焊接头的高温使用性能一般受到钎料的限制,考虑到扩散连接接头的高强度和高质量稳定性,作者针对Ti₃AlC₂陶瓷和TiAl合金的扩散连接进行了研究[6~8]。首先进行这两种材料的直接扩散连接,阐明接头的界面结构与工艺参数的影响规律;随后基于直接连接的结果,通过选择合适的中间层材料来缓解接头残余应力,优化连接工艺参数,阐明扩散连接机理。

8.1 Ti₃AlC₂陶瓷与TiAl合金的直接扩散连接

目前,关于TiAl合金和三元层状Ti₃AlC₂陶瓷的自身连接已经开展了丰富的研究,但是针对Ti₃AlC₂陶瓷和TiAl合金的连接未有报道,所以本书首先对Ti₃AlC₂陶瓷和TiAl合金进行了直接扩散连接,分析Ti₃AlC₂陶瓷和TiAl合金的焊接性,研究工艺参数对接头界面结构和抗剪强度的影响规律,探讨接头的断裂方式。

8.1.1 Ti₃AlC₂陶瓷和TiAl合金的焊接性分析

本研究所用的Ti₃AlC₂陶瓷是自行设计并热压烧结制备的,首先将TiC、Ti和

Al 粉末按照 2∶1∶1.2 的原子比在氩气保护下球磨混合 3h,图 8.1 为球磨混合后粉末的微观形貌和相应的 XRD 分析结果。从图中可以看到,在球磨的过程中,粉末并没有发生机械合金化。接着将混合粉末在石墨模具内预压成 ϕ50mm×10mm的压坯,然后放入高温热压炉中进行烧结。在 1673K、30MPa 条件下,保温 4h,从而得到 Ti₃AlC₂ 陶瓷。Ti₃AlC₂ 陶瓷母材的显微结构和 XRD 分析结果如图 8.2 所示。从图中可以看到,层片状的 Ti₃AlC₂ 陶瓷组织均匀,Ti₃AlC₂ 陶瓷中只含有极少量的未完全反应的 TiC 纳米颗粒和氧化而成的 Al₂O₃。

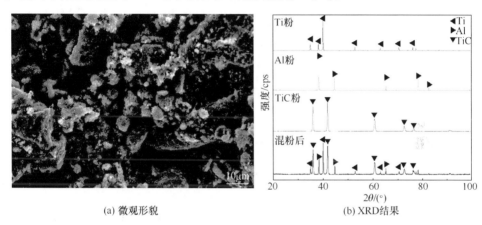

(a) 微观形貌　　　　　　　　　　(b) XRD 结果

图 8.1　球磨混合后粉末的微观形貌和 XRD 结果

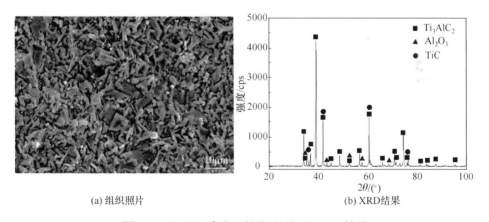

(a) 组织照片　　　　　　　　　　(b) XRD 结果

图 8.2　Ti₃AlC₂ 陶瓷母材微观组织和 XRD 结果

　　本试验所用的 TiAl 合金是铸态 Ti-46Al-2Nb-2Cr 合金。TiAl 合金的显微结构和 XRD 结果如图 8.3 所示。从图中可以看到,这种 TiAl 合金为全层片组织,主要包含 TiAl 和 Ti₃Al 双相组织。

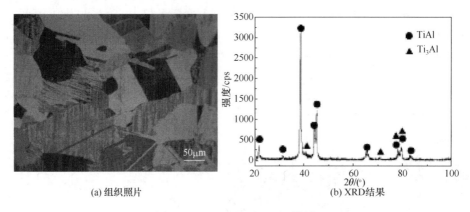

(a) 组织照片　　　　　　　　　(b) XRD 结果

图 8.3　TiAl 组织和 XRD 结果

虽然两种待连接母材均含有 Ti 与 Al 元素,Ti₃AlC₂ 陶瓷和 TiAl 合金的物理性质和化学性能仍存在较大的差别,使得这两种材料之间焊接必定会面临一系列难题。由表 8.1 可见,虽然这两种材料只相差一种元素,但是 Ti₃AlC₂ 陶瓷和 TiAl 在密度、热膨胀系数、导热系数、晶格类型和化学键型上都存在较大的差异,因此两者的相容性较差。

表 8.1　TiAl 和 Ti₃AlC₂ 物理和化学性能比较[9,10]

材料	密度/(g/cm³)	热膨胀系数/(×10⁻⁶/K)	导热系数/(W/(m·K))	晶体结构
TiAl	3.78	11.0(293~1073K)	11.2	L10,DO19
Ti₃AlC₂	4.25	9.0(293~1473K)	27.5	六方晶系

在焊后冷却过程中,两者热膨胀系数的差异导致接头中有较大的残余应力,严重削弱了接头的性能。除此之外,Ti₃AlC₂ 陶瓷和 TiAl 合金的晶格类型也相差较大[3,4,11]。本书所用的 TiAl 是全层片(α_2＋γ)组织,其中 γ-TiAl 为 L10 结构,这种晶体结构属于面心四方结构,由(002)原子面上 Ti 原子和 Al 原子交替排列而成;α_2-Ti₃Al 则属于 Kurnakov 型金属间化合物,其存在一个有序-无序转变温度,晶体结构类型也随之发生变化。转变的临界温度以下为有序的 DO₁₉结构,临界温度之上则转变为 H.C.P 的结构。然而,Ti₃AlC₂ 陶瓷属于六方晶体结构,其空间群为 P6₃/mmc。Ti 和 C 组成的八面体被 Al 原子层所分隔开,两者沿着 c 轴交替排列而成,C 位于 Ti₆C 八面体的中心。Ti-Al 和 Al 原子层内部 Al-Al 之间是弱的金属键。然而,八面体上 Ti-C 之间是较强的共价键,每一个晶胞中包含有两个 Ti₃AlC₂分子,两者晶体结构的差异同样也增加了焊接的难度。

但是,单单从化学元素的角度考虑,两种母材都含有 Ti、Al 两种元素,元素化学相容性较好,并且 Ti₃AlC₂ 陶瓷具有一定的金属性(晶体结构中含有金属键)。

同时,Ti$_3$AlC$_2$陶瓷的 293～1473K 的平均热膨胀系数为$(9.0\pm0.2)\times10^{-6}$/K,相较于其他常用陶瓷(Si$_3$Ni$_4$的室温热膨胀系数为 2.2×10^{-6}/K,SiC 陶瓷的热膨胀系数为 4×10^{-6}/K),Ti$_3$AlC$_2$陶瓷的线膨胀系数相对较大,更加接近于金属的膨胀系数。考虑到上述的几点原因,采用扩散连接方法应该可以实现 Ti$_3$AlC$_2$陶瓷和 TiAl 合金的连接。

8.1.2　Ti₃AlC₂/TiAl 接头界面组织分析

图 8.4 所示为连接温度 1273K,保温时间 60min、连接压力 30MPa 时,Ti$_3$AlC$_2$/TiAl扩散连接接头的界面组织。由图可见,Ti$_3$AlC$_2$/TiAl 界面处实现了良好的连接,并且形成了两层颜色不同的界面反应层,其中靠近 TiAl 一侧的反应层颜色较深,靠近 Ti$_3$AlC$_2$的反应层则颜色较浅。这里把颜色较深的反应层标记为 B 层,颜色较浅的层标识为 C 层,Ti$_3$AlC$_2$陶瓷上靠近焊缝处存在反应层,颜色与母材稍有不同,标记为 D 层。B 层和 C 层的厚度上下不均匀,B 层的厚度平均为 $2.5\mu m$ 左右,C 层的厚度平均为 $1.5\mu m$ 左右。

为了确定接头界面反应产物类型,对各反应层进行能谱分析和元素线扫描分析,图 8.4 中标记各点的能谱分析结果见表 8.2。结果表明,B 反应层和 C 反应层上都没有检测到 C(碳)的峰,由于 Ti$_3$AlC$_2$的晶体结构特点,C(碳)很难发生扩散,因此 B和 C 层都是由 Ti-Al 的金属间化合物组成的。结合 Ti-Al 二元相图,B 层的成分为 31.86Ti 65.39Al(原子分数,%),推测为

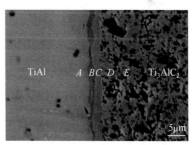

图 8.4　Ti$_3$AlC$_2$/TiAl 接头典型界面组织
($T=1273$K,$t=60$min,$P=30$MPa)

TiAl$_2$;C 层的成分为 28.44Ti 67.90Al(原子分数,%),Al 和 Ti 的比例介于 2 和 3 之间,大致推测的可能相是 TiAl$_2$和 TiAl$_3$。

表 8.2　图 8.4 中各点化学成分及可能相(原子分数)　　　　(单位:%)

特征点	Ti	Al	Nb	Cr	C	可能相
A	45.01	50.89	2.31	1.79	—	TiAl 母材
B	31.86	65.39	1.85	0.89	—	TiAl$_2$
C	28.44	67.90	1.47	2.18	—	TiAl$_2$+TiAl$_3$
D	45.52	23.81	—	—	30.67	Ti$_3$AlC$_2$+TiC$_x$
E	45.60	17.04	—	—	37.36	Ti$_3$AlC$_2$母材

元素的线扫描结果如图 8.5 所示。由图可知,界面反应主要是由于 Ti 和 Al 的相互扩散。从 Ti$_3$AlC$_2$陶瓷到 TiAl 侧,Ti 和 Al 的比例呈现出先减小后增大的

趋势。在远离焊缝的陶瓷一侧,Ti 和 Al 的比例约等于 3,焊缝中间比例最小能达到 1/3 左右,到 TiAl 母材上比例又增加到 1。通过图 8.5 的线扫描曲线也可以明显看见,TiAl 中所含的微量元素 Cr 会扩散到界面处,在 C 层上得到聚集。因此,在电镜下 C 层的颜色较浅。

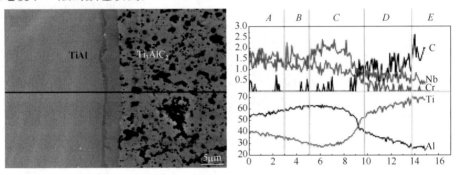

图 8.5　$Ti_3AlC_2/TiAl$ 界面元素线扫描

为了进一步确定接头的物相,对 D 层进行 XRD 分析,结果如图 8.6 所示。由于 Ti_3AlC_2 中 Al 往 TiAl 一侧扩散,Ti_3AlC_2 中 Al 的缺失,使 D 层中部分 Ti_3AlC_2 陶瓷发生分解($Ti_3AlC_2 \longrightarrow TiC_x + Al$),生成 TiC_x。

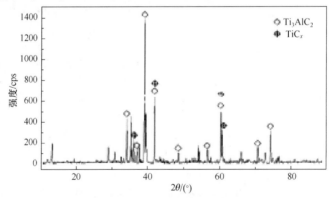

图 8.6　$Ti_3AlC_2/TiAl$ 接头 D 层 XRD 结果

8.1.3　工艺参数对 $Ti_3AlC_2/TiAl$ 接头界面组织的影响

扩散连接是在一定的压力和温度下,通过原子的扩散形成接头的过程。影响扩散连接质量的工艺参数较多,主要有连接温度、保温时间、连接压力和环境氛围(气体介质)等。

1. 连接温度对 $Ti_3AlC_2/TiAl$ 接头界面组织的影响

在扩散连接诸多工艺参数中,连接温度对接头组织和性能的影响是最大的。因此,首先研究了连接温度对接头界面形貌的影响。图 8.7 为保温时间 60min,连接压力 30MPa,不同连接温度下 Ti₃AlC₂/TiAl 接头的组织照片。从图中可以看到,当温度为 1173K 时,接头很明显未能实现连接;随着温度的升高,接头逐渐实现了局部连接,在连接温度为 1273K 时可以清晰观察到两层界面反应层;当连接温度升高到 1323K 时,界面处出现了垂直于焊缝的显微裂纹;当连接温度继续升高到 1373K 时,靠近焊缝侧的 Ti₃AlC₂ 陶瓷基体上出现了贯穿整个接头的纵向裂纹。

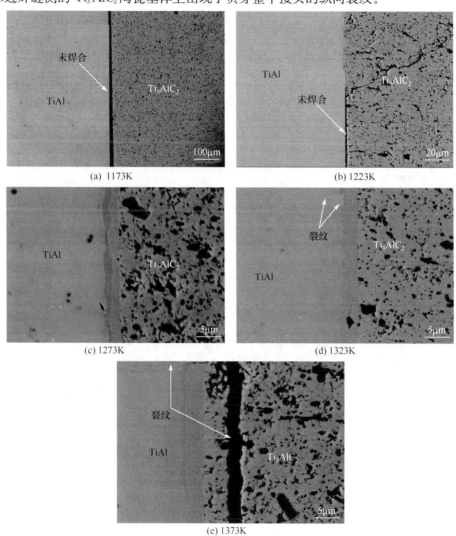

图 8.7　不同连接温度下 Ti₃AlC₂/TiAl 接头界面组织($t=60$min,$P=30$MPa)

当连接温度较低时,没能实现良好的连接,一方面由于原子的活性较低,扩散不充分;另一方面是由于材料在低温下的屈服强度高,在相同的压力下,难以实现良好的界面物理接触;随着温度的升高,原子的扩散能力增加,界面结合较为牢固。然而伴随着温度的升高,焊件冷却过程中产生的残余应力也随之增加。因此,当温度升高到 1323K 时,界面处产生了显微裂纹,当温度继续升高时,甚至会在 D 层和 Ti_3AlC_2 陶瓷基体的界面上产生贯穿性裂纹。所以当残余应力较大时,接头容易从这个区域开裂,这与在 1373K、60min 下试验得到的结果相吻合。

2. 保温时间对 Ti_3AlC_2/TiAl 接头界面组织的影响

保温时间对扩散连接来说也是一个重要的工艺参数。原子每一次在晶格中的扩散距离较短,因此需要较长的保温时间才能扩散足够的距离。图 8.8 为连接温度 1273K,连接压力 30MPa,不同保温时间下 Ti_3AlC_2/TiAl 接头的组织照片。从图中可以看到,当保温时间较短时,接头已经实现了良好的连接;随着保温时间的延长,接头的整体反应层结构保持不变,只是反应层的厚度有所增加。因此,相比于连接温度,保温时间对接头界面结构的影响较小。

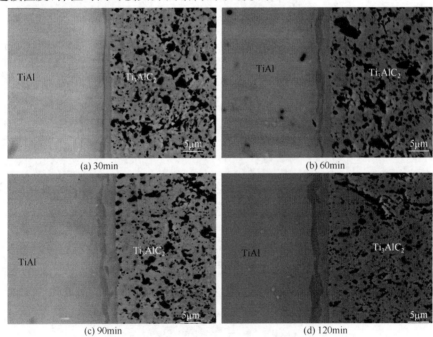

图 8.8　各个保温时间下 Ti_3AlC_2/TiAl 接头界面组织($T=1273K$,$P=30MPa$)

8.1.4　工艺参数对 Ti_3AlC_2/TiAl 接头力学性能的影响

连接温度对扩散连接接头的界面组织影响较大,因此对接头的抗剪强度也有着显著的影响。为了研究连接温度对 Ti_3AlC_2/TiAl 接头抗剪强度的影响,在保温时间 60min,连接压力 30MPa 下,对不同温度的焊后试样进行抗剪强度测试。

图 8.9 所示为连接温度对接头抗剪强度的影响。从图中可以发现,随着温度升高,接头强度呈现出先增大后减小的趋势。在 1273K 时,接头的抗剪强度最大,达到 53.1MPa。结合图 8.7 的组织分析结果可以发现,当连接温度较低时,界面结合不好,所以此时接头抗剪强度较低,接头断口位于 Ti₃AlC₂陶瓷和 TiAl 合金的原始界面上。随着连接温度的升高,界面处原子互扩散明显增加,所以接头强度也相应增加。然而,当连接温度过高时,接头中残余应力的增加成为影响接头强度的主要因素,贯穿性裂纹的出现使接头的强度大幅度降低。

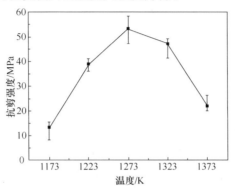

图 8.9　连接温度对 Ti₃AlC₂/TiAl 接头抗剪强度的影响 ($t=60\text{min}$, $P=30\text{MPa}$)

　　为了研究保温时间对 Ti₃AlC₂/TiAl 接头抗剪强度的影响,本书在连接温度 1273K,连接压力 30MPa 下,对各个保温时间的焊后试样进行抗剪强度测试。图 8.10 给出了每个保温时间下接头抗剪强度与保温时间的关系。从图中可以看到,与连接温度的影响规律相似,随着保温时间的延长,接头的抗剪强度也呈现出先增大后减小的变化趋势,但是强度变化幅度不大。观察保温时间对接头界面组织的影响发现,随着保温时间的改变,接头界面均结合良好,并没有出现裂纹缺陷,所以随着保温时间的改变抗剪强度的变化幅度较小。

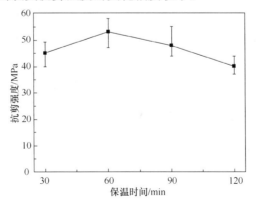

图 8.10　各个保温时间下 Ti₃AlC₂/TiAl 接头抗剪强度($T=1273\text{K}$, $P=30\text{MPa}$)

8.1.5　Ti$_3$AlC$_2$/TiAl 接头断口分析

为了分析接头的断裂机理,对强度测试试样的断口进行分析。图 8.11 为连接温度 1273K,保温时间 1h,连接压力 30MPa 下,Ti$_3$AlC$_2$/TiAl 接头断口的形貌。采用光学显微镜对 Ti$_3$AlC$_2$/TiAl 接头宏观断口进行分析。从图 8.11(a)可以看到,断裂面大部分位于靠近界面的 Ti$_3$AlC$_2$ 陶瓷母材内部;从图 8.11(b)可以看到裂纹的扩展路径。在剪切测试的过程中,裂纹首先在 Ti$_3$AlC$_2$/TiAl 界面处萌生,并且向陶瓷内部扩散,最终又断裂在界面处,形成了弧形的断裂路径。这正表明接头中存在着较大的残余应力,致使接头断口呈现出特有的弧形断裂路径。

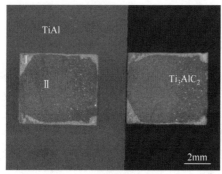
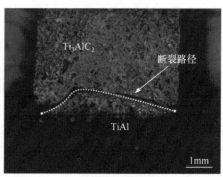

(a) 宏观断口正面　　　　　　　　　　　(b) 宏观断口侧面

图 8.11　Ti$_3$AlC$_2$/TiAl 接头剪切断口的形貌($T=1273$K, $t=60$min, $P=30$MPa)

采用扫描电子显微镜对图 8.11(a)中 Ⅰ 和 Ⅱ 区域局部放大,从图 8.12(a)中可以看到,Ti$_3$AlC$_2$/TiAl 界面处产生了大量 2μm 颗粒相,对各个颜色衬度不一样的颗粒相进行能谱分析,结果见表 8.3,推测为 Ti-Al 金属间化合物。从图 8.12(b)可以明显看到层片状 Ti$_3$AlC$_2$ 陶瓷晶粒的晶界,这是明显的沿晶脆性断裂。

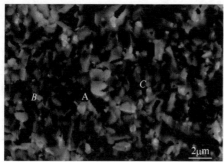
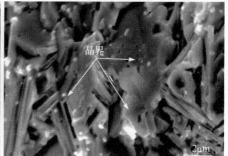

(a) Ⅰ区局部放大　　　　　　　　　　　(b) Ⅱ区局部放大

图 8.12　Ti$_3$AlC$_2$/TiAl 接头剪切断口的形貌($T=1273$K, $t=60$min, $P=30$MPa)

表 8.3　图 8.12(a) 中各点化学成分及可能相(原子分数)　　　(单位:%)

特征点	Ti	Al	Nb	Cr	可能相
A	33.75	62.84	1.75	1.66	$TiAl_2$
B	34.50	62.28	2.19	1.03	$TiAl_2$
C	29.43	67.05	1.18	2.34	$TiAl_2 + TiAl_3$

8.1.6　Ti_3AlC_2/Ti_3AlC_2 直接扩散连接

连接温度为 1373K 时,Ti_3AlC_2/TiAl 接头在陶瓷侧产生了贯穿接头的裂纹。考虑到 Ti_3AlC_2 陶瓷具有一定的金属性,而且 Ti_3AlC_2 比一般陶瓷的线膨胀系数大,焊后的残余应力理论上不该使接头出现较大的裂纹缺陷。为了验证是残余应力的存在弱化了接头性能还是 Ti_3AlC_2 陶瓷母材在 1373K 的高温下自身会出现一定的裂纹缺陷,对 Ti_3AlC_2 陶瓷自身进行了直接扩散连接。图 8.13 为连接温度 1373K,保温时间 60min,连接压力 30MPa 时,Ti_3AlC_2/Ti_3AlC_2 直接扩散连接接头界面组织,从图中局部区域可以观察到 Ti_3AlC_2 陶瓷原始界面,与 Ti_3AlC_2/TiAl 在这个工艺参数下出现了贯穿裂纹不同,Ti_3AlC_2/Ti_3AlC_2 实现了良好的连接,接头中观察不到裂纹的存在,这也证实了 TiAl 和 Ti_3AlC_2 接头中残余应力导致接头性能较差。

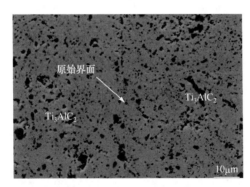

图 8.13　Ti_3AlC_2/Ti_3AlC_2 接头界面组织($T=1373K, t=60min, P=30MPa$)

8.2　Zr/Ni 复合中间层液相扩散连接 Ti_3AlC_2 陶瓷和 TiAl 合金

基于上述研究结果可知,Ti_3AlC_2 陶瓷和 TiAl 合金直接扩散连接时接头中存在着较大的残余应力,弱化了接头的性能。而这种由于母材间物性差异所导致的应力是无法通过工艺优化来根本消除的,目前常用的解决方法是添加中间层。加入中间层的作用是多方面的:可以通过中间层自身的塑性变形和蠕变来缓解残余应力,或者利用较软的中间层使母材之间更好地物理接触,另外还可以利用中间层的加入改善接头的组织,减少甚至避免生成弱化接头性能的反应相。

一般来说,软性中间层往往采用 Ni、Cu 和 Al 等金属,它们的塑性好,屈服强度较低,缓解残余应力更为有效。首先采用 Ni 中间层对 Ti_3AlC_2 陶瓷和 TiAl 合金进行扩散连接,然后在此基础上采用 Zr/Ni 复合中间层扩散连接 Ti_3AlC_2 陶瓷和 TiAl 合金,研究了连接温度、保温时间和连接压力对接头微观组织和抗剪强度的影响。

8.2.1　Ni 箔中间层扩散连接 Ti_3AlC_2 陶瓷和 TiAl 合金

1. Ti_3AlC_2/Ni/TiAl 扩散连接接头界面组织

Ni 具有较好的塑性变形能力,并且能和 Ti_3AlC_2 陶瓷形成良好的连接,因此首先用 Ni 箔作为中间层来扩散连接 Ti_3AlC_2 陶瓷和 TiAl 合金。图 8.14 为连接温度 1273K,保温时间 60min,连接压力 30MPa 下,Ni 箔中间层扩散连接 Ti_3AlC_2 陶瓷和 TiAl 合金的接头界面组织。由图 8.14(a)可以发现,Ni 箔和两侧母材都实现了良好的结合,界面处形成了多层反应层。在 TiAl/Ni 界面上形成了 A、B、C 三层连续的反应层,从 A 层到 C 层的颜色逐渐变浅。A 层是由 Ni 向 TiAl 合金扩散而形成,C 层是通过 Ti、Al 向 Ni 中间层的扩散而形成的。在 TiAl/Ni 的原始界面处由于 Ti、Al 和 Ni 相互扩散形成了 B 层。在 C 层上存在一些沿焊缝纵向排列的孔洞,分析认为主要由于 Ti、Al 和 Ni 的扩散速度不同,Ni 的扩散速度较快,因此 Ti、Al 来不及填补 Ni 扩散后留下的空位,空位聚集后形成了柯肯达尔孔洞。对 Ni/Ti_3AlC_2 侧界面进行局部放大,如图 8.14(b)所示,在这一侧生成了 D、E 和 F 三个反应层。其中,反应层 E 在整个接头上是不连续的,颜色比 D 层更深。在 Ti_3AlC_2 陶瓷基体靠近 Ni 箔一侧生成了大约 $15\mu m$ 的黑白相间的反应层 F。

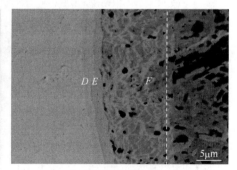

(a) 接头整体组织　　　　　　　　　(b) Ni/Ti_3AlC_2侧组织

图 8.14　Ti_3AlC_2/Ni/TiAl 接头界面组织($T=1273K,t=60min,P=30MPa$)

为了确定各反应层的成分,对图 8.14 中各点进行能谱分析,结果见表 8.4。从表中可以看出,$A \sim E$ 五个反应层都是 Ti、Al 和 Ni 组成的化合物。在 TiAl/Ni 一侧界面上,Ti、Al 和 Ni 三种元素发生强烈的相互扩散,形成的 A、B 和 C 反应层内的三种元素呈现出一定的浓度梯度,Ni 含量伴随着 Ti 和 Al 的减少而增加。在 B 层中 Al:Ni:Ti 大致为 1:2:1,根据相图推测 B 层为 $AlNi_2Ti$,该三元金属间化合物的脆性倾向较大,一定程度上会弱化接头的性能。在 C 层中 Ti 和 Al 的总量与 Ni 的比值为 1:3,推测 C 层为 $Ni_3(Ti,Al)$。在 Ni/Ti_3AlC_2 一侧的界面上,Ti_3AlC_2 里的 Ti 和 Al 向 Ni 中扩散,形成了 D 和 E 两个反应层。D 和 E 中 Ti 元素的含量远远低于 Al 元素的含量,然而 Ti_3AlC_2 陶瓷中 Ti 元素的含量比 Al 的多。这主要是由 Ti_3AlC_2 陶瓷自身的晶体结构所决定的,Ti_3AlC_2 陶瓷中 Ti 和 C 组成了结构坚固的八面体,Ti-C 键结合强,Ti-Al 和 Al-Al 之间结合较弱,所以 Al 扩散需要破坏的键能比 Ti 的低得多,因此 Al 更容易扩散到 Ni 中间层中。在 D 层中,Ti 和 Al 的总量与 Ni 的比值为 1:3,推测 D 层为 $Ni_3(Ti,Al)$,与 C 层相同,但是 Ni_3Ti 在 C 层中的含量大于 D 层中的含量。同时,Ni 大量向 Ti_3AlC_2 陶瓷扩散,形成了反应层 $F(Ni + Ti_3AlC_2)$。

表 8.4　图 8.14 中各点化学成分及可能相(原子分数)　　　(单位:%)

特征点	Ti	Al	Nb	Cr	Ni	可能相
A	33.71	41.08	2.07	1.69	21.45	Al_3NiTi_2
B	22.52	26.77	0.91	0.32	49.48	$AlNi_2Ti$
C	11.53	15.62	0.49	0.19	72.17	$Ni_3(Ti,Al)$
D	5.51	19.98	—	—	74.51	$Ni_3(Ti,Al)$
E	6.83	36.59	—	—	56.58	$Ni(Ti,Al)$

综上所述,采用 Ni 箔做中间层,在连接温度 1273K、保温时间 60min、连接压力 30MPa 的条件下,接头的界面结构为 $TiAl/Al_3NiTi_2/AlNi_2Ti/Ni_3(Ti,Al)/Ni/Ni_3(Ti,Al)/Ni(Ti,Al)/Ni + Ti_3AlC_2/Ti_3AlC_2$ 陶瓷。

2. $Ti_3AlC_2/Ni/TiAl$ 接头断口分析

对连接温度 1273K、保温时间 60min、连接压力 30MPa 条件下的 $Ti_3AlC_2/Ni/TiAl$ 接头进行了剪切试验,接头的抗剪强度平均值为 45.9MPa。为了确定接头的断裂位置,对断口在光镜下进行观察,宏观断口形貌如图 8.15 所示,断裂位置位于 TiAl/Ni 界面上,且断口平整。为了进一步分析断裂位置,对断口的 Ti_3AlC_2 一侧进行 XRD 分析,结果如图 8.16 所示。XRD 分析结果表明,断口处只有 $AlNi_2Ti$ 和 $Ni_3(Ti,Al)$ 金属间化合物,说明断裂面位于 B 层和 C 层上。由于孔洞处应力集中,接头在剪切力的作用下,裂纹容易从孔洞所在的 C 层萌生,然后扩展到 B 层上,所以断裂主要位于 $AlNi_2Ti$ 和 $Ni_3(Ti,Al)$ 层上。$Ti_3AlC_2/Ni/TiAl$ 接头的抗剪强度比 $Ti_3AlC_2/TiAl$ 稍有降低,主要由于连续 $AlNi_2Ti$ 三元金属间化合物层和界面上柯肯达尔孔洞的形成。

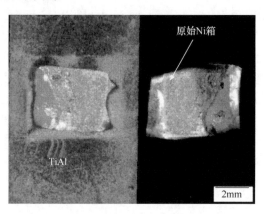

图 8.15　$Ti_3AlC_2/Ni/TiAl$ 接头剪切断口宏观形貌($T=1273K,t=60min,P=30MPa$)

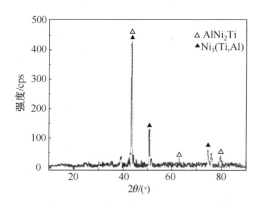

图 8.16　$Ti_3AlC_2/Ni/TiAl$ 接头断口 XRD 结果

8.2.2　Zr/Ni 复合中间层液相扩散连接 Ti_3AlC_2 陶瓷和 TiAl 合金

由以上分析可知,界面处生成的 $AlNi_2Ti$ 三元金属间化合物一定程度上弱化了接头的性能。为此,接下来尝试采用 Zr 箔来抑制 $AlNi_2Ti$ 的形成。Zr 和 Al、Ni 之间均具有较强的亲和力,使得 TiAl/Zr/Ni 界面能在较低的温度下实现良好的连接。

1. $Ti_3AlC_2/Ni/Zr/TiAl$ 接头界面分析

图 8.17 所示为在连接温度 1098K,保温时间 60min 下接头的 $Ti_3AlC_2/Ni/Zr/TiAl$ 液相扩散连接接头的典型界面组织,接头各界面处结合良好,均形成了多个反应层,整个焊缝的宽度为 $50\mu m$ 左右。对图 8.17(a)接头整体组织中 Ⅰ 区、Ⅱ

区和Ⅲ区进行局部放大,分别如图 8.17(b)、(c)和(d)所示。

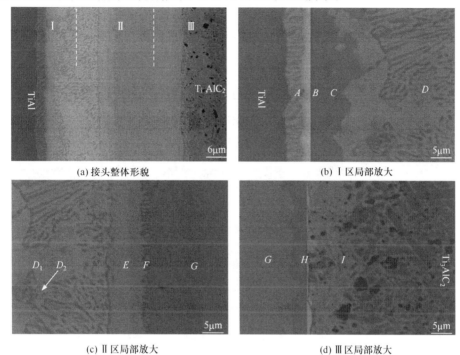

(a) 接头整体形貌　　　　　　　　　　　　　(b) Ⅰ区局部放大

(c) Ⅱ区局部放大　　　　　　　　　　　　　(d) Ⅲ区局部放大

图 8.17　Ti₃AlC₂/Ni/Zr/TiAl 接头界面组织($T=1098$K,$t=60$min)

由图 8.17 中可以看到,在 TiAl/Zr 界面处产生了 A、B 和 C 共计三层反应层。其中,A 层由黑色和灰色的柱状相相间排列而成。B 层的厚度较薄,大概为 1μm。C 层的颜色比 B 层浅,厚度也相对较宽。D 层为亮白色的基体上弥散分布着浅灰色的小颗粒相。E 和 F 两反应层较平直,厚度都为 3μm 左右。在 Ni 箔上形成了平均厚度为 2.5μm 左右的浅灰色反应层 H,这与连接温度 1273K 下,Ni/Ti₃AlC₂界面处的 Ni 箔上有两个反应层不同。分析认为,温度较低时,元素扩散能力差,达不到形成两个反应层所需的原子浓度。在靠近界面的陶瓷母材内,形成了 10μm 左右的反应层 J,这一层的反应较为剧烈,颜色和 Ti₃AlC₂母材存在较大的差异。在靠近 J 层的 Ti₃AlC₂陶瓷母材上,由于陶瓷晶粒的晶界处分布着白色相,可以清晰地看到层片状 Ti₃AlC₂陶瓷的晶粒,由此可以推测,Ni 优先沿着 Ti₃AlC₂陶瓷的晶界处扩散,进而与 Ti₃AlC₂陶瓷发生反应。

为了分析接头界面组织,对图 8.17 中各个特征点进行能谱分析,结果见表 8.5。在 A 层中,检测到少量 Ni 存在,并且 A 层中灰色相的颜色和 B 层相似,推断为同一种物质,A 层中的黑色相为 TiAl。B 层中没有 Zr 的存在,为 Ti-Al-Ni 的三元化合物,根据 Ti-Al-Ni 三元相图,推测为 Al₃NiTi₂。C 层含有 Ti、Al、Ni、Zr 四种元素,并且 Al∶Zr(Ti)∶Ni 的元素含量比大致为 1∶1∶2,根据 Zr-Al-Ni 三元相图,推

测为 $AlNi_2Zr$。D 层中白色的基体相 D_1 主要是 Zr-Ni 的化合物,结合 Zr-Ni 二元相图和能谱分析,推测为 $Ni_{10}Zr_7$。D 中的黑色小颗粒相 D_2 与 C 层的各元素含量相近,同样 Al:Zr(Ti):Ni 的元素含量比大致为 1:1:2,推测小颗粒相为 $AlNi_2Zr$。E 和 F 中 Ti 和 Al 的含量较少,因此都是 Zr-Ni 的金属间化合物,推测 E 层为 Ni_7Zr_2,F 层为 Ni_5Zr。对 G 层中间部位进行能谱分析,发现并没有检测到 Ti、Al 和 Zr 三种元素,推断 G 为纯 Ni。在 Ni/Ti_3AlC_2 一侧,H 层中 Ti 和 Al 的总含量与 Ni 的比例大致为 1:3,推断此层为 $Ni_3(Ti,Al)$。在 I 层中检测到较多的 Ni,该层是由于 Ni 箔中的 Ni 扩散到 Ti_3AlC_2 陶瓷中与之发生反应,形成反应层。

表 8.5　图 8.17 中各点化学成分及可能相(原子分数)　　　(单位:%)

特征点	Ti	Al	Ni	Zr	可能相
A	57.08	40.15	1.86	0.19	$TiAl+Al_3NiTi_2$
B	31.66	44.99	23.03	0.32	Al_3NiTi_2
C	9.97	22.21	52.37	15.44	$AlNi_2Zr$
D_1	4.51	1.59	57.46	36.44	$Ni_{10}Zr_7$
D_2	7.87	18.83	55.33	17.97	$AlNi_2Zr$
E	2.68	4.55	71.13	21.64	Ni_7Zr_2
F	1.64	0	82.75	15.61	Ni_5Zr
G	0	0	100	0	Ni
H	6.23	21.09	72.68	0	$Ni_3(Al,Ti)$
I	39.91	26.76	33.33	0	$Ni_3Al+TiC_x+Ti_3AlC_2$

为了进一步确定 I 层中的物相,对图 8.17 中的 I 层进行 XRD 分析,结果如图 8.18 所示。由图中可以看出,Ni 大量扩散进入反应层 I 内,并与 Ti_3AlC_2 陶瓷发生反应。在 Ni 的作用下,陶瓷中的 Al 元素析出与 Ni 结合生成了 Ni_3Al,由于 Al 的缺失致使陶瓷发生分解,生成 TiC_x。

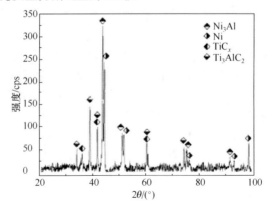

图 8.18　$Ti_3AlC_2/Ni/Zr/TiAl$ 接头 I 层的 XRD 结果

综上所述,用 Zr/Ni 复合中间层来连接 Ti$_3$AlC$_2$陶瓷和 TiAl 合金,在连接温度 1098K、保温时间 60min 的条件下,接头界面结构为 TiAl/Al$_3$NiTi$_2$＋TiAl/Al$_3$NiTi$_2$/AlNi$_2$Zr/AlNi$_2$Zr＋Ni$_{10}$Zr$_7$/Ni$_7$Zr$_2$/Ni$_5$Zr/Ni/Ni$_3$(Ti,Al)/Ni$_3$Al＋TiC$_x$＋Ti$_3$AlC$_2$/Ti$_3$AlC$_2$。

2. 工艺参数对 Ti$_3$AlC$_2$/Ni/Zr/TiAl 接头界面组织的影响

为了研究连接温度对 Ti$_3$AlC$_2$/Ni/Zr/TiAl 接头界面组织的影响,对固定保温时间 60min,不同连接温度的接头形貌进行了对比研究。图 8.19 为保温时间 60min,不同温度下 Ti$_3$AlC$_2$/Ni/Zr/TiAl 接头的组织照片。当连接温度为 1023K 时,界面处观察不到 AlNi$_2$Zr＋Ni$_{10}$Zr$_7$共晶组织,并且在接头中发现了平行于焊缝的裂纹。当连接温度为 1073K 时,接头中产生液相,生成了共晶组织。当连接温度为 1098K 和 1123K 时,接头的整体界面结构基本保持不变,焊缝的宽度为 50μm 左右。当温度升高到 1148K 时,共晶组织中小颗粒相 AlNi$_2$Zr 发生明显聚集和长大,白色基体 Ni$_{10}$Zr$_7$宽度显著减小,但是此时接头中还能看到残余的 Ni 中间层。当连接温度升高到 1323K 时,反应更加充分,产生更多的液相,大量的 Ni 向液相中溶解,各化合物层厚度明显增加。

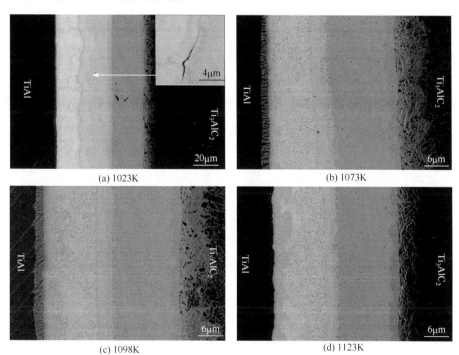

(a) 1023K　　　　　　　　　　(b) 1073K

(c) 1098K　　　　　　　　　　(d) 1123K

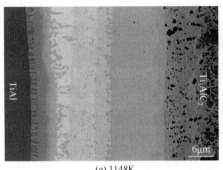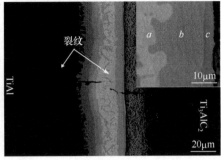

(e) 1148K　　　　　　　　　　　　(f) 1293K

图 8.19　各个温度下 $Ti_3AlC_2/Ni/Zr/TiAl$ 接头界面组织($t=60min$)

对图 8.19(f)各点进行能谱分析,结果见表 8.6。由能谱分析可知,原始的 Ni 箔消失,取而代之的是 $Ni_3(Al,Ti)$ 和 $Ni(Al,Ti)$ 两层化合物。

表 8.6　图 8.19(f)中各点化学成分及可能相(原子分数)　　(单位:%)

特征点	Ti	Al	Ni	Zr	可能相
a	1.95	3.42	77.36	17.27	Ni_7Zr_2
b	4.92	20.64	73.53	0.91	$Ni_3(Al,Ti)$
c	9.29	35.10	55.38	0.23	$Ni(Al,Ti)$

图 8.20 为保温时间 60min,不同温度下 $Ti_3AlC_2/Ni/Zr/TiAl$ 接头的组织照片。随着保温时间的延长,界面的整体结构基本保持不变,都没有观察到明显的缺陷存在。但是随着保温时间的增加,残余的 Ni 箔厚度逐渐减小,Ni_7Zr_2 和 Ni_5Zr_2 层厚度逐渐增加。在 Ni/Ti_3AlC_2 界面处,保温时间的延长使得 Ti_3AlC_2 陶瓷与 Ni 的作用更加充分,陶瓷发生分解产生更多的 Ti 和 Al 往 Ni 中扩散,因此 $Ni_3(Al,Ti)$ 层厚度也相应增加。

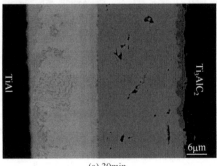

(a) 30min　　　　　　　　　　　　(b) 60min

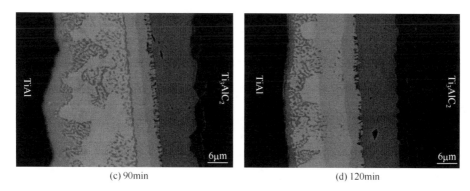

(c) 90min   (d) 120min

图 8.20 各个保温时间下 Ti₃AlC₂/Ni/Zr/TiAl 接头界面组织($T=1098K$)

3. 工艺参数对 Ti₃AlC₂/Ni/Zr/TiAl 接头性能的影响

为了研究连接温度对 Ti₃AlC₂/Ni/Zr/TiAl 接头抗剪强度的影响规律,本书在保温时间 60min,对各个连接温度的焊后试样进行了抗剪强度测试。图 8.21 显示了每个温度下接头的抗剪强度与连接温度的关系。

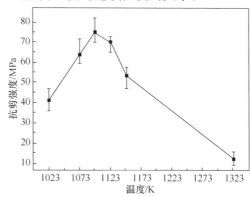

图 8.21 各个温度下 Ti₃AlC₂/Ni/Zr/TiAl 接头抗剪强度值($t=60min$)

由图 8.21 可以观察得到,当温度较低时,由于接头界面处扩散不充分,结合不良,因此接头的强度较低。随着温度升高,扩散变得更加充分,界面处结合得更加牢固。同时,温度的升高促进 TiAl 合金中 Al 往 Zr-Ni 一侧扩散,从而达到了 Zr-Al-Ni 三元共晶,当连接温度为 1098K 时,接头的最高强度能达到 75.2MPa。随着连接温度的继续升高,接头残余应力随之增加。同时,化合物层厚度增加,共晶组织厚度减小,不利于接头残余应力的缓解,因此强度降低。当温度升高到 1323K 时,接头中 Ni 箔完全发生反应,接头缓解残余应力的能力进一步降低,接头中出现垂直于焊缝的裂纹,强度仅有 12.3MPa。

图 8.22 为每个保温时间下多个试样的抗剪强度平均值与温度的关系。从图中可以看到,随着保温时间的延长,接头的强度变化幅度不大,在保温时间 60min 时,接

头强度达到最大值 75.2MPa。当保温时间较短时,元素之间扩散不充分,Ni 和 Ti_3AlC_2 之间形成的反应层较薄,界面结合不够牢固,因此强度较低。当保温时间较长时,Ni 箔厚度减小,接头缓解残余应力的能力降低,不利于接头性能的提高。

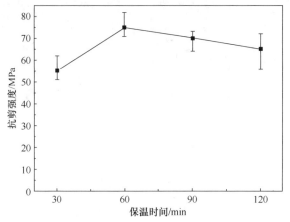

图 8.22　各个保温时间下 $Ti_3AlC_2/Ni/Zr/TiAl$ 接头抗剪强度($T=1098K$)

4. $Ti_3AlC_2/Ni/Zr/TiAl$ 接头断口分析

随着连接温度的改变,接头的断裂位置也相应地发生改变。图 8.23 为连接温度 993K、保温 60min 下接头的断口形貌。从图中可以看到,断裂位置位于界面上,断口是典型的解理脆性断裂。为了确定断口相组成,对断口进行 XRD 分析,结果如图 8.24 所示。由 XRD 分析可知,断裂位置主要位于 Zr-Ni 的金属间化合物层和 Zr 箔上。在 Zr/Ni 的界面处存在着一些缺陷,结合不良,接头在压剪的过程中,裂纹容易从此处萌生并且扩展。由于此时连接温度低,并且原子的扩散不充分,TiAl 合金中的 Al 元素并没有大量扩散进入 Zr 箔而使接头产生液相,所以在断口的 XRD 中并没有检测到含 Al 的金属间化合物。

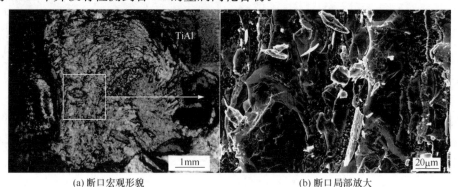

(a) 断口宏观形貌　　　　　　　　　　　(b) 断口局部放大

图 8.23　$Ti_3AlC_2/Ni/Zr/TiAl$ 接头剪切断口的形貌($T=993K,t=60min$)

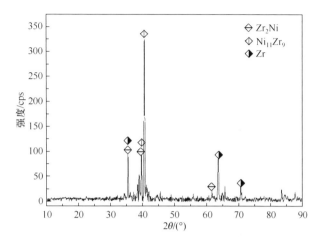

图 8.24　Ti$_3$AlC$_2$/Ni/Zr/TiAl 接头剪切断口 XRD 结果

图 8.25 为连接温度 1098K、保温 60min 时接头的断口形貌。从图中可以观察到,断裂位置一部分位于 Ni/Ti$_3$AlC$_2$陶瓷的界面上,一部分位于 Ti$_3$AlC$_2$陶瓷内部。断裂方式与 1123K、60min、30MPa 的 Ti$_3$AlC$_2$/Ni/Ti/TiAl 接头断口一致。当连接温度为 1098K 时,界面处没有缺陷,结合良好。由于 Ti$_3$AlC$_2$陶瓷在 Ni 的作用下,发生反应生成 TiC$_x$和 Ni$_3$Al,所以反应层(TiC$_x$+Ni$_3$Al+ Ti$_3$AlC$_2$)的硬度较高,脆性较大。同时,靠近焊缝的陶瓷一侧上的残余应力较大,裂纹容易从 Ni/Ti$_3$AlC$_2$界面处萌生并且扩展。为了具体分析接头的断裂位置,对断口 I 区进行 XRD 分析,结果如图 8.26 所示。由 XRD 分析可知,I 区的断裂主要位于 Ni/Ti$_3$AlC$_2$界面上。

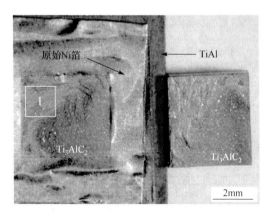

图 8.25　Ti$_3$AlC$_2$/Ni/Zr/TiAl 接头剪切断口的形貌(T=1098K,t=60min)

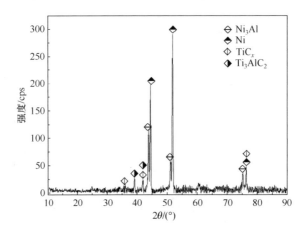

图 8.26　Ti₃AlC₂/Ni/Zr/TiAl 接头断口 I 区 XRD 结果(T=1098K,t=60min)

8.3　Ti/Ni 复合中间层固相扩散连接 Ti₃AlC₂陶瓷和 TiAl 合金

采用 Zr/Ni 复合中间层连接 Ti₃AlC₂陶瓷和 TiAl 合金时,接头 TiAl/Zr/Ni 的界面处产生了液相,使得 TiAl 合金和 Ni 箔大量往母材中溶解,减小了 Ni 箔的厚度,同时冷却过程中在 TiAl 一侧生成较厚的化合物层。本章采用 Ti 箔取代 Zr 箔,Ti 相对 Zr 来说,不会造成 Al 和 Ni 的大量扩散而形成液相。Ti 和 Ni 形成的 Ni₃Ti、TiNi 和 Ti₂Ni 三种化合物相比于其他金属间化合物脆性较小,当含量较少时,还具有一定的塑性。因此,本章采用 Ti/Ni 复合中间层来实现 Ti₃AlC₂陶瓷和 TiAl 合金的连接。通过多种分析测试方法,研究接头界面组织结构,并且探讨工艺参数对接头组织和性能的影响规律,分析接头各个界面的形成机制。

8.3.1　Ti₃AlC₂/Ni/Ti/TiAl 扩散连接接头界面组织分析

图 8.27 所示为在连接温度 1123K、保温时间 60min、连接压力 30MPa 条件下 Ti₃AlC₂/Ni/Ti/TiAl 扩散连接接头的典型界面组织。从图中可以看到,各个界面处结合良好,均形成了多个反应层。对图 8.27(a)接头整体组织的 TiAl/Ti (I 区)、Ti/Ni(II 区)和 Ni/Ti₃AlC₂(III 区)三个区域进行局部放大,分别如图 8.27 (b)、(c)和(d)所示。由图 8.27(b)可以看到,在 TiAl/Ti 界面处产生了两层反应层 A 和 B。其中,A 层为黑色的基体上分布着垂直于焊缝的白色针状相,厚度 2μm 左右;位于 Ti 箔和 A 层之间的 B 层的厚度为 3μm 左右,颜色较黑。原始的 Ti 箔转变为灰色的基体上弥散分布着大量白色组织的反应层 C。由图 8.27(c)可以看到,Ti 箔和 Ni 箔之间生成了 D、E 和 F 三层反应层,从 D 到 F,反应层的颜色逐渐变浅。D 和 E 层之间有一层过渡层,跟 D 层颜色相似的灰色针状、颗粒相镶

嵌在和 E 层颜色类似的浅灰色基体相中。由图 8.27(d)中可以明显看到 Ni 箔和 Ti₃AlC₂陶瓷的原始界面。在 Ni 箔上形成了平均厚度为 $2.5\mu m$ 左右的浅灰色反应层 H，这与在连接温度 1273K 下，Ni/Ti₃AlC₂界面处的 Ni 箔上有两个反应层不同。分析认为，温度较低时，元素扩散慢，达不到形成两个反应层所需的原子浓度。

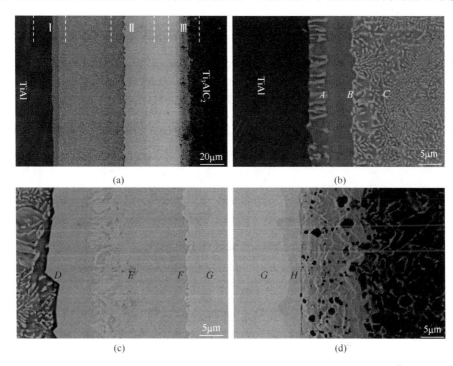

图 8.27　Ti₃AlC₂/Ni/Ti/TiAl 接头界面组织($T=1123K,t=60min,P=30MPa$)

在靠近焊缝的陶瓷上，形成了 $10\mu m$ 左右的反应层 J，这一层的反应较为剧烈，颜色和 Ti₃AlC₂母材存在较大的差异。在靠近 J 层的 Ti₃AlC₂陶瓷母材上，由于陶瓷晶粒的晶界处分布着白色相，可以清晰地看到层片状 Ti₃AlC₂陶瓷的晶粒。由此可以推测，Ni 优先沿着 Ti₃AlC₂陶瓷的晶界处扩散，进而与 Ti₃AlC₂陶瓷发生反应。

为了确定接头界面组织，对图 8.27 中各个反应层进行能谱分析和元素线扫描，能谱分析结果见表 8.7，线扫描结果如图 8.28 所示。从图 8.28 上可以发现，在 D、E 和 F 层所在的位置处出现了三个台阶，每个台阶上 Ti 和 Ni 的元素含量相对稳定，推测此处生成了 Ti-Ni 的金属间化合物。根据能谱结果所示，并结合 Ti-Ni 的二元相图，可以推断 D 层为 Ti₂Ni，E 层为 TiNi，F 层为 Ni₃Ti。从 Ti 和 Al 的元素线扫描上可以看到，在 TiAl/Ti 一侧的界面上，Ti 和 Al 发生了相互扩散。B 层中 Ti 和 Al 的比例大致为 $3:1$，可以推断为 Ti₃Al。A 层中黑色基体的

颜色和 Ti_3Al 相近,推测为 Ti_3Al;能谱检测到 A 层中存在一定量的 Ni,Ni 和 Ti-Al 结合形成了 Ti-Al-Ni 三元的白色针状物,推断白色的针状相为 Al_3NiTi_2。根据 Ni 元素的在 TiAl/Ti 界面处的线扫描曲线可以看到,对应的 B 层中 Ni 含量非常少,而 B 层两边都含有 10% 左右的 Ni。推测可能是在连接温度下,更容易形成 Ti-Al-Ni 化合物,所以靠近 TiAl 原始界面处的 Ni 容易扩散到 TiAl 上,形成了贫 Ni 的 Ti_3Al 层。H 层和 J 层的结构和元素含量和 $Ti_3AlC_2/Ni/Zr/TiAl$ 接头中的 Ni/Ti_3AlC_2 类似,在这里就不再赘述。

表 8.7　图 8.27 中各点化学成分及可能相(原子分数)　　(单位:%)

特征点	Ti	Al	Ni	Nb	Cr	C	可能相
A	50.03	39.19	7.61	1.88	1.29	—	$Al_3NiTi_2 + Ti_3Al$
B	70.74	26.70	0.59	1.28	0.69	—	Ti_3Al
C_1	71.29	7.49	20.20	0.28	0.74	—	Ti_2Ni
C_2	85.72	8.86	4.81	0.37	0.24	—	Ti_{ss}
D	64.16	2.76	32.49	0.23	0.36	—	Ti_2Ni
E	47.60	1.60	50.19	0.43	0.18	—	$TiNi$
F	24.18	1.57	74.24	—	—	—	Ni_3Ti
G	1.62	0.63	97.75	—	—	—	Ni
H	5.74	21.27	72.99	—	—	—	$Ni_3(Ti,Al)$
J	36.12	18.71	26.20	—	—	18.97	$Ni_3(Ti,Al) + TiC_x + Ti_3AlC_2$

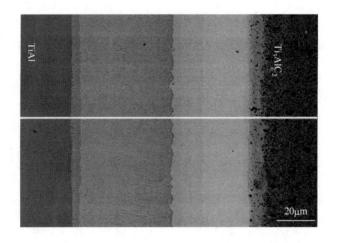

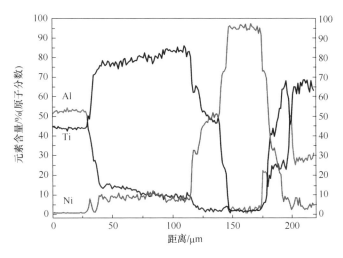

图 8.28　Ti₃AlC₂/Ni/Ti/TiAl 界面元素线扫描

　　为了确定各个元素在整个接头的分布,对各个元素进行面扫描。图 8.29 就是 Ti₃AlC₂/Ni/Ti/TiAl 接头面扫描结果。从图中可以明显看到,Ti 箔中均匀分布着 Ni 和 Al,而在 Ni 箔中除了两侧的化合物层能检测到其他元素,Ni 箔中间区域只有 Ni。Ti 原子的原子半径比 Ni 和 Al 的原子半径大,其扩散需要克服的势垒较大,一定程度上阻碍了 Ti 原子的扩散。此外,从图 8.29(d)给出的 Ni 元素的面扫描中,可以明显看到贫 Ni 的 Ti₃Al 层。

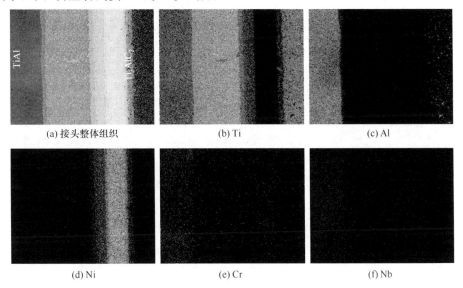

图 8.29　Ti₃AlC₂/Ni/Ti/TiAl 接头各个元素线扫描

　　为了进一步分析接头的物相,对图 8.27 中 C 层进行了 XRD 分析,结果如图 8.30 所示。可以推断,Ti 箔中弥散分布的白色相为 Ti_2Ni。在高温下,α-Ti 转变为 β-Ti,β-Ti 中能固溶较多的 Ni,在冷却过程中,Ni 就会过饱和析出,形成 Ti_2Ni,均匀分布在 Ti 箔上。

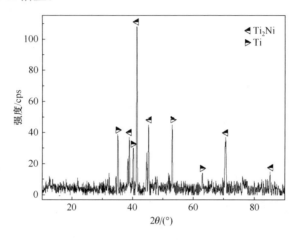

图 8.30　$Ti_3AlC_2/Ni/Ti/TiAl$ 接头 C 层的 XRD 结果

　　综上所述,用 Ti/Ni 复合箔来扩散连接 Ti_3AlC_2 陶瓷和 TiAl 合金,在连接温度 1123K、保温时间 60min、连接压力 30MPa 下,接头界面结构为 TiAl 合金/$Al_3$$NiTi_2$＋$Ti_3Al$/ Ti_3Al/Ti_{ss}＋$Ti_2Ni/Ti_2Ni/NiTi/Ni_3Ti/Ni/Ni_3$(Ti,Al)/$Ni_3Al$＋$TiC_x$＋$Ti_3AlC_2/Ti_3AlC_2$ 陶瓷。

8.3.2　工艺参数对 $Ti_3AlC_2/Ni/Ti/TiAl$ 接头界面组织的影响

1. 连接温度对接头界面组织的影响

　　为了研究连接温度对 $Ti_3AlC_2/Ni/Ti/TiAl$ 接头界面组织的影响,对固定保温时间 60min、连接压力 30MPa 下,不同连接温度的接头形貌进行了对比研究。图 8.31 为不同温度下 $Ti_3AlC_2/Ni/Ti/TiAl$ 接头的组织照片。当连接温度在 1023～1123K 时,随着温度的改变,界面结构大致相同,各个反应层的厚度有所改变。同时,随着温度的升高,Ti 箔中白色 Ti_2Ni 相分布得更加均匀。当连接温度达到 1148K 时,界面处出现了平行于焊缝的裂纹,各个反应层也变得不再平直,并且焊缝宽度有很大程度缩小。基于能谱分析确定在界面处产生了较多的 Al_3NiTi_2 和 Ti_2Ni。Ti 和 Ni 的反应属于放热反应,在保温过程中,Ti 箔和 Ni 箔之间产生了液相,并且 TiAl 母材向液相中溶解,使得液相中 Al 的含量增加。在长时间保温下,生成的 Al_3NiTi_2 和 Ti_2Ni 金属间化合物聚集连接成块,在冷却过程中应力的作用导致接头在 Ti_2Ni/Ni 箔界面上出现较大的贯穿性裂纹。

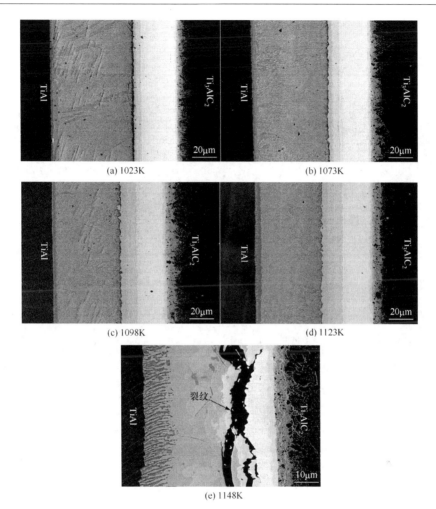

图 8.31　连接温度对 Ti₃AlC₂/Ni/Ti/TiAl 接头界面组织的影响($t=60\text{min}$, $P=30\text{MPa}$)

　　为了进行更细致的研究,对各个连接温度下 TiAl/Ti 一侧进行局部放大,结果如图 8.32 所示。随着连接温度的升高,垂直于 TiAl 界面的白色针状相得到了很大程度的长大。当连接温度为 1023K 时,界面处产生两层反应层;当温度升高到 1073K,界面处产生了三层反应层;当温度继续升高时,界面处又变成了两层反应层。为了确定各个反应层的物相,对图 8.32 中各点进行能谱分析,分析结果见表 8.8。在连接温度为 1023K 时,TiAl/Ti 界面处的两个反应层根据能谱推测为 Ti₃Al 和 Ti(Al)$_{ss}$;当温度升高到 1073K 和 1098K 时,TiAl/Ti 界面上的三个反应层为 Al₃NiTi₂ + Ti₃Al、Ti₃Al 和 Ti(Al)$_{ss}$;当温度升高到 1123K 时,Ti(Al)$_{ss}$层消失,Al₃NiTi₂ + Ti₃Al 和 Ti₃Al 层明显长大。分析认为,随着温度的升高,TiAl 合金中的 Al 与 Ti 箔中的 Ti 互扩散更加强烈,使得 Ti(Al)$_{ss}$层中 Al 含量增加,当超过一定的极限后,就会生成 Ti_3Al,这导致在 TiAl/Ti 一侧界面上 Ti_3Al 层变厚,$Ti(Al)_{ss}$ 逐渐变薄。综上所述,在 1023K、1098K 和 1123K 下,界面结构分别为:$TiAl/Ti_3Al/Ti_{ss}/Ti_{ss}+Ti_2Ni$;$TiAl/Al_3NiTi_2+Ti_3Al/Ti_3Al/Ti_{ss}/Ti_{ss}+Ti_2Ni$;$TiAl/Al_3NiTi_2+Ti_3Al/Ti_3Al/Ti_{ss}+Ti_2Ni$。

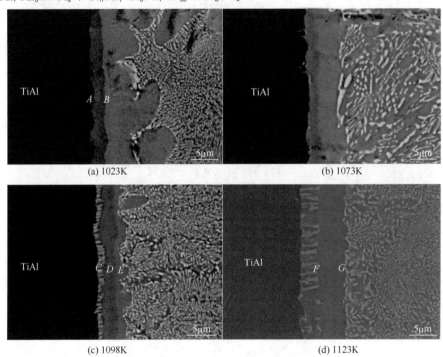

图 8.32　各个温度下 TiAl/Ti 一侧界面组织($t=60min,P=30MPa$)

表 8.8　图 8.32 中各点化学成分及可能相(原子分数)　　（单位:%）

特征点	Ti	Al	Ni	Nb	Cr	可能相
A	71.14	26.20	0.61	1.22	0.83	Ti_3Al
B	89.79	6.43	1.29	1.43	1.06	Ti
C	51.90	41.29	6.81	—	—	$Al_3NiTi_2+Ti_3Al$
D	70.29	28.99	0.72	—	—	Ti_3Al
E	80.29	18.46	1.25	—	—	Ti_{ss}
F	50.50	39.19	7.14	1.88	1.29	$Al_3NiTi_2+Ti_3Al$
G	70.74	26.70	0.59	1.28	0.69	Ti_3Al

　　为了研究 Ti/Ni 界面处反应层的生长与温度的关系,对 Ti/Ni 界面进行局部放大,结果如图 8.33 所示。从图 8.33(a)、(b)中可以看到,在 TiNi 和 Ni_3Ti_2 两个反应层间,存在一连串平行于焊缝的显微孔洞。由于 Ni 在 Ti 中的扩散速度大于 Ti 在

Ni 中的扩散速度,所以在 Ni 一侧会形成多余的空位,空位的聚集形成了柯肯达尔孔洞。当温度升高时,材料的屈服强度降低,塑性变好,因此在压力下,柯肯达尔孔洞就会闭合。从图 8.33 中还可以明显看到,Ti-Ni 的金属间化合物层随着温度的升高,厚度显著增加。为了能更清楚地显示连接温度对各个反应层厚度的影响,图 8.34 给出了各个反应层在不同温度下的厚度,可以注意到 Ni₃Ti 的厚度基本不随温度的变化而变化,Ti₂Ni 层厚度增长缓慢,而 TiNi 层厚度显著增加。

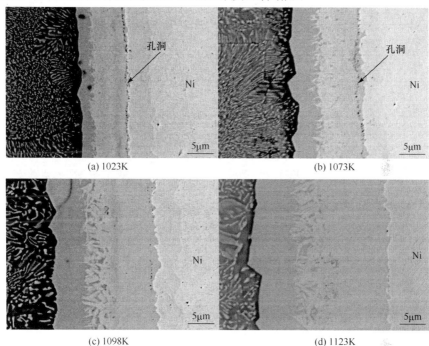

图 8.33　各个温度下 Ti/Ni 一侧界面组织(t＝60min,P＝30MPa)

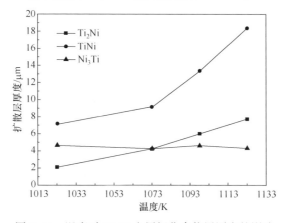

图 8.34　温度对 Ti-Ni 金属间化合物层厚度的影响

图 8.35 为不同温度下 Ni/Ti_3AlC_2 界面的结构形貌。随着温度的升高，Ni/Ti_3AlC_2 一侧的界面结构没有发生改变。当连接温度从 1023K 升高至 1073K 时，$Ni_3(Ti,Al)$ 层和反应层 $(Ni_3Al+TiC_x+Ti_3AlC_2)$ 的厚度有所增加，当连接温度继续升高时，厚度基本保持不变。此外，从图中还可以看到 Ni 优先沿着 Ti_3AlC_2 陶瓷的晶界扩散。

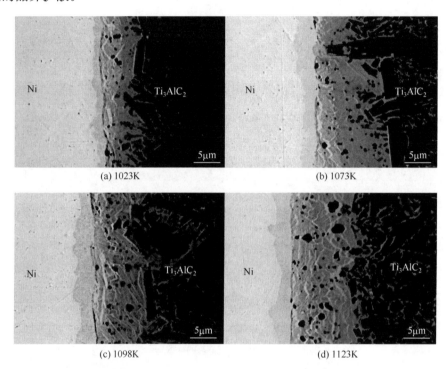

图 8.35　各个温度下 Ni/Ti_3AlC_2 一侧界面组织($t=60min$,$P=30MPa$)

2. 保温时间对 $Ti_3AlC_2/Ni/Ti/TiAl$ 接头界面组织的影响

延长保温时间在一定程度上和升高连接温度具有一样的效果，都能使扩散和反应更加充分。为了研究保温时间对 $Ti_3AlC_2/Ni/Ti/TiAl$ 接头界面组织的影响，对固定连接温度 1123K、连接压力 30MPa、不同保温时间的接头形貌进行了对比研究，图 8.36 为 $Ti_3AlC_2/Ni/Ti/TiAl$ 接头的组织照片。TiAl/Ti 一侧界面上，白色的针状层($Al_3NiTi_2+Ti_3Al$)厚度随着保温时间的延长而增加。当保温时间为 30min 时，TiAl/Ti 一侧界面处有三层反应层，分别是 $Al_3NiTi_2+Ti_3Al$、Ti_3Al 和 Ti_{ss}；随着温度的升高，界面处就剩下 $Al_3NiTi_2+Ti_3Al$ 和 Ti_3Al 两层反应层。这与提高连接温度有一样的效果，都使得扩散更加充分，因此 Ti_{ss} 层消失。

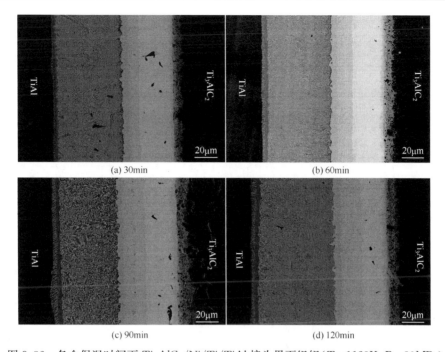

图 8.36　各个保温时间下 Ti₃AlC₂/Ni/Ti/TiAl 接头界面组织($T=1123\text{K}$，$P=30\text{MPa}$)

　　为了研究 Ti/Ni 界面处反应层的生长与温度的关系，对 Ti/Ni 界面进行局部放大，结果如图 8.37 所示，反应层结构不变，只是厚度发生了变化。

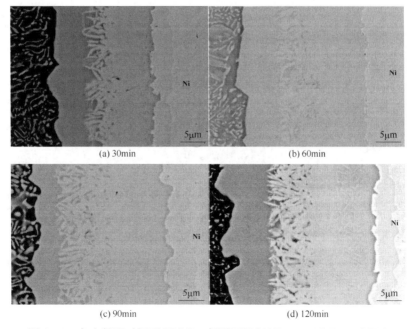

图 8.37　各个保温时间下 Ti/Ni 一侧界面组织($T=1123\text{K}$，$P=30\text{MPa}$)

图 8.38 给出了各个反应层在不同保温时间下的厚度,随着保温时间的延长,TiNi 层有较为明显的长大,而 Ti_2Ni 和 Ni_3Ti 层厚度增加不明显。

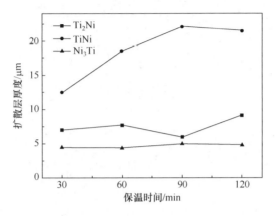

图8.38　保温时间对 Ti-Ni 金属间化合物层厚度的影响

3. 连接压力对 $Ti_3AlC_2/Ni/Ti/TiAl$ 接头界面组织的影响

固相扩散连接中,连接压力使母材发生塑性变形,从而达到良好的物理接触,促进界面上元素的扩散。为了研究连接压力对 $Ti_3AlC_2/Ni/Ti/TiAl$ 接头界面组织的影响,对固定在连接温度 1123K、保温时间 60min 的条件下,不同连接压力的接头形貌进行了对比研究,图 8.39 为不同连接压力下 $Ti_3AlC_2/Ni/Ti/TiAl$ 接头的组织照片,连接压力对界面结构的影响没有连接温度和保温时间显著,界面基本保持一致。随着连接压力的增加,Ti 箔的厚度有所减小。为了能更清楚地显示压力对 Ti-Ni 各个反应层厚度的影响,图 8.40 给出了各个反应层在不同连接压力下的厚度,Ti_2Ni、TiNi 和 Ni_3Ti 层的厚度基本保持不变。

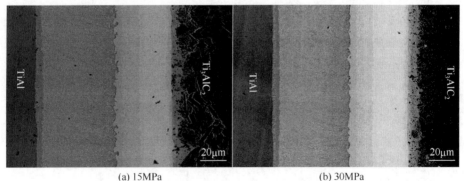

(a) 15MPa　　　　　　　　　　(b) 30MPa

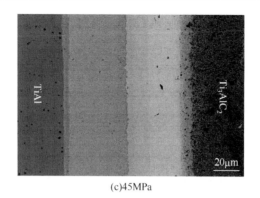

(c)45MPa

图 8.39　各个连接压力下 Ti₃AlC₂/Ni/Ti/TiAl 接头界面组织(T＝1123K,t＝60min)

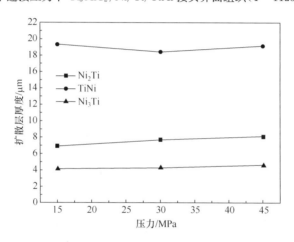

图 8.40　连接压力对 Ti-Ni 金属间化合物层厚度的影响

8.3.3　工艺参数对 Ti₃AlC₂/Ni/Ti/TiAl 接头力学性能的影响

为了研究连接温度对 Ti₃AlC₂/Ni/Ti/TiAl 接头抗剪强度的影响,固定保温时间为 60min、连接压力为 30MPa,对各个温度的焊后试样进行剪切试验。图 8.41 显示了每个温度下多个试样的抗剪强度平均值与温度的关系。从图中可以看到,接头的抗剪强度随着温度的变化呈现出先增大后减小的趋势。在连接温度 1123K、保温时间 60min、连接压力 30MPa 的条件下,接头的最高抗剪强度达到 85.2MPa。当温度为 1023K 时,Ti/Ni 界面上存在着连续的柯肯达尔孔洞,既降低了焊合率,也容易产生应力集中,因此强度较低。随着温度的升高,材料的屈服强度下降,在压力下 Ti/Ni 界面上的孔洞闭合,界面的结合更加牢固,强度逐渐提高。但当温度继续升高时,由于残余应力的增大,同时 Ti-Al-Ni 三元金属间化合物聚集连接成块,使得界面处出现了较大的纵向裂纹,所以强度急剧下降。

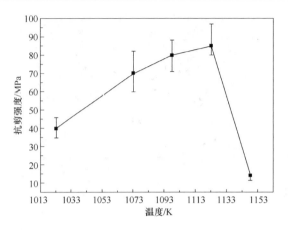

图 8.41　各个温度下 Ti₃AlC₂/Ni/Ti/TiAl 接头抗剪强度值（$t=60\text{min}, P=30\text{MPa}$）

　　为了研究保温时间对 Ti₃AlC₂/Ni/Ti/TiAl 接头抗剪强度的影响，在连接温度 1123K、连接压力 30MPa 的条件下，对各个保温时间的焊后试样进行剪切试验。图 8.42 显示了每个保温时间下多个试样的抗剪强度平均值与保温时间的关系。当保温时间较短时，界面结合不牢固，随着保温时间的延长，界面结合渐渐良好，强度逐渐提高。当保温时间继续延长时，Ti/Ni 一侧的金属间化合物层逐渐变厚，Ni$_{ss}$ 层逐渐变薄，降低了缓解残余应力的能力，因此接头的强度略有降低。

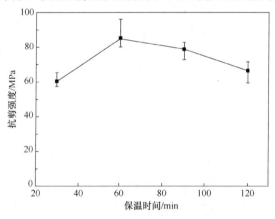

图 8.42　各个保温时间下 Ti₃AlC₂/Ni/Ti/TiAl 接头抗剪强度值（$T=1123\text{K}, P=30\text{MPa}$）

　　为了研究连接压力对 Ti₃AlC₂/Ni/Ti/TiAl 接头抗剪强度的影响规律，在连接温度 1123K、保温时间 60min 的条件下，对各个连接压力的焊后试样进行剪切试验。图 8.43 显示了不同连接压力下多个试样的抗剪强度平均值与连接压力的关系。由图可以看出，随着压力的变化，接头的抗剪强度变化不大。这主要由于 Ni 和 Ti 具有较好的塑性，在 1123K 下，即使连接压力仅有 15MPa，接头界面也已经形成了良好的物理接触。继续增加压力，无法明显地促进元素的扩散。因此，通过增加连接压力,很难进一步提高接头强度。

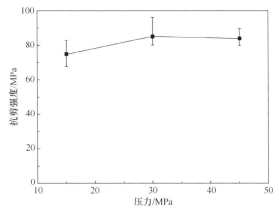

图 8.43　各个连接压力下 Ti$_3$AlC$_2$/Ni/Ti/TiAl 接头抗剪强度值(T＝1123K,t＝60min)

8.3.4　Ti$_3$AlC$_2$/Ni/Ti/TiAl 接头断口分析

为了研究接头的断裂位置和路径,对各个连接温度下的断口进行分析。图 8.44 为连接温度 1023K、保温时间 60min、连接压力 30MPa 的条件下,接头的断口形貌。从图 8.44(a)可以看到,断裂位置大部分位于 I 区(Ti/Ni 界面处),少部分位于 II 区(陶瓷基体上)。对 I 区域进行局部放大,如图 8.44(b)所示。从图中可以清晰地看到解理台阶面,这是典型的脆性断裂。为了确定断口的物相,对图 8.44(b)进行微区 XRD 分析,结果如图 8.45 所示。由 XRD 分析推断断面主要位于 Ti$_2$Ni 层,在扫描电镜下颜色的不同可能由于断口不平整,导致电子束入射角度不同,因此引起在电镜下衬度不一致。断裂主要位于 Ti$_2$Ni 层上,但也检测到了 Ti 的存在。主要由于 Ti$_2$Ni 层厚度较薄,裂纹在扩展的过程中,容易扩展到 Ti 箔上,并且 X 射线具有一定的穿透能力,能透过 Ti$_2$Ni 层到达 Ti 箔。综上所述,断裂位置主要位于 Ti$_2$Ni 层。

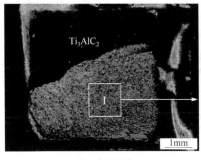

(a) 断口宏观形貌　　　　　　　　　　　(b) I 区局部放大

图8.44　Ti$_3$AlC$_2$/Ni/Ti/TiAl 接头剪切断口的形貌(T＝1023K,t＝60min,P＝30MPa)

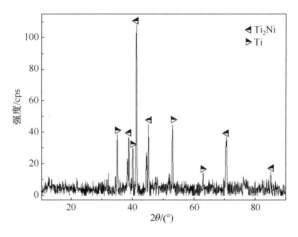

图 8.45　图 8.44(a)中Ⅰ区 XRD 结果

　　分析认为,当温度较低时,Ti/Ni 界面上存在连续的柯肯达尔孔洞,这不仅降低了焊合率,而且容易产生应力集中。因此,Ti/Ni 界面处是接头的薄弱环节。然而 Ti_2Ni 脆性较大,TiNi 则具有一定的塑性,所以裂纹容易沿着 Ti_2Ni 扩展。

　　图 8.46 为连接温度 1148K、保温时间 60min、连接压力 30MPa 的条件下,接头的断口形貌。从图 8.46(a)可以看到,断裂位置大部分位于界面处。对Ⅰ区进行局部放大,如图 8.46(b)所示,断口表面平整,是典型的脆性断裂。为了确定断口的物相,对断口进行 XRD 分析,结果如图 8.47 所示,断裂主要位于 Al_3NiTi_2 层、Ti_2Ni 层和 Ni 层上。由于在连接温度 1148K 时,Ti/Ni 界面处产生了液相,TiAl 母材大量的溶入,使得大量 Al_3NiTi_2 三元金属间化合物和 Ti_2Ni 聚集长大,在冷却的过程中,残余应力致使接头出现较大的贯穿裂纹。因此,Ti/Ni 界面成为了接头的薄弱环节。

(a) 断口宏观形貌

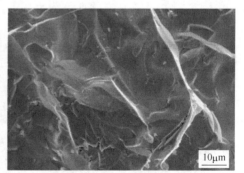

(b) Ⅰ区局部放大

图 8.46　Ti_3AlC_2/Ni/Ti/TiAl 接头剪切断口的形貌($T=1148K$, $t=60min$, $P=30MPa$)

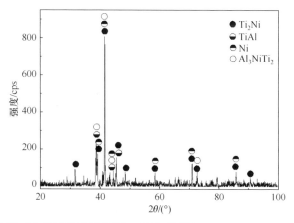

图 8.47　Ti_3AlC_2/Ni/Ti/TiAl 接头断口 XRD 结果（$T=1148K$，$t=60min$，$P=30MPa$）

图 8.48 为连接温度 1123K、保温时间 60min、连接压力 30MPa 的条件下，接头的断口形貌。图 8.48(a) 所示断口一小部分位于 I 区（Ni/Ti_3AlC_2 的界面上），很大一部分位于陶瓷基体上。裂纹首先在 Ni/Ti_3AlC_2 界面处萌生，接着扩展到陶瓷基体内部，最终断裂在陶瓷上，这是较为理想的断裂模式。为了进一步观察断口形貌，对 I 区进行局部放大，如图 8.48(b) 所示。从图中可以看到灰色和亮白色相间的基体上分布着少量未反应的片层状的 Ti_3AlC_2 陶瓷，断口是脆性断裂。为了进一步分析断口组织和断裂位置，对断口 I 区进行能谱分析和 XRD 分析，结果如表 8.9 和图 8.49 所示。综合断口形貌与上述分析可知，断口中 I 区主要位于 Ni/Ti_3AlC_2 界面上。

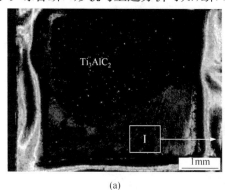
(a)

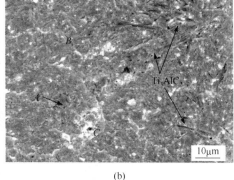
(b)

图 8.48　Ti_3AlC_2/Ni/Ti/TiAl 接头剪切断口的形貌（$T=1123K$，$t=60min$，$P=30MPa$）

表 8.9　图 8.48(b) 中各点化学成分及可能相（原子分数）　　（单位：%）

特征点	Ti	Al	Ni	C	可能相
A	13.06	0.69	26.09	60.16	$Ni_{ss}+TiC_x$
B	13.44	12.19	36.90	37.47	$Ni_3Al+TiC_x$
C	7.55	71.89	20.56	—	$NiAl_3$

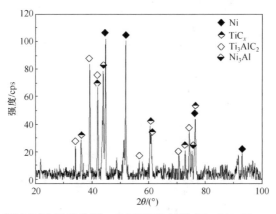

图 8.49　Ti$_3$AlC$_2$/Ni/Ti/TiAl 接头断口 I 区 XRD 结果(T＝1123K，t＝60min，P＝30MPa)

　　对 Ti$_3$AlC$_2$/Ni/Ti/TiAl 接头用纳米压痕仪进行硬度测试，结果如图 8.50 所示。从图中可以看到，整个接头的硬度曲线中出现了四个峰值，分别对应在 I 区的 Al$_3$NiTi$_2$＋Ti$_3$Al 层、Ⅲ区上的 Ti$_2$Ni 层、Ni$_3$Ti 层和 V 区的反应层(Ni$_3$Al＋TiC$_x$＋Ti$_3$AlC$_2$)上。接头中，Ⅱ区的 Ti 箔和Ⅳ区的 Ni 箔的硬度相比于母材较低，因此在焊接冷却的过程中能起到缓解残余应力的作用，尤其是 Ni 箔。Ti-Ni 之间的三层化合物中，硬度由大到小依次为 Ti$_2$Ni＞Ni$_3$Ti＞TiNi。Ti$_2$Ni 是非常硬脆的化合物，而 TiNi 则硬度较低，具有一定的塑性，可以缓解少量的残余应力。因此，Ti$_2$Ni 层的长大不利于提高接头强度。整个接头硬度的最大值出现在反应层(Ni$_3$Al＋TiC$_x$＋Ti$_3$AlC$_2$)上。由前面分析可知，扩散到陶瓷内部的 Ni 和 Ti$_3$AlC$_2$ 发生反应，生成 TiC$_x$ 和 Ni$_3$Al，导致这个区域的硬度比陶瓷母材基体要高。在 Ni/Ti$_3$AlC$_2$ 界面处硬度变化最为陡峭，因此，当接头中没有缺陷的时候，试样在压剪的过程中裂纹倾向于从这一层上萌生，并且扩展。但是考虑到 Ti$_3$AlC$_2$ 陶瓷母材中存在着较大的残余应力，因此，裂纹在扩展的过程中，容易从反应层(Ni$_3$Al＋TiC$_x$＋Ti$_3$AlC$_2$)扩展到陶瓷基体内部，形成如图 8.51 所示的断口。

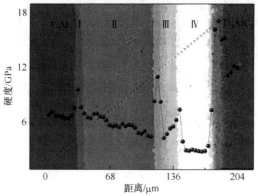

图 8.50　Ti$_3$AlC$_2$/Ni/Ti/TiAl 接头纳米压痕(T＝1123K，t＝60min，P＝30MPa)

综上所述,随着温度的改变,接头的薄弱环节在不断发生变化。各个温度下接头的断裂位置示意图如图 8.51 所示。当温度较低时,Ti/Ni 界面处存在着柯肯达尔孔洞,孔洞处应力集中使得接头在此处开裂。随着温度的升高,Ti/Ni 界面处孔洞闭合,在剪切应力的作用下,裂纹容易在硬度最高的反应层($Ni_3Al + TiC_x + Ti_3AlC_2$)萌生并且扩展。当温度继续升高时,接头局部出现了液相,使得 TiAl 合金大量向液相中溶解,从而接头处生成大量的 Al_3NiTi_2 和 Ti_2Ni,冷却的过程中,在残余应力的作用下试样直接在接头处开裂。

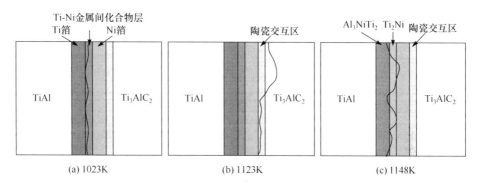

图 8.51　Ti_3AlC_2/Ni/Ti/TiAl 接头各个温度断裂路径示意图

8.3.5　Ti_3AlC_2/Ni/Ti/TiAl 界面反应机制

采用 Ti/Ni 复合中间层扩散连接 Ti_3AlC_2 陶瓷和 TiAl 合金,接头内生成了多反应层的界面结构。改变连接温度和保温时间对接头整体形貌有较大的影响,甚至会导致裂纹等缺陷的出现。因此,工艺参数改变对接头性能也有较大的影响。确定界面反应机制有助于进一步优化工艺,为此本部分结合 Ti-Al-Ni 三元相图、Ti-Ni 二元相图和相关的扩散理论,将整个接头分成 TiAl/Ti、Ti/Ni 和 Ni/Ti_3AlC_2 三个部分,分别分析了各反应层的形成机制。

1. TiAl/Ti 界面反应层形成机制

TiAl/Ti 界面的化合物层会随着连接温度和保温时间的变化而发生变化。界面反应层结构的形成大致要经过以下五个步骤。

(1) TiAl 合金和 Ti 箔的物理接触。在连接的初始阶段,材料相互接触,但是材料表面的凹凸不平阻碍了扩散的进行。随着温度的升高,材料的屈服强度降低,在外加压力的作用下,一部分区域首先发生塑性变形,接触区域达到一定的距离,能使原子发生扩散。随着温度的继续升高和时间的延长,接触面积逐渐增大,渐渐使得整个界面实现良好的物理接触,结构示意图如图 8.52(a)和(b)所示。

(2) $Ti(Al)_{ss}$ 的形成。在物理接触之后,Ti 和 Al 的相互扩散具有了条件。Al

的原子半径较小,因此扩散需要克服的势垒较小,扩散速度较快。根据相关研究[12],Al 在 α-Ti 中的扩散系数为 $5.0 \times 10^{-15} \, \text{m}^2/\text{s}$,在 β-Ti 中的扩散系数为 $9.4 \times 10^{-11} \, \text{m}^2/\text{s}$;Ti 在 TiAl 中的扩散系数为 $1.5 \times 10^{-15} \, \text{m}^2/\text{s}$。从中可以发现,Al 在 α-Ti 中的扩散系数与 Ti 在 TiAl 中的扩散系数在同一个数量级上,并没有快太多。但是另一侧的 Ni 大量往 Ti 中扩散,由于 Ni 是 β-Ti 的稳定元素,降低了 Ti 相变的温度,使得在连接温度没达到纯 Ti 的相变温度 1155K 时,也发生了 α-Ti 相变(α-Ti→β-Ti)。β-Ti 的形成,促进了 Al 的扩散,表现为 Al 向 Ti 中间层的单向扩散,使得 Al 几乎均匀分布于整个 Ti 中间层上。此外,β-Ti 中能溶解较多的 Al,因此在保温过程中,Ti 箔变成了 $Ti(Al)_{ss}$。同时,Ni 也往 β-Ti 中大量扩散。

(3)Ti_3Al 化合物层的形成和长大。随着 Al 继续向 Ti 中间层中扩散,Ti 中间层中的 Ti 也渐渐向 TiAl 中扩散,使得 Ti 中间层内靠近 TiAl 一侧的 Ti 含量降低,Al 含量达到极限溶解度以后,会按照反应式($Ti + Al \longrightarrow Ti_3Al$)生成 Ti_3Al。

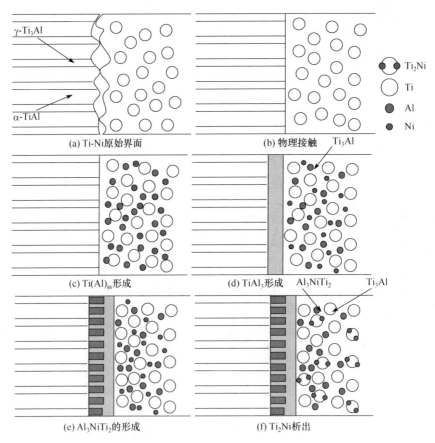

图 8.52　TiAl/Ti 界面形成机制

同时,TiAl 上靠近 Ti 中间层侧的 Ti 含量增加,按照反应式(TiAl+Ti ⟶ Ti 3Al)同样会生成 Ti₃Al.随着时间的推移,Ti₃Al 层逐渐长大.

(4) Al₃NiTi₂相的形成.在连接温度下,Ni 中间层中的 Ni 向 Ti 箔中扩散,均匀分布在 Ti 中间层中.伴随着长时间的保温,Ni 能穿过 Ti₃Al 层到达 TiAl 界面,并与 TiAl 发生反应(TiAl+Ni ⟶ Al₃NiTi₂),生成的 Al₃NiTi₂沿着 TiAl 的层片方向生长.交替排列的 Ti₃Al 相和 Al₃NiTi₂相组成了最靠近 TiAl 合金的 Ti₃Al+Al₃NiTi₂层.并且随着时间的推移和温度的升高,Ti₃Al+ Al₃NiTi₂层有很大程度的长大.

(5) 焊接冷却过程.在焊接冷却的过程中,β-Ti 发生相变.根据 Ti-Ni 二元相图,在连接温度下,β-Ti 中能固溶 8%(原子分数)的 Ni,然而在 α-Ti 中固溶度较低.因此,Ti 在相变的同时过饱和的 Ni 会析出(β-Ti ⟶ α-Ti+Ti₂Ni),形成 Ti₂Ni,均匀分布在 Ti 中间层基体上.

2. Ti/Ni 界面反应层形成机制

随着连接温度、保温时间和连接压力的改变,Ti/Ni 界面结构一直保持为 Ti/Ti₂Ni/ TiNi/Ni₃Ti/Ni,只是各个反应层的厚度有所变化,且变化的趋势相差较大.为了分析这种变化趋势,对 Ti/Ni 界面的反应机制进行研究.Ti/Ni 界面的形成过程大致可以分为三个步骤.

(1) Ti 箔和 Ni 箔的物理接触.Ni 是典型的软金属,在高温和压力下,Ti 和 Ni 很快就实现了良好的物理接触.这为 Ti 与 Ni 的互扩散提供了前提条件,但是此阶段并没有反应层生成.结构示意图如图 8.53(a)、(b)所示.

(2) Ti-Ni 金属间化合物层的形成及长大(图 8.53(c)).Ni 的原子半径为 0.124nm,Ti 的原子半径为 0.147nm.因此,Ni 在 Ti 箔中的扩散速度比 Ti 在 Ni 箔中的扩散速度要快.Ni 的扩散进入使得 α-Ti 在低于 1155K 时就发生了相变,转变为 β-Ti.根据相关研究[13],在 1123K 的连接温度下,Ni 在 β-Ti 中的扩散系数 $D_{Ni \to Ti}$ 为 $3 \times 10^{-12} \, m^2/s$,Ti 在 Ni 中的扩散系数 $D_{Ti \to Ni}$ 为 $1.6 \times 10^{-17} \, m^2/s$. $D_{Ni \to Ti} \gg D_{Ti \to Ni}$,因此在扩散初期,主要表现为 Ni 向 Ti 箔的单向扩散.Ni 大量向 Ti 箔扩散,并且均匀分布在整个 Ti 箔基体上.同时,少量 Ti 向 Ni 箔中扩散.当元素的浓度达到饱和溶解度后就会在界面处生成 Ti₂Ni、TiNi 和 Ni₃Ti.随着时间的推移,各个 Ti-Ni 化合物层长大.

(3) 焊接冷却过程.在 β-Ti 中析出 α-Ti 和 Ti₂Ni,Ti₂Ni 均匀分布在 Ti 箔基体上.结构示意图如图 8.53(d)所示.

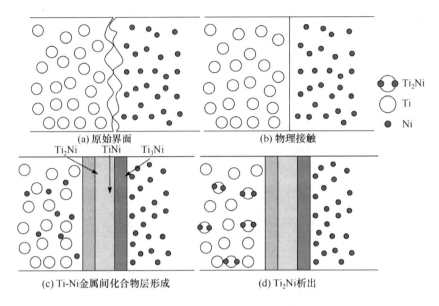

图 8.53　Ti/Ni 界面形成机制

3. Ni/Ti₃AlC₂ 界面反应层形成机制

Ni 和 Ti₃AlC₂ 陶瓷的结合主要是 Ni 往陶瓷内部扩散,并与 Ti₃AlC₂ 发生反应。同时 Ti₃AlC₂ 陶瓷中的 Al、Ti 向 Ni 箔中扩散,形成化合物。具体的扩散过程大致可以分为两个步骤。

(1) Ni$_{ss}$ 的形成和 Ni 的扩散。当 Ni 箔和 Ti₃AlC₂ 陶瓷达到很好的接触后,由于晶界扩散所需的激活能较小,Ni 就会沿着晶界向陶瓷内部扩散,Ti₃AlC₂ 陶瓷层片状的结构给 Ni 提供大量快速的扩散通道。同样,陶瓷中 Ti、Al 向 Ni 箔扩散,形成了 Ni$_{ss}$ 固溶体层。考虑到 Ti₃AlC₂ 陶瓷特殊的晶体结构,Ti-C 组成的八面体结构坚固,并且 Ti-C 键结合较强,不容易受到破坏。然而 Ti-Al 和 Al-Al 之间为范德华力和金属弱键结合,在扩散驱动力的作用下,Al 相对于 Ti 而言更容易发生扩散。结构示意图如图 8.54(a)、(b)所示。

(2) Ni₃(Ti,Al) 的形成和 Ni-Ti₃AlC₂ 陶瓷的反应。随着扩散的进行,靠近界面处 Ni 的含量降低,Ti、Al 含量增加,生成 Ni₃(Ti,Al) 金属间化合物(Ni+Ti+Al ⟶ Ni₃(Al,Ti))。同时,大量扩散进入 Ti₃AlC₂ 陶瓷的 Ni 与陶瓷发生反应。在 Ni 的作用下,将 Ti₃AlC₂ 陶瓷中的 Al 置换出来,Ti₃AlC₂ 陶瓷因 Al 的缺失而发生拓扑反应(Ti₃AlC₂+Ni ⟶ Ni₃Al+TiC$_x$)。这使得 Ti₃AlC₂ 的片层变小,并且 Ni 继续往陶瓷更深距离处扩散。结构示意图如图 8.54 (c)、(d)所示。

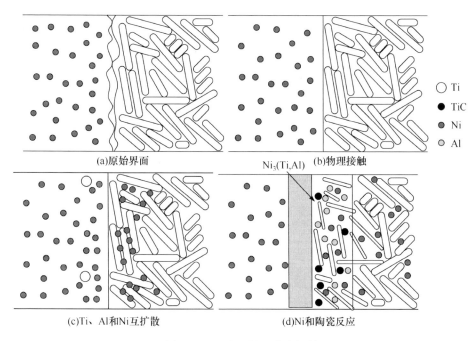

图 8.54　Ti/Ni 界面形成机制

参 考 文 献

[1] Eklund P,Beckers M,Jansson U,et al. The Mn + 1AXn phases:Materials science and thin-film processing. Thin Solid Films,2010,518:1851~1878

[2] Tzenov N V,Barsoum M W. Synthesis and characterization of Ti₃AlC₂. Journal of American Ceramic Society,2000,83:825~832

[3] Lin Z J, Zhuo M J, Zhou Y C, et al. Microstructural characterization of layered ternary Ti₂AlC. Acta Materialia,2006,54:1009~1015

[4] Yamaguchi M, Inui H, Ito K. High-temperature structural intermetallics. Acta Materialia, 2000,48:307~322

[5] Loria E A. Quo vadis gamma titanium aluminum. Intermetallics,2001,9:997~1001

[6] Cao J,Liu J K,Song,X G,et al. Diffusion bonding of TiAl intermetallic and Ti₃AlC₂ ceramic: Interfacial microstructure and joining properties. Materials & Design,2014,56:115~121

[7] Liu J K,Cao J,Lin X T,et al. Interfacial microstructure and joining properties of TiAl/Ti₃Alc₂ diffusion bonded joints using Zr and Ni foils as interlayer. Vacuum,2014,102:16~25

[8] 林兴涛. TiAl 合金与 Ti₃AlC₂陶瓷扩散连接工艺及机理研究[硕士学位论文]. 哈尔滨:哈尔滨工业大学,2013

[9] 宋晓国. TiAl 合金与 Si₃N₄陶瓷钎焊工艺及机理研究[博士学位论文]. 哈尔滨:哈尔滨工业大学,2012

[10] 周卫兵,梅炳初,朱教群,等. Ti$_3$AlC$_2$陶瓷材料的制备及性能研究. 山东陶瓷,2003,26(4):3~5

[11] Myha S,Crossley J A A,Barsoum M W. Crystal-chemistry of the Ti$_3$AlC$_2$ and Ti$_4$AlN$_3$ layered carbide/nitride phases-characterization by XPS. Journal of Physics and Chemistry of Solids,2001,62:811~817

[12] 方洪渊,冯吉才. 材料连接过程中的界面行为. 哈尔滨:哈尔滨工业大学出版社,2005:192

[13] Aleman B,Gutierrez I,Urcola J J. Interface microstructure in the diffusion bonding of a titanium alloy Ti 6242 to an inconel 625. Metallurgical and Materials Transactions A,1995,26A:437~446